国家科学技术学术著作出版基金资助出版

"十三五"国家重点出版物出版规划项目

地球观测与导航技术丛书

高分辨率遥感的数学物理基础

晏　磊　孙岩标　林　沂　赵帅阳　杨　鹏　著

科学出版社

北　京

内 容 简 介

本书在光谱、辐射、几何分辨率研究的基础上,将时间分辨率作为一个独立维度,对其进行了较为系统的描述,它是全球变化、多尺度乃至高分辨率地表快速变化分析研究的重要参量。通过外场定标,发现了几个分辨率之间的交叉关联和相互作用;通过追溯遥感电磁波光源非均衡反射、折射、透射作用,得到了偏振作为辐亮度的精细表征,得到了偏振作为电磁波矢量的全面表征,成为一个独立于四个分辨率之外的特征参量。

本书从数学、物理角度阐述了高分辨率遥感基础特性,从电磁波矢量角度阐述高分辨率遥感本质特点,是从事光学遥感研究人员的入门书,是遥感、地球观测、测绘等领域学者了解高分辨率遥感数学、物理基础的参考书,并为相关领域从业人员了解高分辨率遥感四大分辨率本质及四者之间的关系提供了翔实的素材。本书可作为航空航天、空间信息、地学应用及高分辨率遥感等领域科研、教学人员的指南,也可为相关技术研究提供有价值的参考。

图书在版编目(CIP)数据

高分辨率遥感的数学物理基础 / 晏磊等著. —北京:科学出版社,2020.6
(地球观测与导航技术丛书)
ISBN 978-7-03-064721-4

Ⅰ. ①高… Ⅱ. ①晏… Ⅲ. ①数学物理方法–应用–高分辨率–遥感图象–图象处理 Ⅳ. ①TP751

中国版本图书馆 CIP 数据核字(2020)第 050338 号

责任编辑:石 珺 朱 丽 / 责任校对:樊雅琼
责任印制:吴兆东 / 封面设计:图阅盛世

科学出版社 出版
北京东黄城根北街 16 号
邮政编码:100717
http://www.sciencep.com

北京虎彩文化传播有限公司 印刷
科学出版社发行 各地新华书店经销
*
2020 年 6 月第 一 版 开本:787×1092 1/16
2020 年 6 月第一次印刷 印张:26
字数:594 000

定价:176.00 元
(如有印装质量问题,我社负责调换)

"地球观测与导航技术丛书"编委会

"地球观测与导航技术丛书"编写说明

地球空间信息科学、生物科学和纳米技术三者被认为是当今世界上最重要、发展最快的三大领域。地球观测与导航技术是获得地球空间信息的重要手段,而与之相关的理论与技术是地球空间信息科学的基础。

随着遥感、地理信息、导航定位等空间技术的快速发展和航天、通信和信息科学的有力支撑,地球观测与导航技术相关领域的研究在国家科研中的地位不断提高。我国科技发展中长期规划将高分辨率对地观测系统与新一代卫星导航定位系统列入国家重大专项;国家有关部门高度重视这一领域的发展,国家发展和改革委员会设立产业化专项支持卫星导航产业的发展;工业和信息化部、科学技术部也启动了多个项目支持技术标准化和产业示范;国家高技术研究发展计划(863 计划)将早期的信息获取与处理技术(308、103)主题,首次设立为"地球观测与导航技术"领域。

目前,"十一五"规划正在积极向前推进,"地球观测与导航技术领域"作为 863 计划领域的第一个五年规划也将进入科研成果的收获期。在这种情况下,把地球观测与导航技术领域相关的创新成果编著成书,集中发布,以整体面貌推出,当具有重要意义。它既能展示 973 计划和 863 计划主题的丰硕成果,又能促进领域内相关成果传播和交流,并指导未来学科的发展,同时也对地球观测与导航技术领域在我国科学界中地位的提升具有重要的促进作用。

为了适应中国地球观测与导航技术领域的发展,科学出版社依托有关的知名专家支持,凭借科学出版社在学术出版界的品牌启动了"地球观测与导航技术丛书"。

丛书中每一本书的选择标准要求作者具有深厚的科学研究功底、实践经验,主持或参加 863 计划地球观测与导航技术领域的项目、973 计划相关项目以及其他国家重大相关项目,或者所著图书为其在已有科研或教学成果的基础上高水平的原创性总结,或者是相关领域国外经典专著的翻译。

我们相信,通过丛书编委会和全国地球观测与导航技术领域专家、科学出版社的通力合作,将会有一大批反映我国地球观测与导航技术领域最新研究成果和实践水平的著作面世,成为我国地球空间信息科学中的一个亮点,以推动我国地球空间信息科学的健康和快速发展!

李德仁

2009年10月

序

自然发展与科技变革往往需要经历两类痛楚：一类痛楚是"从无到有"，好比生命的起源抑或是人类文明中活字印刷术的诞生；另一类痛楚则是"由粗到精"，好比智慧生命体的进化抑或是印刷术中激光照排术的发展。前一类痛楚是漫长黑夜的探索，等待着造物者不同寻常的智慧，点石成金；而后一类痛楚则是星光指点下的长征，挺进在布满荆棘的荒野，迎接阳光。正所谓，创业不易，守土更难。创业固然可贵，但当代更需要后一类痛楚的承受者，坚守"工匠精神"，将技术与科学结合并做到极致。值得欣慰的是，该书的作者晏磊教授团队就是怀着这种情怀的"工匠"，二十余年如一日地雕琢手中的技术：驻守瓶颈，引向机理，升华理论，润泽广袤的地学应用。

晏磊教授长期从事地球空间信息科学研究，聚焦于摄影测量与遥感。遥感技术源自于电磁波"资源"的开拓，服务于经济发展、国防建设以及社会进步等方面。其涉及空间三维解析、辐射能量定标、地物光谱分析等众多应用。但不可否认的是，这些应用受到很多技术方面的限制，其中最急需解决的便是如何以更高分辨率的技术去有效认识我们的世界。

该书主要涉及四部分广泛而深入的内容。第一部分内容是空间(几何)分辨率，聚焦于高分辨率遥感的收敛性、精度、抗误差敏感性和时效性矛盾问题破解，发现其根源是近景摄影测量直角坐标理论和基高比常数精度理论受到新技术的挑战。第二部分内容是时间分辨率，基于对时间分辨率的原理认识与发现，聚焦于高分辨率遥感实时性瓶颈问题破解，建立消除过度冗余、高效转换存储和直接三维成像新方法体系。第三部分内容是光谱分辨率，聚焦于高分辨率遥感谱段分离和像元混淆应用瓶颈问题破解，光谱的应用在于依靠物体可见近红外的反射率信息以及中/热红外的反射率信息准确识别地物，但是高光谱与高空间分辨率的矛盾导致地物光谱混叠难以区分的问题。第四部分内容是辐射分辨率，聚焦于遥感高分辨率与辐亮度(能量)强度矛盾关系破解，建立分辨率对能量的依赖关系判据和提高信息反差比的新手段。

该书最后两部分阐述的是上述四部分内容的交叉与融合，其精妙处正如晏磊教授所阐述的：四大分辨率与电磁波四大要素的前三个要素有关；以爱因斯坦能量公式 $E = mc^2$ 衡量，光速 c 正是遥感所依赖的太阳电磁波，等号右端对应的 SI 量纲恰恰与四大分辨率长度、时间、波长、质量(能量)量纲有关；四大分辨率不可分离，偏振遥感(光辐射非均衡能量)成为遥感第五维变量的必然性则呼之欲出，有望成为造福地球观测的新手段；辐亮度定标转换模型理论，建立了地表参量和遥感传感器光电参量映射联系；四大分辨率定标交叉映射关系理论，就追求地物几何性状的空间分辨率和地物物理化学性状的光谱和辐射分辨率的本质意义给出了客观规律性内涵。

该书是学科领域内第一本针对四大分辨率机理系统阐述高分辨率遥感理论的专著，也是全面系统阐述不同分辨率定标和四大分辨率定量化相互关联关系的专著，是著者奉献给世界同行的沉甸甸的果实。

感谢晏磊教授对其学术成果的分享，我有幸先睹为快。希望这本书能够成为高分辨率遥感理论体系创建的一块弥足珍贵的奠基石和起踏板，引领高分辨率遥感方法体系的全面构建，引领更多的有志青年投身遥感报效祖国，引领并推动我国地球空间信息事业的源头创新、技术跨越，领先世界。

是为序。

中国科学院院士

2018 年 10 月 15 日

前　言

遥感分辨率的研究是一项理论与应用实践互相影响、复杂而浩瀚的领地，也许研究者毕生都未必能窥视清楚，但沉湎于此，又倍感渐进佳境之快乐。遥感之意义在于查细入微，以其所提供之数据，知晓地球万物的不断变化。遥感分辨能力制约着人类对自然世界宏观规律把握的深浅。因此，遥感分辨率研究一点一滴的进步，如盘中之餐，来之不易。其中之人，方能感受痛楚并快乐着。

作者从 1996 年进入北京大学，深受北京大学学术氛围、人文环境的影响，促使我有意识地思索着遥感中一些关键技术与问题，而遥感的博大也令作者如河海之泊，望海洋而兴叹。此后 20 余年的时间，首先，通过对遥感学光谱、辐射、几何、实时性理论的研究，以及对承担的一系列项目的实验验证，在这个充满机缘巧合的人生旅途，有幸能够初探相关基础问题。其次，通过外场定标，作者发现了光谱、辐射和空间(几何)分辨率之间的交叉关联和相互作用。在此基础之上，通过作者所在团队对时间分辨率的研究，发现其在全球变化、多尺度乃至高分辨率地表快速变化分析中的重要参量关系。最后，随着高分辨率遥感观测技术的不断发展，偏振技术也开始逐渐成为遥感观测与研究的热点。通过追溯遥感电磁波光源非均衡反射折射透射作用，得到了偏振作为辐亮度的精细表征，为跨越四大分辨率源于遥感电磁波标量表征向电磁波矢量全面表征奠定理论基础。

本书内容共六部分 18 章。

电磁波反射传输原理与高分辨率遥感特性(第 1 章)，主要从遥感依赖的探测核心电磁波角度出发，阐述电磁波与四大分辨率(空间、时间、光谱、辐射)之间的关系。

第一部分是对空间(几何)分辨率的探究，聚焦于高分辨率遥感的收敛性、精度、抗误差敏感性和处理效率矛盾问题破解，建立航空航天数字影像坐标理论和精度度量理论。其包括基于锥体构像仿生机器视觉的极坐标模型理论(第 2 章)，航空遥感通用物理模型及可变基高比表征理论(第 3 章)，几何参量收敛性误差敏感性和精度分析(第 4 章)。

第二部分是对时间分辨率原理的重新认识与解析，聚焦于高分辨率遥感实时性瓶颈问题破解，建立消除过度冗余、高效转换存储和直接三维成像新方法体系。其包括常规3—2—3 维信息转换过冗余根源与仿生复眼 3—3—2 新机制(第 5 章)，基于剖分-熵-基函数表征的数据实时处理理论(第 6 章)，基于单光路光场成像的 3—3 维信息实时转换理论(第 7 章)。

第三部分是对光谱分辨率的探究，聚焦于高分辨率遥感谱段分离和像元混淆应用瓶颈问题破解，建立宽谱段、像元解混-重构的对偶理论。其包括多-高光谱转换机理的光谱重构理论(第 8 章)，可见-中/热红外反射-发射机理的光谱连续理论(第 9 章)，基于光谱重构和连续理论的像元解混模型方法(第 10 章)。

第四部分是对辐射分辨率的探究，聚焦于遥感高分辨率与辐亮度(能量)强度矛盾关系破解，建立分辨率对能量的依赖关系判据和提高信息反差比的新手段。其包括基于能量转换机理的辐射传输理论(第 11 章),不同下垫面的大气辐射传输与辐射亮度反演理论(第 12 章),光源非均衡偏振效应机理与遥感第五维新变量(第 13 章)。

第五部分是基于遥感定标手段对前四部分模型理论的物理本质进行分析,聚焦于高分辨率遥感定量化瓶颈问题破解,建立四大分辨率定量化理论、关联关系模型理论和度量校正交叉验证手段。其包括遥感天地贯通的光学参量分解与成像控制机理(第 14 章),空间-光谱-辐射分辨率贯通的定标理论(第 15 章),中红外基准下的宽谱段定标理论(第 16 章)。

第六部分是基于遥感定标手段对前四部分的技术进行应用,聚焦于度量校正交叉验证手段。其包括遥感室外定标场靶标设计方法(第 17 章),遥感定标场设计与真实性检验(第 18 章)。由此通过实践验证理论,向读者展现作者团队以四大分辨率为基础的原理、理论、方法和应用成果。

本书是作者团队长期潜心基础研究与实验、教学积累的创造性成果。本书包括团队几位作者,还有着更多的贡献者,主要列举在附录一,作者怀着诚挚、敬畏之心,向他们表示感谢。本书主要得到的国家支持项目列举在附录二,作者向国家相关部门的支持表示感谢。本书得到童庆禧、樊邦奎、徐冠华、刘先林、张祖勋、杨元喜、周成虎、龚健雅等院士的支持帮助,郭华东院士亲自作序,深表敬意与谢意。最后还要感谢 2016 年国家科学技术学术著作出版基金的资助,感谢科学出版社的鼎力支持。

本书从 2009 年开始构思与整理,2012 年开始撰写,经过近 4 年修改、筛选与提炼,完成初稿。其中,基于创造性贡献,第二作者孙岩标主要完成了第 2、4 章的撰写,第五作者杨鹏主要完成了第 7 章的撰写,第四作者赵帅阳主要完成了第 9 章的撰写,第三作者林沂主要完成第 12、17 章的撰写,其余章节主要由第一作者晏磊完成。能为高分辨率遥感技术进步和发展做一些基础性贡献,是作者团队从 1996 年开始历经 20 多年呕心沥血于高分辨率遥感四大分辨率瓶颈问题根源探索和理论方法破解的初衷所在。我们全体作者花了大量时间完成了几易其稿的艰辛修改,终于定稿出版。由于作者知识水平有限,仍难避免存在不妥之处。在此,恳请各方专家和广大读者不吝指教,去伪存真。作者电子邮箱:lyan@pku.edu.cn。

晏 磊

2019 年 10 月于北京大学未名湖畔

目　　录

第五部分　高分辨率遥感定标：模型与理论

第14章　遥感天地贯通的光学参量分解与成像控制机理 ··············297

第15章　空间–光谱–辐射分辨率贯通的定标理论 ··············317

第1章 电磁波反射传输原理与高分辨率遥感特性

本章首先简要概述了遥感观测中电磁波反射传输原理，并从麦克斯韦电磁学角度对发射传输特性进行解释；由此展开阐述遥感四大分辨率(空间、时间、光谱、辐射)特点及现阶段面临的技术瓶颈；最后总结四大分辨率的定标方法及对应的物理量纲。

1.1 电磁波反射传输原理与麦克斯韦方程

由于卫星传感器接收的辐射是太阳、大气及地表复杂相互作用的结果(Ulrich, 2001)，因此在不同坡度遥感观测的反射率具有显著差异，这种辐射差异的变化强烈地受到地形的影响，从而扭曲反映地表实体特征的信息。具有地形起伏的像元，不同地形引起不同的太阳入射和传感器观测角度，形成单景影像同类地表类型像元太阳相对入射和传感器相对观测多角度的现实，造成像元接收的太阳辐射以及传感器观测方向的辐射各异，如图 1.1 所示。

地形起伏为同种地物类型提供多个角度的太阳入射和传感器观测，利用双向反射分布函数(bidirectional reflectance distribution function, BRDF)来描述不同地形影响下，地表反射率的变化实现地形影响消除以及反射率计算的目的。目前，描述地表方向反射分布函数已有很多种，以经验半经验模型为主，如应用最广泛的核驱动模型可以表示为

$$\rho_H(\theta_s, \theta_v, \varphi) = K_0 + K_1 f_1(\theta_s, \theta_v, \varphi) + K_2 f_2(\theta_s, \theta_v, \varphi) \qquad (1.1)$$

式中，$\rho_H(\theta_s, \theta_v, \varphi)$ 为方向反射；$f_1(\theta_s, \theta_v, \varphi)$ 和 $f_2(\theta_s, \theta_v, \varphi)$ 为两个核；θ_s、θ_v 和 φ 分别为太阳天顶角、传感器观测天顶角和它们两者之间的相对方位角；K_0、K_1 和 K_2 为模型参数，利用详细的地表类型覆盖图(Gutman, 1994)，依据地形起伏下同一地表类型像元提供的多个太阳相对入射和传感器相对观测的角度以及对应的像元方向反射率，建立每个类别的 BRDF 矩阵，然后通过逐步回归获得。基于上述模型发展的方向反射因子 Ω，可以获得某一特殊太阳入射和传感器观测角度下的方向反射。

$$\begin{aligned} \Omega(\theta_s, \theta_v, \varphi) &= \frac{\rho_H(\theta_s, \theta_v, \varphi)}{K_0} \\ &= 1 + \frac{K_1}{K_0} f_1(\theta_s, \theta_v, \varphi) + \frac{K_2}{K_0} f_2(\theta_s, \theta_v, \varphi) \end{aligned} \qquad (1.2)$$

对于太阳直射辐射，在特定太阳入射方向 (θ_s, φ_s) 和传感器观测方向 (θ_v, φ_v) 下，经地形影响消除后的地表目标方向反射 $\rho_H(\theta_s, \theta_v, \varphi)$ 与坡面对应的反射 $\rho_T(i_s, i_v, \varphi)$ 之间的关系为(Wu et al., 1995; Hunt, 1979)

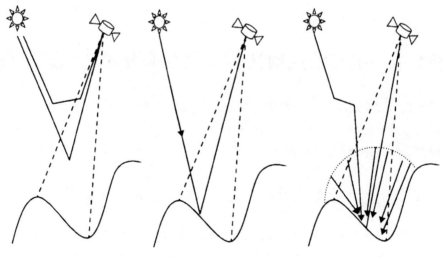

图 1.1　遥感反射模型

$$\rho_{\mathrm{T}}(i_{\mathrm{s}}, i_{\mathrm{v}}, \varphi) = \frac{\Omega(i_{\mathrm{s}}, i_{\mathrm{v}}, \varphi)}{\Omega(\theta_{\mathrm{s}}, \theta_{\mathrm{v}}, \varphi)} \rho_{\mathrm{H}}(\theta_{\mathrm{s}}, \theta_{\mathrm{v}}, \varphi) \tag{1.3}$$

麦克斯韦将电磁现象的普遍规律主要概括为四个方程式，它们通常称为麦克斯韦方程组，它有积分和微分两种形式。一般在电磁学范围内只讨论积分形式，但在电动力学中则需要研究场点的电磁场量的变化规律，因而还要大量使用它的微分形式。

麦克斯韦方程组实际就是推广和扩展了的高斯定理和环路定理。

1）第一方程：$\vec{D}$ 的高斯定理

通过任意闭合面的电位移 $\vec{D}$ 的通量，等于该曲面所包围的自由电荷的代数和，即

$$\oint_S \vec{D} \cdot \mathrm{d}\vec{s} = q \tag{1.4}$$

式 (1.4) 是建立在静止电荷相互作用的实验事实的基础上的。现在把它推广到一般情况，即假定这一方程在场与电荷都随时间而变化时仍然成立。这意味着，尽管这时场与电荷之间的关系不像静电场那样由库仑平方反比定律所决定，但任一闭合面的 $\vec{D}$ 通量与闭合面内自由电荷电量的关系仍然遵从高斯定理。

2）第二方程：$\vec{E}$ 的环路定理

电场强度 $\vec{E}$ 沿任意闭合曲线的线积分，等于以该曲线为边线的曲面磁通量的变化率负值，即

$$\oint_L \vec{E} \cdot \mathrm{d}\vec{l} = -\iint_S \frac{\partial \vec{B}}{\partial t} \cdot \mathrm{d}\vec{S} \tag{1.5}$$

其中，$\vec{E}$ 可以由自由电荷和变化磁场共同激发，因此 $\vec{E}$ 是它们的合场强。

3）第三方程：$\vec{H}$ 的环路定理

磁场强度 $\vec{H}$ 沿任意闭合曲线的线积分，等于穿过以该曲线为边线的全电流，即

$$\oint_L \vec{H} \cdot \mathrm{d}\vec{l} = \sum (I + I_{\mathrm{d}}) = \iint \vec{j} \cdot \mathrm{d}\vec{S} + \iint \frac{\partial \vec{D}}{\partial t} \cdot \mathrm{d}\vec{S} \tag{1.6}$$

4）第四方程：$\vec{B}$ 的高斯定理

通过任意闭合曲面的磁通量恒等于 0，即

$$\oint_S \vec{B} \cdot \mathrm{d}\vec{S} = 0 \tag{1.7}$$

上述四个方程就是麦克斯韦方程组的积分形式。

从上面论述可以看到，麦克斯韦理论不但提出了涡旋电场、位移电流的概念，还包含了从特殊情况向一般情况的假设性推广。麦克斯韦理论的正确性由它所得到的一系列推论与实验结果而得到证实。

当有介质存在时，$\vec{E}$ 和 $\vec{B}$ 都和介质的特性有关，因此上述麦克斯韦方程组是不完备的，还需再补充描述介质性质的下述三个方程：

$$\begin{cases} \vec{D} = \varepsilon \vec{E} \\ \vec{B} = \mu \vec{H} \\ \vec{J} = \sigma \vec{E} \end{cases} \tag{1.8}$$

式中，ε、μ 和 σ 分别为介质的绝对介电常数、绝对磁导率和导体的电导率。

麦克斯韦根据电磁场方程推断，电荷激发的变化的电场将进一步激发变化的磁场，而变化的磁场又激发变化的电场；反之，变化电流激发的变化的磁场也会进一步激发变化的电场，变化的电场再激发变化的磁场，这样激发的变化的电磁场将以波动的方式按照光速向前传播，这就是麦克斯韦关于电磁波的著名预言，其后赫兹通过实验证实。麦克斯韦还论证了光的电磁本性，指出光是一种通常以速度 c 在以太空中传播的电磁波。

1.2　高分辨率遥感空间特性与几何高精度瓶颈

摄影测量学要解决的两大问题是几何定位和影像解译。几何定位(空间特性)就是确定被摄物体的大小、形状和空间位置，求解地面点的三维坐标，即解决"在哪里"的问题；影像解译就是确定影像对应地物的性质，即解决"是什么"的问题。其中，几何定位是基础，只有当遥感信息成果中的像元均具有准确的地理位置时，才能得到数量、面积、体积等"定量"概念，因此几何定位在遥感对地观测技术中具有举足轻重的地位。

几何定位的实现方式最主要的是遥感影像的空中三角测量技术,通过立体相机(或者使用一台相机在不同角度)获得两幅或多幅立体像对后,通过一定的技术手段获得像对的同名点坐标,从而确定该点对应的地面点三维坐标。随着摄影测量仪器工艺不断精细和后端图像处理技术不断发展,用摄影测量方法进行点位测定的精度有了明显提高,其应用领域不断扩大,甚至在某些特定领域只能使用空中三角测量来解决。空中三角测量的主要用途包括地形测图的测量加密和为数字产品生产提供数据源。其中,光束法区域网平差是理论上最严密的一步解法,目前已广泛应用于各种高精度的空中三角测量和实际生产中。传统光束法区域网平差指以一副图像所组成的一束光线作为平差的基本单位,以中心投影的共线方程作为平差的基础单元。各个光线束在空间的旋转和平移,使模型之间的公共点的光线实现最佳的交会,并使整个区域最佳地纳入已知的控制点坐标系统中。

空间特性是遥感影像处理的基础和核心问题,随着传感器分辨率不断提高和图像幅数不断增加,基于传统解析摄影测量发展过来的经典摄影测量方法遇到许多问题,其中有两个问题特别严重,严重影响了摄影测量向高效和高精度方向发展。其一,光束法区域网平差处理效率低下,甚者收敛性差造成问题发散无解;其二,随着数字电荷耦合器件(charge coupled device, CCD)相机的到来,高程精度无法刻画和衡量,故高程定位精度差(段依妮, 2015)。

对于第一个问题,光束法区域网平差模型方法需要解决以下四大技术难度(赵亮, 2012)。

1)空间特征点的参数化

对于摄影测量问题,载体在移动过程中采集的图像序列是唯一的数据来源。因此,在求解问题的过程中,所有能够利用的信息,仅仅为从图像中提取与匹配的同名特征点的像点坐标,而创建的环境地图也同样由这些特征点来表达。因此,如何能够统一、准确地表达这些特征点在三维空间中的位置,便显得尤为重要。同时,对于以直线特征为主要结构的环境,如何对特征线参数化,利用图像中的特征线观测求解相机位姿,并利用特征线表达三维环境,也是首要的问题。

2)空间特征参数的初始化

空间特征参数的初始化,即如何得到可靠的空间特征(如特征点或特征线)的初始位置。基于单目视觉的三维环境重建与相机位姿计算是一个高维非线性问题,在求解的线性化过程中,变量的初始值对于算法的收敛情况与收敛速度起着至关重要的作用。而在变量中占有绝大多数的特征点(或特征线),选取什么样的参数表达,才能从观测中获得精确初始化,对于算法是否收敛起着至关重要的作用。

3)尺度漂移问题

尺度的不可观测性是单目视觉固有的问题,正如单单从图像中无法获得现实世界的绝对尺度一样,对于每一对图像所构建的模型,其尺度也是不相同的。而这些模型之间的相对尺度只能通过被观测到三次以上的特征点来提供。而在相机移动的过程中,由于旧特征点的消失与新特征点的出现,每两张图像之间的相对尺度误差也被不断累积,因此产生尺度漂移现象。如何利用提供相对尺度信息的公共特征点以及相机重访信息,在求解过程中优化相对尺度、最小化尺度漂移，是提高结果精度所必须解决的问题。

4) 大规模问题求解

在实际情况中，如摄影测量需要覆盖几十甚至上百平方千米的测绘区域的成图。成百上千张图像、几万到几十万个特征点，无论在计算量方面，还是在求解非线性问题上，都为摄影测量问题带来了不小的麻烦。如何在考虑上述三个关键问题的同时，高效求解大规模问题，是实际应用中迫切需要解决的问题。

针对这四大技术难度，经典的光束法区域网平差模型方法在直角坐标系下表示一个三维特征点，用图像坐标作为观测值，并利用共线方程建立像点和物方点的关系。由于共线方程确定的像点和地面点呈非线性关系，需利用非线性优化问题求解未知数，因此好的初值对优化问题有着非常关键的作用，初值的好坏很大程度上影响平差的速度和精度。为了克服这些问题，经典方法是通过复杂航带法区域网平差方法来提高初值，同时为了提高精度，需较多控制点按一定规则均匀分布在航带内。但是，控制点测量需付出较大人力和金钱代价，摄影测量工作者一直尝试探寻一种少量控制点和无控制点的辅助光束法区域网平差。辅助光束法区域网平差是利用高精度辅助数据，加上少量控制点进行联合平差定向，主要包括全球定位系统(global positioning system，GPS)辅助光束法区域网平差和定位定姿系统(position and orientation system，POS)辅助光束法区域网平差。对于经典光束法区域网平差，辅助光束法区域网平差有更少的控制点和在大区域、小比例尺、高山等特别困难区域实现无控制点的航空测量优势。GPS 辅助光束法区域网平差是在常规光束法区域网平差的基础上，将由 GPS 获取的航摄仪曝光时刻摄站三维坐标作为带权观测值而参与的 GPS 数据与摄影测量观测值的联合平差。POS 辅助光束法区域网平差是在 GPS 辅助光束法区域网平差的基础上，将由惯性传感器(inertial measurement unit，IMU)测得的航摄仪姿态角作为带权观测值而参与的 POS 数据与摄影测量数据的联合平差。辅助光束法区域网平差较经典光束法区域网平差只需要更少控制点，较方便提供光束法平差初值，但是需要提供额外的导航仪器，增加经费。更重要的是，辅助光束法区域网平差的平差方程依然是基于欧氏空间 XYZ 形式的共线方程，因此在收敛性和收敛速度上没有本质性提高。基于经典的直角坐标参数空间的光束法区域网平差的分析，可以总结出高分辨率遥感数据处理运算速度慢收敛性差的根源在于直角坐标系下的稀疏阵和病态解。航空航天观测的视差角过小而引起较大的高程误差，进而导致计算误差大而耗时，且高程增量趋 0 时其一阶导数为无穷，出现不收敛，加上稀疏阵效应，耗费大的计算容量。为了提高经典光束法区域网平差模型的收敛性，业内常常采用大量地面控制点或较准确的相机外方位信息来弥补。这种做法可以为非线性优化问题提供较好的初值和增加法方程不相关性，但是并没有从实际上改变非线性优化问题的曲线构造。当模型间的视差角较小时，经典光束法区域网平差收敛性差的缺点将被进一步放大，即使问题能收敛，收敛速度也将非常慢。这些问题很难在直角坐标系得到根本解决。因为直角坐标系的三个轴具有相同的数据"量纲"，在各自具有同量级的增量值时，Z 轴的相对增量却远小于平面增量，导致 Z 轴参量误差相对于平面非常微小，即 Z 轴过大的弱不相关性。若要进行有效运算，需要"放大" Z 轴参量去"适应"平面参量，但同时 Z 轴的误差也放大了，这就是高程精度更难保障的重要根源。从数学上看，高程矢径难以与平面参量数值相比较，必须寻找一种矢径"量纲"，该矢径"量纲"与平面参量"量纲"不一致，即不需要因为计算而考虑数值相当的"匹配"。因此，基于仿生机器视觉原理，发现采用空间信息最本源的表达——极坐标视差角参数法就可以满足上述特点：高程矢径与平面角度参量没有数值计算的相同"量纲"，极坐标系完美地把高程和平面角度独立地表达出来，最有效地体现了空间信息参数特征，矢径相对误差降低，从根本上消除了矢径参量的强互相关性；进一步地，当视差角接近 0 时，其一阶导数为有限值，确保收敛。这就为将稀疏矩阵弱不相关维数成数量级减少提供了数学保障，为减少计算容量提供了可能。针对光束法区域网平差处理效率低下，甚者收敛性差造成发散无解的瓶颈问题，根据光束法区域网平差的四大关键技术问题和经典光束法区域网平差方法进行分析研究，可以清楚地发现，为了从根本上解决数学上的收敛性和收敛速度问题，需要摒弃传统的基于直角坐标系表达的三维点的共线方程，建立一种全新的参数空间的优化问题(孙岩标，2015)。

对于第二个问题，为了解决高程精度无法刻画和衡量的问题，需要引入数字基高比概念及相关分析方法。相比平面精度差，高程精度在摄影方法中更难保障，故高精度的高程精度是研究者不断追求的目标。其中，基高比作为立体测图的一个重要参数，基高比越大，高程精度越高。因此，遥感传感器在设计时尽量增大基高比参数或增大影像幅面。

数字成像系统基高比与基于胶片式的连续域一次成像(基高比为常数)基高比相比，已经不是一个常数，而是空间和时间的函数(段依妮，2015)。深入研究发现，随着数字式发展，在 XY 平面，成像传感器尺寸面积、传感器个数、两两传感器距离的改变都改变了基线，因此基线成为平面参量的函数；在 Z 轴，一次变焦成像的焦距、二次成像的虚拟焦距都可使基线成比例变化。另外，数字成像系统原理上的像元扫描、可观测时间参量及单元扫描方式，如扫描频率、隔不同行进行规律性扫描等，可以形成多类型、多参量基线组群，而多基线联立可以提高高程精度，与比例尺、分辨率关联可以影响刻画平面精度。因此，数字基高比成为因几何参量和时间参量改变而可以度量和调节改变的参量，成为空间时间函数的泛函表征，从而为改变、调整、计量几何尤其是高程精度提供了一种从未有过的与成像系统几何(如面积)、物理参量(如焦距、扫描频率等)相关联的泛函表征。将几何精度和成像系统的时间几何参量通过基高比联系起来，从而使得利用数学物理方法来解决几何定位精度成为可能。为了突破高程精度无法刻画和衡量及高程定位精度差的瓶颈问题，基于数字成像系统的基高比，需要把数字基高比的概念引入航天遥感的几何定位精度分析中，从航天遥感数据获取源端成像系统的时空参量来描述定位精度，构建几何、时空参量函数，从而使用数学物理的分析手段来解决几何定位精度低的瓶颈问题。

1.3　高分辨率遥感时间特性与实时性去冗余瓶颈

遥感研究中，目标对象都有其发生、发展和演化的自然发展过程，即时相变化。这不仅体现了研究对象本身的时相变化,还揭示了其光谱特性随时间的变化规律。它主要反映在地物目标光谱特性的时间变化上,称作"光谱特性的时间效应",这种时间效应可以通过遥感动态监测来了解对象的变化过程和变化范围。为了定性与定量地表征,引入时间分辨率,它指在同一区域进行的相邻两次遥感观测的最小时间间隔,时间间隔越大,时间分辨率越低,反之时间分辨率越高。在航天遥感中,根据卫星回归周期的长短,通常分为超短(短)周期、中周期、长周期时间分辨率。而在航空遥感中,由于实时性很强,时间分辨率引申为传感器两次采样的时间间隔。

随着应用的拓展和技术的进步,遥感时间分辨率正受到越来越多的关注和不断提高,逐渐从大尺度植物生长、污染监测要求的几天到几周,发展到对大气温度、水气、土壤状况和灾害监测等方面要求的几小时到一天。目前,一般航天遥感卫星的重访周期为 15~25 天,IKONOS 最小重访周期为 3 天,QuickBird 为 1~6 天,MODIS 为 1~2 天,GeoEye-1 约为 3 天。美国通过大规模星座组网、小卫星群、有效载荷侧摆等技术,使卫星重访周期大大缩短,将观测的时间分辨率提高到一个更新的境界。"监视、目标瞄准与侦察卫星"计划(即 Starlite 计划),采用 24 颗卫星,重访周期可达到 15min;采用 37 颗卫星,重访周期为 8min;采用 48 颗卫星,重访周期可缩短为 5min。然而,对于空中对地面部队的精确打击、灾害事件伤员搜救等应用需求,需要实时关注地面的动态事件,检测并识别出其中的运动目标,卫星遥感的时间分辨率尚不能满足要求,需要具有更高时效性的类似"凝视"或实时监测能力的遥感系统的出现。

高时间分辨率是针对航空遥感已不能满足的低实时性,发展新型高时效性对地观测数据获取与处理系统提出的更高要求。例如,无人机遥感应用中,摒弃传统的通过相机获取静态影像的方式,而采用动态视频图像序列获取目标更多实时性信息的方式。它是利用具有悬停功能或低空慢速飞行的无人机结合图像稳定等技术,获取准凝视状态的实时图像序列,其不仅有利于捕获静态航空影像中很难发现的动态事件,而且也使得对这些突发事件的即时响应成为可能。

面对亟须进一步提高实时性监测能力以处理各种突发性事件的严峻问题,探索和研制高时间分辨率传感器显得至关重要,但随着研究的逐步深入,所面临的技术瓶颈日益凸显(赵亮,2012)。

遥感信息过度冗余成为限制在轨在线处理、实时化应用、高时间分辨率技术发展的桎梏。随着应用的拓展和技术的进步,对地遥感观测的对象越来越丰富并实现了线性增长,然而与此同时数据冗余却正呈指数上升。传统的运动目标检测多利用现有成像传感器(如摄像机等)获取三维目标的二维图像,然后采用计算机信号处理手段进行处理,最后根据需求把检测到的二维信息恢复为三维表征以再现真实目标,这种 3—2—3 维的转换过程,其检测的精度与计算量多呈正相关关系——精度越高,需要的数据量就越大。此外,通过转换模型实现 3—2—3 维的两次变维数数据转换,势必会产生模型误差,为了不使模型误差影响遥感高频细节特征信息,不得不取用更多的冗余信息,在保留高频细节信息的同时,又把模型误差全部保留下来。统计表明,现有主流的遥感信息 3—2—3 维变换方法,不仅没有减少地表三维的无效对象信息,相反,为了高频细节特征信息的保留和转换模型误差不至于把前者淹没,其数据往往比原始有效探测所需的数据增加了

3～5个数量级。过量冗余问题已经严重到不解决就难以继续进行数据处理与应用。

另外，由于对地观测，如遥感探测的细节信息多以高频存在，无法依靠滤除高频噪声的方法降低冗余，只能尽量以无损压缩的方式存储保存信息，压缩比不到2，在冗余数据呈几何增长的同时，压缩处理等去冗余方法的效率却只能以百分之零点几的速率缓慢前进。由此可以断言，现行的遥感影像保留高频细节的无损压缩方法几近进入技术无法发力的死胡同。

综上所述，遥感信息的过度冗余的根源有三个：一是对观测对象线性增长的需求，产生了数据立方体爆炸性增长的无度索取模式；二是受二维硬件制约不得不采用的三维空间信息—二维获取处理—三维再现的3—2—3维转换传输模式，使信息转换处理繁复、误差和噪声增大增多；三是遥感高分辨率细节信息与噪声、误差同属高频信息的本质，使无损压缩高频信息时保留了误差和噪声信息并极大地增加了原始信息数量。

1.4　高分辨率遥感光谱特性与像元解混谱段退化瓶颈

高光谱成像系统能同时获得光谱和空间两种信息，高光谱传感器的高光谱分辨率极大地引起了遥感界的兴趣，其出现不亚于一场革命。研究表明，许多地表物质在吸收峰深度一半处的宽度为20～40nm（童庆禧等，2006），而成像光谱系统的波段宽度一般都在10nm以内甚至更高的精度，因此高光谱遥感能够以足够的光谱分辨率探测到在宽波段遥感中不能探测到的具有诊断性光谱特征的地表物质，这使得高光谱遥感的研究已成为目前重要的热点之一。到目前为止，高光谱遥感已被广泛应用于水文、气象、海洋、地质和森林等方面的研究中。

但遗憾的是，尽管成像光谱仪的发展非常迅速，但目前民用高光谱在轨卫星的数量总体来说是比较少的。目前，常用的民用高光谱卫星有搭载在地球观测卫星-1（EO-1）上的Hyperion，此外我国的环境一号卫星也搭载有超光谱成像仪，其他林林总总还有一些。总体来说，这些高光谱卫星的数据覆盖范围小，重访周期相对较长，且常常由于地形、天气等客观因素而不能获取数据，从而使得研究区总是缺乏所需的高光谱数据。由于对于高光谱传感器成像总能量的限制，空间分辨率和光谱分辨率的矛盾使得其数据应用范围也很有限。另外，机载成像光谱仪的使用相对普遍，如AIS（airborne imaging spectrometer）、AVIRIS（airborne visible/infrared-red imaging spectrometer），我国的MAIS（moudlar abriome imaging spectrometer）、OMIS（operational moudlar imaging spectrometer）等。但航空高光谱数据的获取成本则往往较高，且在获取时要受到多种外部因素，如天气、航空管制、飞行平台等的限制。并且在实际研究过程中发现，能量在空间分辨率和光谱分辨率之间的矛盾使得高光谱影像往往有较高的噪声；数万个探测元件的标定很困难，致使影像除了大量坏线之外，多数波段不同程度地存在许多条纹；以及在较短的时间内高光谱传感器会有明显的性能衰减和退化、微笑（smile）效应等，这些都严重地影响了高光谱数据的深入使用。

另外，随着传感器制作工艺的提高，传感器的光谱分辨率可以达到相当高的程度，从而有利于遥感数据的应用化分析。但是，混合像元的问题仍然是高光谱分辨率遥感的一大难题，并且对高光谱数据时间尺度的分析也有所欠缺。在过去的几十年间，我们获取了海量的高质多光谱数据却并没有得到充分应用。这些多光谱传感器光谱性能指标相对稳定，通过持续的定标可以长期获得可靠的多光谱数据。

我们希望提出一种新的重构方法，这种方法基于多光谱和高光谱之间的成像及分光关系，能有效克服上述缺点，明显改进高光谱数据的质量，且在缺乏真实数据和地面知识不完整的情况下，高光谱图像的重构能成为有益的数据补充。高光谱遥感的重构对于如系统设计、图像成像过程的理解，以及数据处理算法的开发和验证也有积极作用。对多光谱进行高光数据的重构补充完善了高光谱的历史数据，为时间尺度上的高光谱信息分析提供了数据基础。同时，分析像元解混与光谱重构的对偶关系，可以为高光谱数据的光谱分解提供新的思路 (童庆禧等, 2006)。

总地来说，基于像元解混的光谱重构有以下几方面的意义：①光谱重构从混合像元求解问题的逆过程来理解高光谱像元的成像过程，这两者之间的对偶关系对混合像元求解有很好的借鉴作用；②在实际研究过程中发现，高光谱数据存在着噪声、坏线、条带、smile 以及传感器性能的衰减和退化等效应，这些问题严重地阻碍了高光谱数据的广泛和深入的应用和推广；③利用多光谱性能的稳定性，以及利用其重构高光谱的可行性，可以提高高光谱数据的稳定性和使用质量，使得间接利用多光谱数据的光谱波形信息进行地物识别成为可能；④可以拓展遥感数据的应用深度和广度，有助于探索高空间与高光谱分辨率之间相互关联作用，以及为传感器的研制和应用提供借鉴。

1.5　高分辨率遥感辐射特性与能量传递的"辐射定标黑箱模型"瓶颈

光学遥感成像过程是一个能量传输与转化过程，如图 1.2 所示。光学遥感以太阳为辐射源，太阳辐射的能量以电磁波的形式传播到地表。太阳和地表之间有一层厚度大约

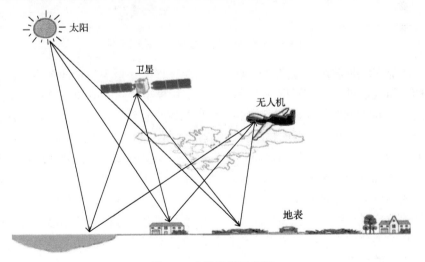

图 1.2　光学遥感示意图

为 50km 的大气层,太阳辐射在穿透大气层的过程中受到大气和气溶胶等粒子的散射和吸收作用。不同地物对太阳辐射具有不同的吸收和反射作用,被地物反射的太阳辐射穿过大气之后被航空或者航天遥感平台上的光学遥感成像系统接收。不同化学成分和空间几何形态的地物对太阳辐射的吸收和反射强度不同,因此地物反射的太阳辐射已经携带了地物的几何、物理和化学信息,这也是遥感地物参量反演的依据。

地表反射的太阳辐射到达光学遥感成像系统后,成像系统的光学部件完成物像变换和像差补偿,将太阳辐射汇聚到光学成像系统的承影面上。这一辐射传输路径虽短,但它是保证光学遥感成像系统成像质量的关键环节,也是光学成像系统设计的核心环节。在光学遥感发展的初期,光学成像系统以胶片为承影介质,通过入射光线与胶片感光涂层的化学反应记录地物的信息。随着光电技术的发展,传统以胶片为主的承影介质逐渐被 CCD 和 CMOS(complementary metal-oxide-semiconductor,互补金属氧化物半导体)等半导体芯片所取代。这些芯片能够直接俘获入射的光子,产生受激的电子。后端的信号处理电路对激发出的光电流进行处理并输出一幅数字遥感影像。

光学遥感发展的初期对遥感影像的处理以目视判读为主,遥感工作者通过地物的反射强弱对比和几何形状获取地物的信息。随着遥感技术的发展,人们已经不满足仅仅通过目视判读和计算机辅助图像处理的方法获取地物的信息,在很多遥感应用场合还需要根据遥感影像定量地计算地物的理化参数。通过遥感影像定量地计算地表的反射率等参数的过程称为遥感定量反演,该过程如图 1.3 所示。

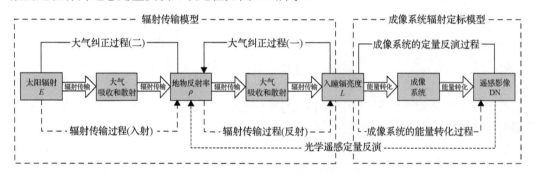

图 1.3　光学遥感的定量反演过程原理图

光学遥感定量反演过程是光学成像过程的逆过程,它至少包括四个步骤:首先,成像系统的定量反演过程,它根据成像系统辐射定标模型建立的成像系统输出 DN 值与入瞳辐亮度 L 之间的数学关系,在已知 DN 值的情况下计算入瞳辐亮度 L;其次,对入瞳辐亮度 L 进行大气纠正,获得地物反射的辐射出射度;再次,对太阳辐射进行大气纠正,获得入射到地物的辐照度;最后,将地物反射的辐射出射度除以地物接收的辐照度即可得到地物在成像方向上的反射率 ρ,反射率是计算其他地物理化参量的基础,使用者再根据具体的遥感应用计算所需的地物参量。从图 1.3 可以看出,成像系统的定量反演过程是光学遥感定量反演的第一步。因此,成像系统辐射定标模型的精度直接影响到后端地物参量反演的精度,加强对成像系统辐射定标模型的研究对整个光学遥感定量反演的发展具有重要的意义。

　　经过近几十年的发展，光学遥感辐射传输过程的理论已经比较完备，并形成 LOWTRAN、MODTRAN、6S 等一系列的辐射传输模拟计算软件，这些软件不但能实现正向的辐射传输计算，还能实现逆向的大气纠正过程计算。然而，光学遥感成像系统辐射定标模型的发展相对滞后。现有定量反演过程将成像系统视为一个黑箱，根据成像系统的响应特性，采用一次或者二次函数的形式拟合光学遥感成像系统的输入输出关系，并以此作为光学遥感的辐射定标模型：

$$\mathrm{DN} = k \cdot L + g \tag{1.9}$$

$$\mathrm{DN} = a_2 \cdot L^2 + a_1 \cdot L + a_0 \tag{1.10}$$

式中，DN 为光学遥感影像上每个像素的像素值；L 为入瞳处的辐亮度；k、a_2、a_1、a_0 为辐射定标模型的拟合系数。除了上述两个比较直接的辐射定标关系外，针对特定的光学遥感成像系统，其辐射定标模型还有一些变形，但是本质都是将成像系统视为一个黑箱，使用多项式拟合成像系统输出与输入物理量之间的关系。虽然这些拟合关系能够表达成像系统输出与输入之间的数量关系，但是该拟合模型包含的信息量十分有限，已经在一定程度上影响了光学遥感定量反演的发展。而黑箱模型也具有以下的限制瓶颈(王明志，2014)：

　　1) 黑箱模型精度难以评价，给定量反演结果带来不确定性

　　光学遥感的定量反演就是要根据遥感影像精确计算地物目标的物理和化学参数，为后端定量化遥感应用提供准确的地物信息。现有的光学遥感成像系统黑箱模型采用拟合关系来表达成像系统输出与输入之间的数量关系，拟合过程普遍采用最小均方误差来控制拟合残差。然而，数据拟合过程中采用最小均方误差只是一种统计意义上的误差最小，因此该拟合模型并不能表达成像系统定量反演的误差。由于光学遥感成像系统的定量反演过程是整个光学遥感定量反演的第一步，因此，给出光学遥感成像系统定量反演的误差对于正确评价整个定量反演的精度具有重要的意义。在无法获知成像系统定量反演误差的情况下，使用该模型进行地物参量反演，得到的地物参量的结果具有一定的不确定性。

　　2) 黑箱模型不能表达成像系统参数对成像辐射精度的影响

　　光学遥感成像系统是一个光电信息处理系统，光学遥感成像系统的成像性能和信息获取能力不但与成像系统的光学部件有关，还与成像系统内部的信号处理过程有关。现有的黑箱模型只简单表达了光学遥感成像系统输入与输出之间的数量关系，模型参数完全由拟合算法确定，而与成像系统本身的物理参数没有明确的对应关系。因此，上述模型无法表达成像系统各部件的参数对成像过程的影响，这对于分析成像系统参数对成像辐射精度的影响，进而改进成像系统的设计等是极为不利的。

　　3) 黑箱模型无法为成像系统辐射精度的提升提供理论依据

　　光学遥感成像过程中成像几何方位、大气条件和地物覆盖类型等多种因素都会影响

成像系统接收到的能量，而目前绝大部分光学遥感成像系统在发射升空以后都采用固定的参数获取全球地表的影像。从系统信号处理的角度看，在外界输入不断变化的情况下，如果成像系统的成像参数固定不变，就会出现系统参数与外界输入不匹配的问题，进而影响信号处理的质量。

1.6 高分辨率遥感定标与四大特性物理量纲

目前，我国已经发射了一系列的遥感卫星，利用这些卫星，可以为我国的军事、农业、林业、国土资源调查等提供支持。为了保证应用的精准程度，需要对这些卫星搭载的传感器进行几何、辐射、光谱方面的定标。传感器的几何、辐射、光谱等参数在卫星发射之前已经进行了实验室定标，但是当卫星发射升空之后，有效载荷所处的重力环境和温度等物理条件发生变化，其各项性能参数也会发生变化，从而导致卫星传感器的工作状态发生变化，因此需要对卫星的几何、辐射、光谱进行在轨定标。

1) 卫星传感器的几何定标

星载线阵传感器的几何定标主要包括两方面内容：一是获取传感器的内方位参数、传感器各个 CCD 阵列的几何变形参数、传感器相对于卫星平台的安置关系参数等定标数据，对定位精度进行施测前估计；二是根据获取的定标参数，对施测后的数据进行修正，提高数据的几何成像精度。在卫星遥感影像的高精度定位、高几何质量的卫星影像获取过程中，在轨几何定标技术是关键。通过在轨几何定标，传感器 CCD 阵列变形和移位、镜头光学畸变等因素造成的影像几何变形得到了修正，卫星平台、传感器系统的主要系统误差及部分偶然误差得到了有效消除，这为卫星影像的高精度定位、高分辨率卫星影像应用效能的充分发挥提供了重要保证。

2) 卫星传感器的辐射定标

辐射定标是建立辐射量与探测器输出量的数值联系的过程。空间相机的辐射定标技术主要包括相对辐射定标(也称为均匀性校正)和绝对辐射定标两个部分。相对辐射定标是矫正探测器不同像元响应度的过程。造成这种响应和偏置不同的原因除了有工艺水平之外，还包括其他多种因素，如在器件自身的非均匀性器件工作时引入的非均匀性外界输入。由于器件工艺比较成熟，目前可见光探测器件一般不需要均匀性校正，因此相对辐射定标主要用于红外波段焦平面器件的众多光敏元对辐射的响应不大一致，相互之间也没有一定的关系，并且一般光敏单元的响应率并不呈线性。

绝对辐射定标是建立探测器输出信号与空间相机输入辐射量之间关系的过程。一般而言，绝对辐射定标的主要目标是确定空间相机入瞳处的辐亮度 L 与探测器输出信号 V 之间的函数关系，即确定绝对定标系数。常见的绝对辐射定标包括飞行前实验室定标、在轨星上装置定标、在轨场地定标和在轨与其他卫星交叉定标。这些定标方法都可以用来对空间相机进行绝对辐射定标，它们互有优势和局限性，在具体使用时，可采用多种定标方式相结合的方法来弥补。

3) 卫星传感器的光谱定标

光谱定标的主要任务是确定各通道的光谱中心波长位置、光谱带宽和光谱响应度，以标准光谱信号为基准，检测成像光谱仪每个光谱通道的中心波长位置，并测定光谱响应函数。对于成像光谱仪来说，光谱定标是辐射定标的前提和必要。

对于色散型传感器，实验室中使用光谱带宽小于成像光谱仪光谱带宽 1/10 的单色仪对成像光谱仪进行光谱定标，通过单色仪在待定标波长附近区域扫描波长，得到某一光谱通道对一系列单色波长的响应，把得到的数据点做高斯曲线拟合，相对最大值做归一化处理，两端响应最大值的 1%作为波段的响应带宽，两端响应 50%的波长差作为光谱带宽，光谱带宽的中间值作为谱段的中心波长。对不同光谱通道进行中心波长和光谱带宽的测定，如果是超光谱或者是超高光谱成像仪，不能对每个光谱通道进行测定，只能测定一系列光谱通道，对其他的光谱通道进行插值。

对于推扫型成像光谱仪，同一光谱通道不同景物像元的中心波长也会不同，这种成像光谱仪像面上光谱记录的误差就是 smile。光谱 smile 效应也叫 frown 效应，表现为沿穿轨方向中心波长的偏离，光谱曲线的峰值通常位于图像的中心，形状像 smile 或 frown 的形状，所以叫 smile 或 frown 效应。smile 效应是由色散元件(光栅、棱镜)的空间畸变和准直、成像光学系统的像差引起的。smile 现象的存在，使得光谱定标过程中不能只对光谱通道中心像元进行光谱定标，还要对待定标光谱通道的边缘像元进行定标，定标方法与前述相同。如果一个光谱通道像元数很大，可选择几个视场定标，其余像元中心波长通过插值得到。

在实际遥感应用中，除了考虑传感器的几何、辐射、光谱分辨率外，还需要考虑传感器的重访周期，即时间分辨率，时间分辨率对于传感器数据应用的及时性有着很好的衡量标准。一般而言，传感器的几何分辨率的量纲为米(m)；辐射是以能量衡量的，其单位是焦耳(J)；光谱是以波长衡量的，其单位也是 m；时间的单位是秒(s)。

1.7　本 章 小 结

本章是全书的综述。主要介绍了如下内容：

(1) 简要概述了遥感观测中电磁波反射原理，并从麦克斯韦电磁学角度对发射传输特性进行解释。

(2) 阐述遥感四大分辨率(空间、时间、光谱、辐射)特点及现阶段面临的技术瓶颈点，包括：高分辨率遥感空间特性与几何高精度瓶颈、高分辨率遥感时间特性与实时性去冗余瓶颈、高分辨率遥感光谱特性与像元解混谱段退化瓶颈和高分辨率遥感辐射特性与能量传递的"辐射定标黑箱模型"瓶颈。

(3) 总结卫星的几何、辐射、光谱、时间在轨定标方法及对应物理量纲，为空间-时间-辐射-光谱四参量的遥感载荷地面综合验证场构建、引导新型光学遥感仪器研制和高分辨率遥感系统构建提供了重要技术支撑。

参 考 文 献

段依妮. 2015. 遥感影像立体定位的相对辐射校正和数字基高比模型理论研究. 北京: 北京大学博士学位论文.

高鹏骐. 2009. 无人机仿生复眼运动目标检测机理与方法研究. 北京: 北京大学博士学位论文.

刘慧丽. 2015. 基于多源数据的高光谱像元解混与目标检测研究. 北京: 北京大学硕士学位论文.

刘绥华. 2013. 基于模糊集全约束条件下多端元分解的光谱重构研究. 北京: 北京大学博士学位论文.

罗博仁. 2014. 基于仿生复眼的目标视场三维重建. 北京: 北京大学硕士学位论文.

孙华波. 2012. 基于 3—3—2 遥感信息处理模式的仿生复眼运动目标检测. 北京: 北京大学博士学位论文.

孙岩标. 2015. 极坐标光束法平差模型收敛性和收敛速度研究. 北京: 北京大学博士学位论文.

童庆禧, 张兵, 郑兰芬. 2006. 高光谱遥感: 原理、技术与应用. 北京: 高等教育出版社.

王明志. 2014. 学遥感辐射定标模型的系统参量分解与成像控制. 北京: 北京大学博士学位论文.

赵亮. 2012. MonoSLAM: 参数化、光束法平差与子图融合模型理论. 北京: 北京大学博士学位论文.

Gutman G G. 1994. Normalization of multi-annual global AVHRR reflectance data over land surfaces to common sun-target-sensor geometry. Advances in Space Research, 14(1): 121-124.

Hunt G R. 1979. Near-infrared(1.3-2.4)μm spectra of alteration minerals-Potential for use in remote sensing. Geophysics, 44(12): 1974-1986.

Ulrich B. 2001. Correction of Bidirectional Effects in Imaging Spectrometer Data. PhD Dissertation, Remote Sensing Series, 37: 24-38.

Wu A, Li Z, Cihlar J. 1995. Effects of land cover type and greenness on advanced very high resolution radiometer bidirectional reflectances: analysis and removal. Journal of Geophysical Research, 100(5): 9179-9192.

第一部分　空间(几何)分辨率

地球观测在地球经纬弧对象表征和航空航天成像传感器锥角观测硬件基础下，通过遥感影像信息处理技术服务于人类地球活动；因而小视场角的锥体几何构像是遥感观测的坐标本质。本部分，聚焦于高分辨率遥感的精度、收敛性、抗误差敏感性和时效性矛盾问题破解，建立航空航天数字影像坐标和精度度量理论。主要包括以下内容：

第 2 章空间特性 1：基于锥体构像仿生机器视觉的极坐标模型理论；

第 3 章空间特性 2：航空遥感通用物理模型及可变基高比表征理论；

第 4 章空间特性 3：几何参量收敛性误差敏感性和精度分析。

第 2 章 空间特性 1：基于锥体构像仿生机器视觉的极坐标模型理论

本章介绍遥感空间特性的第一个重要特征：航空航天摄影测量极坐标理论建立。具体包括：对直角坐标近景摄影测量体系的冲击与稀疏阵的根源性解析，分析直角坐标理论下的平差模型奇异发散原因；极坐标自由网光束法平差模型，有别于直角坐标理论下光束法平差模型，推导出极坐标理论下的平差数学结构模型；极坐标绝对网光束法平差模型，利用角度空间和直角空间的非线性变换，实现大地坐标系下的最小二乘优化，并介绍附加相似参数的光束法平差模型；点线作为混合观测的混合光束法平差模型，提高定向精度；最后通过真实实验验证极坐标理论光束法平差模型精度和效率。

2.1 直角坐标摄影测量的局限性与稀疏阵根源解析

随着卫星与传感器技术的迅速发展，高(空间)分辨率遥感影像的可获取性日益增强。一系列在轨高分辨率遥感卫星平台连同低空平台的轻小型航空飞机和无人机所构建的立体观测系统，为全天候、全天时精确地观测全球地表覆盖提供了可能。为了有效地推进这一发展，高分辨率对地观测系统已经被列入《国家中长期科学和技术发展规划纲要(2006—2020 年)》所部署的 16 个重大专项之一(中华人民共和国国务院，2013)。

高分辨率对地观测系统的首要任务之一是利用航天航空立体遥感影像实现快速高精度三维地形重建及飞行载体姿态精确修正。为了实现三维重建及姿态恢复，在摄影测量领域，空中三角测量在实际作业中得以广泛应用。空中三角测量是指通过多条航带的航片生成大面积区域地面三维坐标，其具有高效、高精度和大区域产业化特点，是其他测量方式无法比拟的，所以空中三角测量将在未来很长一段时间仍起到主导作用，是数字化时代强劲的推动力。而光束法平差是空中三角测量方法中最严密的一步解法，是实现高精度空中三角测量最可靠有效的方法，故光束法平差研究应是摄影测量研究的基础和突破点。

历经百年发展的经典摄影测量光束法平差模型是摄影测量的最核心环节，是地球空间几何信息处理的关键技术。经典光束法平差模型建立在直角坐标理论上，需要通过迭代优化理论求解非线性最优值问题，其存在强依赖初值选取、解算易发散和迭代优化时效性低的问题，出现的问题在复杂场景摄影条件下及大数据影像处理过程中更加明显突出。

　　图 2.1 中展示了对一套航空数据利用直角光束法平差模型，通过精确高斯-牛顿（Gauss-Newton, GN）方法和近似高斯-牛顿解法的 Levenberg-Marquardt（LM）方法实现的优化过程（横坐标表示迭代次数，纵坐标表示收敛的目标值）。结果表明 GN 直角光束法平差方法存在病态奇异现象，故只能利用近似 LM 方法经过多次迭代收敛到一个较大的极值点。同时，利用极坐标平差理论处理图 2.1 数据，可发现特征点表征的极坐标理论下观测模型，无论 GN 还是 LM 均无奇异现象，并以更快收敛速度收敛到更小的极值点。

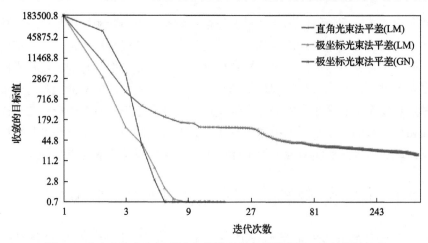

图 2.1　建立在直角坐标理论上的模型存在奇异发散、收敛性差现象

　　上述现象发生的根本原因是经典直角光束法平差模型存在法方程强奇异性、估计有偏性和空间表达高误差敏感性。其具体是由同名点对的增加导致了共线方程过多，使其联立求解的超大维数矩阵运算弱不相关性产生的病态解效应，以及初值无法快速准确到达全局最优解的局部极值屏障效应等问题引起的。例如，在直角坐标理论下对多尺度遥感影像进行空间表达时（图 2.2），当分辨率不断提高时，因其对误差具有强敏感性，故无法高精度完整表达三维点。而在极坐标理论下表达，因极角对误差具有弱敏感性，故可以高精度表达三维点（图 2.3）。小角度空间特征使直角坐标理论无法精确表达刻画，造成解算过程数值解出现极大值和极小值；极大、极小值出现等价于稀疏矩阵出现，法方程无法精确表达优化空间下降方向和步长，故出现奇异发散现象。基于视差角仪器平台（图 2.4），可以突破稀疏阵病态奇异性，实现高维非线性优化问题快速收敛和三维测量。

图 2.2　遥感影像多层级表达

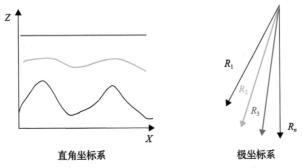

直角坐标系　　　　　　　　　极坐标系

图 2.3　不同坐标下的空间表达

图 2.4　多种极坐标视差角(变角标定, 双角推扫, 高重叠 4×4 探测阵列)空间仪器试验系统

　　综上所述，为了改善航空航天技术因产生稀疏阵而造成的奇异发散问题，建立新一代航空航天摄影测量坐标理论成为核心要务。通过克服光束法病态奇异性问题，变量相关系数呈数量级减少，矩阵秩的权值相当而克服了向量基弱不相关问题，从而实现新坐标下的平差处理具有弱奇异性、无偏性和低误差敏感性特征。极坐标系统能够在动姿态-大角度-多重叠情况下保证基本收敛，并且达到精度-效率-抗干扰能力的统一，使光束法平差的效率提高两个数量级，精度提高一个数量级，观测误差的抗干扰能力提高一个数量级以上，从而为航空航天数字摄影测量提供了更有力的理论，并为智能摄影测量提供了新的坐标理论。

　　图 2.5 表示本章极坐标方法与国际现行直角坐标方法，在采用同一数据源时，在处理效率上可提高 2～3 个数量级，在结果精度上可提高一个数量级，并且解算结果对误差的敏感度大大降低，即针对高分辨率遥感影像处理中，基于极坐标系统的方法能够更快速的收敛，且结果精度较好。图 2.6 表示了不同坐标体系下的收敛性，图中表示直角坐标系下，选取不同的初值可能会使迭代结果不能得到最小值，从放大的曲线局部图中可以观察到，当初值选在局部极小值右侧时，迭代结果只能取得极小值，无法获得最小值，即便是针对微小量，采用反向计算迭代方式也会出现同样的现象，说明在直角坐标系下的解算对初始值选取的依赖性很高；而极坐标系光束法平差，无论初始值精度如何，结果的精度都能迭代至最小值，即便在曲线中间有局部极小值，也能够通过函数的"惯性势能"获得最小值，使得到的结果的准确度提高，该坐标系下最优解不依赖于对初值的选取。

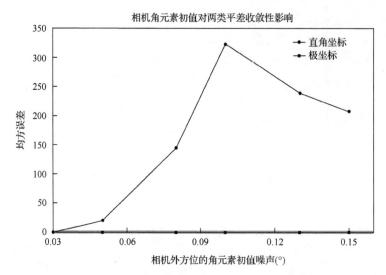

图 2.5　不同坐标体系的效率、精度与抗干扰性

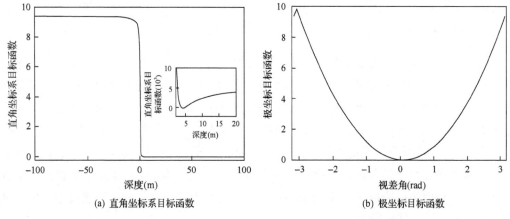

(a) 直角坐标系目标函数　　　　　　　(b) 极坐标目标函数

图 2.6　不同坐标体系下收敛性图 (赵亮, 2012; 孙岩标, 2015)

　　GeoSOT 网格剖分方案全称为"基于 2^n 及整型一维数组的全球经纬度剖分网格"(geographical coordinates subdividing grid with one dimension integer coding on 2^n-tree, GeoSOT)(图 2.7)，是一种将地球表面空间剖分为网格的剖分与编码方法，是通过将空间区域划分为可以无限细分的、具有层次的格网单元集合，来建立一种用于组织空间信息的区位标识体系(程承旗, 2012)，其已被正式颁布为国家军用标准《地球表面空间网格与编码》(GJB 8896—2017)(图 2.8)。

　　GeoSOT 经纬度网格剖分方案是基于经纬度坐标空间来定义的，即在不改变原有经纬度坐标空间定义的基础上，使得空间区域可以通过二进制、四进制等方式进行划分与表达。而经纬度坐标空间本质即极坐标，因此极坐标的有效获取、处理与基于经纬剖分格网的空间信息组织管理存储结合，就像为高速公路设置了便捷的入口和出口，可望成为新一代空间信息体系的源端和终端，形成多尺度全姿态空间信息(获取—组织—管理—存储—处理—应用)极坐标新体系。

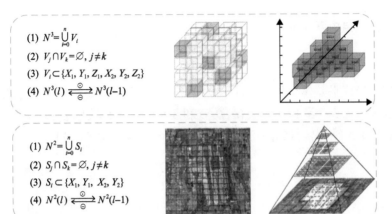

(1) $N^3 = \bigcup_{i=0}^{n} V_i$

(2) $V_j \cap V_k = \varnothing, j \neq k$

(3) $V_i \subset \{X_1, Y_1, Z_1, X_2, Y_2, Z_2\}$

(4) $N^3(l) \overset{\oplus}{\underset{\ominus}{\rightleftarrows}} N^3(l-1)$

(1) $N^2 = \bigcup_{i=0}^{n} S_i$

(2) $S_j \cap S_k = \varnothing, j \neq k$

(3) $S_i \subset \{X_1, Y_1, X_2, Y_2\}$

(4) $N^2(l) \overset{\oplus}{\underset{\ominus}{\rightleftarrows}} N^2(l-1)$

图 2.7　GeoSOT 经纬度剖分网格

图 2.8　经纬剖分国家军用标准

2.2　极坐标自由网光束法平差模型

本节首先讨论了直角坐标理论下的自由网光束法平差模型；简要介绍了在基于直角坐标自由网平差模型中相机和特征点的参数化，以及构建的平差优化代价函数和误差方程。然后，介绍了极坐标理论下的光束法平差模型；从三维特征点的极坐标参数化和观测方程来阐述新模型的数学内涵。

2.2.1　直角坐标自由网平差模型

1. 相机参数化

对于直角坐标平差模型和极坐标平差模型，相机参数化是相同的，即相机 6 个外方位元素可以表示为 3 个欧拉角元素 (α, β, γ) 和 3 个线元素 (X_s, Y_s, Z_s)。本章中 3 个欧拉角是依次绕着 Z-Y-X 轴旋转得到的角度，旋转矩阵可以表示为式(2.1)：

$$R = R_X(\gamma) R_Y(\beta) R_Z(\alpha)$$

$$R_Z(\alpha) = \begin{bmatrix} \cos\alpha & \sin\alpha & 0 \\ -\sin\alpha & \cos\alpha & 0 \\ 0 & 0 & 1 \end{bmatrix}, R_Y(\beta) = \begin{bmatrix} \cos\beta & 0 & -\sin\beta \\ 0 & 1 & 0 \\ \sin\beta & 0 & \cos\beta \end{bmatrix}, R_X(\gamma) = \begin{bmatrix} 1 & 0 & 0 \\ 0 & \cos\gamma & \sin\gamma \\ 0 & -\sin\gamma & \cos\gamma \end{bmatrix} \quad (2.1)$$

除了欧拉角的表示方式外，外方位元素角元素也可以通过四元数 (a, b, c, d) 来表示 (Mandic et al., 2011; 吴莘馨等, 2013)。虽然，四元数是通过 4 个未知数来表示 3 个自由度的物理量，但因为 4 个未知数之间存在一个约束条件(4 个未知数的平方和为 1，即 $a^2 + b^2 + c^2 + d^2 = 1$)，4 个未知数中只有 3 个非线性相关，故正好表达 3 个旋转量。相比于四元数，欧拉角表达旋转量更为通用，故本章用 3 个欧拉角来表达相机姿态。四元数可以通过式(2.2)和式(2.3)变换成欧拉角形式：

$$R = \begin{bmatrix} 1 - 2c^2 - 2d^2 & 2bc - 2ca & 2bd + 2ca \\ 2bc + 2da & 1 - 2b^2 - 2d^2 & 2cd - 2ba \\ 2bd - 2ca & 2cd + 2ba & 1 - 2b^2 - 2c^2 \end{bmatrix} \quad (2.2)$$

$$\begin{cases} \alpha = a\tan\dfrac{R_{12}}{R_{11}} \\[2mm] \beta = a\tan\dfrac{-R_{13}}{\sqrt{R_{11}^2 + R_{12}^2}} \\[2mm] \gamma = a\tan\dfrac{R_{23}}{R_{33}} \end{cases} \quad (2.3)$$

2. 特征点直角参数化及观测方程

经典平差模型中三维特征点含有 3 个自由度，常用 (X, Y, Z) 表达一个三维特征点。如图 2.9 所示，一个特征点 $F_j = (X_j, Y_j, Z_j)$ 在一个相机 P_i 的焦平面上成像，其像点坐标为 $[u_j^i, v_j^i]^T$ (像点坐标的原点在图像的左上角)。

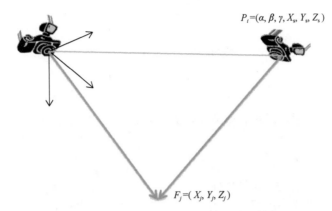

$$P_i = (\alpha, \beta, \gamma, X_s, Y_s, Z_s)$$

$$F_j = (X_j, Y_j, Z_j)$$

图 2.9　直角坐标系下的三维特征点参数化

　　下面将介绍计算机视觉和摄影测量两个领域对于直角坐标系下的平差观测方程表达形式，以及两者之间的关系。根据小孔成像原理，在计算机视觉上可以用矩阵和齐次坐标建立三维点 (X_j, Y_j, Z_j) 和二维像点 $[u_j^i, v_j^i]^T$ 的观测方程，如式 (2.4) 和式 (2.5) (Hartley and Zisserman, 2003) 所示：

$$\begin{cases} u_j^i = \dfrac{x_j^i}{t_j^i} \\[3mm] v_j^i = \dfrac{y_j^i}{t_j^i} \end{cases} \tag{2.4}$$

$$\begin{bmatrix} x_j^i \\ y_j^i \\ t_j^i \end{bmatrix} = KR[I \,|\, -c]X, K = \begin{bmatrix} f_x & 0 & u_0 \\ 0 & f_y & v_0 \\ 0 & 0 & 1 \end{bmatrix}, c = \begin{bmatrix} X_s \\ Y_s \\ Z_s \end{bmatrix} \tag{2.5}$$

式中，(f_x, f_y) 表示焦距；(u_0, v_0) 表示像中心坐标；(R, c) 表示相机旋转角组成的旋转矩阵和相机外方位的线元素。

　　在摄影测量中，常用分式形式的共线方程来表示投影关系，即式 (2.6) (张祖勋和张剑清, 2012)：

$$\begin{cases} u - u_0 = -f\dfrac{a_1(X - X_s) + a_2(Y - Y_s) + a_3(Z - Z_s)}{c_1(X - X_s) + c_2(Y - Y_s) + c_3(Z - Z_s)} \\[3mm] v - v_0 = -f\dfrac{b_1(X - X_s) + b_2(Y - Y_s) + b_3(Z - Z_s)}{c_1(X - X_s) + c_2(Y - Y_s) + c_3(Z - Z_s)} \end{cases} \tag{2.6}$$

式中，$(a_1, a_2, a_3, b_1, b_2, b_3, c_1, c_2, c_3)$ 表示旋转矩阵的 9 个元素。

　　下面，将推导计算机视觉观测方程 [式 (2.5)] 和摄影测量观测方程 [式 (2.6)] 之间的关系。首先，将式 (2.6) 写成矩阵的形式，如式 (2.7) 所示：

$$R[I|-c]\begin{bmatrix} X \\ Y \\ Z \\ 1 \end{bmatrix} = \begin{bmatrix} u - u_0 \\ v - v_0 \\ -f \end{bmatrix} \tag{2.7}$$

然后在式(2.7)的两边同乘以矩阵 K，得到式(2.8)：

$$\begin{bmatrix} f & 0 & u_0 \\ 0 & f & v_0 \\ 0 & 0 & 1 \end{bmatrix} R[I|-c]\begin{bmatrix} X \\ Y \\ Z \\ 1 \end{bmatrix} = \begin{bmatrix} f & 0 & u_0 \\ 0 & f & v_0 \\ 0 & 0 & 1 \end{bmatrix}\begin{bmatrix} u - u_0 \\ v - v_0 \\ -f \end{bmatrix} \tag{2.8}$$

令 $f = -f$，可以得到式(2.9)：

$$\begin{bmatrix} f & 0 & u_0 \\ 0 & f & v_0 \\ 0 & 0 & 1 \end{bmatrix}\begin{bmatrix} u - u_0 \\ v - v_0 \\ f \end{bmatrix} = \begin{bmatrix} fu \\ fu \\ f \end{bmatrix} = f\begin{bmatrix} u \\ v \\ 1 \end{bmatrix} = KR[I|-c]X \tag{2.9}$$

通过式(2.8)和式(2.9)可以清晰地发现，只要在焦距前加个负号，计算机视觉和摄影测量上的投影方程就等价。焦距的符号取决于坐标系的定义，在摄影测量中 Z 轴朝上，而在计算机视觉中 Z 轴朝下，故焦距符号相反，但其本质是等价的(孙岩标，2015)。

3. 误差方程建立

直角坐标系的共线方程可以简化写成式(2.10)：

$$\begin{cases} F_1 = (u - u_0) + f\dfrac{U}{W} = 0 \\ F_2 = (v - v_0) + f\dfrac{V}{W} = 0 \end{cases} \tag{2.10}$$

$$\begin{cases} U = a_1(X - X_s) + a_2(Y - Y_s) + a_3(Z - Z_s) \\ V = b_1(X - X_s) + b_2(Y - Y_s) + b_3(Z - Z_s) \\ W = c_1(X - X_s) + c_2(Y - Y_s) + c_3(Z - Z_s) \end{cases} \tag{2.11}$$

对于该非线性优化问题，其变量包括相机 6 个外方位元素和特征点 3 个元素，即 $X = \{\alpha, \beta, \gamma, X_s, Y_s, Z_s, X, Y, Z\}$，其观测量为所有三维点在图像上的二维投影坐标 $[u, v]^T$，故误差方程为式(2.12)，其中 ∂F 表示图像二维点对所有变量的一阶导数。当误差方程建立后，需要利用非线性优化的方法进行迭代求解，其具体流程见 2.2.2 节。

$$
\begin{bmatrix} v_1 \\ v_2 \end{bmatrix} = \begin{bmatrix} -(x-x_0)-f\dfrac{U}{W} \\ -(y-y_0)-f\dfrac{V}{W} \end{bmatrix} = \begin{bmatrix} \dfrac{\partial F_1}{\partial \alpha} & \dfrac{\partial F_1}{\partial \beta} & \dfrac{\partial F_1}{\partial \gamma} & \dfrac{\partial F_1}{\partial X_s} & \dfrac{\partial F_1}{\partial Y_s} & \dfrac{\partial F_1}{\partial Z_s} & \dfrac{\partial F_1}{\partial X} & \dfrac{\partial F_1}{\partial Y} & \dfrac{\partial F_1}{\partial Z} \\ \dfrac{\partial F_2}{\partial \alpha} & \dfrac{\partial F_2}{\partial \beta} & \dfrac{\partial F_2}{\partial \gamma} & \dfrac{\partial F_2}{\partial X_s} & \dfrac{\partial F_2}{\partial Y_s} & \dfrac{\partial F_2}{\partial Z_s} & \dfrac{\partial F_2}{\partial X} & \dfrac{\partial F_2}{\partial Y} & \dfrac{\partial F_2}{\partial Z} \end{bmatrix} \begin{bmatrix} \Delta\alpha \\ \Delta\beta \\ \Delta\gamma \\ \Delta X_s \\ \Delta Y_s \\ \Delta Z_s \\ \Delta X \\ \Delta Y \\ \Delta Z \end{bmatrix}
$$

$$(2.12)$$

2.2.2　非线性最小二乘平差优化模型

1. 特征点极坐标表达及观测方程

经典直角坐标系 (X, Y, Z) 可以非常直接简单地表达三维特征点，但是这种表达方式可能会在一些特殊场景结构下失败。例如，当特征点无穷远或者视差角较小甚至接近 0 时，Z 很难用具体数字刻画。对于高维非线性优化的光束法平差模型，只要有一个这样的点存在，就会造成优化问题发散，经典方法并不是一个有效的表示方法。为了从数学上完整表达所有情况下的特征点，本节将使用极坐标理论下的角度参数化来表达三维特征点，即 $F=(\varphi,\theta,\omega)$。

如图 2.10 所示，一个特征点 $F_j=(\varphi,\theta,\omega)$ 在 3 个相机上 (P_m, P_a, P_k) 有图像特征点观测，即 $([u_j^m,v_j^m]^T,[u_j^a,v_j^a]^T,[u_j^k,v_j^k]^T)$。其中，$(\varphi,\theta)$ 表示方位角和高程角，它们分别为投影射线在 X-Y 和 X-Z 平面的投影线和对应坐标轴间的角度；ω 表示视差角。方位角和高程角确定了特征点的方向，等价于极坐标定义中的极角概念；深度信息来源于视差，故视差角等价于极坐标定义中的极径概念。本书将这种特征点表达称为极坐标表达，定义的光束法平差为极坐标理论下的光束法平差模型。因为视差角定义指的是两个相机间的摄影角度，因此需要定义两个相机来表达一个三维特征点。用于定义视差角的两个相机

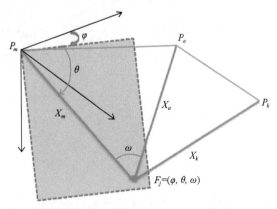

图 2.10　极坐标理论下的三维特征点表达

称为主锚点(主相机，main archor)和副锚点(副相机，associate archor)。例如，图 2.10 中，P_m 被定义为特征点 F_j 的主锚点，P_a 为特征点的副锚点，P_k 为其他锚点。对于一个三维特征点被 3 个或者 3 个以上相机观测的情况，主副锚点的选择可以多样，不同的两个相机被当作主副锚点时都有对应的一个视差角。但是，当主副锚点选定后，视差角就是唯一的，在优化过程中不变(赵亮，2012; Zhao et al.，2015a)。

当主副锚点选定后，二维特征点坐标和三维视差角参数的变换关系(观测方程)可以表示为式(2.13)和式(2.14)：

$$\begin{cases} u_j^i = \dfrac{x_j^i}{t_j^i} \\[3mm] v_j^i = \dfrac{y_j^i}{t_j^i} \end{cases} \tag{2.13}$$

$$\begin{bmatrix} x_j^i \\ y_j^i \\ t_j^i \end{bmatrix} = \begin{cases} KRX_j^m & i = m \\ KR\sin\omega X_j & i \ne m \end{cases} \tag{2.14}$$

式中，X_j^m 为主锚点到特征点的向量(3×1 向量)；X_j 为副锚点或者其他锚点到特征点的向量(3×1 向量)。其中，主锚点向量可以通过高程角和方位角来表示，如式(2.15)所示：

$$X_j^m = \begin{bmatrix} \sin\varphi\cos\theta \\ \sin\theta \\ \cos\varphi\cos\theta \end{bmatrix} \tag{2.15}$$

另外，利用视差角和主锚点向量来表示副锚点或者其他锚点到三维特征点的向量，如式(2.16)所示：

$$X_j^i = \sin(\omega+\varphi)\|t_i - t_m\| X_j^m - \sin\omega(t_i - t_m) \tag{2.16}$$

式中，X_j^i 为非主相机 i 到特征点 F_j 的向量；$\|t_i - t_m\|$ 为第 i 个相机到主锚点相机的距离；φ 为主锚点到副锚点的向量和主锚点到特征点的向量间的夹角，如图 2.10 所示。其中，φ 可以通过式(2.17)计算得到

$$\varphi = a\cos\frac{(t_i - t_m) \cdot X_j^m}{\|t_i - t_m\|} \tag{2.17}$$

2. 目标函数及法方程建立

极坐标光束法平差模型的数学本质为非线性最小二乘优化，如式(2.17)所示。其中，

优化的变量包括所有相机姿态位置和加密点的极坐标参数，即 $X = [\alpha, \beta, \gamma, X_s, Y_s, Z_s, \varphi, \theta, \omega]$；优化的观测量为二维图像坐标 $z = [u, v]$，并且图像特征点的权重为 Q_z^{-1}。极坐标光束法平差模型的目的就是估计出最佳的未知参数，使目标函数[式(2.18)]最小。

$$\|\varepsilon\|_{Q_z^{-1}}^2 = [z - f(X)]^{\mathrm{T}} Q_z^{-1} [z - f(X)] \tag{2.18}$$

式中，$f(X)$ 为三维点在图像上投影的观测方程，即式(2.14)。因观测方程为非线性，故该优化问题变成非线性优化问题。

给定所有变量的初值 X_0，对观测方程进行泰勒级数展开可以得到式(2.19)：

$$f(X) = f(X_0) + J\Delta \tag{2.19}$$

式中，J 为观测值对所有未知数的一阶导数；Δ 表示变化增量。将式(2.19)代入式(2.18)，可以得到线性最小二乘优化方程式(2.20)：

$$\|\varepsilon\|_{Q_z^{-1}}^2 = [z - f(X_0) - J\Delta]^{\mathrm{T}} Q_z^{-1} [z - f(X_0) - J\Delta] \tag{2.20}$$

对于式(2.20)的极值点，其一阶导数必须为 0，可以得到式(2.21)：

$$-J^{\mathrm{T}} Q_z^{-1} [z - f(X_0) - J\Delta] = 0 \tag{2.21}$$

故未知数的增量可以通过式(2.22)求解：

$$J^{\mathrm{T}} Q_z^{-1} J\Delta = J^{\mathrm{T}} Q_z^{-1} [z - f(X_0)] \tag{2.22}$$

计算得到增量 Δ 后，新的未知参数可以更新为

$$X = X_0 + \Delta \tag{2.23}$$

式(2.22)中，$z - f(X_0)$ 表示误差方程；半正定矩阵 $J^{\mathrm{T}} Q_z^{-1} J$ 表示法方程。

在平差优化中，假设所有观测的误差满足高斯正态分布，则其权 Q_z^{-1} 常设为单位阵。下面将分析为何可以设为单位矩阵。

通常在自由网平差实验中，图像测量误差被认为满足高斯正态分布，即 $z_u \sim (0, \sigma^2)$，故图像测量中像点的权被设置为单位矩阵 E。

3. 非线性最小二乘优化

求解非线性方程[式(2.22)]，在摄影测量中常采用 GN 和 LM 迭代优化方法。下面将简要介绍这两种优化方法。

1) GN 方法

GN 方法是牛顿方法的一种简化，由于牛顿方法广泛应用于求解无约束优化问题以

及非线性方程组问题，因而牛顿方法在最优化方法中占据非常重要的地位。

设 $f(x)$ 具有连续二阶偏导数，当前迭代点为 x_k。$f(x)$ 在 x_k 附近的二阶泰勒展开为

$$f(x_k + \Delta) = f(x_k) + g_k^{\mathrm{T}}\Delta + \frac{1}{2}\Delta^{\mathrm{T}}G_k\Delta \tag{2.24}$$

求解式 (2.24) 问题，只需使其一阶导数为 0，即式 (2.25)：

$$G_k\Delta = -g_k \tag{2.25}$$

当初值 x_0 接近极小值时，牛顿方法具有二次收敛速度。以上介绍了常规方程的牛顿方法，对于最小二乘优化问题，其一阶导数和二阶导数可以表示为

$$g_k = 2J^{\mathrm{T}}Q_z^{-1}[z - f(X_0)] \tag{2.26}$$

$$G_k = 2J^{\mathrm{T}}Q_z^{-1}J + 2\frac{\partial J}{\partial \Delta}Q_z^{-1}[z - f(X_0)] \tag{2.27}$$

由于在实际工程应用中，观测方程的二阶导数 $\frac{\partial J}{\partial \Delta}$ 很难用解析式表示出来，故经常将 G_k 的第二项忽略掉，此时的牛顿方法即变成了 GN 方法 [式 (2.22)]。当 $J^{\mathrm{T}}Q_z^{-1}J$ 满秩时，可以通过求法方程的逆来直接计算变量的增量；但是当初值较差或者数据结构较差情况，$J^{\mathrm{T}}Q_z^{-1}J$ 将成为奇异矩阵，故 GN 方法失效。

2) LM 方法

对于 GN 方法，$J^{\mathrm{T}}Q_z^{-1}J$ 经常奇异，特别是在直角坐标系下的平差优化模型中，优化问题常常无法求解。为了解决 GN 方法中法方程奇异的缺点，LM 方法被提出来，并有效和广泛应用到许多实际问题求解中。LM 方法可以表示为式 (2.29)：

$$(J^{\mathrm{T}}Q_z^{-1}J + \lambda I)\Delta = J^{\mathrm{T}}Q_z^{-1}[z - f(X_0)] \tag{2.28}$$

LM 方法的思路是在法方程的对角线上加上一个相同的常数，从而避免法方程奇异的现象。LM 方法是最速下降法和 GN 方法的混合方法。当 λ 特别大时，$J^{\mathrm{T}}Q_z^{-1}J$ 可以忽略，即式 (2.28) 可以变成梯度下降方法 [式 (2.29)]：

$$\Delta = \frac{1}{\lambda}J^{\mathrm{T}}Q_z^{-1}[z - f(X_0)] \tag{2.29}$$

当 λ 特别小时，λI 可以忽略，求解方法即变成 GN 法 [式 (2.22)]。LM 方法的流程包括如下五个步骤：

(1) 法方程和误差方程求解。给定初值 X_0，在初值点计算所有观测对所有未知数的一阶导数，从而得到法方程 $A = J^{\mathrm{T}}Q_z^{-1}J$ 和误差项 $b = J^{\mathrm{T}}Q_z^{-1}[z - f(X)] = J^{\mathrm{T}}Q_z^{-1}\in$。

(2) 初始参数 τ 的给定。遍历法方程 A 矩阵的对角线，找到其绝对值最大值，此时对角线上初始的增加量为 $\lambda = \tau \max\{|\mathrm{diag}(A)|\}$。实验发现，$\tau$ 决定 LM 方法的收敛性和收

敛速度，在第 6 章相关实验中，将通过具体的实验分析不同的 τ 对 LM 方法的收敛性影响。

（3）增量 Δ 求解。求解方程 $(A+\lambda I)\Delta = b$，因为光束法平差问题需要优化的变量数较多，故法方程的维数较多，为了快速和精确求解对称的线性方程，可以利用 Cholesky 分解。当 $\Delta^2 \geqslant (X^2+\varepsilon_2)/\varepsilon_2^2$ 时，表示 $A+\lambda I$ 奇异，LM 方法退出；当 $\Delta^2 \leqslant \varepsilon_2^2 \cdot X_k^2$ 时，表示 $k+1$ 次迭代后变量基本没有变化，问题收敛，LM 方法成功退出。

（4）变量更新。$X_{k+1}=X_k+\Delta$，并计算新的误差方程 $\in_{k+1}=z-f(X_k+\Delta)$。

（5）迭代接受与否及 λ 修正。当 $\Delta(\mu\cdot\Delta+b)>0$ 和 $\in_k^2>\in_{k+1}^2$ 时，表示第 $k+1$ 次迭代可以得到比第 k 次迭代更小的优化结果，此时需要减小 λ 值 $\left[\lambda=\lambda\cdot t, t=t=\max\left(\rho,\dfrac{1}{3}\right), v=2\right]$；假如这两个等式中的任何一个等式不成立，那么需要增大 λ 值（$\lambda=\lambda\cdot v$，$v=v\cdot 2$）。倘若新的误差项 $\in_{k+1}$ 特别小时，LM 方法也将收敛停止。

另外，在 LM 方法中，有四个条件使迭代停止，分别为：①变量的更新值 Δ 非常小；②连续两次迭代的目标函数变化非常小；③目标函数的梯度接近 0；④达到最大迭代次数（在本书中，最大迭代次数设置为 200 次）。

2.3　极坐标绝对网光束法平差模型

2.3.1　基于封闭解的绝对定向法

基于 2.2 节介绍的极坐标自由网光束法平差模型，可以得到局部坐标系下的加密点坐标和相机外方位元素，将其转换到真实坐标系统，可以通过简单的绝对定向法。假设局部坐标系统和绝对坐标系统的变换满足刚体相似变换，其未知参数包括 7 个自由度，即旋转矩阵 R、平移向量 t 和尺度因子。在摄影测量中，常通过非线性迭代的方法求解绝对定向的 7 个参数。下面将介绍一种基于封闭解的绝对定向参数求解法，利用 3 个或者 3 个以上的点实现自由网平差结果过渡到绝对网平差结果上。

假设控制点坐标集合表示为 $S_2=\{S_2^1, S_2^2, \cdots, S_2^i\}$，其中 $S_2^i=\{X_2^i, Y_2^i, Z_2^i\}$，表示每一个控制点的直角坐标。另外，在自由网平差中，控制点的坐标集合表示为 $S_1=\{S_1^1, S_1^2, \cdots, S_1^i\}$，$S_1^i=\{X_1^i, Y_1^i, Z_1^i\}$。绝对定向的数学本质是寻找最优的旋转矩阵 R、平移向量 t 和尺度因子 c，使式 (2.30) 表达的优化目标函数最小。

$$\varepsilon^2 = e^2(R,t,c) = \frac{1}{n}\sum_{i=1}^{n}\left\|S_2^i-(cRS_1^i+t)\right\|^2 \tag{2.30}$$

假设 μ_{S_1}、μ_{S_2} 是 S_1、S_2 集合的均值，σ_{S_1}、σ_{S_2} 是 S_1、S_2 集合的标准差，$\sum$ 是两个集合的协方差［式 (2.31)］（Umeyama，1991）：

$$\begin{cases} \mu_{S_1} = \dfrac{1}{n}\sum_{i=1}^{n} S_1 \\[2mm] \mu_{S_2} = \dfrac{1}{n}\sum_{i=1}^{n} S_2 \\[2mm] \sigma_{S_1}^2 = \dfrac{1}{n}\sum_{i=1}^{n} \left\| S_1^i - \mu_{S_1} \right\| \\[2mm] \sigma_{S_2}^2 = \dfrac{1}{n}\sum_{i=1}^{n} \left\| S_2^i - \mu_{S_2} \right\| \\[2mm] \Sigma = \dfrac{1}{n}\sum_{i=1}^{n} (S_2^i - \mu_{S_2})(S_1^i - \mu_{S_1})^{\mathrm{T}} \end{cases} \tag{2.31}$$

利用奇异值分解 SVD，即 $\Sigma = UDV^{\mathrm{T}}$，其中 U、V 是酉矩阵；D 是对角矩阵。得到 S 矩阵[式(2.32)]：

$$S = \begin{cases} I & \det(\Sigma) \geqslant 0 \\ \mathrm{diag}(1,1,-1) & \det(\Sigma) < 0 \end{cases} \tag{2.32}$$

因此刚体变换的旋转矩阵、平移向量和尺度因子可以表示为式(2.33)：

$$\begin{cases} R = USV^{\mathrm{T}} \\[2mm] c = \dfrac{1}{\sigma_{S_1}^2}\mathrm{tr}(DS) \\[2mm] t = \mu_{S_2} - cR\mu_{S_1} \end{cases} \tag{2.33}$$

式中，$\mathrm{tr}(\cdot)$ 表示矩阵的迹。

2.3.2 混合表达的直接绝对网平差模型

倘若认为控制点非常精确，可以不将其看作观测值和变量。因为控制点坐标以 XYZ 表达，而在极坐标平差模型中加密点以高度角、方位角和视差角的形式表达，故该绝对网平差模型可以表达为式(2.34)：

$$\|\varepsilon\|_{Q^{-1}}^2 = [z - f(X)]^{\mathrm{T}} Q_z^{-1}[z - f(X)] + [z_G - g(X)]^{\mathrm{T}} Q_z^{-1}[z_G - g(X)] \tag{2.34}$$

式(2.34)等号右边项中，第一项与自由网平差的式(2.18)相同；第二项中，z_G 为控制点的图像坐标。加密点的像点坐标和控制点的像点坐标精度被视为同等级精度，故权重相同且可以用单位权来表示。在式(2.34)中，绝对网的变量与自由网的变量并未改变，控制点在该模型中的作用只体现在将像点坐标引入模型，且控制点本身既不做观测也不做变量。

由于控制点是以直角坐标表示，因此在该模型中构建控制点像点坐标和控制点大地坐标的观测方程采用常规的直角坐标系的共线方程，即式(2.35)：

$$g\begin{pmatrix} X \\ X_G \end{pmatrix} = KR(X_G - t) \tag{2.35}$$

式中，t 为相机的位置。因为控制点不作为变量，只需要计算对相机的 6 个外方位元素的导数，如式 (2.36) 和式 (2.37) 所示：

$$\frac{\partial g}{\partial [\alpha \quad \beta \quad \gamma]} = \begin{bmatrix} KR_X R_Y \dfrac{\partial R_Z}{\partial \alpha}(X_G - t) \\[2mm] KR_X \dfrac{\partial R_Y}{\partial \beta} R_Z (X_G - t) \\[2mm] K\dfrac{\partial R_X}{\partial \gamma} R_Y R_Z (X_G - t) \end{bmatrix}^{\mathrm{T}} \tag{2.36}$$

$$\frac{\partial g}{\partial t} = KR \begin{bmatrix} -1 & & \\ & -1 & \\ & & -1 \end{bmatrix} \tag{2.37}$$

因为加密点的观测方程的表达形式为极坐标的共线方程，控制点的观测方程的表达形式为直角坐标的共线方程，所以本章称该模型为混合表达的绝对网平差模型。

2.3.3　附加相似变换参数的间接绝对网平差模型

航空摄影测量中，为了提高作业效率和降低作业成本，一个测区的范围往往非常大，故自由网平差结果和绝对网平差结果并不是一个简单的刚性变换，即不能用简单的 7 个自由度（包括 3 个旋转角、3 个平移向量和 1 个尺度缩放因子）来实现两种坐标系下的转换。因此利用 2.3.1 方法在大尺度测区进行测量，得到的精度较差。究其原因，即在大尺度下误差不断累积，造成了控制点坐标和对应自由网三维点不满足相似变换。因此，一个简单的设想就是，是否能在自由网平差中添加相似变换参数，使自由网平差重建出的局部控制点和实际控制点存在相似变换。下面，将介绍一种附加刚性变换参数的间接绝对网平差模型。在该模型中，控制点只作为观测而不作为变量，即 (X_G, Q_G^{-1}) 表示控制点的测量值和不确定度。另外，一类观测依旧为图像二维特征点，即 (z, Q_z^{-1})。在该模型中，其优化目标函数为

$$\|\varepsilon\|_{Q^{-1}}^2 = [z - f(X)]^{\mathrm{T}} Q_z^{-1}[z - f(X)] + [X_G - g(X)]^{\mathrm{T}} Q_G^{-1}[X_G - g(X)] \tag{2.38}$$

式中，$f(X)$ 为二维图像点的观测方程，即式 (2.13) 和式 (2.14)；$g(X)$ 为极坐标变量和直角坐标系下作为观测的控制点间的变换关系，$g(X)$ 表示极坐标变量和直角坐标系下作为观测的控制点间的变换关系。对于式 (2.38) 优化方程，未知数包括所有相机外方位元素、三维点的三种角度以及相似变换参数；观测量为 (X_G, Q_G^{-1}) 和 (z, Q_z^{-1})。

因为控制点为直角坐标系，而自由网平差模型中使用的是极坐标系，故需要对控制点实现极坐标参数到直角坐标系的转换，如图 2.11 所示。

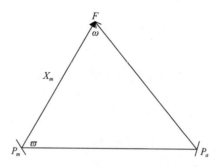

图 2.11　　直角坐标系和极坐标系的转换

　　如图 2.11，特征点 F 表示控制点，P_m、P_a 表示点 F 对应的主锚点和副锚点，ω,ϖ 为视差角。根据正弦和余弦定理，$g(X)$ 可以写成如下公式：

$$g(X)=sR\left(\frac{\sin(\omega+\varphi)}{\sin\omega}\|t_a-t_m\|X_j^m+t_m\right)+t \tag{2.39}$$

$$\varphi=a\cos\left(\frac{X_j^m\cdot(t_a-t_m)}{\|t_a-t_m\|}\right) \tag{2.40}$$

式中，s、R、t 为相似变换参数。

2.4　点线作为共同观测的混合光束法平差模型

2.4.1　基于平面法向量参数化的线特征光束法平差模型

1. 特征线极坐标参数化和观测方程建立

　　本章所阐述的线指的是一条无穷远的直线，而不是有两个端点的直线。一条直线在三维空间中有 4 个自由度，在本书中，一条直线可以表示为两个平面的交线；每个平面的法向量用高度角和高程角表示，即一条三维直线表示为 (Zhao et al., 2015b)：

$$L_j=\left[\varphi_j^{m1},\theta_j^{m1},\varphi_j^{m2},\theta_j^{m2}\right] \tag{2.41}$$

式中，$(\varphi_j^{m1},\theta_j^{m1})$ 为通过相机 t_{m1} 中心和直线 L_j 的平面的法向量 n_j^{m1}；$(\varphi_j^{m2},\theta_j^{m2})$ 为通过相机 t_{m2} 中心和直线 L_j 的平面的法向量 n_j^{m2}。类似于基于点的视差角光束法平差模型，t_{m1} 和 t_{m2} 被称为主锚点，如图 2.12 所示。当一条三维特征线被 3 个或者 3 个以上的相机观测时，需要选择其中两个相机作为主锚点，其他相机被看作其他锚点。两个主锚点的选择可以有多种组合，本书为了提高线的光束法平差的收敛性和收敛速度，选择两个平面的夹角最大的相机作为主锚点。图 2.12 中，蓝色相机表示特征线 L_j 的主锚点，紫色相机表示为特征线 L_j 的其他锚点；其通过特征线和 t_i 的平面的法方程可以表示为 n_j^i。

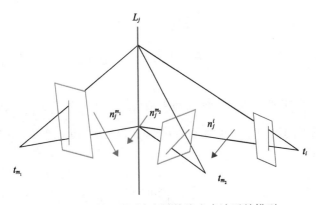

图 2.12　基于平面法向量的线光束法平差模型

下面介绍基于线的光束法平差的观测方程。一条三维特征线 L_j 在 t_i 的相机上的投影二维直线为 l_j，其中二维直线可以表示为 $l_j = [a_j^i, b_j^i, c_j^i]$。首先，需要进行二维直线的归一化，即

$$l_j = \frac{l_j}{\sqrt{(a_j^i)^2 + (b_j^i)^2}} \tag{2.42}$$

故通过相机中心和三维特征线的平面（法向量为 n_j^i）在相机上的投影得到二维直线公式，如式 (2.43) 所示：

$$l_j = K^{-T} R_i n_j^i \tag{2.43}$$

式 (2.43) 可以通过式 (2.44)～(2.46) 推导出来。假设图像上一条二维直线 l 通过两个点 (x_1, x_2)，同时另外一条三维线段通过两个对应的三维点 (X_1, X_2)。根据二维点和三维点的对应关系，可以得到式 (2.44)：

$$\begin{cases} x_1 = KR_i X_1 \\ x_2 = KR_i X_2 \end{cases} \tag{2.44}$$

式中，K、R_i 分别为相机的标定矩阵和旋转矩阵。将式 (2.44) 两边各自叉积，可以得到式 (2.45)：

$$\begin{aligned} x_1 \times x_2 &= (KRX_1) \times (KRX_2) \\ &= (KR)^* (X_1 \times X_2) \\ &= \det(KR)(KR)^{-T}(X_1 \times X_2) \end{aligned} \tag{2.45}$$

以相机 R_i 为坐标系原点，式 (2.45) 中 $(KR)^*$ 右上角 "*" 表示矩阵余子式，$X_1 \times X_2$ 即表示通过 X_1、X_2 和相机中心的平面的法向量，即 $X_1 \times X_2 = n_j^i$；同时二维直线可以表示为线上的两个点的叉积，即 $l_j = x_1 \times x_2$，将其代入式 (2.45)，可以得到从一条二维直线得到平面的公式 (2.46)：

$$l_j = \det(KR)K^{-T}Rn_j^i \tag{2.46}$$

式中，$\det(KR)$ 为一个常数，其对二维直线的表示不造成影响，故可以消去，即得到最终公式(2.43)。

假如一条三维直线通过两个主锚点的 4 个角度表示，即 $L_j = \left[\varphi_j^{m_1}, \theta_j^{m_1}, \varphi_j^{m_2}, \theta_j^{m_2}\right]$。此时，主锚点和副锚点的法向量可以表示为 $n_j^{m_1} = n(\varphi_j^{m_1}, \theta_j^{m_1})$ 和 $n_j^{m_2} = n(\varphi_j^{m_2}, \theta_j^{m_2})$，其中 $n(\cdot)$ 可以表示为式(2.47)：

$$n(\varphi,\theta) = \begin{bmatrix} \sin\varphi\cos\theta \\ \sin\theta \\ \cos\varphi\cos\theta \end{bmatrix} \tag{2.47}$$

下面介绍采用三张量法来计算通过其他锚点和特征线的平面的法方程 n_j^i。此时，假设坐标系原点在第 i 个相机上，故通过该相机的平面可以表示为 $(n_j^i, 0)$。同时，可以知道通过两个主锚点的相机的平面，即 $\left[n_j^{m_1}, -(t_{m_1}-t_i)^T n_j^{m_1}\right]$ 和 $\left[n_j^{m_2}, -(t_{m_2}-t_i)^T n_j^{m_2}\right]$。三个平面组成 4×3 矩阵 M，其不满秩，行列式为 0，即 $\det(M)=0$。

$$M = \begin{bmatrix} n_j^i & n_j^{m_1} & n_j^{m_2} \\ 0 & -(t_{m_1}-t_i)^T n_j^{m_1} & -(t_{m_2}-t_i)^T n_j^{m_2} \end{bmatrix} \tag{2.48}$$

所以，n_j^i 可以通过式(2.49)计算得到

$$n_j^i = (t_{m_2}-t_i)^T n_j^{m_2} n_j^{m_1} - (t_{m_1}-t_i)^T n_j^{m_1} n_j^{m_2} \tag{2.49}$$

2. 基于带权拟合点的最小二乘优化

基于点的光束法平差中，优化的物理量是点的重投影误差；基于线的光束法平差中，优化的物理量是点到直线的距离。假设一条二维直线 l_i 可以表示为 $f(X)$，则一个二维点 x_i 到直线 l_i 的距离为

$$d = x_i^T f(X) \tag{2.50}$$

假设投影直线 l_i 是通过一系列点拟合，即 $l_i = \{x_1, x_2, \cdots, x_n\}$，其中 $x_n = [u_n \ \ v_n \ \ 1]$，此时可以用 $P = [x_1, x_2, \cdots, x_n]$ 表示。因此，基于线的最小二乘优化的目标函数可以表示为式(2.51)：

$$\|\varepsilon\|_{Q_z^{-1}}^2 = \left[P^T f(X)\right]^T Q_z^{-1} \left[P^T f(X)\right] \tag{2.51}$$

式(2.51)可以转化为式(2.52)：

$$\begin{aligned} \|\varepsilon\|^2 &= \left[P^{\mathrm{T}} f(X) \right]^{\mathrm{T}} Q_z^{-1} \left[P^{\mathrm{T}} f(X) \right] \\ &= f(X)^{\mathrm{T}} \left[P Q_z^{-1} P^{\mathrm{T}} \right] f(X) \\ &= f(X)^{\mathrm{T}} Q f(X) \end{aligned} \tag{2.52}$$

式中，权 Q_z^{-1} 表示点到直线的权。假设拟合的点的权为单位阵，则其 Q_z^{-1} 可以通过直线拟合来传导计算。

2.4.2　点线混合的光束法平差模型

　　光束法平差模型的数学本质是非线性最小二乘优化，不同类型的观测衍生出许多不同版本的平差模型，其中基于点观测的光束法平差模型是最常见的模型。随着二维直线提取匹配算法的成熟，基于线观测的平差模型不断被提出和改进。相比于点的光束法平差模型，线平差模型能从数学上最严格地重建出现实世界中的结构线特征。点线混合的光束法平差模型整合了基于点的光束法平差模型[式(2.18)]和基于线的光束法平差模型[式(2.52)]，最后得到整体的优化目标函数，如式(2.53)所示：

$$\|\varepsilon\|_{Q_z^{-1}}^2 = \left[z - f_P(X) \right]^{\mathrm{T}} Q_P^{-1} \left[z - f_P(X) \right] + \left[P^{\mathrm{T}} f_L(X) \right]^{\mathrm{T}} Q_L^{-1} P^{\mathrm{T}} f_L(X) \tag{2.53}$$

　　其中，对点特征和线特征点的导数和误差项如式(2.54)所示：

$$J = \begin{bmatrix} J_P \\ J_L \end{bmatrix}, \ \mathrm{e} = \begin{bmatrix} z - f_P(X) \\ P^{\mathrm{T}} f_L(X) \end{bmatrix} \tag{2.54}$$

式中，J_P 为二维点对未知数的导数；J_L 为二维线对未知数的导数；e 为 error 的缩写。给点初值时，每次的迭代增量可以通过式(2.55)计算：

$$\begin{bmatrix} J_P^{\mathrm{T}} & J_L^{\mathrm{T}} \end{bmatrix} \begin{bmatrix} Q_P^{-1} & \\ & Q_L^{-1} \end{bmatrix} \begin{bmatrix} J_P \\ J_L \end{bmatrix} \Delta = \begin{bmatrix} J_P^{\mathrm{T}} & J_L^{\mathrm{T}} \end{bmatrix} \begin{bmatrix} Q_P^{-1} & \\ & Q_L^{-1} \end{bmatrix} \mathrm{e} \tag{2.55}$$

　　式(2.55)可以写成公式(2.56)的形式进行计算：

$$\begin{bmatrix} J_P^{\mathrm{T}} & 0 \\ 0 & J_L^{\mathrm{T}} \end{bmatrix} \begin{bmatrix} Q_P^{-1} & 0 \\ 0 & Q_z^{-1} \end{bmatrix} \begin{bmatrix} J_P & 0 \\ 0 & J_L \end{bmatrix} \Delta = \begin{Bmatrix} -J_P^{\mathrm{T}} Q_P^{-1} \left[z - f_P(X) \right] \\ -J_L^{\mathrm{T}} Q_L^{-1} P^{\mathrm{T}} f_L(X) \end{Bmatrix} \tag{2.56}$$

　　给定初值 $X^0 = \left[C^0, X_P^0, X_L^0 \right]$，其中 C^0 表示所有相机的外方位元素，X_P^0 表示所有特征点的三类角度，X_L^0 表示所有三维特征线的四类角度。在 X^0 点进行泰勒级数展开，并计算点线观测量对未知数的一阶导数和改正数，利用式(2.56)计算未知数的增量 Δ，从而得到新的未知数 $X = X^0 + \Delta$。假设有 m 个相机、n 个特征点和 l 个特征线，其未知数的个数为 $m \times 6 + n \times 3 + 4$，考虑到平差过程中 n 和 l 的数值非常大，为了提高计算效率和降低算法的复杂度，下面介绍基于降维的相机系统解法(reduced camera system, RCS)。

　　式(2.56)可以写成式(2.57)的形式：

$$\begin{bmatrix} U & W_P & W_L \\ W_P^{\mathrm{T}} & V_P & 0 \\ W_L^{\mathrm{T}} & 0 & V_L \end{bmatrix} \begin{bmatrix} \Delta X_C \\ \Delta X_P \\ \Delta X_L \end{bmatrix} = \begin{bmatrix} \varepsilon_C \\ \varepsilon_P \\ \varepsilon_L \end{bmatrix} \tag{2.57}$$

其中，

$$\begin{cases} U = J_{\mathrm{PC}}^{\mathrm{T}} Q_P^{-1} J_{\mathrm{PC}} + J_{\mathrm{LC}}^{\mathrm{T}} Q_L^{-1} J_{\mathrm{LC}} \\ W_P = J_{\mathrm{PC}}^{\mathrm{T}} Q_P^{-1} J_{\mathrm{PP}} \\ W_L = J_{\mathrm{LL}}^{\mathrm{T}} Q_L^{-1} J_{\mathrm{LL}} \\ V_P = J_{\mathrm{PP}}^{\mathrm{T}} Q_P^{-1} J_{\mathrm{PP}} \\ V_L = J_{\mathrm{LL}}^{\mathrm{T}} Q_L^{-1} J_{\mathrm{LL}} \end{cases} \tag{2.58}$$

式中，J_{PC}、J_{PP} 分别为特征点对相机外方位元素和特征点三类角的导数；J_{LC}、J_{LL} 分别为特征线对相机外方位元素和特征线的导数。基于 RCS 原则，通过 Schur 补原则可以得到式(2.59)，然后计算相机的未知量 ΔX_C。

$$(U - W_P V_P^{-1} W_P^{\mathrm{T}} - W_L V_L^{-1} W_L^{\mathrm{T}}) \Delta X_C = \varepsilon_C - W_P V_P^{-1} \varepsilon_P - W_L V_L^{-1} \varepsilon_L \tag{2.59}$$

然后，根据式(2.60)计算得到特征点的未知量：

$$\Delta X_P = V_P^{-1} (\varepsilon_P - W_P^{\mathrm{T}} \Delta X_C) \tag{2.60}$$

最后，根据式(2.61)计算得到特征线的未知量：

$$\Delta X_L = V_L^{-1} (\varepsilon_L - W_L^{\mathrm{T}} \Delta X_C) \tag{2.61}$$

但每次迭代得到最新的三类变量的未知量的增量时，更新未知量，通过不断迭代得到最优点线平差的结果。

2.5 极坐标光束法平差模型精度和效率验证

2.5.1 数据介绍

自由网光束法平差的验证数据为 5 组航空摄影测量数据集(表 2.1)。在航空数据集中，Toronto 和 Vaihingen 数据集来自国际摄影测量与遥感学会(ISPRS)组织公布的数据。

表 2.1 航空摄影测量数据集

数据集	相机	相片数	特征点数	投影像点
Toronto	UCD	13	139648	297097
Vaihingen	DMC	20	554914	1204888
DunHuan	Cannon	63	387867	954447
Village	DMC	90	305719	779268
College	未知	468	1236502	3107524

2.5.2 Levenberg-Marquardt(LM)最优参数选择

给定相同的输入量，本章提出的极坐标光束法平差模型(ParallaxBA)(Zhao et al., 2015a; Zhao et al., 2011)与国际上公认最好的两套软件 G2O(Kummerle et al., 2011)和 sSBA (Konolige and Garage, 2010)进行比较，重点比较其收敛精度、收敛次数和运行效率差异。在这三套软件中，LM 方法实现方式不同；本章 LM 方法实现方式与 SBA 相同。LM 方法中有两类非常重要的参数，直接影响着非线性优化问题收敛性和迭代次数。其中，一类为初始阻尼参数，即 τ，该参数直接影响着收敛速度。另一类为迭代停止的阈值，该参数将决定迭代过程何时停止。

大量研究者已发现，LM 方法严重依赖于初始阻尼参数，下面将通过实验选择针对三种软件最佳的阻尼参数。选择一组数据，选取 $\tau = 10^{-3}, 10^{-4}, 10^{-5}, 10^{-6}, 10^{-8}$，其 sSBA、G2O 和 ParallaxBA 的目标函数收敛曲线如图 2.13 所示。从图 2.13 中可以清晰地发现，sSBA 的最佳初始阻尼参数为 10^{-6}，G2O 的最佳初始阻尼参数为 10^{-8}，ParallaxBA 的最

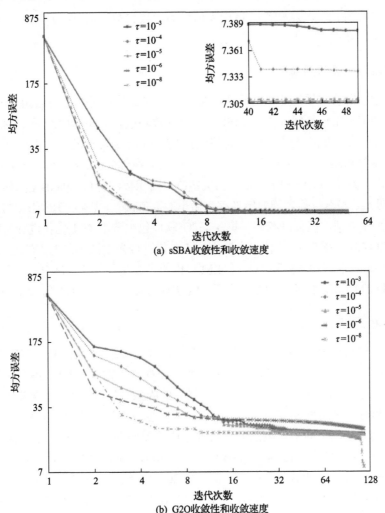

(a) sSBA收敛性和收敛速度

(b) G2O收敛性和收敛速度

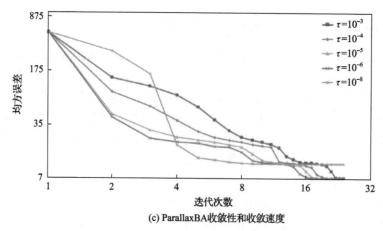

图 2.13　LM 算法中 τ 参数（$10^{-3}, 10^{-4}, 10^{-5}, 10^{-6}, 10^{-8}$）对 sSBA、G2O 和 ParallaxBA 三个软件包
收敛性和收敛速度的影响

佳初始阻尼参数为 10^{-6}，这些参数将作为后续的默认参数。另外，所有软件包的最大迭代次数设置为 200 次。

2.5.3　航空摄影测量数据验证

下面通过 5 组航空摄影测量数据来验证极坐标光束法平差模型（ParallaxBA）的性能。给定相同的初值，比较最后收敛的 MSE、收敛次数和运行效率。G2O 和 sSBA 的软件包在 Linux 平台上有着最佳效率性能，其移植到 Windows 平台，效率非常低下，故本节中不再罗列其在 Windows 平台的性能；而 ParallaxBA 在 Windows 平台和 Linux 平台的性能都一一列出。另外，G2O 和 sSBA 的相机初值为四元数，而 ParallaxBA 的相机初值为欧拉角。因为四元数和欧拉角之间的转换存在微小的数值误差，故 G2O、sSBA 与 ParallaxBA 的初值存在细微差别，但可以忽略。将在 G2O 软件包中选用 GN 优化进行光束法平差的方法记为 G2O GN，在 G2O 软件包中选用 LM 优化进行光束法平差的方法记为 G2O LM。类似地，将 ParallaxBA 软件包选用 GN 和 LM 优化的光束法平差的方法分别记作 ParallaxBA GN 和 ParallaxBA LM。因为 sSBA 只提供 LM 优化方法，所以 sSBA 等价于 sSBA LM。

1. Toronto 数据集

参与平差的数据集包括 13 个相机、139648 个三维特征点，故平差中的未知数为 419022；另外，观测方程数 594194。将以上变量和观测量输入 G2O、sSBA 和 ParallaxBA 中，当保证相同的初值（初始均方误差）时，最后的收敛精度（收敛均方误差）、迭代次数、线性方程数和运行时间见表 2.2；另外，三种软件包每次迭代的目标函数曲线如图 2.14 所示。G2O 的 GN 优化的平差因法方程奇异造成平差问题发散；利用 LM 优化法，需要 200 次迭代才能收敛到 153.13。虽然 sSBA 和 ParallaxBA 都能收敛到 0.048656，但是 sSBA 需要 64 次迭代，而 ParallaxBA 只需要 8 次和 20 次迭代。时间效率上，ParallaxBA GN 版本平差的效率分别是 G2O 和 sSBA 效率的 25 倍和 6.7 倍；ParallaxBA LM 版本平差的效率分别是 G2O 和 sSBA 效率的 11.3 倍和 3 倍。

表 2.2　Toronto 数据集的 G2O、sSBA 和 ParallaxBA 的收敛性能

收敛性能参数		G2O GN	G2O LM	sSBA	ParallaxBA GN	ParallaxBA LM
初始均方误差		2991803.22	2991803.22	2991803.22	2991803.27	2991803.27
收敛均方误差		—	153.13	0.048656	0.048656	0.048656
迭代次数		—	200	64	8	20
线性方程数		—	235	86	8	20
单次迭代时间	Windows	—	—	—	0.37	0.37
	Linux	—	0.27	0.18	0.42	0.42
总时间	Windows	—	—	—	2.64	5.90
	Linux	—	66.9	17.6	3.36	8.4

注：— 表示不存在。

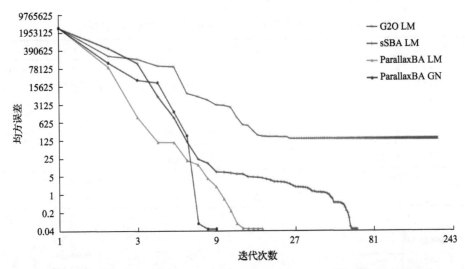

图 2.14　对于 Toronto 数据集，G2O、sSBA 和 ParallaxBA 的目标函数曲线变化

图 2.15 和图 2.16 为平差的最终结果。图 2.15 为重建 Toronto 的地形和相机姿态，其中三角锥为相机，蓝色点为重建点云。图 2.16 为重建 Toronto 的地形，其颜色不具有任何实际物理意义。

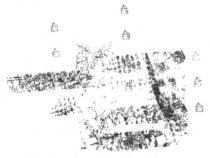

图 2.15　重建 Toronto 的地形和相机姿态

三角锥为相机，蓝色点为重建点云

图 2.16　重建 Toronto 的地形

2. Vaihingen 数据集

参与平差的数据集包括 20 个相机、554914 个三维特征点，故平差中的未知数为 1664862；另外，观测方程数为 2409776。将以上变量和观测量输入 G2O、sSBA 和 ParallaxBA 中，当保证相同的初值(初始均方误差)时，最后的收敛精度(收敛均方误差)、迭代次数、线性方程数和运行时间见表 2.3；另外，三种软件包每次迭代的目标函数曲线如图 2.17 所示。G2O 的 GN 优化的平差因法方程奇异造成平差问题发散；利用 LM 优化法，需要 200 次迭代才能收敛到 135.060663。sSBA 和 ParallaxBA 都能收敛到 0.126012，sSBA 和 ParallaxBA GN、Parallax LM 的迭代次数相近，分别为 8 次、6 次和 20 次。时间效率上，ParallaxBA GN 和 ParallaxBA LM 版本平差的效率分别是 G2O 效率的 38.7 倍和 10 倍。另外，ParallaxBA 与 sSBA 的时间效率相近。

表 2.3　Vaihingen 数据集的 G2O、sSBA 和 ParallaxBA 的收敛性能

收敛性能参数		G2O GN	G2O LM	sSBA	ParallaxBA GN	ParallaxBA LM
初始均方误差		144707.21	144707.21	144707.21	144710.18	144710.18
收敛均方误差		—	135.060663	0.126012	0.126012	0.126012
迭代次数		—	200	8	6	20
线性方程数		—	214	8	6	25
单次迭代时间	Windows	—	—	—	1.21	1.21
	Linux	—	1.2	0.8	1.45	1.45
总时间	Windows	—	—	—	8.46	26.43
	Linux	—	263.6	6.8	8.86	35.24

注：— 表示不存在。

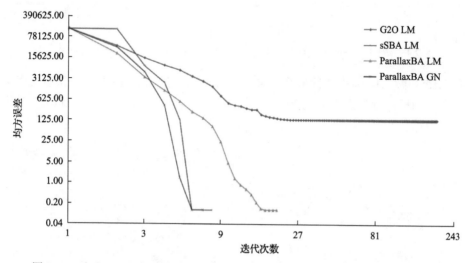

图 2.17　对于 Vaihingen 数据集，G2O、sSBA 和 ParallaxBA 的目标函数曲线变化

图 2.18 和图 2.19 为平差的最终结果。图 2.18 为重建 Vaihingen 的地形和相机姿态，其中三角锥为相机，蓝色点为重建点云。图 2.19 为重建 Vaihingen 的地形，其颜色不具有任何实际物理意义。

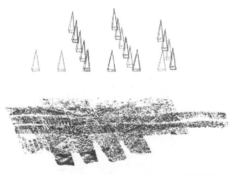

图 2.18　重建 Vaihingen 的地形和相机姿态

三角锥为相机，蓝色点为重建点云

图 2.19　重建 Vaihingen 的地形

3. DunHuan 数据集

参与平差的数据集包括 63 个相机、387867 个三维特征点，故平差中的未知数为 1163979；另外，观测方程数为 1908894。将以上变量和观测量输入 G2O、sSBA 和 ParallaxBA 中，当保证相同的初值(初始均方误差)时，最后的收敛精度(收敛均方误差)、迭代次数、线性方程数和运行时间见表 2.4；另外，三种软件包每次迭代的目标函数曲线如图 2.20 所示。G2O 的 GN 优化的平差因法方程奇异造成平差问题发散；G2O 利用 LM 优化法需要 47 次迭代才可以收敛到 0.211421。对于 sSBA，需要 200 次迭代才能收敛到 2.639657。对于 ParallaxBA GN、ParallaxBA LM，最后收敛 MSE 与 G2O LM 相同，均为 0.211421，但是迭代次数更少，只需要 9 次和 13 次。时间效率上，ParallaxBA GN 版本平差的效率分别是 G2O 和 sSBA 效率的 3 倍和 8.9 倍；ParallaxBA LM 版本平差的效率分别是 G2O 和 sSBA 效率的 2 倍和 6.4 倍。

图 2.21 和图 2.22 为平差的最终结果。图 2.21 为重建 DunHuan 的地形和相机姿态，其中三角锥为相机，蓝色点为重建点云。图 2.22 为重建 DunHuan 的地形，其颜色不具有任何实际物理意义。

表 2.4　DunHuan 数据集的 G2O、sSBA 和 ParallaxBA 的收敛性能

收敛性能参数		G2O GN	G2O LM	sSBA	ParallaxBA GN	ParallaxBA LM
初始均方误差		299189.25	299189.25	299189.25	299189.24	299189.24
收敛均方误差		—	0.211421	2.639657	0.211421	0.211421
迭代次数		—	47	200	9	13
线性方程数		—	53	215	9	13
单次迭代时间	Windows	—	—	—	1.0	1.0
	Linux	—	0.6	0.4	1.3	1.3
总时间	Windows	—	—	—	9.7	13.5
	Linux	—	28.8	86.3	13.8	16.5

注：— 表示不存在。

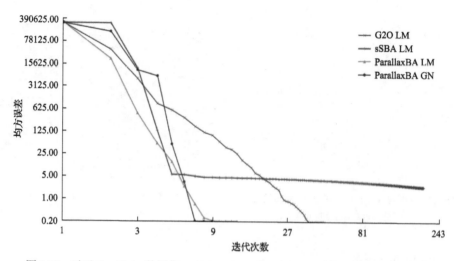

图 2.20　对于 DunHuan 数据集，G2O、sSBA 和 ParallaxBA 的目标函数曲线变化

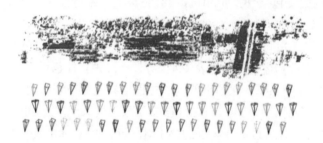

图 2.21　重建 DunHuan 的地形和相机姿态

三角锥为相机，蓝色点为重建点云

图 2.22　重建 DunHuan 的地形

4. Village 数据集

参与平差的数据集包括 90 个相机、305719 个三维特征点，故平差中的未知数为 917697；另外，观测方程数为 1558536。将以上变量和观测量输入 G2O、sSBA 和 ParallaxBA 中，当保证相同的初值（初始均方误差）时，最后的收敛精度（收敛均方误差）、迭代次数、线性方程数和运行时间见表 2.5；另外，三种软件包每次迭代的目标函数曲线如图 2.23

所示。G2O 的 GN 优化的平差因法方程奇异造成平差问题发散；利用 LM 优化法，需要 34 次迭代才能收敛到 0.083716。sSBA 和 ParallaxBA 都能收敛到 0.083716，sSBA 和 ParallaxBA GN、ParallaxBA LM 的迭代次数相近，分别为 8 次、6 次和 11 次。时间效率上，ParallaxBA GN 和 ParallaxBA LM 版本平差的效率分别是 G2O 效率的 5.2 倍和 3.7 倍。另外，ParallaxBA 与 sSBA 的时间效率相近。

表 2.5　Village 数据集的 G2O、sSBA 和 ParallaxBA 的收敛性能

收敛性能参数		G2O GN	G2O LM	sSBA	ParallaxBA GN	ParallaxBA LM
初始均方误差		28174.10	28174.10	28968.73	28170.98	28170.98
收敛均方误差		—	0.083716	0.083716	0.083716	0.083716
迭代次数		—	34	8	6	11
线性方程数		—	55	8	6	11
单次迭代时间	Windows	—	—	—	0.67	0.67
	Linux	—	0.62	0.56	0.96	0.96
总时间	Windows	—	—	—	5.07	7.92
	Linux	—	27.46	4.54	6.98	12.23

注：— 表示不存在。

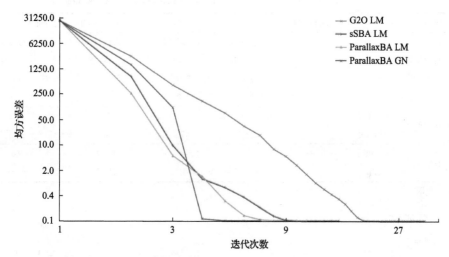

图 2.23　对于 Village 数据集，G2O、sSBA 和 ParallaxBA 的目标函数曲线变化

　　图 2.24 和图 2.25 为平差的最终结果。图 2.24 为重建 Village 的地形和相机姿态，其中三角锥为相机，蓝色点为重建点云。图 2.25 为重建 Village 的地形，其颜色不具有任何实际物理意义。

5. College 数据集

　　参与平差的数据包括 468 个相机、1236502 个三维特征点，故平差中的未知数为 3712314；另外，观测方程数为 6215048。将以上变量和观测量输入 G2O、sSBA 和 ParallaxBA 中，当保证相同的初值（初始均方误差）时，最后的收敛精度（收敛均方误差）、迭代次数、线性方程数和运行时间见表 2.6；另外，三种软件包每次迭代的目标函数曲线

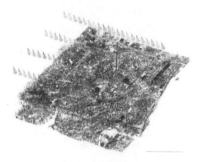

图 2.24　重建 Village 的地形和相机姿态

三角锥为相机，蓝色点为重建点云

图 2.25　重建 Village 的地形

如图 2.26 所示。G2O 的 GN 优化的平差因法方程奇异造成平差问题发散；利用 LM 优化法，需要 200 次迭代才能收敛到 25.723307；同时 sSBA 也需要 200 次迭代，才能收敛到 9.272481。ParallaxBA 只需要 12 次和 17 次迭代，就收敛到更小的值，即 0.734738。时间效率上，ParallaxBA GN 版本平差的效率分别是 G2O 和 sSBA 效率的 18 倍和 12 倍；ParallaxBA LM 版本平差的效率分别是 G2O 和 sSBA 效率的 12 倍和 9 倍。

表 2.6　College 数据集的 G2O、sSBA 和 ParallaxBA 的收敛性能

收敛性能参数		G2O GN	G2O LM	sSBA	ParallaxBA GN	ParallaxBA LM
初始均方误差		202329.64	202329.64	202329.64	202329.44	202329.44
收敛均方误差		—	25.723307	9.272481	0.734738	0.734738
迭代次数		—	200	200	12	17
线性方程数		—	349	228	12	17
单次迭代时间	Windows	—	—	—	2.71	2.71
	Linux	—	2.51	2.72	3.85	3.85
总时间	Windows	—	—	—	37.14	49.68
	Linux	—	674.83	453.22	51.55	69.58

注：— 表示不存在。

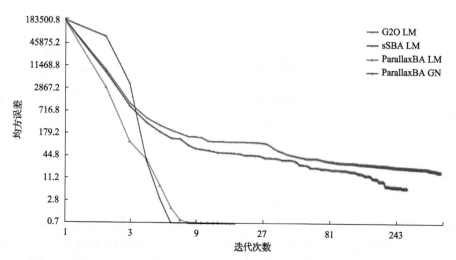

图 2.26　对于 College 数据集，G2O、sSBA 和 ParallaxBA 的目标函数曲线变化

图 2.27 和图 2.28 为平差的最终结果。图 2.27 为重建 College 的地形和相机姿态，其中三角锥为相机，蓝色点为重建点云。图 2.28 为重建 College 的地形，其颜色不具有任何实际物理意义。

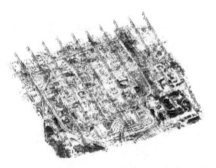

图 2.27　重建 College 的地形和相机姿态

三角锥为相机，蓝色点为重建点云

图 2.28　重建 College 的地形

2.6　本　章　小　结

本章是空间分辨率的首章。主要介绍了如下几个方面的内容：

（1）解析了航空航天新技术对直角坐标近景摄影测量体系的冲击及稀疏阵产生的根源原因，即经典直角光束法平差模型存在强法方程奇异性、估计有偏性和空间表达强误差敏感性。

（2）建立和完善了极坐标光束法平差模型。与常规的光束法平差不同是，此平差模型的特征点变量不是通过三个直角坐标系来表达，而是通过高程角、天顶角和视差角来表达。其中，高程角和天顶角确定了特征点的方向信息，视差角确定了特征点的矢径信息。根据控制点是否参与到平差过程中，光束法平差的研究包括为自由网和绝对网的研究。另外，扩展了光束法平差模型，提出了点和线作为共同观测的混合光束法平差模型。

（3）利用真实航空和近景测量数据进行了极坐标光束法自由网平差模型验证，同时与经典直角坐标光束法自由网平差进行比较。在给定相同非线性优化初值的前提下，研究其最后收敛值、迭代次数和总运行时间。然后，利用多组带有控制点数据进行了绝对网的实际精度验证。

（4）利用小尺度数据进行了点线混合平差的初步试验验证。大量实验结果表明极坐标光束法自由网平差具有不易造成法方程奇异、更优收敛性和更快收敛速度的特点；极坐标光束法绝对网平差可以生成满足《数字航空摄影测量测图规范》国标要求的三维加密点。

以上述理论推导与原型实践，遵循地球观测的成像坐标几何的广义锥体构像本质，建立锥体极坐标表达的精密遥感矢量空间几何处理方法，为遥感空间分辨率快速、高精度处理提供了理论支撑。

参 考 文 献

程承旃. 2012 空间信息剖分组织导论. 北京: 科学出版社.

孙岩标. 2015. 极坐标光束法平差模型收敛性和收敛速度研究. 北京: 北京大学博士学位论文.

吴莘馨, 倪振松, 廖启征. 2013. 基于四元数矩阵与 Groebner 基的 6R 机器人运动学逆解算法. 清华大学学报 (自然科学版), 5: 683-687.

张祖勋, 张剑清. 2012. 数字摄影测量学. 武汉: 武汉大学出版社.

赵亮. 2012. MonoSLAM: 参数化、光束法平差与子图融合模型理论. 北京: 北京大学博士学位论文.

中华人民共和国国务院. 2013. 国家中长期科学和技术发展规划纲要 (2006—2020 年. http://www.gov.cn/jrzg/2006-02/09/content_183787.htm [2013-09-09].

Hartley R, Zisserman A. 2003. Multiple View Geometry in Computer Vision (Abbreviation). New York: Cambridge University Press.

Konoliye K. 2010. Sparse sparse bundle adjustment. British Machine Vision conference, 1-11.

Mandic D P, Jahanchahi C, Took C C. 2011. A quaternion gradient operator and its applications. IEEE Signal Processing Letters, 18 (1): 47-50.

Umeyama S. 1991. Least-squares estimation of transformation parameters between two point patterns. IEEE Tran Pattern Anal, 13 (4): 376-380.

Zhao L, Huang S D, Sun Y, et al. 2015a. ParallaxBA: bundle adjustment using parallax angle feature parametrization. The International Journal of Robotics Research, 34 (4-5): 493-516.

Zhao L, Huang S D, Yan L, et al. 2011. Parallax Angle Parametrization for Monocular SLAM. IEEE International Conference on Robotics & Automation.

Zhao L, Huang S D, Yan L, et al. 2015b. A new feature parametrization for monocular SLAM using line features. Robotica, 33 (3): 513-536.

第 3 章　空间特性 2：航空遥感通用物理模型
及可变基高比表征理论

本章介绍遥感空间特性的第二个重要特征：航空遥感平台成像精度-光机参量转换与可变基高比模型理论。具体包括以下内容：阐述了当前常用的数字航摄相机面临的载荷较重、装机精度低以及平台易受影响等问题，并指出原因；对航空摄影测量相机进行分类，将其根据光机传递函数规范为四种物理模型；从模拟外视场拼接、内视场拼接、一次成像和二次成像航摄系统原理出发，提出了数字航摄相机通用物理结构，并对二次至 n 次成像系统空间分辨率进行推导，证明了二次成像系统的优越性；以此为基础，建立了可变基高比模型，将数字航摄相机内部光学机械结构参数与地表高程精度连接起来，通过分析可变基高比的三维空间函数表征及立体定位高程精度的几何指标，从数学上证明了影响立体定位精度的因素；通过分析可变基高比的时间函数表征及与高程精度的关联模型，从数学上分析了可变基高比对立体定位高程精度的影响；基于可变基高比函数和数字摄影测量系统类型的几何精度计量理论的建立和解释，建立了可变基高比的时间和空间变量关联的几何精度计量理论，实现地表高程-光机结构参数贯通。

3.1　数字航摄相机离散域成像新技术面临的问题

近年来，数字航摄相机系统已经成为大尺度、高精度、高效率遥感信息获取的重要方法与手段。在同样高分辨率的数字相机中，数字航摄相机对几何精度的要求是最高的，因此数字航摄相机能够达到的空间分辨率精度代表了各类相机空间分辨率精度的最高水平。

为了增大成像幅面，数字航摄相机采用多拼接方式工作，目前的航摄系统常采用多镜头外拼接设计。外视场拼接使用多个镜头获取图像，将采集到的多幅图像直接进行拼接，不需要对成像硬件做任何改变，因此该技术是目前研究的主流。然而，采用多镜头外拼接设计往往导致硬件成本较高且载荷较重，且拼接得到的图像已不能保证严格中心投影的性质，使用基于严格中心投影的解算方法处理外拼接数字相机拼接图像产生了一系列误差，从而影响了精度。对图像采用先正射纠正再拼接的方法不但需要大量的地面控制点，而且纠正后的图像也存在畸变，给后续的摄影测量带来较大的误差，并且正射纠正的过程极其复杂，不易实现。

由于航空平台无法安装温控装置，运行中气流、风速、温度造成多镜头无规律非线性变形，使得航空摄影测量系统的装调精度只能达到毫米量级，远低于航天平台。因此，运用数字航摄相机开展大比例尺地形测图时，常常需要精密地面检校场进行外场校正，并辅以空中三角测量处理。

出现以上种种问题的原因就在于数字航摄相机的构建缺乏统一的物理模型,无法应用精密光学、精密机械中成熟的单刚体设计原理和折返式光路设计。

3.2　数字航摄相机通用物理模型与四个对偶技术特征

3.2.1　数字航摄相机通用物理结构

为了将单刚体结构、折返式光学设计以及 n 次成像等理论方法应用于航空摄影相机,本章提供一种航摄相机通用物理模型,该模型可以实现低成本和高效率地对大幅面景象的拍摄,从而获取高分辨率、高几何精度影像,突破了目前广泛使用的基于一次成像几何原理的摄影方法进行大幅面影像获取时面对的多次成像效率低、成像设备改造成本高、周期长、难度大的问题。

本章采用的通用物理模型既同时具备单相机和拼接相机的特点,又同时具备外拼接和内拼接相机的特点,成像模型如图 3.1 所示,数字航摄相机通用物理结构为硬件设计提供理论支撑。通用物理结构包括:大孔径光学镜头 L1、承影器件 I1、数字拼接相机($C1, C2, \cdots, Cn$,n 代表参与成像的镜头数目)以及数字相机镜头 L2。

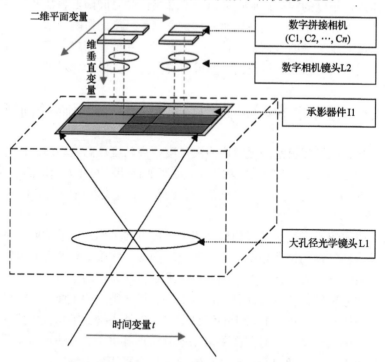

图 3.1　数字航摄相机的通用成像模型和可变基高比的四维变量示意图

依据大孔径光学镜头 L1 的物像中心投影关系,将承影器件 I1 置于大孔径光学镜头 L1 的成像面处,设置承影器件 I1 平面与主光轴垂直。数字拼接相机($C1, C2, \cdots, Cn$)置于承影器件 I1 的后方,对承影器件 I1 进行成像。当物理模型只包含大孔径光学镜头 L1 和承影器件 I1 时,其描述了一次成像单镜头模型,对应胶片式航摄仪、单镜头数码相机航摄仪。当物理模型只包含数字相机承影面 I2 和数字拼接相机（C1, C2, ···, Cn）时，则描述了拼接相机的成像方式，对应航摄外拼接相机和 CCD 内拼接相机。当物理模型同时包含大孔径光学镜头 L1、承影器件 I1、数字拼接相机（C1, C2, ···, Cn）和数字相机镜头 L2 时，则描述了二次成像方式，对应于二次成像数字航摄相机。值得注意的是，由于航空摄影距地面高度有限，数字航空摄影相机设计无须 n 次折返，二次成像光路设计即可满足需求。

　　传统摄影测量采用的是胶片式航摄仪，其基于单基线"双目立体"的作业规范与数据处理方法。但是，多拼接、数字化成像系统的普及，新的摄影测量理论和方法的应用，改变了传统的基于单基线的立体观测方法。数字航摄相机和传统的胶片式航摄仪在结构设计、投影方式、成像方式、航空摄影方式等方面均存在较大差异，目前这些技术特征之间仍缺乏相互关联统一的理论支持，本书将航空成像系统依据光机传递函数规范为如下四种物理模型。

3.2.2　外视场拼接与内视场拼接

　　由于数码相机的 CCD 芯片面积很小，约为胶片的 1/5，成像幅面小造成航测内、外业工作量成倍增加，同时基线短、基高比小造成高程精度降低。一种重要的解决方法是采用多面阵拼接技术来提高基高比。多面阵相机拼接分为外视场拼接和内视场拼接。

　　1. 外视场拼接

　　外视场拼接就是采用多台相机按一定的几何结构固定，然后同步拍摄，利用软件将获取的影像进行拼接形成一幅完整航片。目前，大部分拼接相机均采用外视场拼接的设计原理，如我国的 SWDC 数字航摄相机、美国的 DMC 航摄相机等，拼接原理如图 3.2 所示。

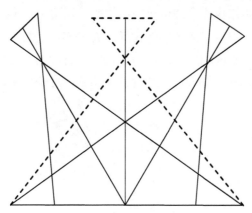

图 3.2　SWDC、DMC 外视场拼接相机的拼接原理

　　2. 内视场拼接

　　内视场拼接可以通过多种技术途径实现，其基本原理是采用一个镜头，在机身内进

行棱镜分像，用多块 CCD 面阵接收不同区域的影像。目前，该技术尚处于起步阶段，严格意义上的内视场拼接系统少有报道。广泛应用的 UCD 相机采用了近似的内视场拼接方式——延时曝光分割焦面成像方式，利用 4 台性能近似的相机将焦平面分割为 4 部分，通过 4 次曝光实现整个焦面成像。我国西安测绘研究所和南京尖兵航天遥感信息技术有限公司联合研制的一种组合面阵型航空摄影相机 DMZ 相机系统采用严格的内视场拼接方式，其由单镜头和多个面阵 CCD 构成，如图 3.3 所示。

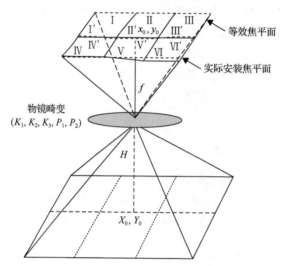

图 3.3　DMZ 内视场拼接相机的投影几何 (方勇等, 2012)

3.2.3　非严格与严格中心投影

相对于胶片式航摄仪的严格中心投影，基于外视场拼接的多面阵相机存在多个投影中心，理论上生成的虚拟影像不是严格单中心投影，如图 3.4 所示，多中心 S_1 和 S_2 投影相机系统产生非严格中心投影下的子影像 $\overline{ab}$ 和 $\overline{a_1b_1}$。多中心投影对高程精度有影响，限制了该类系统在地形起伏地区的测绘应用 (张祖勋, 2004)。而内视场拼接航摄相机的特点在于具有唯一的光学系统和焦平面，其物理意义明确，理论严密，最符合理想的数码相

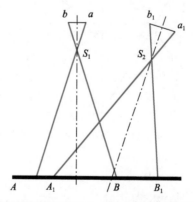

图 3.4　外视场拼接非严格中心投影示意图 (赵世湖, 2010)

机状态，既满足测绘精度的要求，又具有高的覆盖效率，是现阶段面阵器件发展水平下替代传统胶片相机较为理想的方案。但由于是多面阵 CCD 共同构成焦平面，因此其光学系统较为复杂，对各面阵 CCD 的安装精度的要求也非常高。

下面以 SWDC 数字航摄相机为例，对非严格中心投影对高程精度的影响进行分析。

SWDC-4 像片是由四个小面阵相机按照交向摄影方式拼接而成的，因此高程精度与交向摄影精度有关，根据正直摄影精度估算公式（Lee et al., 1994），高程中误差为

$$M_Z = k_1 k_2 \sqrt{m_{x1}^2 + m_{x2}^2} \tag{3.1}$$

式中，$k_1 = \dfrac{H}{B}$ 为基高比；$k_2 = \dfrac{H}{f}$ 为成像比例尺，f 为相机焦距；H 和 B 分别为平均航高与摄影基线。

当有 θ 角的情况下，水平像片上点 a_1^0 的坐标 $(\bar{x}, \bar{y})$ 与倾斜像片上点 a_1 的坐标 (x, y) 存在如下关系：

$$\begin{cases} \bar{x} = \dfrac{f(x\cos\theta + f\sin\theta)}{f\cos\theta - x\sin\theta} \\ \bar{y} = \dfrac{f}{f\cos\theta - x\sin\theta} \end{cases} \tag{3.2}$$

对式 (3.2) 进行微分，得到倾斜像片上的点位坐标误差对水平像片上点位（$\bar{y} = 0$ 时）误差的影响：

$$\begin{cases} \mathrm{d}_{\bar{x}} = \dfrac{1 + \tan\alpha\tan\theta}{1 - \tan(\alpha - \theta)\tan\theta}\mathrm{d}_x \\ \mathrm{d}_{\bar{y}} = \dfrac{\sec\theta}{1 - \tan(\alpha - \theta)\tan\theta}\mathrm{d}_y \end{cases} \tag{3.3}$$

虚拟影像上的点位偏移由倾斜摄影和线性纠正的不严密两部分误差组成：

$$\begin{cases} \mathrm{d}_{\bar{x}_v} = \mathrm{d}_{\bar{x}} + \Delta_x \\ \mathrm{d}_{\bar{y}_v} = \mathrm{d}_{\bar{y}} + \Delta_y \end{cases} \tag{3.4}$$

因此得到虚拟影像上各像点的坐标量测精度：

$$\begin{cases} m_{\bar{x}_v} = \sqrt{\mathrm{d}_{\bar{x}}^2 + \Delta_x^2} = \sqrt{\left[\dfrac{1 + \tan\alpha\tan\theta}{1 - \tan(\alpha - \theta)\tan\theta}m_x\right]^2 + \Delta_x^2} \\ m_{\bar{y}_v} = \sqrt{\mathrm{d}_{\bar{y}}^2 + \Delta_y^2} = \sqrt{\left[\dfrac{\sec\theta}{1 - \tan(\alpha - \theta)\tan\theta}m_y\right]^2 + \Delta_y^2} \end{cases} \tag{3.5}$$

将式 (3.5) 代入正直摄影高程精度估算公式，得到高程误差为

$$M_Z = k_1 k_2 \sqrt{\left[\frac{1 + \tan\alpha_1 \tan\theta}{1 - \tan(\alpha_1 - \theta)\tan\theta}\right]^2 m_{x1}^2 + \left[\frac{1 + \tan\alpha_2 \tan\theta}{1 - \tan(\alpha_2 - \theta)\tan\theta}\right]^2 m_{x2}^2 + 2\Delta_x^2} \quad (3.6)$$

式中，α_1 和 α_2 分别为虚拟影像的像素点偏离中心线的夹角；θ 为拼接相机的交向角；m_{x1} 和 m_{x2} 为虚拟影像的点位偏移误差。当 θ 为定值时，精度曲线为一抛物线，基线中心点，即 $\alpha_1 = \alpha_2$ 时精度最高(刘先林等，2013)。因此，在实际应用中，交向角的取值应在保证影像间有一定重叠的情况下尽量得小，减小非严格中心投影对影像定位精度的影响。

3.2.4　一次成像与二次成像

胶片式航摄仪为一次成像，而拼接相机可以采用二次成像方式构建光路。二次成像(TIDC)航摄相机系统采用二次成像光路实现成像视场的内拼接，拼接后的影像可达到胶片幅面的大小。二次成像的原理如图 3.5 所示，其具有以下特点：

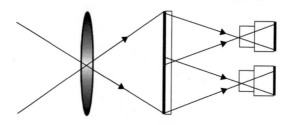

图 3.5　二次成像原理的构象示意图

(1)二次成像方法能够获取大幅面数字影像，影像面积与一次承影器件面积相当。假设以胶片式航摄仪的镜头为一次成像镜头，在胶片成像面处设置同等面积的一次承影器件，可实现大幅面的航空数字摄影。

(2)采用多路平行光轴数字相机进行二次成像采集，通过选择数字相机的像素和幅面，可获取多种分辨率的数字图像，以满足不同精度的应用需求。经过精密装调后，降低了数字图像几何校正与拼接的难度与工作量。

(3)通过灵活调整二次成像相机的三维空间位置，可以实现航摄相机系统分辨率、成像幅面、航摄基线的连续可调，以适应不同航空摄影作业需求。

(4)二次成像拼接生成的大幅面数字影像能够实现胶片式航摄仪的严格中心投影，理论上不存在非严格中心投影带来的系统误差。

3.2.5　单基线摄影测量与广义基线摄影测量

在胶片摄影时代，由于受到拍摄时间间隔的限制，胶片相机一般遵循 60%/20%的航向/旁向重叠率作业规则，同一地物点通常只能出现在相邻两张航片上，产生了经典的基于单基线的立体观测方法。而在数字摄影测量中，多个相机组合拼接技术使得在航空摄影过程中，不仅存在各个摄站之间的外视场基线，而且拼接相机各个镜头之间也存在内视场基线。多度重叠影像序列产生多度重叠基线。

针对基线变化的上述特点，在本书的研究中，将其概括为"广义基线"(generalized

baseline)，即内/外视场基线、多度重叠基线的统称，就是在拼接相机系统内部的不同相机所形成的子图像之间，拼接相机系统的相邻两个摄站之间，以及大重叠度影像之间的基线。

外视场基线：在航空摄影作业中，航摄仪器接连两次曝光瞬间镜头中心间的距离。

内视场基线：在拼接相机系统中，不同相机/CCD 所形成的子图像之间的基线。以 5×3 的相机阵列为例，内视场拼接基线的形式如图 3.6 所示。

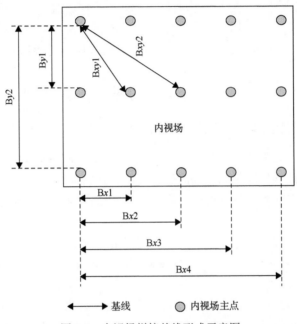

图 3.6　内视场拼接基线形式示意图

多度重叠基线：又称为多基线，是指数字摄影测量中相邻两张航摄影像的重叠度达到 80%～90%的摄站之间的短基线。以 5×3 的摄站点为例，多度重叠基线的形式如图 3.7 所示。其中，彩色的矩形框和圆点表示 1 幅影像及其中心点。

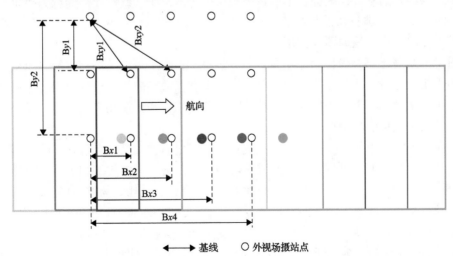

图 3.7　多度重叠基线及组合形式示意图(以 80%航向重叠，60%旁向重叠为例)

传统航摄相机以一次成像镜头构建的数字航摄仪可采用直接在承影面放置 CCD 芯片的方式，也可通过外拼接多个一次成像镜头构成，但存在以下问题。因为单 CCD 传感器芯片航摄面积无法达到航空摄影胶片水平，且边缘存在非成像区域，所以在航摄仪焦平面上直接放置 CCD 传感器芯片无法满足完整成像的要求(沈添天等，2009)。外拼接相机属于多刚体结构，存在快门曝光不同步、相机受震动和温度影响较大等问题(张祖勋，2004)。此外，当航摄平台高度和探测器像元尺寸一定时，增大焦距可以提高对地面成像的分辨率，但是随着焦距的加长，平台结构尺寸也会增大，从而影响飞行平台组装与运行(赵世湖，2010)。综上可知，传统的一次成像系统难以满足摄影测量工程的需求。

3.3　可变基高比的时空函数表征

3.3.1　基高比定义与数字化后可变基高比内涵

经典基高比定义为基线与高程之比。基高比是影响航空摄影测量结果精度的主要参数，基高比越大，高程精度越高；基高比越小，高程精度越低。

基高比变化的本质是基线的改变。数字航摄相机的四大技术特征使得经典摄影测量理论中的基高比产生了新的特点。

(1)基线种类的多样化：多拼接相机、多基线摄影测量理论的广泛应用，使得经典的单基线立体成像转变为内视场基线、外视场基线和多度重叠基线共存的立体成像测量过程。

(2)基高比的空间变量函数化：与胶片航摄仪的基高比是一个固定值不同，数字航摄相机多拼接、光电参数可调的特点，使基高比成为传感器几何参数的函数表达。

(3)基高比的时间变量函数化：多基线摄影测量中的基线为短基线，立体测图精度由多条基线决定，使得基高比不仅与传感器的几何参数有关，还与传感器的时间参数(交会影像数)有关。

为了与经典的基高比区分，本书将"数字摄影测量中的基高比"简称为"可变基高比"，其定义为：经典摄影测量中的基高比在数字摄影测量中的函数表达。可变基高比与经典基高比的对应关系如图 3.8 所示。

对可变基高比研究的目的是建立它的数学模型。由于可变基高比的数学模型不仅需要适用于拼接相机，而且还要适用于单相机，本章以数字航摄相机的通用成像模型为基础建立可变基高比模型，该成像模型既同时具备单相机和拼接相机的特点，又同时具备外拼接和内拼接相机的特点。

由航摄系统通用物理模型可知，可变基高比模型的本质是一个包含三维空间和一维时间变量的数学模型。可变基高比的科学内涵如下：首先，多拼接相机通过改变二维面积(相机拼接个数、CCD 芯片大小)、一维垂直缩放(镜头焦距、物像距)来改变基高比的大小，使得基高比成为三维空间变量函数；其次，CCD 积分时间可变、扫描间隔可变、相机阵列同步成像等新技术的应用，通过改变交会影像拍摄时间间隔来改变基高比的大小，使得基高比成为一维时间变量函数。因此，将可变基高比扩展为时空四维函数模型。

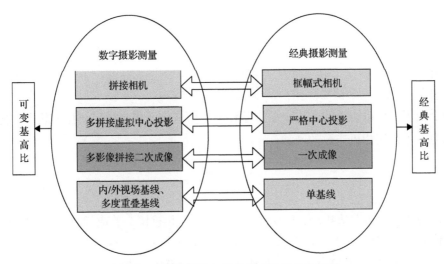

图 3.8   可变基高比与经典基高比的对应关系

同时，航摄相机通用物理模型如图 3.1 所示也给出了广义基线的成因，由于相机的多拼接产生了内/外视场基线，缩短了摄站间的拍摄时间间隔、增大了航向重叠度，因此产生了多基线。

3.3.2   可变基高比的空间变量

可变基高比与相机内部各参数，如承影面积、大孔径光学镜头焦距 f_1、数字相机镜头焦距 f_2、单幅影像与拼接影像的尺寸比例 h 的成像光路如图 3.9 所示。

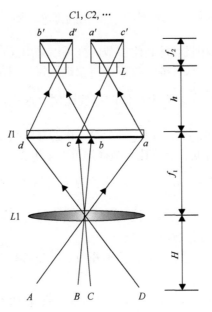

图 3.9   数字航摄相机的成像光路

根据经典的基高比定义，可变基高比是由承影面积和成像焦距所决定的。

$$R' = \frac{B'}{H} = \frac{(1-q_x) \times L_x}{f_1} \tag{3.7}$$

式中，R' 为可变基高比；B' 为数字基线的长度；H 为摄影高度；L_x 为承影器件的物理尺寸；f_1 为大孔径光学镜头焦距；q_x 为航向重叠度。

由于采用多相机拼接的方式，承影器件的实际成像面积由数字拼接相机所决定，L_x 可表示为多个拼接相机参数的函数：

$$L_x = \frac{l_x \cdot h}{f_2} \tag{3.8}$$

式中，f_2 为数字相机镜头焦距；h 为承影器件与数字相机镜头的成像物距(即单幅影像与拼接影像的尺寸比例)；l_x 为每块 CCD 传感器的物理尺寸。

将式(3.8)代入式(3.7)可推出可变基高比的空间函数表达：

$$R' = \frac{B'}{H} = \frac{(1-q_x) \times L_x}{f_1} = \frac{(1-q_x) \times l_x \times h}{f_1 \times f_2} \tag{3.9}$$

由式(3.9)可知，可变基高比的空间变量包含：CCD 传感器的物理尺寸 l_x、大孔径光学镜头焦距 f_1、数字相机镜头焦距 f_2、单幅影像与拼接影像的尺寸比例 h。

讨论：

(1)对于单相机，如胶片式航摄仪、单个数码相机，基高比参数同样可以采用式(3.9)来计算。由于不存在数字拼接相机后背，因此数字相机镜头焦距 f_2 与影像的缩放比例 h 均取 1，则 $R' = \frac{B'}{H} = \frac{(1-q_x) \times l_x}{f_1}$，与经典的基高比的定义一致。

(2)对于 CCD 外拼接相机，基高比参数同样可以采用式(3.9)来计算，由于不存在承影器件和大孔径光学镜头，只有多个数字拼接相机后背，因此大孔径光学镜头焦距 f_1 取 1，则 $R' = \frac{B'}{H} = \frac{(1-q_x) \times l_x \times h}{f_2}$。$h$ 为影像的缩放比例，这里指拼接后的大幅面影像与原始的小幅面影像之间的比例关系，由相机个数、拼接算法决定。

(3)对于 CCD 内拼接相机，基高比参数同样可以采用式(3.9)来计算，由于不存在承影器件和多个数字相机的镜头，因此数字相机镜头焦距 f_2 取 1，则 $R' = \frac{B'}{H} = \frac{(1-q_x) \times l_x \times h}{f_1}$。$h$ 为二次成像的缩放比例，这里指拼接后的大幅面影像与原始的小幅面影像之间的比例关系，由 CCD 芯片个数、拼接算法决定。

综上可以证明，式(3.9)适用于胶片式航摄仪、非拼接数码相机、多相机拼接数字航摄仪。

对于线阵推扫式航摄相机，可变基高比的空间函数表达为

$$R' = \frac{B'}{H} = \tan\theta_{前} + \tan\theta_{后} \tag{3.10}$$

式中，R' 为可变基高比；B' 为数字基线的长度；H 为摄影高度；$\theta_{前}$ 为前视角；$\theta_{后}$ 为后视角。式 (3.10) 适用于三线阵推扫式航摄相机、双线阵推扫式航摄相机、单线阵侧摆式航摄相机。同时，式 (3.10) 也适用于双相机倾斜摄影模式 (林宗坚等, 2007)：采用两台面阵 CCD 相机，各自向前和向后倾斜一个固定角度 $\theta_{前}$ 和 $\theta_{后}$，使得第一个摄影站的前倾像片与第二个摄站的后倾像片构成立体像对。

3.3.3　可变基高比的时间变量

单基线摄影测量的情况：对于单基线摄影测量，基线长度为飞行速度和相邻两摄站间的拍摄时间间隔的乘积，因此可变基高比可表示为

$$R' = \frac{B'}{H} = \frac{v \cdot t}{H} \tag{3.11}$$

式中，B' 为数字基线的长度；H 为摄影高度；v 为拍摄时的飞行速度；t 为相邻摄站间的拍摄时间间隔。

多基线摄影测量的情况：根据多基线摄影测量的定义，"采用短基线获取大重叠度的序列影像，相邻的两幅影像摄影基线短、交会角小，可用于自动匹配，而首尾的影像摄影基线长、交会角大，并且有多个观测值，交会时可以提高精度"，因此，多基线摄影测量的交会基线为序列影像的首尾两张影像的基线，为多个摄站的基线之和。设有 N 张交会影像，可变基高比可表示为

$$R' = \frac{B'}{H} = \frac{v \cdot N \cdot t}{H} \tag{3.12}$$

式中，B' 为数字基线的长度；H 为摄影高度；v 为拍摄时的飞行速度；t 为相邻摄站间的拍摄时间间隔 (相等时间间隔拍摄)。

因此，可变基高比的时间变量公式可以写成：

$$R' = \frac{B'}{H} = \frac{v \cdot T}{H} = \frac{v \cdot N \cdot t}{H} \tag{3.13}$$

式中，T 为交会影像的拍摄时间间隔，它等于交会影像数 N 与相邻摄站时间间隔 t 的乘积。对于单基线摄影测量，$N = 1$；对于多基线摄影测量，$N > 1$。

3.4　基于可变基高比函数和数字摄影测量系统类型的几何精度计量理论的建立和解释

3.4.1　可变基高比的时间变量与高程精度的关联模型

像平面坐标量测精度由影像空间分辨率和量测精度共同决定：

$$M_{XY} = \text{GSD} \cdot k \tag{3.14}$$

式中，k 为一个常量，由量测精度决定；GSD 为影像的空间分辨率，由航高 H、相机焦距 f、CCD 物理尺寸 δ 共同决定。

根据框幅式航空相机的基高比与高程精度的关系可得

$$M_Z = M_{XY}/\tan\theta = \mathrm{GSD}\cdot k/\tan\theta \tag{3.15}$$

对于单基线摄影测量，可变基高比的时间变量模型为

$$R' = \frac{B'}{H} = \frac{v\cdot t}{H} \tag{3.16}$$

将式 (3.16) 代入式 (3.15)，得到

$$M_Z = \frac{\mathrm{GSD}\cdot k\cdot H}{v\cdot t} \tag{3.17}$$

由式 (3.17) 可知，要提高遥感影像立体定位的高程精度，在影像空间分辨率 GSD、像点坐标的量测精度 k、航高 H、飞行速度 v 不变的情况下，需要适当增大相邻摄站间的拍摄时间间隔 t，从而增大相邻影像之间的基线长度。

因此，从理论上讲，若航拍过程中飞机的飞行高度、飞行速度发生了变化，为了保证立体测图精度，可以用调整拍摄时间间隔 t 的方法实现。当飞到不同的区域精度要求发生变化时，如平坦且变化少的区域平面精度和高程精度的要求降低，可以改变 t，使精度不断调整到最优状态，使之既满足精度需求，又不增加过多的冗余图像。因此，可变基高比模型中时间变量 t 的引入，为实现高程精度与载体飞行平台状态的适配处理提供了理论依据。

多基线摄影测量与单基线摄影测量的原理不同，可变基高比的时间变量与高程精度不是简单的线性关系，下面对多基线摄影测量中的时间变量与高程精度的关系进行分析。

在多基线摄影测量中，一个空间点能够同时出现在多张影像上，实现了 5°、6°甚至更多的多度重叠。

假设各张像片的三个旋转角均为 0，$y_i = 0$ 且所有像片的 Z_S 相等，则共线方程

$x_i = -f\dfrac{a_1(X-X_S)+b_1(Y-Y_S)+c_1(Z-Z_S)}{a_3(X-X_S)+b_3(Y-Y_S)+c_3(Z-Z_S)}$ 可以写作：

$$x_i = -f\frac{X-X_S}{Z-Z_S} = -f\cdot\frac{\overline{X}}{\overline{Z}} \tag{3.18}$$

式中，x_i 为像点的 x 坐标；f 为相机焦距；(X_S, Y_S, Z_S) 为摄站坐标；(X, Y, Z) 为地物点的三维坐标，则相应的误差方程为

$$v_{x_i} = -\frac{1}{\overline{Z}}\cdot f\cdot\delta_X - \frac{1}{\overline{Z}}\cdot x_i\cdot\delta_Z - l_x \tag{3.19}$$

式中，δ_X、δ_Z 为地物点 X、Z 坐标的改正数；l_x 为误差方程常数项。

相应的法方程系数矩阵为

$$A = \begin{bmatrix} \dfrac{Nf^2}{\overline{Z}^2} & \dfrac{f}{\overline{Z}^2}\sum x_i \\[3mm] \dfrac{f}{\overline{Z}^2}\sum x_i & \dfrac{1}{\overline{Z}^2}\sum x_i^2 \end{bmatrix} \tag{3.20}$$

若地物点同时出现在 N 张影像上，则可以利用这 N 张影像同时进行前方交会计算其三维坐标。图 3.10 和图 3.11 分别表示 N 是奇数和偶数时的前方交会（$i=1,2,\cdots,N; \sum x_i \approx 0$）（张永军和张勇，2005）。

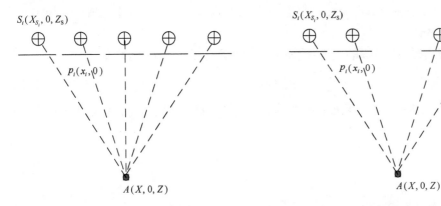

图 3.10　奇数张像片的前方交会　　　　图 3.11　偶数张像片的前方交会

可以看出，无论 N 是奇数还是偶数，理论上像片都是对称分布的，其共同特点是像片 x 坐标的平均值 $\sum x_i \approx 0$，因而法方程系数矩阵的非对角线元素为 0，则相应的协因数矩阵为

$$Q = A^{-1} = \begin{bmatrix} \dfrac{\overline{Z}^2}{Nf^2} & 0 \\[3mm] 0 & \dfrac{\overline{Z}^2}{\sum x_i^2} \end{bmatrix} \tag{3.21}$$

可变基高比的时间变量数学模型如下：

$$R' = \frac{B'}{H} = \frac{v \cdot T}{H} = \frac{v \cdot N \cdot t}{H} \tag{3.22}$$

其中，T 为交会影像的拍摄时间间隔，它等于交会影像数 N 与相邻摄站时间间隔 t 的乘积。

由式（3.21）和式（3.22）联立可知，交会影像数 N 越大，$\sum x_i^2$ 越大，前方交会的精度就越高。因此，增大可变基高比的时间变量 T，能够提高多基线立体定位的高程精度。

3.4.2　航摄系统光机参量与高程精度链接模型

摄影测量中立体像对的基高比值、方位元素精度、像平面坐标量测精度决定前方交会精度（王新义等, 2012）。其中，影像外方位元素精度由空中三角测量精度决定，其属于数字摄影测量算法研究范畴。本节以可变基高比时空模型为纽带，探讨光学机械参数对精度的影响。

假设航摄相机垂直地面摄影时地面空间分辨率 $GSD_\uparrow$：

$$GSD_\uparrow = \frac{H}{f_1}\delta_1 = \frac{H}{f_1} \times \frac{h}{f_2}\delta_2 \tag{3.23}$$

式中，H 为相对航高；f_1、f_2 为相机焦距；h 为二次成像镜头距一次承影器件的物距；δ_1、δ_2 为 CCD 传感器的物理尺寸。

基高比与高程精度 M_Z 的关系（沈添天等, 2009）可以表达为式(3.24)：

$$M_Z = M_{XY} / R \tag{3.24}$$

式中，M_{XY} 为立体定位平面精度；R 为基高比。将可变基高比模型光机结构表达式(3.9)代入式(3.24)得到 M_Z 的表达式为

$$M_Z = \frac{k \times GSD \times f_1 \times f_2}{(1 - q_x) \times l_x \times h} \tag{3.25}$$

进一步，将式(3.23)代入式(3.25)得

$$M_{Z\uparrow} = \frac{k \times H \times \delta_2}{(1 - q_x) \times l_x} \tag{3.26}$$

式(3.26)代表相机垂直地面摄影时光机参量与高程精度模型的关系，可知要提升高程精度，应减小 CCD 探元物理尺寸 δ_2；增加航线方向 CCD 探元数目，以增大影像航向幅面 l_x。

3.4.3　多基线影像的获取方法

为了增大可变基高比的时间变量 T，可以通过增加交会影像数 N 或延长相邻摄站时间间隔 t 来实现。然而，由于 t 最大的情况是航向 60% 重叠，因此只能通过增加交会影像数 N 来实现。

由于数字化的特点，数字航摄相机的 CCD 积分时间、扫描方式、拼接相机的个数可变，因此可以通过以下三种方案在相同的时间内获得更多的交会影像数 N。

方案一：减小 CCD 积分时间增加交会影像数。

根据 CCD 相机的曝光原理，CCD 是按一定规律排列的由 MOS 电容器阵列组成的移位寄存器，CCD 的感光单位可以把光子转化成电荷，然后模数转换单元读取每个像素的光电子电量，之后转化成数字信号。转换的方法就是让这些电量流过电路，然后将电流对时间积分就得到电量。电量全部流过电路的时间称为积分时间（曝光时间）。积分时间

越短，光信号转化成电信号就越快，同样的像素连拍的影像张数就越多；或者同样的影像张数连拍，像素就能够提高(王庆有，2000)。因此，减小 CCD 积分时间能够增加交会影像数，这是目前数字航摄相机普遍采用的方案。

方案二：CCD 隔行扫描技术增加交会影像数。

隔行扫描相机是一种常用的视觉传感器，利用隔行扫描成像原理，每一帧(frame)图像都是由两场(field)扫描信号拼起来的，即奇数场与偶数场，成像时一般先扫描奇数场然后再扫描偶数场，在拍摄静止物体时是看不出来的，在拍摄快速运动物体时，由于两场信号是分别曝光的，并且中间差了一个场扫描周期，因此可以形成两张影像(方志斌等，2003)。采用隔行到逐行扫描变换技术，根据已知信息重构出每场中缺少的行，就可以弥补缺失的扫描行。常用的方法有：利用场内上一行和下一行的信息直接平均而重构，或利用方向性相关进行重构(赵建伟等，2003)，或利用运动估计进行重构(冯文灏，2002)。通过上述方法，可以采用 CCD 隔行扫描技术增加交会影像数。

方案三：拼接相机阵列增加交会影像数。

采用拼接相机获取大幅面的影像是摄影测量中常用的一种硬件改造方案，其通常采用双拼、四拼，相机之间呈一定夹角(林宗坚等，2007)，另外，也可以将 N 台量测型数码相机沿直线排列并固连，形成一个相机阵列系统方式。每个相机的主光轴平行，且都垂直下视。通过同步曝光控制，在每个摄站附近获取 N 张影像。这 N 张影像之间具有 90% 以上的重叠度。

在上述三种方案中，方案一减小 CCD 积分时间主要是通过提高相机的工作效率实现的；方案二 CCD 隔行扫描技术，不仅能够提高影像获取的速度，而且能够调节影像的地面分辨率，为今后航摄精度需求与硬件参数的有效适配提供一种有效途径；方案三的关键在于多个相机的固连及航空平台的改造。

本节对方案二 CCD 隔行扫描技术、方案三拼接相机阵列获取的多基线影像的处理方法进行讨论。

方案二、方案三获取的多基线影像如图 3.12(a)所示：每个摄站之间的重叠度设为 60% 时，仍然为长基线，但每个摄站的拍摄影像数从 1 张变为在摄站临近区域共拍摄 N 张。在数据处理时，将 2N 张影像统一进行平差计算地面点坐标。图 3.12(b)为方案一获取的多基线影像，相邻影像之间的重叠度为 80%。

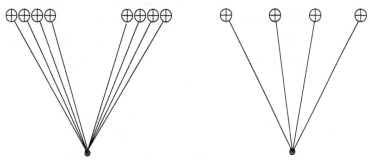

(a) 采用相机阵列或CCD隔行扫描技术获取的多基线影像　　(b) 80%航向重叠的多基线影像

图 3.12　不同的基线组成方式

　　基线编组的具体方法如图 3.13 所示。为方便起见，以每个摄站获取 4 张影像为例。将第一个摄站获得的 4 张影像称为第一组，编号 1-1、1-2、1-3、1-4，影像重叠度为 90%，用黑色表示；将第二个摄站获得的 4 张影像称为第二组，编号 2-1、2-2、2-3、2-4，影像重叠度为 90%，用红色表示。两组影像之间的重叠度为 60%，如 1-1 和 2-1 之间的重叠度为 60%。

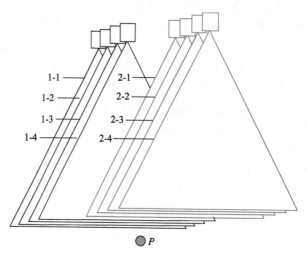

图 3.13　基线编组立体测图的示意图

　　对于第一个摄站下方的点 P，它出现在第一个摄站的 4 张影像中，并出现在第二个摄站的 4 张影像中，因此，它的地面坐标值计算如下：将 1-1 和 2-1 构成立体像对、1-2 和 2-2 构成立体像对、1-3 和 2-3 构成立体像对、1-4 和 2-4 构成立体像对，分别进行立体测图，获得 P 的四组坐标值。由于该 4 个立体像对的交会角都相等，因此 4 组值的权重相等，最终结果为 4 组值的平均。

　　多基线前方交会一般有光束法前方交会和线性法前方交会两种方法，下面分别根据这两种方法对多基线影像提高高程精度的原理进行分析。

　　1）光束法前方交会

　　光束法前方交会与光束法后方交会类似，是基于共线方程，根据已知内外方位元素的两幅或两幅以上的影像，把待定点的影像坐标作为观测值，解求最优待定点物方空间坐标的过程（冯文灏，2002）。与光束法后方交会不同的是，光束法前方交会外方位元素不是待求的未知数，像点对应的地面点三维坐标才是要求的未知数。将共线方程线性化，可得多像光束法前方交会的误差方程式（张剑清和胡安文，2007）：

$$\begin{cases} v_x = -\dfrac{\partial x}{\partial X}\mathrm{d}X - \dfrac{\partial x}{\partial Y}\mathrm{d}Y - \dfrac{\partial x}{\partial Z}\mathrm{d}Z - l_x \\[2mm] v_y = -\dfrac{\partial y}{\partial X}\mathrm{d}X - \dfrac{\partial y}{\partial Y}\mathrm{d}Y - \dfrac{\partial y}{\partial Z}\mathrm{d}Z - l_y \end{cases} \tag{3.27}$$

　　由于每个像点出现在两幅影像中，因此可以列出两个误差方程式。若某点出现在 N 幅

序列影像中，则可以列出 $2N$ 个方程式，用矩阵的形式表示为

$$V = AX - L \tag{3.28}$$

式中，$V = \begin{bmatrix} v_x \\ v_y \end{bmatrix}$；$X = \begin{bmatrix} \Delta X \\ \Delta Y \\ \Delta Z \end{bmatrix}$；$L = \begin{bmatrix} l_x \\ l_y \end{bmatrix}$；$A = \begin{bmatrix} -\dfrac{\partial x}{\partial X} & -\dfrac{\partial x}{\partial Y} & -\dfrac{\partial x}{\partial Z} \\ -\dfrac{\partial y}{\partial X} & -\dfrac{\partial y}{\partial Y} & -\dfrac{\partial y}{\partial Z} \end{bmatrix}$。

其法方程的解为

$$X = (A^{\mathrm{T}} A)^{-1} A^{\mathrm{T}} L \tag{3.29}$$

待求未知数的初值可以通过双像前方交会求得，依照式(3.27)、式(3.28)迭代解算可以求得地物点的三维坐标：

$$(X, Y, Z)^{\mathrm{T}} = (X_0, Y_0, Z_0)^{\mathrm{T}} + (\Delta X, \Delta Y, \Delta Z)^{\mathrm{T}} \tag{3.30}$$

2）线性法前方交会

根据线性法前方交会的公式，共线方程的另一形式(张剑清等，2007)为

$$(X - X_S, Y - Y_S, Z - Z_S)^{\mathrm{T}} = \lambda(X', Y', Z')^{\mathrm{T}} = \lambda R^{\mathrm{T}}(x, y, -f)^{\mathrm{T}} \tag{3.31}$$

消去式(3.31)中的 λ 可得

$$\begin{cases} \dfrac{X - X_S}{Z - Z_S} = \dfrac{a_1 x + a_2 y - a_3 f}{c_1 x + c_2 y - c_3 f} \\ \dfrac{Y - Y_S}{Z - Z_S} = \dfrac{b_1 x + b_2 y - b_3 f}{c_1 x + c_2 y - c_3 f} \end{cases} \tag{3.32}$$

令

$$u = a_1 x + a_2 y - a_3 f$$
$$v = b_1 x + b_2 y - b_3 f$$
$$w = c_1 x + c_2 y - c_3 f$$

则有

$$\begin{cases} \dfrac{X - X_S}{Z - Z_S} = \dfrac{u}{w} \\ \dfrac{Y - Y_S}{Z - Z_S} = \dfrac{v}{w} \end{cases} \tag{3.33}$$

其线性方程用矩阵的形式表示为

$$
\begin{bmatrix} w_i & 0 & -u_i \\ 0 & w_i & -v_i \end{bmatrix} \begin{bmatrix} X \\ Y \\ Z \end{bmatrix} = \begin{bmatrix} w_i X_S - u_i Z_S \\ w_i Y_S - v_i Z_S \end{bmatrix} \tag{3.34}
$$

按照式(3.34)，若每个像点出现在两张影像上，则可以列出两个线性方程式。若每个像点出现在 N 幅序列影像中，则可以列出 $2N$ 个线性方程式。

因此，多基线影像既保证了较大的交会角，又增加了交会影像数，增加了冗余观测值，从理论上可以提高立体定位的高程精度。

3.4.4　实验验证

在理论研究的基础上，开展实验，对可变基高比的时间变量与高程精度的关系进行验证。实验基于中国测绘科学研究院建立的涿州地面检校场进行，将 SWDC-1 相机系统装于塔吊平台模拟航空飞行环境，通过改变影像的重叠度，分别获取多基线影像和单基线影像。通过比较多基线摄影测量的高程精度和常规方法的高程精度，验证可变基高比的时间变量与高程精度的关系。实验流程如图 3.14 所示(段依妮，2015)。

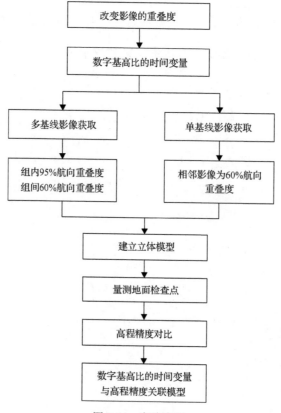

图 3.14　实验流程

本次实验采用 SWDC-1 相机获取影像。该相机由哈苏 3D 数码相机经过加固、精密单机检校改造完成。相机镜头焦距为 35mm，像素大小为 6.8μm，CCD 长边为 49mm(7205

行），CCD 短边为 36.8mm（5412 行）。

实验步骤如下：

（1）SWDC-1 相机在距离地面 45m 的塔吊的 8 个位置分别对检校场进行正直摄影，获得立体像对（图 3.15）。其中，1-1 和 2-1、1-2 和 2-2、1-3 和 2-3、1-4 和 2-4 均为 60% 的航向重叠度，编号 1-1、1-2、1-3、1-4 相邻两张影像及编号 2-1、2-2、2-3、2-4 相邻两张影像的航向重叠度均为 90%。

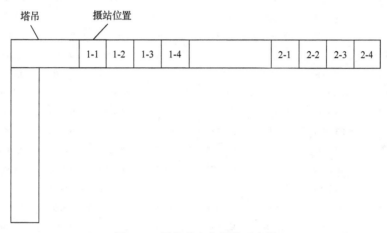

图 3.15　影像获取位置的示意图

（2）将 1-1 和 2-1 构成立体像对、1-2 和 2-2 构成立体像对、1-3 和 2-3 构成立体像对、1-4 和 2-4 构成立体像对，分别进行立体测图。依次进行：影像的畸变差改正、立体像对的相对辐射校正、利用 Australis 软件进行空间后方交会，获得每张像片的外方位元素。

（3）为了使立体测图的精度更具有可比性，检查点必须同时存在于上述 8 张影像中，即每个立体像对量测的检查点都必须一样。根据这个依据，在影像上选取了 22 个检查点。

（4）利用 Australis 软件，获得上述 22 个检查点的像点坐标。

（5）利用空间后方交会结果进行立体像对的空间前方交会，获得全部测定点的物方坐标。按照上述方法，1-1 和 2-1 可以计算出一组 (X, Y, Z) 坐标，1-2 和 2-2 可以计算出一组 (X, Y, Z) 坐标，1-3 和 2-3 可以计算出一组 (X, Y, Z) 坐标，1-4 和 2-4 可以计算出一组 (X, Y, Z) 坐标。

（6）将上述 4 组立体像对统一进行平差，也可以计算出一组 (X, Y, Z) 坐标。

（7）计算检查点的高程精度。

（8）比较两种方法高程精度的大小，验证可变基高比的时间变量与高程精度的关系。

对 4 组立体像对分别进行立体测图的高程精度评定，高程中误差结果见表 3.1，统一进行平差的结果见表 3.2。

对比表 3.1 和表 3.2 可知，利用 4 组立体像对统一进行平差的高程精度为 ±0.0179 m，优于仅采用一个立体影像测图的高程精度。因此，通过改造数字航摄相机，如减小 CCD 积分时间、采用 CCD 隔行扫描技术、使用拼接相机阵列等技术途径，改变可变基高比的时间变量，从而提高立体测图的高程精度。

表 3.1　4 组 60%重叠度的立体像对高程中误差计算结果

检查点号	理论高程值(m)	1-1 和 2-1 实测高程值(m)	$[\Delta Z]^2$	1-2 和 2-2 实测高程值(m)	$[\Delta Z]^2$	1-3 和 2-3 实测高程值(m)	$[\Delta Z]^2$	1-4 和 2-4 实测高程值(m)	$[\Delta Z]^2$
2506	22.7356	22.7339	0.0000	22.7240	0.0001	22.7139	0.0005	22.7181	0.0003
3104	22.4991	22.5166	0.0003	22.5068	0.0001	22.4970	0.0000	22.4979	0.0000
2805	22.5427	22.5449	0.0000	22.5370	0.0000	22.5271	0.0002	22.5280	0.0002
5006	22.7891	22.7798	0.0001	22.7706	0.0003	22.7615	0.0008	22.7638	0.0006
2725	22.263	22.2695	0.0000	22.2597	0.0000	22.2501	0.0002	22.2497	0.0002
3724	22.091	22.1001	0.0001	22.1422	0.0026	22.1324	0.0017	22.1382	0.0022
3324	22.5908	22.6178	0.0007	22.6095	0.0004	22.5990	0.0001	22.5994	0.0001
2923	22.6292	22.6664	0.0014	22.6591	0.0009	22.6489	0.0004	22.6492	0.0004
2720	22.6118	22.6192	0.0001	22.6101	0.0000	22.6000	0.0001	22.6061	0.0000
3120	23.9488	23.9516	0.0000	23.9414	0.0001	23.9318	0.0003	23.9323	0.0003
3420	23.8003	23.8261	0.0007	23.8170	0.0003	23.8073	0.0000	23.8017	0.0000
3618	22.9219	22.9675	0.0021	22.9585	0.0013	22.9522	0.0009	22.9516	0.0009
3512	22.8267	22.8274	0.0000	22.8685	0.0017	22.8590	0.0010	22.8617	0.0012
3413	22.7058	22.7393	0.0011	22.7312	0.0006	22.7211	0.0002	22.7220	0.0003
2614	22.1666	22.1723	0.0000	22.1651	0.0000	22.1565	0.0001	22.1627	0.0000
5013	22.6689	22.6678	0.0000	22.6586	0.0001	22.6491	0.0004	22.6500	0.0004
2672	22.7054	22.7056	0.0000	22.6957	0.0001	22.6917	0.0002	22.6984	0.0000
5009	22.6422	22.6543	0.0001	22.6445	0.0000	22.6341	0.0001	22.6389	0.0000
3371	22.7418	22.7771	0.0012	22.7692	0.0008	22.7597	0.0003	22.7702	0.0008
3070	22.7351	22.7528	0.0003	22.7426	0.0001	22.7329	0.0000	22.7290	0.0000
2912	22.7288	22.7380	0.0001	22.7274	0.0000	22.7174	0.0001	22.7214	0.0001
3117	22.6717	22.6988	0.0007	22.6898	0.0003	22.6799	0.0001	22.6727	0.0000

$$M_Z = \pm\sqrt{\sum[\Delta Z]^2/n} = \pm0.0191 \; ; \quad M_Z = \pm\sqrt{\sum[\Delta Z]^2/n} = \pm0.0204 \; ;$$

$$M_Z = \pm\sqrt{\sum[\Delta Z]^2/n} = \pm0.0212 \; ; \quad M_Z = \pm\sqrt{\sum[\Delta Z]^2/n} = \pm0.0188$$

表 3.2　4 组 60%重叠度的立体像对联合平差的结果

检查点号	理论高程值(m)	4 组高程值取平均(m)	$[\Delta Z]^2$
2506	22.7356	22.7225	0.0002
3104	22.4991	22.5045	0.0000
2805	22.5427	22.5343	0.0001
5006	22.7891	22.7689	0.0004
2725	22.263	22.2573	0.0000
3724	22.091	22.1282	0.0014
3324	22.5908	22.6064	0.0002
2923	22.6292	22.6559	0.0007
2720	22.6118	22.6088	0.0000
3120	23.9488	23.9393	0.0001

续表

检查点号	理论高程值(m)	4 组高程值取平均(m)	$[\Delta Z]^2$
3420	23.8003	23.8130	0.0002
3618	22.9219	22.9574	0.0013
3512	22.8267	22.8541	0.0008
3413	22.7058	22.7284	0.0005
2614	22.1666	22.1642	0.0000
5013	22.6689	22.6563	0.0002
2672	22.7054	22.6978	0.0001
5009	22.6422	22.6429	0.0000
3371	22.7418	22.7691	0.0007
3070	22.7351	22.7393	0.0000
2912	22.7288	22.7260	0.0000
3117	22.6717	22.6853	0.0002

$$M_Z = \pm\sqrt{\sum[\Delta Z]^2/n} = \pm0.0179$$

3.5　影响立体定位高程精度的几何指标

定位精度指标主要包括水平精度和高程精度。水平精度由航摄系统的视场角和感光元件的像元尺寸决定，高程精度由航摄任务的基高比——摄影基线长度与摄影高度之比衡量。在航测任务中，地面目标位置的水平精度很容易满足，而高程精度却很难满足，如在 1∶1000 比例尺的测绘任务中，航测规范要求地面点位置的水平精度为 50cm，要求高程精度为 10～15cm。在实际作业过程中，只要高程精度满足要求，水平精度一般都能够满足要求。

3.5.1　高程误差的严密估算公式

绝对定向的待定元素有七项：X_G、Y_G、Z_G、Φ、Ω、K 和 λ。通常情况下，平面精度和高程精度要分开进行分析。

模型的高程定向使用三个元素 Z_G、Φ、Ω，由此所产生的模型点的高程误差可表达为(王之卓, 2007)

$$\Delta Z = \Delta Z_G + \bar{X}\Delta\Phi + \bar{Y}\Delta\Omega \tag{3.35}$$

式中，ΔZ_G、$\Delta\Phi$ 和 $\Delta\Omega$ 分别为模型绝对定向中 Z_G、Φ、Ω 的误差。

1. 高程量测误差的影响

假设量测了模型上三个点(图 3.16 中点 3、点 5、点 2)，其高程误差分别为 Δz_3、Δz_5、Δz_2，则三个点的平面坐标值(以点 1 为原点)分别为

$$x_3 = 0 \quad x_5 = 0 \quad x_2 = b$$
$$y_3 = d' \quad y_5 = -d' \quad y_2 = 0$$

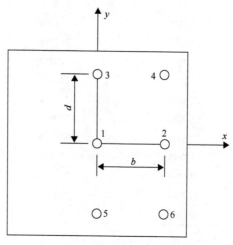

图 3.16 量测像片示意图(王之卓，2007)

把这些数值代入式(3.35)中，式中的 $\bar{X}$、$\bar{Y}$、ΔZ、ΔZ_G 都用相应的小写字母表示在像片比例尺中的相应数值中，并对 Δz 用负号，表示需要改正的数值，则有

$$-z_3 = \Delta z_G + d\Delta\Omega$$

$$-z_5 = \Delta z_G - d\Delta\Omega$$

$$-z_2 = \Delta z_G + b\Delta\Phi$$

$$\begin{cases} \Delta z_G = -\dfrac{1}{2}(\Delta z_3 + \Delta z_5) \\[2mm] \Delta\Phi = -\dfrac{2\Delta z_2 - \Delta z_3 - \Delta z_5}{2b} \\[2mm] \Delta\Omega = -\dfrac{1}{2d}(\Delta z_3 - \Delta z_5) \end{cases} \tag{3.36}$$

由式(3.36)求得其权倒数为

$$Q_{z_G z_G} = \frac{1}{2}, \quad Q_{\Phi\Phi} = \frac{3}{2b^2}, \quad Q_{\Omega\Omega} = \frac{1}{2d^2}, \quad Q_{z_G\Phi} = -\frac{1}{2b} \tag{3.37}$$

则对任意一点由高程定向所产生的改正值 Δz 为

$$\Delta z = \Delta z_G + x\Delta\Phi + y\Delta\Omega \tag{3.38}$$

这个改正值的权倒数 Q_{zz} 为

$$Q_{zz} = Q_{z_G z_G} + x^2 Q_{\Phi\Phi} + y^2 Q_{\Omega\Omega} + 2x Q_{z_G \Phi} \tag{3.39}$$

将式 (3.39) 代入式 (3.37)，得

$$Q_{zz} = \frac{1}{2} + \frac{3x^2}{2b^2} + \frac{y^2}{2d^2} - \frac{x}{b} \tag{3.40}$$

设该点处观测的高程为 (z)，则其最后高程 z 应为

$$z = (z) + \Delta z \tag{3.41}$$

假设高程观测的中误差为 μ_z（已经归化在像片比例尺中），则由式 (3.40)、式 (3.41) 得出最后高程中的误差 m_z^2 为

$$m_z^2 = \mu_z^2 + \left(\frac{1}{2} + \frac{3x^2}{2b} + \frac{y^2}{2d^2} - \frac{x}{b} \right) \mu_z^2$$

$$m_z = \mu_z \sqrt{\frac{3}{2} + \frac{3x^2}{2b} + \frac{y^2}{2d^2} - \frac{x}{b}} \tag{3.42}$$

2. 相对定向误差的影响

除了高程量测误差外，相对定向误差也对模型定向结果产生影响。由于模型中控制点处的高程误差可以用绝对定向元素去改正，因此在这些点处相对定向误差的影响也得到了补偿，因此具有如下关系：

$$\left[-\frac{(x-b)}{b} db_z - \frac{f^2 + (x-b)^2}{b} d\varphi' - \frac{(x-b)y}{b} d\omega' + \frac{f}{b} y d\kappa' \right] + (\Delta z_G' + x\Delta\Phi' + y\Delta\Omega') = 0$$

$$\tag{3.43}$$

式中，$\Delta z_G'$、$\Delta\Phi'$、$\Delta\Omega'$ 表示相对定向误差的影响，以区别于由式 (3.35) 所表达的高程量测误差的影响。

对于点 3、点 5 和点 2，根据式 (3.43) 可得到

$$db_z - \frac{f^2 + b^2}{b} d\varphi' + d\omega' + \frac{fd}{b} d\kappa' + \Delta z_G' + d\Delta\Omega' = 0$$

$$db_z - \frac{f^2 + b^2}{b} d\varphi' - d\omega' - \frac{fd}{b} d\kappa' + \Delta z_G' - d\Delta\Omega' = 0$$

$$-\frac{f^2}{b} d\varphi' + \Delta z_G' + b\Delta\Phi' = 0$$

联立解算上式，得

$$\begin{cases} \Delta z'_G = -db_z + \dfrac{f^2 + b^2}{b} d\varphi' \\[3mm] \Delta \Phi' = \dfrac{db_z}{b} - d\varphi' \\[3mm] \Delta \Omega' = -\dfrac{f}{b} d\kappa' - d\omega' \end{cases} \tag{3.44}$$

对于模型上任意一点，其高程受相对定向和绝对定向的共同影响，所产生的改正值 $\Delta z'$ 根据式(3.43)可得到

$$\Delta z' = -\frac{(x-b)}{b} db_z - \frac{f^2 + (x-b)^2}{b} d\varphi' - \frac{(x-b)y}{b} d\omega' + \frac{f}{b} y d\kappa' + \Delta z'_G + x\Delta \Phi' + y\Delta \Omega'$$

将式(3.44)计算得到的 $\Delta z'_G$、$\Delta \Phi'$、$\Delta \Omega'$ 的值分别代入上式，得

$$\Delta z' = -\frac{x}{b}(x-b)d\varphi' - \frac{xy}{b} d\omega' \tag{3.45}$$

其权倒数为

$$Q_{z'z'} = \frac{x^2(x-b)^2}{b^2} Q_{\varphi'\varphi'} + \frac{x^2 y^2}{b^2} Q_{\omega'\omega'} + \frac{2x^2(x-b)y}{b^2} Q_{\varphi'\omega'}$$

在六点定向的情况下，可以得到

$$m_{z'} = m_q \sqrt{Q_{z'z'}} = \frac{xf}{bd} m_q \sqrt{\frac{(x-b)^2}{b^2} + \frac{3y^2}{4d^2}} \tag{3.46}$$

3. 最终的高程中误差

模型上每一个点的高程误差都由式(3.42)和式(3.46)所表达的误差组成，其总值为

$$M_z = \sqrt{\mu_z^2 \left(\frac{3}{2} + \frac{3x^2}{2b} + \frac{y^2}{2d^2} - \frac{x}{b} \right) + \frac{x^2 f^2}{b^2 d^2} m_q^2 \left(\frac{(x-b)^2}{b^2} + \frac{3y^2}{4d^2} \right)} \tag{3.47}$$

各点的高程量测误差 μ_z 可以等效为左右视差的观测误差 $m_{\Delta p}$，而后者可以近似为上下视差的观测误差 m_q，则

$$\mu_z \approx \frac{f}{b} m_{\Delta p} \approx \frac{f}{b} m_q \tag{3.48}$$

将式(3.48)代入式(3.47)，得到最终的高程中误差

$$M_z = \frac{f}{b} m_q \sqrt{\frac{x^2(x-b)^2}{b^2 d^2} + \frac{3x^2 y^2}{4d^4} + \frac{3x^2}{2b^2} + \frac{y^2}{2d^2} - \frac{x}{b} + \frac{3}{2}} \tag{3.49}$$

式中，f 为航摄仪的焦距；b 为像对重叠区的航向幅宽；d 为像片的旁向幅宽的一半；x 和 y 为像点量测坐标。

由式(3.49)可知，立体像对定位的高程精度受到高程量测误差、相对定向误差的共同影响。式(3.49)中的 $\dfrac{f}{b}$ 就是立体像对的基高比的倒数，因此可以证明立体定位的高程精度与基高比成正比，基高比越大，M_z 越小，高程精度越高。

3.5.2 平面误差的严密估算公式

模型的平面定向使用四个元素 X_G、Y_G、λ 和 K，则带来的模型点的平面误差可表达为

$$\begin{cases} \Delta X = \Delta X_G + \bar{X}\Delta\lambda - \bar{Y}\Delta K \\ \Delta Y = \Delta Y_G + \bar{Y}\Delta\lambda + \bar{X}\Delta K \end{cases} \tag{3.50}$$

式中，ΔX_G、ΔY_G、$\Delta\lambda$ 和 ΔK 分别为模型绝对定向中 X_G、Y_G、λ 和 K 的误差。

1. 平面坐标量测误差的影响

假设平面定向根据点 1 及点 2(图 3.16)，这两点换算为像片比例尺中的坐标值分别为

$$x_1 = 0 \quad x_2 = b$$
$$y_1 = 0 \quad y_2 = 0$$

将上述坐标值代入式(3.50)中，并用 Δx_1、Δy_1、Δx_2、Δy_2 表示点 1 和点 2 处的平面坐标的误差，则有

$$-\Delta x_1 = \Delta x_G$$
$$-\Delta y_1 = \Delta y_G$$
$$-\Delta x_2 = \Delta x_G + b\Delta\lambda$$
$$-\Delta y_2 = \Delta y_G + b\Delta K$$

变换得到

$$\begin{cases} \Delta x_G = -\Delta x_1 \\ \Delta y_G = -\Delta y_1 \\ \Delta\lambda = \dfrac{1}{b}(\Delta x_1 - \Delta x_2) \\ \Delta K = \dfrac{1}{b}(\Delta y_1 - \Delta y_2) \end{cases} \tag{3.51}$$

则任意一个模型点平面坐标的改正值为

$$\Delta x = \Delta x_G + x\Delta\lambda - y\Delta K = -\Delta x_1 + \frac{x(\Delta x_1 - \Delta x_2)}{b} - \frac{y(\Delta y_1 - \Delta y_2)}{b}$$

$$\Delta y = \Delta y_G + y\Delta\lambda + x\Delta K = -\Delta y_1 + \frac{y(\Delta x_1 - \Delta x_2)}{b} + \frac{x(\Delta y_1 - \Delta y_2)}{b}$$

其相应的权倒数为

$$
\begin{cases}
Q_{\mathrm{xx}} = 1 + \dfrac{2x^2}{b^2} + \dfrac{2y^2}{b^2} - \dfrac{2x}{b} \\[3mm]
Q_{\mathrm{yy}} = 1 + \dfrac{2y^2}{b^2} + \dfrac{2x^2}{b^2} - \dfrac{2x}{b}
\end{cases}
\tag{3.52}
$$

假定 x、y 坐标量测的中误差都等于 m_0，则由坐标量测误差产生的平面坐标误差为

$$
m_x = m_y = \sqrt{2}\, m_0 \sqrt{\dfrac{x^2}{b^2} + \dfrac{y^2}{b^2} - \dfrac{x}{b} + \dfrac{1}{2}}
\tag{3.53}
$$

2. 相对定向误差的影响

除了平面坐标量测误差外，相对定向误差也对模型定向结果产生影响。由于在控制点处相对定向误差对模型坐标的影响将在其后的绝对定向中得到补偿，因此具有如下关系：

$$
\begin{cases}
\dfrac{x(x-b)}{bf}db_z + \dfrac{x}{b}\left(\dfrac{f^2 + (x-b)^2}{f}\right)d\varphi' + \dfrac{x(x-b)y}{bf}d\omega' \\[3mm]
-\dfrac{xy}{b}d\kappa' + \Delta x_G + x\Delta\lambda - y\Delta K = 0 \\[3mm]
\dfrac{1}{2}db_y + \dfrac{(2x-b)y}{2bf}db_z + \dfrac{y}{b}\left[f + \dfrac{(x-b)(2x-b)}{2f}\right]d\varphi' \\[3mm]
+\left[\dfrac{(2x-b)y^2}{2bf} + \dfrac{f}{2}\right]d\omega' + \dfrac{1}{b}\left[\dfrac{b(x-b)}{2} - y^2\right]d\kappa' + \Delta y_G + y\Delta\lambda + x\Delta K = 0
\end{cases}
\tag{3.54}
$$

把平面控制点 1 和点 2 的坐标值代入式 (3.54)，得到如下四个方程：

$$
\Delta x_G = 0
$$

$$
\dfrac{1}{2}db_y + \dfrac{f}{2}d\omega' - \dfrac{b}{2}d\kappa' + \Delta y_G = 0
$$

$$
fd\varphi' + \Delta x_G + b\Delta\lambda = 0
$$

$$
\dfrac{1}{2}db_y + \dfrac{f}{2}d\omega + \Delta y_G + b\Delta K = 0
$$

解算得到

$$
\Delta x_G = 0
$$

$$
\Delta\lambda = -\dfrac{f}{b}d\varphi'
$$

$$
\Delta y_G = -\dfrac{1}{2}db_y - \dfrac{f}{2}d\omega' + \dfrac{b}{2}d\kappa'
$$

$$\Delta K = -\frac{1}{2}d\kappa'$$

对模型上任意一点而言，其 x、y 坐标受到相对定向和绝对定向的共同影响，所产生的改正值 $\Delta x'$、$\Delta y'$ 为

$$
\begin{cases}
\Delta x' = \dfrac{x(x-b)}{bf}db_z + \dfrac{x}{b}\left[\dfrac{f^2 + (x-b)^2}{f}\right]d\varphi' + \dfrac{x(x-b)y}{bf}d\omega' \\[3mm]
\qquad - \dfrac{xy}{b}d\kappa' + \Delta x_G + x\Delta\lambda - y\Delta K \\[3mm]
\quad = \dfrac{x(x-b)}{bf}db_z + \dfrac{x(x-b)^2}{bf}d\varphi' + \dfrac{x(x-b)y}{bf}d\omega' - \left(\dfrac{x}{b}-\dfrac{1}{2}\right)yd\kappa' \\[3mm]
\Delta y' = \dfrac{1}{2}db_y + \dfrac{(2x-b)y}{2bf}db_z + \dfrac{y}{b}\left[f + \dfrac{(x-b)(2x-b)}{2f}\right]d\varphi' \\[3mm]
\qquad + \left[\dfrac{(2x-b)y^2}{2bf} + \dfrac{f}{2}\right]d\omega' + \dfrac{1}{b}\left[\dfrac{b(x-b)}{2} - y^2\right]d\kappa' + \Delta y_G + y\Delta\lambda + x\Delta K \\[3mm]
\quad = \dfrac{(2x-b)y}{2bf}db_z + \dfrac{(x-b)(2x-b)y}{2fb}d\varphi' + \left(\dfrac{x-b}{b}+\dfrac{1}{2}\right)\dfrac{y^2}{f}d\omega' - \dfrac{y^2}{b}d\kappa'
\end{cases}
\tag{3.55}
$$

相应的权倒数为

$$
\begin{cases}
Q_{x'x'} = \dfrac{x^2(x-b)^2}{b^2f^2}Q_{b_z b_z} + \dfrac{x^2(x-b)^4}{b^2f^2}Q_{\varphi'\varphi'} + \dfrac{x^2(x-b)^2 y^2}{b^2f^2}Q_{\omega'\omega'} \\[3mm]
\qquad + \left(\dfrac{x}{b}-\dfrac{1}{2}\right)^2 y^2 \cdot Q_{x'x'} + \dfrac{2x^2(x-b)^3}{b^2f^2}Q_{b_z\varphi'} \\[3mm]
\quad = \dfrac{x^2(x-b)^2}{2b^2f^2} + \dfrac{x^2(x-b)^4}{b^4d^2} + \dfrac{3x^2(x-b)^2 y^2}{4b^2d^4} \\[3mm]
\qquad + \dfrac{2}{3}\left(\dfrac{x}{b}-\dfrac{1}{2}\right)^2\left(\dfrac{y}{b}\right)^2 + \dfrac{x^2(x-b)^3}{b^3d^2} \\[3mm]
Q_{y'y'} = \left[\dfrac{(2x-b)y}{2bf}\right]^2 Q_{b_z b_z} + \dfrac{y^2(x-b)^2(2x-b)^2}{4f^2b^2}Q_{\varphi'\varphi'} \\[3mm]
\qquad + \left(\dfrac{x-b}{b}+\dfrac{1}{2}\right)^2\dfrac{y^4}{f^2}\cdot Q_{\omega'\omega'} + \dfrac{y^4}{b^2}Q_{x'x'} + \dfrac{(x-b)(2x-b)^2 y^2}{2f^2b^2}Q_{b_z\varphi'} \\[3mm]
\quad = \dfrac{(2x-b)^2 y^2}{8b^2d^2} + \dfrac{y^2(x-b)^2(2x-b)^2}{4b^4d^2} + \dfrac{3}{4}\left(\dfrac{y}{d}\right)^4\left(\dfrac{x-b}{b}+\dfrac{1}{2}\right)^2 \\[3mm]
\qquad + \dfrac{2}{3}\cdot\dfrac{y^4}{b^4} + \dfrac{(x-b)(2x-b)^2 y^2}{4b^3d^2}
\end{cases}
\tag{3.56}
$$

由于相对定向以及其在控制点处的补偿结果，其模型点平面坐标的中误差为

$$m_x = m_q \sqrt{Q_{x'x'}}$$
$$m_y = m_q \sqrt{Q_{y'y'}}$$

3. 最终的平面坐标精度

模型上每一个点的平面误差都由式(3.53)和式(3.56)所表达的误差组成，其总值为

$$M_x = \sqrt{\begin{array}{l} m_q^2 \left[\dfrac{x^2(x-b)^2}{2b^2f^2} + \dfrac{x^2(x-b)^4}{b^4d^2} + \dfrac{3x^2(x-b)^2y^2}{4b^2d^4} + \dfrac{2}{3}\left(\dfrac{x}{b}-\dfrac{1}{2}\right)^2\left(\dfrac{y}{b}\right)^2 + \dfrac{x^2(x-b)^3}{b^3d^2} \right] \\ +2m_0^2\left(\dfrac{x^2}{b^2} + \dfrac{y^2}{b^2} - \dfrac{x}{b} + \dfrac{1}{2}\right) \end{array}}$$

$$(3.57)$$

$$M_y = \sqrt{\begin{array}{l} m_q^2 \left[\dfrac{(2x-b)^2y^2}{8b^2d^2} + \dfrac{y^2(x-b)^2(2x-b)^2}{4b^4d^2} + \dfrac{3}{4}\left(\dfrac{y}{d}\right)^4\left(\dfrac{x-b}{b}+\dfrac{1}{2}\right)^2 + \dfrac{2}{3}\cdot\dfrac{y^4}{b^4} + \dfrac{(x-b)(2x-b)^2y^2}{4b^3d^2} \right] \\ +2m_0^2\left(\dfrac{x^2}{b^2} + \dfrac{y^2}{b^2} - \dfrac{x}{b} + \dfrac{1}{2}\right) \end{array}}$$

$$(3.58)$$

式中，f 为航摄仪的焦距；b 为像对重叠区的航向幅宽；d 为像片的旁向幅宽的一半；x 和 y 为像点量测坐标；m_q 为上下视差的观测误差；m_0 为 x、y 坐标量测的中误差。

由式(3.57)和式(3.58)可知，立体像对定位的平面精度受到平面坐标量测误差、相对定向误差的共同影响。

3.5.3　其他几何误差来源

立体定位误差的严密估算公式仅考虑了坐标量测误差、相对定向误差两方面的影响，其中传感器的基高比参数对高程精度有决定性的影响，但实际的立体定位精度还受到各种复杂多样的其他几何误差因素的影响。在无地面控制点参与的条件下，传输型立体测绘卫星影像的空间定位精度主要取决于 GPS 轨道测定误差、星敏感器测量误差、相机载荷标定误差、影像几何畸变、航时误差等。下面对几种几何误差来源进行简要分析。

1. GPS 轨道测定误差

星载 GPS 接收机是实现卫星高精度定轨的关键设备，在进行卫星影像控制定位计算时，GPS 数据用于确定卫星影像摄影时刻的空间位置。影响 GPS 定轨精度的因素有卫星力学模型、GPS 卫星轨道与钟差的精度、GPS 观测量的精度、电离层误差消除精度等。GPS 定轨误差对影像控制定位的影响主要表现为低频偶然误差，其在较短的摄影时间段

内呈现系统性，而在整个摄影周期内又呈现偶然性。目前，我国天基平台上应用的测量型 GPS 接收机包括单频和双频两种类型。在实施地面定轨数据处理之后，单频 GPS 接收机定轨精度可以优于 5m，双频 GPS 接收机定轨精度可以优于 0.5m。

2. 星敏感器姿态测量误差

星敏感器是实现卫星高精度姿态控制的关键部件，在进行卫星影像控制定位计算时，星敏感器数据用于确定卫星摄影时的姿态。影响星敏感器姿态测量精度的因素包括高空间频率误差、低空间频率误差和白噪声误差等。高空间频率误差主要通过星敏感器随卫星运动产生的角速度作用，将像素空间误差转化为时域误差；低空间频率误差由镜头校正残差、星图误差等引起，通过星敏感器随卫星运动产生的角速度的作用，将视场空间误差转化为时域误差；白噪声误差包括散弹噪声、暗信号噪声、读出噪声、杂散光、电路噪声、模数转换误差等。星敏感器姿态测量误差的高频偶然误差会影响到影像的相对定位精度，低频误差对影像的绝对定位精度有影响(李学夔等，2010)。

3. 相机载荷标定误差

相机载荷标定是指相机内方位元素、相机与星敏感器之间关系矩阵等的地面标定，为卫星影像控制定位提供基本摄影测量参数。卫星在发射后受空间环境影响，导致相机载荷的内部结构关系发生变化，因此直接使用地面标定的参数将产生较大系统误差，需要实施摄影参数的在轨检测，完成对相机载荷与测量设备几何关系的重新标定。相机载荷标定参数误差主要包括内方位元素标定误差、线阵 CCD 安装误差、相机与星敏感器之间关系矩阵标定误差、立体相机之间的夹角标定误差等。相机载荷标定误差对立体测图的影响呈现系统性，对影像的绝对定位精度有影响(王新义等，2012)。

4. 影像几何畸变

采用星载线阵 CCD 立体测绘相机时，卫星系统需要进行偏流角改正，以提高影像质量和扩大立体覆盖范围。但是偏流角改正之后，会产生偏流角改正余差，其随纬度的变化而变化(胡燕等，2006)，在进行控制定位计算时，产生立体影像同名像点的位移；相机镜头畸变的影响、大气折光的影响、地球曲率的影响等也会造成立体影像同名像点的位移，这些误差均表现为影像的几何畸变，最终对立体定位结果产生影响。

5. 航时误差

卫星的航时误差也是影响定位精度的因素之一，主要会引起摄影基线长度的测量误差。目前，卫星普遍采用 GPS 作为计时基准，时间同步精度优于 0.1ms，因此对定位精度的影响较小。

与卫星摄影测量类似，对于目前通用的 IMU/GPS 辅助航空摄影测量，其误差来源主要包括 IMU 和 GPS 自身的定位及姿态测量误差、地面基准站的布设方法、IMU/GPS 与航摄仪之间的时间同步、系统集成、IMU 与 GPS 的组合方式、检校场检校参数等。

3.6 单刚体二次成像原型系统实现与 n 次成像物理模型推广

传统多刚体拼接的一次成像系统在摄影测量应用中存在较多问题。例如，受 CCD 芯片尺寸限制，一次成像数字航摄相机成像面积低于传统胶片，且存在边缘非成像区域，导致成像具有不完整性(沈添天等, 2009)。同时，外拼接相机的多刚体结构存在快门曝光不同步、相机受震动和温度影响较大等问题(张祖勋, 2004)。此外，长焦距设计有助于提高分辨率，但会带来平台结构尺寸的增大，影响平台组装与运行(赵世湖, 2010)。

本节针对上述一次成像系统问题，研制单刚体结构的二次成像(TIDC)系统，为现有航摄系统朝单刚体到 n 次折返同光路设计奠定光机结构基础。

3.6.1 二次成像(TIDC)相机设计及原型实践

TIDC 是基于大口径、低畸变与高传输效能的胶片航摄相机的光学镜头，应用二次成像方法，集成多路、大面阵、高分辨率 CCD 数字成像与高速数据存储单元，构成的新型航摄相机系统。TIDC 的总体结构如图 3.17 所示。

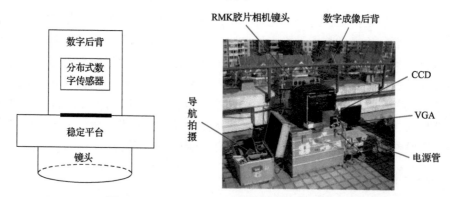

图 3.17　基于二次成像原理的数字航摄相机系统

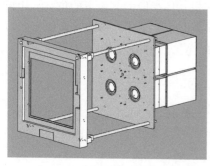

图 3.18　数字后背结构装配体建模图

TIDC 相机系统物理模型包括大孔径光学镜头 L_1、承影器件 I_1、数字拼接相机 $(C_1, C_2, \cdots, C_n)$、数字相机承影面 I_2，据此实现 TIDC 系统结构和原型见图 3.17。系统组装时，大孔径光学镜头采用 RMK-TOP 型胶片航摄相机镜头；承影器件设计尺寸必须与航空胶片成像幅面相等；数字后背尺寸和结构必须与 RMK 胶片式航摄相机镜头完全兼容，能精确地安装在原胶片式航摄相机的暗箱所在位置。综合考虑硬件成本以及成像幅面，将数字后背设计为四拼接模式，运用 FTF4052M 面阵 CCD 芯片，整体装配后效果图如图 3.18 所示。

二次成像光学构象具有以下特点：

(1)运用二次成像方法能够获取大幅面的航空数字摄影，影像面积与传统航摄仪相同。

(2)多路平行光轴数字成像传感器进行二次成像采集，可实现获取多种分辨率数字图像组合，以满足不同水平的应用需求。

(3)多路平行光轴光路系统的主光轴垂直于一次承影器件，且与 CCD 感光面相互平行，经过精密装调后，各光学系统主点位置与主平面倾斜角度误差都可以控制在一定范围以内，大大降低图像几何校正的难度。

(4)多路数字图像拼接生成的完整大幅面数字影像满足一次承影镜头的严格中心投影构象几何关系，理论上系统误差极小。

(5)经过严格证明，二次成像系统可以最大限度地避免由地面高程起伏与相邻镜头中心之间的距离而产生的非严格中心投影影像拼接误差。

3.6.2　二次～n 次成像系统空间分辨率推导

当二次成像系统垂直于地面成像时，依据相似比关系，易得式(3.59)：

$$\text{GSD}_\uparrow = \frac{H}{f_1} \times \frac{h}{f_2} \delta_2 \tag{3.59}$$

此时系统地面分辨率保持与 CCD 探测单尺寸成比例的关系，比例系数是一次和二次成像过程物像距比例乘积。若 n 次成像系统垂直于地面成像时，依据相似比关系，易得式(3.60)：

$$\text{GSD}_\uparrow = \frac{H}{f_1} \times \frac{h_2}{f_2} \times \cdots \times \frac{h_n}{f_n} \delta_n \tag{3.60}$$

式中，h_i 为第 i 个光学镜头距离第 i–1 个光学承影面的物距；f_i 为第 i 个光学镜头焦距。

在实际航空摄影过程中，相机会与地面有一定倾斜角，推导倾斜情况下二次～n 次成像系统空间分辨率公式并推导至 n 次成像系统。

首先，推导倾斜摄影情况下一次成像的空间分辨率，设一次承影面上 CCD 芯片像元尺寸为 δ_1，一次成像承影面 CCD 面阵像元数目为 $m \times n$（m 为列数）。地面摄影范围是 $\overline{AB}$，相机的下底点为 E。透镜的视场角为 $2 \times \gamma$，相机的倾角为 α，如图 3.19 所示。

$$\tan \gamma = \frac{\overline{ab}}{2f_1} \tag{3.61}$$

所以，视场角的一半

$$\gamma = \arctan\left(\frac{\overline{ab}}{2f_1}\right) \tag{3.62}$$

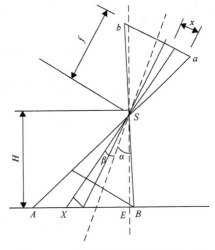

图 3.19　一次成像倾斜摄影投影几何

$$\overline{AE} = H \cdot \tan(\gamma + \alpha) = H \cdot \frac{\tan\gamma + \tan\alpha}{1 - \tan\gamma \cdot \tan\alpha} = H \cdot \left(\frac{\overline{ab} + 2 \cdot f_1 \cdot \tan\alpha}{2 \cdot f_1 - \overline{ab} \cdot \tan\alpha} \right) \tag{3.63}$$

同理

$$\overline{EB} = H \cdot \tan(\gamma - \alpha) = H \cdot \frac{\tan\gamma - \tan\alpha}{1 + \tan\gamma \cdot \tan\alpha} = H \cdot \left(\frac{\overline{ab} - 2 \cdot f_1 \cdot \tan\alpha}{2 \cdot f_1 + \overline{ab} \cdot \tan\alpha} \right) \tag{3.64}$$

所以,

$$\begin{aligned} \overline{AB} &= \overline{AE} + \overline{EB} \\ &= H \cdot \left(\frac{\overline{ab} + 2 \cdot f_1 \cdot \tan\alpha}{2 \cdot f_1 - \overline{ab} \cdot \tan\alpha} + \frac{\overline{ab} - 2 \cdot f_1 \cdot \tan\alpha}{2 \cdot f_1 + \overline{ab} \cdot \tan\alpha} \right) \\ &= \frac{\left(4 \cdot \overline{ab} \cdot f_1 \cdot H + 4 \cdot f_1 \cdot \overline{ab} \cdot \tan^2\alpha \cdot H \right)}{4 \cdot f_1^2 \cdot \cos^2\alpha - \overline{ab}^2 \cdot \sin^2\alpha} \end{aligned} \tag{3.65}$$

其中, $\overline{ab} = m \times \delta_1$, 平均地面分辨率 GSD 的公式如下:

$$\begin{aligned} \mathrm{GSD} &= \frac{\overline{AB}}{m} = \frac{4 \cdot \overline{ab} \cdot f_1 \cdot H + 4 \cdot f_1 \cdot \overline{ab} \cdot \tan^2\alpha \cdot H}{4 \cdot f_1^2 \cdot \cos^2\alpha - \overline{ab}^2 \cdot \sin^2\alpha} \cdot \frac{1}{m} \\ &= \frac{4H \cdot f_1 \cdot \delta_1 (1 + \tan^2\alpha)}{4 \cdot f_1^2 \cdot \cos^2\alpha - m^2 \cdot \delta_1^2 \cdot \sin^2\alpha} \end{aligned} \tag{3.66}$$

下面计算在摄影区域内地面上任意一点 X 处的地面分辨率 GSD_X:

设在 AB 之间的任意一点为 X, 其像点距承影面最右侧距离为 x, 则

$$\overline{XS} = \frac{H}{\cos(\alpha + \beta)} \tag{3.67}$$

其中, $\tan\beta = \dfrac{d/2 - x}{f_1} = \dfrac{m \cdot \delta_1 / 2 - x}{f_1}$, δ_1 为 CCD 的探元尺寸。

进一步可得, 影像上任一点 GSD_x 的公式 (3.68):

$$\begin{aligned} \mathrm{GSD}_X &= \frac{\overline{XS}}{\sqrt{(m \cdot \delta_1 / 2 - x)^2 + f_1^2}} \cdot \delta_1 \cdot \frac{1}{\cos(\alpha + \beta)} \\ &= \frac{H \cdot \delta_1}{\sqrt{(m \cdot \delta_1 / 2 - x)^2 + f_1^2} \cdot \cos^2(\alpha + \beta)} \end{aligned} \tag{3.68}$$

当 $x = 0$ 时, $\beta = \gamma$, 像素位于图像边缘处, 地面分辨率达到最大值 $\mathrm{GSD}_{\max}$:

$$\mathrm{GSD}_{\max} = \frac{H \cdot \delta_1}{\sqrt{(m \cdot \delta_1 / 2)^2 + f_1^2} \cdot \cos^2(\alpha + \gamma)} \tag{3.69}$$

当 $x=\dfrac{m\times\delta_1}{2}+f_1\times\tan\alpha$ 时，像点位于像底点，$\beta=0$ 地面分辨率达到最小值 $\mathrm{GSD}_{\min}$：

$$
\begin{aligned}
\mathrm{GSD}_{\min} &= \frac{H\cdot\delta_1}{\sqrt{(m\cdot\delta_1/2-x)^2+f_1^2}\cdot\cos^2 2\alpha}\\
&= \frac{H\cdot\delta_1}{f_1\cdot\dfrac{1}{\cos\alpha}\cdot\cos^2\alpha} = \frac{H\cdot\delta_1}{f_1\cdot\cos\alpha}
\end{aligned}
\tag{3.70}
$$

二次～n 次成像相机在倾斜摄影下几何投影具有两个基本特点：第一，一次承影器件影像与地表满足一次成像镜头的倾斜投影几何构象关系；第二，在精密光学设计下，二次～n 次成像影像与一次承影面之间满足垂直摄影构象几何关系，图 3.20 表达了二次成像系统的光路图。摄影范围仍然是 $ABCD$，其中相机的下底点为 E，主透镜的半视角为 γ，相机的倾角为 α。

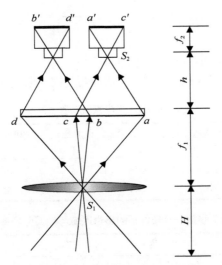

图 3.20　二次成像倾斜构象分析

由垂直摄影构象分析可知，n 次承影器件上的探元尺寸为

$$
\begin{aligned}
\delta_1 &= \frac{h_2}{f_2}\times\frac{h_3}{f_3}\times\cdots\times\frac{h_n}{f_n}\delta_n\\
&= t_2 t_3\cdots t_n\delta_n
\end{aligned}
\tag{3.71}
$$

式中，h_i 为 n 次成像系统内部第 i 个透镜与第 $i-1$ 承影面间的物距；f_i 为第 i 个透镜焦距；$t_2,t_3,\cdots,t_n$ 为每次成像时物距与像距的比例；δ_n 为 n 次成像系统 CCD 的尺寸。当 $n=2$ 时，

$$
\delta_1 = \frac{\delta_2 h_2}{f_2}
\tag{3.72}
$$

因此，二次成像系统当相机对地面倾斜摄影时，平均地面分辨率 GSD 为

$$GSD = \frac{\overline{AB}}{m} = \frac{4 \cdot H \cdot h_2 \cdot (1 + \tan^2 \alpha) \cdot \delta_2}{4 \cdot f_1 \cdot f_2 \cos^2 \alpha - m^2 \cdot \delta_2{}^2 \cdot h_2{}^2 \cdot \sin^2 \alpha / (f_1 \cdot f_2)} \tag{3.73}$$

式中，δ_2 为二次成像相机 CCD 的尺寸；h 为二次成像透镜距一次承影器件物距；f_2 为二次成像透镜焦距。当 $x=0$ 时，地面分辨率达到最大值 GSD_{max}：

$$\begin{aligned} GSD_{max} &= \frac{H \cdot \delta_1}{\sqrt{(m \cdot \delta_1/2)^2 + f_1{}^2 \cdot \cos^2(\alpha + \gamma)}} \\ &= \frac{1}{\sqrt{(m/2)^2 + f_1{}^2 f_2{}^2 /(\delta_2{}^2 h^2) \cdot \cos^2(\alpha + \gamma)}} \end{aligned} \tag{3.74}$$

当 $x = \frac{m \times r}{2} + f \times \tan \gamma$ 时，地面分辨率达到最小值 GSD_{min}：

$$GSD_{min} = \frac{H \cdot h \cdot \delta_2}{f_1 \cdot f_2 \cdot \cos \alpha} \tag{3.75}$$

为了直观地分析航摄范围、地面分辨率 GSD 随二次成像透镜焦距 f_2 以及二次成像物距 h 的变化情况，本章节以表 3.3 的参数对一次成像与二次成像进行比较，得表 3.4、表 3.5。

表 3.3　光学系统参数

参数	一次成像透镜焦距 f_1(mm)	二次成像透镜焦距 f_2(mm)	航向 CCD 像元数 m(个)	CCD 像元尺寸 r(μm)	相机倾斜角度 α(°)	航摄高度 H(m)	二次成像物距 h(mm)
参数(一)	150	80	5344	9	10	500	150
参数(二)	150	90	5344	9	10	500	150

表 3.4　参数(一)条件下的摄影区域与地面分辨率情况

类型	垂直摄影		倾斜摄影	
	一次成像	二次成像	一次成像	二次成像
摄影区域(m)	160.3200	300.600	165.4367	310.8192
地面平均分辨率(m)	0.0300	0.0563	0.0319	0.0600
最低分辨率(m)	0.0300	0.0563	0.0332	0.0603
最高分辨率(m)	0.0300	0.0563	0.0297	0.0541

表 3.5　参数(二)条件下的摄影区域与地面分辨率情况

类型	垂直摄影		倾斜摄影	
	一次成像	二次成像	一次成像	二次成像
摄影区域(m)	160.3200	267.2000	165.4367	276.1205
地面平均分辨率(m)	0.0300	0.0500	0.0319	0.0533
最低分辨率(m)	0.0300	0.0500	0.0332	0.0541
最高分辨率(m)	0.0300	0.0500	0.0297	0.0485

由式 (3.19)、式 (3.20) 以及表 3.4、表 3.5 可得如下结论：

(1) 就摄影范围而言，二次成像较一次成像范围更大，可提升航摄作业效率。在二次成像航摄条件下，航摄范围随着二次成像镜头焦距 f_2 的增大，呈现非线性的降低。

(2) 从地面平均分辨率而言，二次成像系统较一次成像系统分辨率低。在二次成像航摄条件下，平均地面分辨率随着二次成像镜头焦距 f_2 的增大，数值上呈现非线性的减小，体现为平均地面分辨率的提高。

(3) 在倾斜摄影条件下，就最大与最小地面分辨率之间的差异而言，二次成像较一次成像有所降低，即通过二次成像方法可以获得地面分辨率变化更加稳定的遥感影像。

(4) 在二次成像摄影条件下，平均地面分辨率的数值随着二次成像尺寸 m 的增大而呈现近似线性的增大，平均地面分辨率降低。

(5) 由于二次成像系统是 n 次成像的特例，属于单刚体结构，能有效避免多刚体结构受温度、震动非线性影响。因此，上述结论可以推广到 n 次成像系统。

基于二次成像原理，若 n 次成像系统垂直于地面成像，则依据相似比关系获得式 (3.76)：

$$\mathrm{GSD}_\uparrow = \frac{H}{f_1} \times \frac{h_2}{f_2} \times \cdots \times \frac{h_n}{f_n} \delta_n \tag{3.76}$$

式中，h_i 为第 i 个光学镜头距离第 $i-1$ 个光学承影面的物距；f_i 为第 i 个光学镜头焦距。

当倾斜角为 α 时，n 次成像数字航摄仪地面平均分辨率为

$$\mathrm{GSD} = \frac{\overline{AB}}{m} = \frac{4 \cdot H \cdot (1 + \tan^2 \alpha) \cdot \delta_n}{4 \cdot \cos^2 \alpha \cdot \prod\limits_{i=1}^{n} f_i / h_i - m^2 \cdot \delta_n^2 \cdot \sin^2 \alpha \cdot \prod\limits_{i=1}^{n} h_i / (f_i)} \tag{3.77}$$

式中，各参数意义与式 (3.73) 一致，其形式与 TIDC 系统类似，n 次成像数字航摄相机光机参量与高程精度关系式如下：

$$M_z = \frac{4 \cdot H \cdot K \cdot (1 + \tan^2 \alpha) \cdot \delta_n}{(1 - q_x) \cdot l_x \left(4 \cdot \cos^2 \alpha - m^2 \cdot \delta_n^2 \cdot \sin^2 \alpha \cdot \prod\limits_{i=1}^{n} h_i^2 / (f_i)^2 \right)} \tag{3.78}$$

3.7　航空单刚体 n 次成像与航天折返同光路等效映射

本节探索单刚体 n 次折返式结构与 n 次成像结构的等效性。接着，依据高分辨率航空系统对长焦距的需求，将其转化为 n 次折返系统的等效焦距，进而将现在普遍使用的多刚体一次成像拼接相机转化为单刚体 n 次折返式精密光机结构。

3.7.1 单刚体 n 次折返式光路与 n 次成像物理模型等效性分析

n 次折返式同光路系统，具有无色差、等效焦距较大、易于轻量化等优点，逐渐成为星载遥感系统的主要形式。图 3.21 为折返式系统的原理图，由主镜、次镜和校正透镜组（校正器）组成；其中，主镜和次镜都是非球面，且成像面的前端加了校正器，校正轴外像差。目标场景的辐射依次经过主镜、次镜和校正器成像在像面上。图 3.22 为采用该原理的实际空间相机的折返光学结构图。

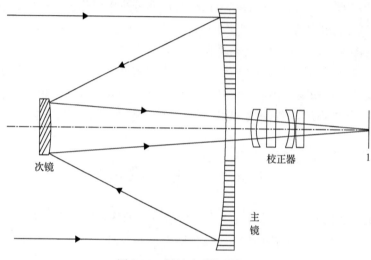

图 3.21　折返式系统原理图

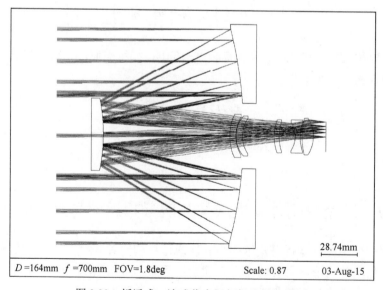

D=164mm　f=700mm　FOV=1.8deg　　　　Scale: 0.87　　　03-Aug-15

图 3.22　折返式一次成像空间相机光学结构图

对于 n 次折返同光路系统，系统由 n 个镜头组成，其系统整体焦距 f 可由下列公式表达：

$$f = \frac{f_1 \times f_2 \times f_3 \times \cdots \times f_n}{\Delta} \tag{3.79}$$

式中，$f_1 \times f_2 \times f_3 \times \cdots \times f_n$ 代表 n 次折返系统中每个镜头的焦距；Δ 为折返系统光学透镜组光学系数。当 n 次折返同光路系统垂直地面成像时，

$$\text{GSD}_{\uparrow} = \frac{H}{f}\delta_n = \frac{H\Delta}{f_1 \times f_2 \times f_3 \times \cdots \times f_n}\delta_n \tag{3.80}$$

分析可知，n 次折返同光路系统与 n 次成像系统均是在相机内部通过增加镜头形成的多次成像光路，镜头与镜头间垂直且同光轴；其不同点在于结构实现上，n 次折返同光路系统采用精密光学的方法实现，而 n 次成像系统采用人工内拼接串联式构建。从物理成像方式来看，两种系统是等效的。

从数学表达形式来看，3.6.2 节中推导的垂直成像情况下 n 次成像系统的空间分辨率式 (3.76)，从形式上与式 (3.80) 是一致的。

综上两点，n 次折返式成像系统的等效焦距与 n 次成像系统的总焦距是一致的，3.6.2 节推导的 n 次成像系统的参数可以运用于 n 次折返同光路系统。因此，可以依据航空遥感多次成像需求即等效焦距需求，将现在普遍使用的多刚体拼接相机方法转化为 n 次折返式单刚体精密光机结构加以实现。

3.7.2　n 次折返式同光路成像系统实现

依据 n 次折返式同光路设计，建立宽波段临边成像光谱仪 (薛庆生, 2016)，其光学系统结构如图 3.23 所示，光学系统加工、装调后的实物照片如图 3.24 所示。

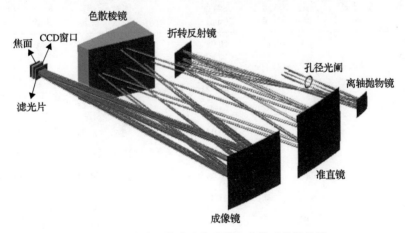

图 3.23　宽波段临边成像光谱仪光学系统结构图

图 3.24　宽波段临边成像光谱仪实物照片

宽波段临边成像光谱仪的校正透镜加工、检测完成后，镀增透膜，双面平均透射率在 98% 以上。5 片校正透镜的总透射率为 $0.98^5 \approx 0.9$。主、次镜均镀银膜，工作波段内的平均反射率在 97% 以上，则相机系统的总透射率为 $0.9 \times 0.97 \times 0.97 \approx 84.68\%$，满足系统透射率高于 70% 的指标要求。

宽波段临边成像光谱仪的光路能量透过率测算结果以及光学×系统公差（表 3.6）的结果表明，n 次折返式同光路系统确保了光学衰减效应最小和严格中心投影成像模式；与一次成像系统相比，其体积、重量增加量有限，但分辨率、精度极大提升；在航飞过程中，其单刚体结构保障了精度，形变量可控。

表 3.6　宽波段临边成像光谱仪光学×系统公差列表

项目	曲率半径 (mm)	间距 (mm)	X 偏心 (mm)	Y 偏心 (mm)	X 倾斜 (角秒)	Y 倾斜 (角秒)	圆锥系数 K	面型精度 (RMS 值 λ=0.6328μm)
孔径光阑	—	±0.1	±0.05	±0.05	10	10	—	—
望远物镜	±0.2	±0.01	±0.05	±0.05	10	10	±0.01	0.02λ
入射狭缝	—	±0.02	±0.01	±0.05	10	10	—	—
平面反射镜	—	±0.02	±0.1	±0.1	10	10	—	0.02λ
准直镜	±0.5	±0.1	±0.05	±0.05	10	10	±0.01	0.02λ
棱镜	—	±0.1	±0.02	±0.05	10	10	—	0.02λ
成像镜	±0.5	±0.02	±0.05	±0.05	10	10	±0.01	0.02λ
滤光片表面 1	—	±0.02	±0.1	±0.1	10	10	—	0.02λ
滤光片表面 2	—	±0.02	±0.1	±0.1	10	10	—	0.02λ
像面	—	—	±0.1	±0.1	10	10	—	—

3.8　本章小结

本章是空间分辨率的次章。主要介绍了如下内容：

(1)分析归纳了现有数字航摄系统四大对偶的技术特征：外拼接-内拼接，非严格-严格中心投影，一次成像-二次成像，单基线-多基线；为现有航摄相机多刚体拼接转换为单刚体、多次成像数字航摄相机提供基础。发展可变基高比时空模型，将可变基高比分别表达为数字航摄相机内部几何空间函数；研究并推导光机参量与高程精度模型。基于涿州地面检校场对此精度模型进行验证。实验结果表明：通过改造数字航摄相机，减小CCD探元的物理尺寸、增大CCD面阵航向尺寸，能够提高立体定位的高程精度。

(2)提出了基于可变基高比时空模型、单刚体机械结构和二次成像理论，将传统多刚体拼接的一次成像系统转化为单刚体二次成像(TIDC)系统，解决了快门曝光不同步、相机受震动和温度影响较大等问题。针对 TIDC 系统光路能量非线性衰减、人工同光轴难以实现的问题，引入精密光学精密机械的 n 次折反式光路设计方法，实现宽波段临边成像光谱仪。n 次成像向 n 次折返转换，解决了 2-n 次成像光路能量的衰减、多光学元件同光轴的问题，保证了 n 次折返极低光能量衰减和同光轴；同时，n 次折反同光路系统与 n 次成像系统在梳理方面的等效性，可以得到 n 次折反式同光路系统的成像参数。n 次折反式光路设计方法，为实现数字航摄相机的精密光学和精密机械制造提供了一种成熟的技术。

以上述理论推导与原型实践，得到数字航摄成像系统设计原则：运用可变基高比时空模型控制光学、机械参量，实现系统精度的精密刻画。相机系统实现时，应耦合单刚体结构和高精密折反式光路系统设计，达到高精度、工艺简单、体积小、载重轻的目的，实现航空遥感载荷规范化、模块化、产业化，为高分辨率航空遥感系统的数据处理和应用提供硬件保障。

参 考 文 献

段依妮. 2015. 遥感影像立体定位的相对辐射校正和数字基高比模型理论研究. 北京: 北京大学博士学位论文.

方勇, 崔卫平, 马晓锋, 等. 2012. 单镜头多面阵 CCD 相机影像拼接算法. 武汉大学学报(信息科学版), 37(8): 906-910.

方志斌, 莫锦秋, 梁庆华, 等. 2003. 用不同扫描方式的 CCD 相机实现飞行取相. 光学仪器, 2: 16-19.

冯文灏. 2002. 近景摄影测量: 物体外形与运动状态的摄影法测定. 武汉: 武汉大学出版社.

胡燕, 胡莘, 王新义, 等. 2006. 偏流角对星载三线阵相机摄影的影响. 测绘科学, 4: 62-63.

李学夔, 谭海曙, 于昕梅, 等. 2010. 高精度星敏感器噪声与定位精度研究. 半导体光电, 31(3): 464-467.

林宗坚, 殷礼明, 葛之江. 2007. 环月遥感立体影像构建的几种模式比较. 航天器工程, 1: 69-73.

刘先林, 邹友峰, 郭增长. 2013. 大面阵数字航空摄影原理与技术(Abbreviation). 郑州: 河南科学技术出版社.

沈添天, 赵康年, 赵世湖, 等. 2009. 二次成像航摄相机数字后背的设计与定标. 全球定位系统, 34(3): 33-37.

王庆有. 2000. CCD 应用技术. 天津: 天津大学出版社.

王新义, 高连义, 尹明, 等. 2012. 传输型立体测绘卫星定位误差分析与评估. 测绘科学技术学报, 29(6): 427-429.

王之卓. 2007. 摄影测量原理. 武汉: 武汉大学出版社.

薛庆生. 2016. 折返式大口径星敏感器光学设计及杂散光分析. 光学学报, 36(2): 179-185.

张剑清, 胡安文. 2007. 多基线摄影测量前方交会方法及精度分析. 武汉大学学报(信息科学版), 10: 847-851.

张永军, 张勇. 2005. 大重叠度影像的相对定向与前方交会精度分析. 武汉大学学报(信息科学版), 2: 126-130.

张祖勋. 2004. 航空数码相机及其有关问题. 测绘工程, 13(4): 1-5.

赵建伟, 古雪丰, 王朋, 等. 2003. 加权自适应的去隔行算法. 上海交通大学学报, 3: 376-379.

赵世湖. 2010. 二次成像数字航摄相机系统关键技术研究与原型系统实现. 北京: 北京大学博士学位论文.

Lee M H, Kim J H, Lee J S, et al. 1994. A new algorithm for interlaced to progressive scan conversion based on directional correlations and its IC design. IEEE Transactions on Consumer Electronics, 40(2): 119-129.

第 4 章 空间特性 3：几何参量收敛性
误差敏感性和精度分析

本章介绍遥感空间特性的第三个重要特征：几何参量收敛性误差敏感性和精度分析。具体包括：光束法平差模型的收敛性误差敏感性分析，数学证明新坐标理论下模型收敛性；光束法平差模型的收敛精度、速度分析，数学证明光束法平差模型的收敛精度、速度；光束法平差模型高效结构设计，利用 Schur 补方法提高单次迭代运行时间，从而提高整体运行效率；数字基高比下的高程与平面精度预估，分析不同基高比下的测量精度。

4.1 光束法平差模型收敛性误差敏感性分析

本章将基于二维场景对光束法平差的收敛性误差敏感性问题从数学上进行证明和分析，对收敛性的分析主要包括法方程奇异性和参数变量对观测误差敏感度（孙岩标，2015）。

首先，介绍光束法平差中的第一类未知数（相机）的表达形式。在图 4.1 中，假设只有两个相机，第一个相机中心为坐标系原点，两个相机间的距离为 $\|t\|$，并且两个相机在局部坐标系下的方向角为 ψ_1、ψ_2，相机基线的方向角为 ψ_t。所以，第一个相机的位置姿态可分别表示为 $(\psi_1, 0, 0)$，其中第一个参数表示姿态角，第二和第三个参数表示相机的二维坐标位置。同理，第二个相机也可以表示为 $(\psi_2, \|t\|\cos\psi_t, \|t\|\sin\psi_t)$。

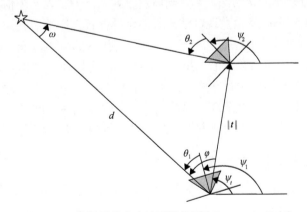

图 4.1 二维场景的光束法平差模型（Zhao et al., 2015）

其次，下面介绍光束法平差中第二类未知数（特征点）的表达形式。二维情况下，假设选取第一个相机为特征点对应的主锚点，特征点在直角坐标系下可以表示为（赵亮，2012）

$$F = (\theta, d) \tag{4.1}$$

式中，d 为特征点到主锚点的深度信息；θ 表示在局部坐标系下的方向角，等价于

$$\theta = \overline{\theta}_1 + \psi_1 \tag{4.2}$$

式中，$\overline{\theta}_1$ 为特征点在第一个相机上的观测角的真值。另外，特征点在极坐标系下可以表示为

$$F = (\theta, \omega) \tag{4.3}$$

式中，ω 为主锚点和副锚点间的夹角，即视差角。

最后，有别于三维光束法平差模型中以二维图像特征点作为观测，在二维场景中，特征点在两个相机上的观测角为两个局部观测角，即 θ_1、θ_2，如图 4.1 所示。本章将根据图 4.1 场景对收敛性和收敛速度进行分析。

4.1.1 法方程奇异性

如第 2 章介绍，光束法平差的数学本质为非线性最小二乘优化问题，每次迭代求解的公式可以表示为

$$J^{\mathrm{T}} Q_z^{-1} J \Delta = -J^{\mathrm{T}} Q_z^{-1} \left[f(X) - z \right] \tag{4.4}$$

假设所有观测误差为高斯白噪声，其权可以设置为单位阵，即 $Q_z^{-1} = E$，公式可以简化为

$$J^{\mathrm{T}} J \Delta = -J^{\mathrm{T}} \left[f(X) - z \right] \tag{4.5}$$

式 (4.5) 左边的矩阵 $J^{\mathrm{T}} J$ 为法方程；当问题收敛时，$J^{\mathrm{T}} J$ 表示为信息矩阵，即变量的不确定度。从式 (4.5) 可以清楚发现，法方程的奇异性直接影响着光束法平差的收敛性。倘若法方程奇异 (行列式为 0)，法方程无法求逆，利用 Gauss-Newton (GN) 方法进行数值计算，将造成光束法平差问题发散。虽然，LM 算法可以在一定程度让问题有解，但是该方法是对 Gauss-Newton (GN) 方法一种舍而求其次的方法。其最大的缺点是将原本的优化目标函数进行更改，对复杂高维问题无法保障收敛到最优结果。下面将根据直角坐标参数空间和极坐标参数空间的法方程形式，来分析两类平差模型的法方程奇异性。

1. 直角坐标光束法平差法方程

直角参数空间的光束法平差的观测量为 θ_1、θ_2，变量为 (θ, d)，所以其最小二乘优化问题可以表示为式 (4.6)：

$$G(\theta, d) = \left[f_1(\theta, d) - \theta_1 \right]^2 + \left[f_2(\theta, d) - \theta_2 \right]^2 \tag{4.6}$$

式中，$f_1(\theta, d)$ 和 $f_2(\theta, d)$ 分别为特征点在两个相机上的观测方程，可以表示为式 (4.7) 和式 (4.8)：

$$f_1(\theta,d) = \theta - \psi_1 \tag{4.7}$$

$$f_2(\theta,d) = a\tan\frac{d\sin\theta - \|t\|\sin\psi_t}{d\cos\theta - \|t\|\cos\psi_t} - \psi_2 \tag{4.8}$$

两个观测方程对变量 (θ,d) 的一阶导数组成了 Jacobi 矩阵，如式(4.9)所示：

$$J = \begin{bmatrix} \dfrac{\partial f_1}{\partial \theta} & \dfrac{\partial f_1}{\partial d} \\[2ex] \dfrac{\partial f_2}{\partial \theta} & \dfrac{\partial f_2}{\partial d} \end{bmatrix} = \begin{bmatrix} 1 & 0 \\[2ex] \dfrac{\partial f_2}{\partial \theta} & \dfrac{\partial f_2}{\partial d} \end{bmatrix} \tag{4.9}$$

根据式(4.5)，其直角参数空间的光束法平差模型法方程可以表示为式(4.10)：

$$I = J^{\mathrm{T}}J = \begin{bmatrix} 1 + \left(\dfrac{\partial f_2}{\partial \theta}\right)^2 & \dfrac{\partial f_2}{\partial \theta}\dfrac{\partial f_2}{\partial d} \\[3ex] \dfrac{\partial f_2}{\partial d}\dfrac{\partial f_2}{\partial \theta} & \left(\dfrac{\partial f_2}{\partial d}\right)^2 \end{bmatrix} \tag{4.10}$$

判断公式是否奇异，可以通过行列式来计算。式(4.10)的行列式等于 $\dfrac{\partial f_2}{\partial d}$ 的平方，即式(4.11)：

$$\det(I) = \left(\frac{\partial f_2}{\partial d}\right)^2 \tag{4.11}$$

式中，$\dfrac{\partial f_2}{\partial d}$ 可以表示为式(4.12)：

$$\frac{\partial f_2}{\partial d} = \frac{-\|t\|\sin\varphi}{d^2 + \|t\|^2 - 2d\|t\|\cos\varphi} \tag{4.12}$$

从式(4.12)可以发现，有两种情况可以使行列式为 0，法方程奇异，即

(1)特征点在相机正前方，即 $\varphi \to 0$；

(2)特征点在无穷远位置，即 $d \to \infty$。

对于第一种情况，$\varphi \to 0$ 在实际成像过程中等价于视差角 ω 无穷小的情况，即在小视差角的成像情况下，光束法平差模型发散。对于第二种情况，$d \to \infty$ 表示特征点无穷远情况下，法方程奇异，即深度信息非常远时，光束法平差方法无法准确预估出深度真值，造成光束法平差问题发散。

2. 极坐标光束法平差法方程

极坐标光束法平差模型的观测量依然为 θ_1、θ_2，现在的变量为 (θ,ω)，其最小二乘优化问题可以表示为式(4.13)：

$$G(\theta,\omega) = \left[f_1(\theta,\omega) - \theta_1\right]^2 + \left[f_2(\theta,\omega) - \theta_2\right]^2 \qquad (4.13)$$

其中，$f_1(\theta,\omega)$ 和 $f_2(\theta,\omega)$ 分别表示为式 (4.14) 和式 (4.15)：

$$f_1(\theta,\omega) = \theta - \psi_1 \qquad (4.14)$$

$$f_2(\theta,\omega) = \theta + \omega - \psi_2 \qquad (4.15)$$

两个观测方程对变量 (θ,ω) 的一阶导数组成了 Jacobi 矩阵，如式 (4.16) 所示：

$$J = \begin{bmatrix} \dfrac{\partial f_1}{\partial \theta} & \dfrac{\partial f_1}{\partial \omega} \\[2mm] \dfrac{\partial f_2}{\partial \theta} & \dfrac{\partial f_2}{\partial \omega} \end{bmatrix} = \begin{bmatrix} 1 & 1 \\ 0 & 1 \end{bmatrix} \qquad (4.16)$$

其法方程可以表示为式 (4.17)：

$$I = J^{\mathrm{T}}J = \begin{bmatrix} 1 & 1 \\ 0 & 1 \end{bmatrix}^{\mathrm{T}} \begin{bmatrix} 1 & 1 \\ 0 & 1 \end{bmatrix} = \begin{bmatrix} 2 & 1 \\ 1 & 1 \end{bmatrix} \qquad (4.17)$$

从式 (4.17) 可以发现，极坐标参数空间下的光束法平差模型在二维场景下的法方程行列式为 1，即法方程永远正定。

通过对式 (4.10) 和式 (4.17) 比较分析，可以清楚地发现，极坐标理论的光束法平差模型的法方程相比于直角坐标理论的光束法平差模型的法方程，其不受特征点深度长短和视差角大小的影响，其法方程永远正定，避免了法方程奇异性的风险。

4.1.2　平差模型中参数变量对观测误差灵敏度

光束法平差模型中参数变量对观测误差的灵敏度也直接影响着平差模型的收敛性，对观测误差敏感的平差模型往往在数值计算时数值变化较大，条件数大，收敛性较差。本节将从观测误差对光束法平差模型的参数变量的影响程度来分析收敛性。

不同于 4.1.1 节的假设，此时的观测变量带有观测噪声，如式 (4.18) 所示：

$$\begin{cases} \theta_1 = \overline{\theta}_1 + \theta_1^{\Delta} \\ \theta_2 = \overline{\theta}_2 + \theta_2^{\Delta} \end{cases} \qquad (4.18)$$

式中，$\overline{\theta}_1$、$\overline{\theta}_2$ 为在两个相机上观测的真值；$\theta_1^{\Delta}, \theta_2^{\Delta}$ 为观测的误差项。假设误差项满足均值为 0 和方差为 δ_{θ}^2 的高斯正态分布，即式 (4.19)：

$$\begin{cases} \theta_1^{\Delta} \sim N(0, \delta_{\theta}^2) \\ \theta_2^{\Delta} \sim N(0, \delta_{\theta}^2) \end{cases} \qquad (4.19)$$

下面，将通过分析参数变量对观测误差 $(\theta_1^{\Delta}, \theta_2^{\Delta})$ 的一阶导数来分析敏感度。

1. 观测误差对直角坐标光束法平差深度变量的敏感度

假设 φ 和 $\bar{\varphi}$ 是相机基线到第一个相机观测方向角度的计算值和真值，因此：

$$
\begin{cases}
\bar{\varphi} = \bar{\theta} + \psi_1 - \psi_t \\
\varphi = \theta_1 + \psi_1 - \psi_t = \bar{\varphi} + \theta_1^{\Delta}
\end{cases}
\tag{4.20}
$$

根据正弦定量，真实的深度信息可以表示为

$$
\bar{d} = \frac{\|t\| \sin(\bar{\omega} + \bar{\varphi})}{\sin \bar{\omega}}
\tag{4.21}
$$

而计算的深度信息为

$$
d = \frac{\|t\| \sin(\omega + \varphi)}{\sin \omega} = \frac{\|t\| \sin(\bar{\omega} + \bar{\varphi} + \theta_2^{\Delta})}{\sin(\bar{\omega} + \theta_2^{\Delta} - \theta_1^{\Delta})}
\tag{4.22}
$$

因此，深度信息对观测误差 $\theta_1^{\Delta}, \theta_2^{\Delta}$ 的一阶导数为

$$
\begin{cases}
\dfrac{\partial d}{\partial \theta_1^{\Delta}} = \dfrac{\sin(\bar{\omega} + \bar{\varphi} + \theta_2^{\Delta}) \cos(\bar{\omega} + \theta_2^{\Delta} - \theta_1^{\Delta})}{\sin^2(\bar{\omega} + \theta_2^{\Delta} - \theta_1^{\Delta})} \|t\| \\[4mm]
\dfrac{\partial d}{\partial \theta_2^{\Delta}} = \dfrac{-\sin(\bar{\varphi} + \theta_1^{\Delta})}{\sin^2(\bar{\omega} + \theta_2^{\Delta} - \theta_1^{\Delta})} \|t\|
\end{cases}
\tag{4.23}
$$

从式 (4.23) 可以发现，$\theta_2^{\Delta} - \theta_1^{\Delta} \approx 0$，当视差角较小时（即 $\bar{\omega} \to 0$），深度信息变量对观测误差的一阶导数为无穷大，即在小视差角的摄影条件下，观测误差对直角坐标参数空间的深度信息极度敏感。

2. 观测误差对极坐标参数空间的视差角变量敏感度

在极坐标参数空间的光束法平差模型中，真实的视差角可以表示为式 (4.24)：

$$
\bar{\omega} = (\bar{\theta}_2 + \psi_2) - (\bar{\theta}_1 + \psi_1)
\tag{4.24}
$$

同时，计算的视差角表示为

$$
\omega = (\theta_2 + \psi_2) - (\theta_1 + \psi_1) = \bar{\omega} + \theta_2^{\Delta} - \theta_1^{\Delta}
\tag{4.25}
$$

因此，

$$
\begin{cases}
\dfrac{\partial \omega}{\partial \theta_1^{\Delta}} = -1 \\[4mm]
\dfrac{\partial \omega}{\partial \theta_2^{\Delta}} = -1
\end{cases}
\tag{4.26}
$$

视差角和观测误差为同尺度。

比较式(4.23)和式(4.26)可以发现，当小视差角摄影条件下时，直角参数空间下的光束法平差的变量对观测误差有着很强的敏感性，即给定一定的误差范围，变量的误差将无限放大，因此造成了平差不好收敛或者发散。但是，对于极坐标参数空间下的光束法平差模型，变量跟观测误差属于同一尺度，无论摄影条件如何，变量的误差跟观测误差属于同一量级。

4.1.3 收敛性仿真实验验证

1. 奇异性仿真实验

假设一个相机(像幅大小：800 像素×800 像素，相机中心在相机中，无畸变)沿着圆形轨迹(图 4.2)拍摄 23 张相片，最后回到原点。每两个相机间的距离为 5m，图像观测的噪声为标准差为 0.1 的高斯白噪声，存在远近两类特征点。在 50m×50m×10m 立体空间中，均匀分布着 1600 个特征点；在 10000m×10000m×10m 立体空间中，均匀分布着 200 个特征点。基于上述实验数据，在保证相同初始观测误差条件下，基于直角坐标理论的光束法平差模型(XYZ)和基于极坐标理论的光束法平差模型(ParallaxBA)的收敛结果见表 4.1。其中，GN 表示 Gauss-Newton 法的平差模型，LM 表示 Levenberg-Marquardt 的平差模型。从表 4.1 中可以清晰地发现，极坐标的平差模型(ParallaxBA)无论使用 GN 还是 LM 的优化解法，均可以收敛到 0.01342625，且迭代次数只需要 6 次和 19 次。但是，XYZ 的平差模型中利用 GN 法，其法方程奇异，平差问题发散；LM 的平差模型虽然可以收敛，但是收敛值要比 ParallaxBA 大，而且在最大迭代次数停止迭代(最大迭代次数设置为 88 次)。在图 4.2 中，红色轨迹为相机真实的轨迹，蓝色为初始相机轨迹，绿色为最后收敛的极坐标理论下的光束法平差结果。

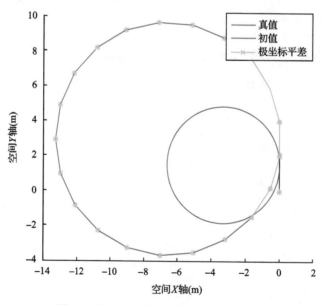

图 4.2　验证奇异性场景(Zhao et al., 2015)

表 4.1　奇异性仿真实验收敛性结果

收敛参数	XYZ GN	XYZ LM	ParallaxBA GN	ParallaxBA LM
收敛均方误差	—,奇异	0.01342868	0.01342625	0.01342625
迭代次数	—	88	6	19

注：— 表示不存在。

条件数（condition number）（何旭初，1979）定义为：矩阵的范数乘以矩阵的逆矩阵的范数，即 $cond(A)=\|A\|\cdot\|A^{-1}\|$。从线性代数的分析可知，矩阵的条件数总是大于 1。正交矩阵的条件数等于 1，奇异矩阵的条件数为无穷大，而病态矩阵的条件数则为比较大的数据。本节实验结果将利用条件数的数值来刻画两类平差模型的法方程奇异性。

在图 4.3 中，记录了每次迭代过程中的条件数的变化情况。可以发现，XYZ 的光束法平差的 GN 模型，条件数呈几何级数不断增大，当迭代次数达到 10 次时，其条件数无穷大，说明此时线性系统方程为病态和法方程奇异。在 XYZ 的光束法平差的 LM 模型中，因为在法方程的对角线上加入非零数值，其条件数平稳变化。对于极坐标的平差模型，无论是 GN 还是 LM 优化模型，其条件数基本维持不变，其条件数数值只是 XYZ 平差模型的 10^{-5}。

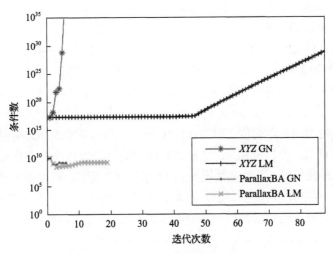

图 4.3　平差法方程的条件数（Zhao et al., 2015）

通过对表 4.1 和图 4.3 的比较分析可以发现，相比于直角坐标参数空间的光束法平差模型，极坐标参数空间的光束法平差的法方程条件数更小，不易造成法方程奇异和问题发散，避免了病态问题的产生，故具有更好的收敛性。

2. 平差模型对初值依赖性仿真实验

本小节将利用仿真实验，比较分析直角坐标参数空间下的光束法平差模型（XYZ）和极坐标参数空间下的光束法平差模型（ParallaxBA）对初值的依赖性。

假设在航空摄影条件下，拍摄了 4 条航带和总共 90 张航空影像（影像的大小为 7680 像素×13824 像素，图像无几何畸变），其运动轨迹如图 4.4 所示。

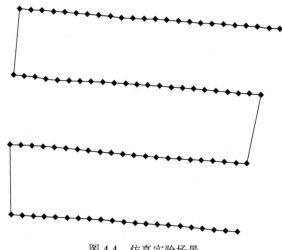

图 4.4　仿真实验场景

相机的角元素和线元素通过两两的相对定向确定，并假设此时的相机初值为理想值；当相机的外方位的初值确定后，可以利用前方交会确定特征点的初值。在此时的初值条件下，发现 *XYZ* 的光束法平差和极坐标的光束法平差都可以收敛到 0.083716。下面将在角元素和线元素的理想初值下，加上相同等级的高斯白噪声。

首先，在相机的角元素初值上添加 0.03°、0.05°、0.08°、0.10°、0.13° 和 0.15° 的高斯白噪声，保证相同的 MSE 条件下，其收敛情况如图 4.5 和表 4.2 所示。可以清楚地发现，在添加误差 0.03° 的条件下，两类平差问题都能收敛到相同的值。当初值的误差等级不断增大时，*XYZ* 的平差模型在达到最大迭代次数（300 次）时，其收敛的 MSE 要比极坐标的平差模型大。

其次，在相机的线元素初值上添加 0.1、0.2、0.3、0.4 和 0.5 的高斯白噪声。在该仿真摄影场景下，假设第一个相机和第二个相机的距离为 1，故该误差没有具体的单位。在保证相同的均方误差条件下，其收敛情况如图 4.6 和表 4.3 所示。可以清楚地发现，在添加误差 0.3 的条件下，两类平差问题都能收敛到相同的值。当初值的误差等级不断增大时，*XYZ* 的平差模型在达到最大迭代次数（300 次）时，其收敛的均方误差要比极坐标的平差模型大。

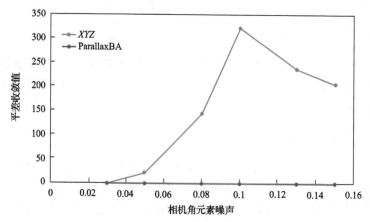

图 4.5　相机角元素噪声初值对两类平差收敛性影响

表 4.2　给定不同的角元素误差等级初值条件下，直角坐标和极坐标平差模型的收敛性

角元素误差等级 (°)	平差模型	初始均方误差	收敛均方误差	迭代次数
0.03	*XYZ*	116325.924	0.083715487	41
	ParallaxBA	116323.691	0.08371552	7
0.05	*XYZ*	288298.4	20.3781	300
	ParallaxBA	288298.9	0.083716	7
0.08	*XYZ*	885426.4	144.9745	300
	ParallaxBA	885427.9	0.083716	7
0.10	*XYZ*	1585482	323.7692	300
	ParallaxBA	1585484	0.083716	7
0.13	*XYZ*	3319862	238.5598	300
	ParallaxBA	3319862	0.083716	7
0.15	*XYZ*	5966617	206.4639	300
	ParallaxBA	5966583	0.083716	11

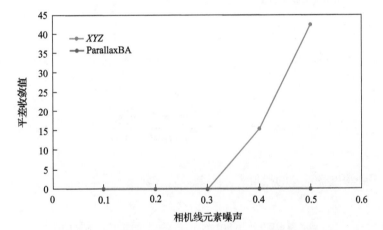

图 4.6　相机线元素噪声初值对两类平差收敛性影响

表 4.3　给定不同的线元素误差等级初值条件下，直角坐标和极坐标平差模型的收敛性

线元素误差等级	平差模型	初始均方误差	收敛均方误差	迭代次数
0.1	*XYZ*	49018.209	0.08371549	29
	ParallaxBA	49018.426	0.0837155	7
0.2	*XYZ*	113900.8	0.083715	31
	ParallaxBA	113900.9	0.083716	7
0.3	*XYZ*	225860.4	0.083715	44
	ParallaxBA	225859.6	0.083716	9
0.4	*XYZ*	391300	15.66996	300
	ParallaxBA	391298.9	0.083716	9
0.5	*XYZ*	613232.2	42.72522	300
	ParallaxBA	613229.9	0.083716	10

基于上述分析可以发现，相比于直角坐标参数空间下的光束法平差模型，极坐标参数空间下的光束法平差模型对初值的依赖性相对较弱。值得注意的是，无论角元素还是线元素的初值误差不断加大时，极坐标的光束法平差模型的收敛性均大大降低。其原因是，平差是一类高维非线性问题，在特别差的初值条件下，非线性问题无法准确找到下降方向和修正步长，故造成非线性问题发散或者收敛到较大的局部值。

4.2　光束法平差模型收敛精度及速度分析

二维场景下的收敛精度、速度的证明分析主要包括优化问题极值点的分布研究和目标函数的线性化程度分析。

4.2.1　优化问题极值点的分布

对于优化问题，目标函数直接影响着收敛速度。本节将从优化的目标函数性质来比较分析光束法平差模型的收敛速度。

1. 直角参数空间的目标函数

假设特征点 $F = (\theta, d)$ 中方向角 θ 固定，d 为需要通过优化目标函数 [式(4.27)] 求解的未知量。

$$G(\theta, d) = (\theta - \psi_1 - \theta_1)^2 + \left(a \tan \frac{d \sin \theta - \|t\| \sin \psi_t}{d \cos \theta - \|t\| \cos \psi_t} - \psi_2 - \theta_2 \right)^2 \tag{4.27}$$

因此，为了得到深度变量 d 的极值点，令其一阶导数为 $0 \left(\dfrac{\partial G}{\partial d} = 0 \right)$。

$$\frac{\partial G}{\partial d} = 2 \left(a \tan \frac{d \sin \theta - \|t\| \sin \psi_t}{d \cos \theta - \|t\| \cos \psi_t} - \psi_2 - \theta_2 \right) \frac{-\|t\| \sin \varphi}{d^2 + \|t\|^2 - 2d \|t\| \cos \varphi} \tag{4.28}$$

当 $\dfrac{-\|t\| \sin \varphi}{d^2 + \|t\|^2 - 2d \|t\| \cos \varphi} \neq 0$ 时，为了计算得到 d 的极值点，只需要令

$$a \tan \frac{d \sin \theta - \|t\| \sin \psi_t}{d \cos \theta - \|t\| \cos \psi_t} - \psi_2 - \theta_2 = 0 \tag{4.29}$$

但是当 $\dfrac{-\|t\| \sin \varphi}{d^2 + \|t\|^2 - 2d \|t\| \cos \varphi} \to 0$ 时，意味着根据式(4.28)非常困难找到 d 极值，即收敛速度下降。下面两种情况会造成光束法平差收敛性下降。

（1）特征点在相机正前方，即 $\varphi \to 0$。

（2）特征点在无穷远位置，即 $d \to \infty$。

2. 极坐标参数空间的目标函数

假设特征点 $F = (\theta, \omega)$ 中方向角 θ 固定，ω 为需要通过优化目标函数[式(4.30)]求解的未知量。

$$G(\theta, \omega) = (\theta - \psi_1 - \theta_1)^2 + (\theta + \omega - \psi_2 - \theta_2)^2 \tag{4.30}$$

为了计算 ω 极值点，令其对视差角的一阶导数为 0[式(4.31)]。

$$\frac{\partial G}{\partial \omega} = 2(\theta + \omega - \psi_2 - \theta_2) \tag{4.31}$$

因此，ω 的极值点可以用其他角度线性解算出来。

$$\omega = \psi_2 + \theta_2 - \theta \tag{4.32}$$

比较式(4.28)和式(4.32)可以发现，当存在特征点无穷远或者视差角特别小时，在直角参数空间下的光束法平差模型中，极值点非常难以被找到，其收敛性和收敛速度都大大降低。但是，对于极坐标参数空间下的光束法平差模型，无论摄影条件如何，其极值点均非常容易获得，视差角可以通过其他角度线性得到，故收敛速度较快。

4.2.2　目标函数的线性化程度

设 x^* 是非线性最小二乘问题的极值点，且法方程 $J_{x^*}^{\mathrm{T}} J_{x^*}$ 正定。经过 GN 方法多次迭代结果，生成一系列逐渐逼近极值点的点集合 $\{x_k\} \rightarrow x^*$。假设海森矩阵 $G(x)$ 与 $J^{\mathrm{T}} J$ 在 x^* 的邻域内利普希茨连续条件，则有如下定理(高立, 2014)：

$$\|h_{k+1}\| \leqslant \left\|(J_{x^*}^{\mathrm{T}} J_{x^*})^{-1}\right\| \|S(x^*)\| \|h_k\| + O(\|h_k\|^2) \tag{4.33}$$

式中，$h_k = x_k - x^*$；$S(x^*) = \sum_{i=1}^{m} [z - f(X)] \nabla^2 [z - f(X)]$。

式(4.33)说明 GN 方法的收敛速度有如下两种情形：

(1)二阶收敛速度。若 $S(x^*) = 0$，即在零剩余问题或是线性最小二乘问题的情形下，方程在 x^* 附近，具有牛顿方法的二阶收敛速度。

(2)线性收敛速度。若 $S(x^*) \neq 0$，则方法的收敛速度是线性的，则收敛速度随着 $S(x^*)$ 的增大而减小。

根据以上两种收敛性质可以发现，GN 方法的收敛速度与剩余量的大小及观测方程的线性程度有关，即剩余量越小或 $z - f(X)$ 越接近线性，它的收敛速度就越快，反之就越慢。当剩余量很大或剩余函数的非线性程度很强时，使用 GN 方法将出现平差问题发散的现象。因此，对于直角参数空间和极坐标参数空间的光束法平差问题，假设剩余量 $z - f(X)$ 相等时，剩余量函数的线性化程度直接影响着收敛速度。另外，线性化程度可以通过二阶导数来判断。

如图 4.1，假设方向角 θ 固定，d 或者 ω 为未知量。

(1) 直角参数空间的观测方程的线性化程度

对于直角参数空间的非线性最小二乘问题，其剩余量函数可以表示为

$$f(d) = a\tan\frac{d\sin\theta - \|t\|\sin\psi_t}{d\cos\theta - \|t\|\sin\psi_t} - \psi_2 - \theta_2 \tag{4.34}$$

其一阶导数和二阶导数为式 (4.35) 和式 (4.36)：

$$\frac{\partial f}{\partial d} = \frac{-\|t\|\sin\varphi}{d^2 + \|t\|^2 - 2d\|t\|\cos\varphi} \tag{4.35}$$

$$\frac{\partial^2 f}{\partial d^2} = \frac{2\|t\|\sin\varphi(d - \|t\|\cos\varphi)}{(d^2 + \|t\|^2 - 2d\|t\|\cos\varphi)^2} \tag{4.36}$$

(2) 极坐标参数空间的观测方程的线性化程度

对于极坐标参数空间的最小二乘问题，其剩余量函数可以表示为

$$f(\omega) = \theta + \omega - \psi_2 - \theta_2 \tag{4.37}$$

其一阶导数和二阶导数为

$$\frac{\partial f}{\partial \omega} = 1 \tag{4.38}$$

$$\frac{\partial^2 f}{\partial \omega^2} = 0 \tag{4.39}$$

比较式 (4.36) 和式 (4.39) 可以清楚地发现，极坐标参数空间的二阶导数为 0，而直角坐标参数空间的二阶导数不为 0。因此，说明极坐标参数空间的最小二乘问题具有更高的线性化程度，故收敛速度更快。

4.2.3 收敛精度、速度仿真实验验证

非线性最小二乘函数的目标是在给定初值的情形下，在参数空间中通过迭代求解，寻找最优的极值点，使目标函数最小，故目标函数的形状可以在一定程度上分析收敛速度。下面将通过一个简单的场景来勾画不同的参数变量下的目标函数的分布情况。

假设两个相机，即 P_1 和 P_2，观测到一个特征点 F（图 4.7）。相机的位置分布为 $P_1(0, 0, 0)$ 和 $P_2(1, 0, 0)$。另外，假设以第一个相机为坐标系原点，即 $\psi_1=0$，第二个相机在没有旋转条件下平移到 P_2 位置，故 $\psi_2=0$ 和 $\psi_t=0$。另外，假设只观测到一个相机 F，用深度表达，其真实值为 4.1231m；用视差角表示，其真实值为 0.0768rad。

在图 4.8 中，勾画出深度变量从 –100m 到 +100m 时的目标函数值，可以发现，直角坐标系下的光束法平差目标函数呈平谷形状，故为了找到其极值点，需要较多次数的迭代才能收敛。而对于极坐标参数空间的平差模型（图 4.9），勾画出视差角变量从 –3.14rad 到 +3.14rad 的目标函数值，可以发现，其目标函数呈二次曲线分布，故只需较少的迭代次数。

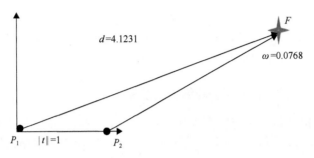

图 4.7　验证目标函数仿真实验场景

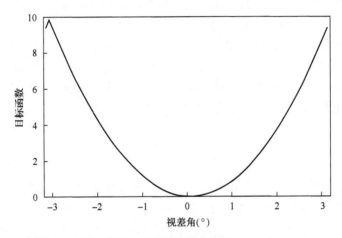

图 4.8　直角平差模型目标函数形状（Zhao et al., 2015）

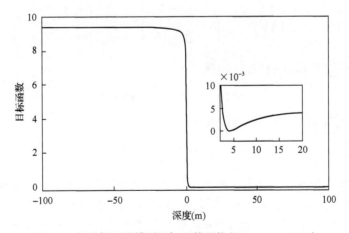

图 4.9　极坐标平差模型目标函数形状（Zhao et al., 2015）

4.3　光束法平差模型优化结构设计

对于迭代的非线性优化解算过程，总的运行时间除了取决于迭代次数外，每次迭代的运行时间也是非常重要的。极坐标参数空间下的光束法平差模型具有迭代次数少的优点，但是在算法提出的前期，未对算法做任何优化，故单次迭代时间过长，造成总的运行效率低。本节将针对极坐标光束法平差的特点，利用 Schur 补方法设计降维相机系统，从而提高自由网平差和绝对网平差的单次迭代效率。

4.3.1 基于 Schur 补的自由网平差降维相机系统设计

假设有 m 个相机和 n 个特征点，其未知数个数为 $6m+3n$；其法方程 $J^{\mathrm{T}}J$ 的维数为 $(6m+3n)\times(6m+3n)$。随着参与平差的图片数增多，以及加密点呈几何级数增加，其未知量的维数非常大，常常达到几百万维，甚至上千万维。虽然极坐标参数空间的光束法平差迭代次数少，但是其每次迭代运行时间过长，总的运行效率仍然非常低。所以，一种光束法平差一次迭代的高效设计对于提高整体效率非常有意义。因为在平差过程中，相机个数相比于特征点数目往往要少很多，故利用 Schur 补方法将两类变量分离，先得到解算相机的法方程[本书称它为降维相机系统(reduced camera system, RCS)]，然后基于解算得到的相机参数，根据稀疏矩阵的特性，线性求解特征点变量。

Schur 补是利用高斯消元法，使矩阵变为下三角矩阵，然后分块求解方程组，如式(4.40)：

$$
\begin{bmatrix} A & B \\ C & D \end{bmatrix}\begin{bmatrix} x \\ y \end{bmatrix}=\begin{bmatrix} a \\ b \end{bmatrix} \tag{4.40}
$$

除了直接解算整个变量 $[x,y]^{\mathrm{T}}$ 外，也可以利用高斯消元分块求解，先求出变量的一部分 x，然后利用 x 求出 y，具体流程如下：

假设 D 可逆，在式(4.40)中，左边矩阵和右边向量的第一列值减去第二列与 BD^{-1} 乘积的结果，如式(4.41)：

$$
\begin{bmatrix} A-\mathrm{BD}^{-1}C & 0 \\ C & D \end{bmatrix}\begin{bmatrix} x \\ y \end{bmatrix}=\begin{bmatrix} a-\mathrm{BD}^{-1}b \\ b \end{bmatrix} \tag{4.41}
$$

此时，可以通过式(4.41)直接计算 x：

$$
x=(A-\mathrm{BD}^{-1}C)^{-1}(a-\mathrm{BD}^{-1}b) \tag{4.42}
$$

然后代入式(4.41)计算 y，可以得到

$$
y=D^{-1}(b-Cx) \tag{4.43}
$$

以上整个流程就是 Schur 补的过程。Schur 补已经被广泛应用到高维矩阵计算应用中。在光束法平差中，因为 $m \ll n$，所以式(4.41)中 x 一般表示为相机位置姿态，y 表示特征点变量。对于极坐标参数空间的光束法平差模型，其公式可以分解表示为

$$
\begin{bmatrix} U & W \\ W^{\mathrm{T}} & V \end{bmatrix}\begin{bmatrix} \delta_a \\ \delta_b \end{bmatrix}=\begin{bmatrix} \in_a \\ \in_b \end{bmatrix} \tag{4.44}
$$

式中，U 为相机与相机间的相关系数矩阵。J_{M}、J_{A}、J_{P} 分别为图像坐标对主锚点相机、副锚点相机及其他相机外方位元素的导数。特征点在主锚点相机、副锚点相机和其他锚点相机的 U 分别用式(4.45)、式(4.46)和式(4.47)表示：

$$U = J_{\mathrm{M}}^{\mathrm{T}} J_{\mathrm{M}} \tag{4.45}$$

$$U = J_{\mathrm{M}}^{\mathrm{T}} J_{\mathrm{M}} + J_{\mathrm{A}}^{\mathrm{T}} J_{\mathrm{A}} + J_{\mathrm{M}}^{\mathrm{T}} J_{\mathrm{A}} \tag{4.46}$$

$$U = J_{\mathrm{P}}^{\mathrm{T}} J_{\mathrm{P}} + J_{\mathrm{M}}^{\mathrm{T}} J_{\mathrm{M}} + J_{\mathrm{A}}^{\mathrm{T}} J_{\mathrm{A}} + J_{\mathrm{M}}^{\mathrm{T}} J_{\mathrm{P}} + J_{\mathrm{A}}^{\mathrm{T}} J_{\mathrm{P}} + J_{\mathrm{M}}^{\mathrm{T}} J_{\mathrm{A}} \tag{4.47}$$

另外，式(4.44)中，W 为相机与特征点的相关系数矩阵，J_{B} 为图像坐标对三类特征点角的导数。特征点在主锚点相机、副锚点相机和其他锚点相机的 W 分别用式(4.48)、式(4.49)和式(4.50)表示：

$$W = J_{\mathrm{M}}^{\mathrm{T}} J_{\mathrm{B}} \tag{4.48}$$

$$W = J_{\mathrm{M}}^{\mathrm{T}} J_{\mathrm{B}} + J_{\mathrm{A}}^{\mathrm{T}} J_{\mathrm{B}} \tag{4.49}$$

$$W = J_{\mathrm{P}}^{\mathrm{T}} J_{\mathrm{B}} + J_{\mathrm{M}}^{\mathrm{T}} J_{\mathrm{B}} + J_{\mathrm{A}}^{\mathrm{T}} J_{\mathrm{B}} \tag{4.50}$$

最后，式(4.44)中 V 表示特征点与特征点的相关系数矩阵，见式(4.51)：

$$V = J_{\mathrm{B}}^{\mathrm{T}} J_{\mathrm{B}} \tag{4.51}$$

式(4.44)中 $[\delta_a, \delta_b]^{\mathrm{T}}$ 表示每次迭代中相机和特征点变量的变化值。根据 Schur 补可以分别计算相机和特征点的每次迭代增量，见式(4.52)：

$$\begin{cases} (U - WV^{-1}W^{\mathrm{T}})\delta_a = \in_a - WV^{-1} \in_b \\ \delta_b = V^{-1}(\in_b - W^{\mathrm{T}}\delta_a) \end{cases} \tag{4.52}$$

在式(4.52)中，V 为块状的对角稀疏矩阵，$V = \{V_1, V_2, \cdots, V_n\}$，每一小块为 3×3 矩阵，即 V_i 为 3×3 的矩阵。计算 V 的逆不需要对整块矩阵进行求逆，因为是不现实的。根据块状对角矩阵的性质，其逆等价于每一小块的逆的集合，即 $V^{-1} = \{V_1^{-1}, V_2^{-1}, \cdots, V_n^{-1}\}$，故求解每一个特征点的增量时，可以单独求解，即 $\delta_b^i = V_i^{-1}(\in_b^i - W^{\mathrm{T}}\delta_a)$。

下面通过一个简单的摄影实例来说明降维相机法方程结构，如图 4.10 所示。假设场景中有 4 张图像 (P_1, P_2, P_3, P_4) 和两个特征点 (F_1, F_2)，另外有 5 次观测，图像观测可以表示为 u_i^j（i 表示特征点编号，j 表示图像编号），即 $u_1^1, u_1^3, u_2^2, u_2^3, u_2^4$。

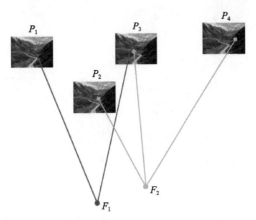

图 4.10　两个特征点在 4 张相片上成像

对于第一个特征点 F_1，选取第一个相机为主锚点，第二个相机为副锚点；对于第二个特征点 F_2，选取第二个相机为主锚点，第三个相机为副锚点。式(4.53)表示所有观测对未知数的导数，其中竖线左边为观测量对相机外方位元素的导数，竖线右边为观测量对特征点的导数。A_i^j 为 2×6 矩阵，i 表示观测编号，j 表示相机编号；B_i^j 为 2×3 矩阵，i 表示观测编号，j 表示特征点编号。另外，A_{im}^j，A_{ia}^j 为观测对主锚点和副锚点的偏导数。

$$\frac{\partial \mathrm{uv}}{\partial X} = \begin{bmatrix} A_1^1 & 0 & 0 & 0 & B_1^1 & 0 \\ A_{2m}^1 & 0 & A_2^1 & 0 & B_2^1 & 0 \\ 0 & A_3^2 & 0 & 0 & 0 & B_3^2 \\ 0 & A_{4m}^2 & A_4^2 & 0 & 0 & B_4^2 \\ 0 & A_{5m}^2 & A_{5a}^2 & A_5^2 & 0 & B_5^2 \end{bmatrix} \tag{4.53}$$

根据式(4.41)～式(4.50)，法方程中每一子矩阵块的稀疏性可以表示为式(4.54)：

$$U = \begin{bmatrix} U_{11} & 0 & U_{13} & 0 \\ & U_{22} & U_{23} & U_{24} \\ & & U_{33} & U_{34} \\ & & & U_{44} \end{bmatrix}, W = \begin{bmatrix} W_{11} & 0 \\ 0 & W_{22} \\ W_{31} & W_{23} \\ 0 & W_{24} \end{bmatrix}, V = \begin{bmatrix} V_{11} & 0 \\ 0 & V_{22} \end{bmatrix} \tag{4.54}$$

其中，U、W、V 的具体形式见式(4.55)～式(4.57)。

$$\begin{cases} U_{11} = A_1^{1\mathrm{T}} A_1^1 + A_{2m}^{1\mathrm{T}} A_{2m}^1 \\ U_{13} = A_{2m}^{1\mathrm{T}} A_2^1 \\ U_{22} = A_3^{2\mathrm{T}} A_3^2 + A_{4m}^{2\mathrm{T}} A_{4m}^2 + A_{5m}^{2\mathrm{T}} A_{5m}^2 \\ U_{23} = A_{4m}^{2\mathrm{T}} A_4^2 + A_{5m}^{2\mathrm{T}} A_{5a}^2 \\ U_{24} = A_{5m}^{2\mathrm{T}} A_5^2 \\ U_{33} = A_2^{1\mathrm{T}} A_2^1 + A_4^{2\mathrm{T}} A_4^2 + A_{5a}^{2\mathrm{T}} A_{5a}^2 \\ U_{34} = A_{5a}^{2\mathrm{T}} A_5^2 \\ U_{44} = A_5^{2\mathrm{T}} A_5^2 \end{cases} \tag{4.55}$$

$$\begin{cases} W_{11} = A_1^{1\mathrm{T}} B_1^1 + A_{2m}^{1\mathrm{T}} B_2^1 \\ W_{31} = A_2^{1\mathrm{T}} B_2^1 \\ W_{22} = A_3^{2\mathrm{T}} B_3^2 + A_{4m}^{2\mathrm{T}} B_4^2 + A_{5m}^{2\mathrm{T}} B_5^2 \\ W_{23} = A_4^{2\mathrm{T}} B_4^2 + A_{5a}^{2\mathrm{T}} B_5^2 \\ W_{24} = A_5^{2\mathrm{T}} B_5^2 \end{cases} \tag{4.56}$$

$$\begin{cases} V_{11} = B_1^{1\mathrm{T}} B_1^1 + B_2^{1\mathrm{T}} B_2^1 \\ V_{22} = B_3^{2\mathrm{T}} B_2^2 + B_4^{2\mathrm{T}} B_4^2 + B_5^{2\mathrm{T}} B_5^2 \end{cases} \tag{4.57}$$

降维后的法方程表示相机与相机间的关系，记其矩阵为 S。第 i 行第 j 列的 6×6 矩阵块 S_{ij} 是否为稀疏全零元素或者非零元素取决于第 i 张影像和第 j 张影像是否观测到相同的特征点。根据这个原则，可以轻松得到 S 的非零性上三角矩阵 S_{mask}，式(4.58)所示：

$$S_{\mathrm{mask}} = \begin{bmatrix} 1 & 0 & 1 & 0 \\ & 1 & 1 & 1 \\ & & 1 & 1 \\ & & & 1 \end{bmatrix} \tag{4.58}$$

4.3.2 基于 Schur 补的绝对网平差降维相机系统设计

本节针对 2.3.3 提出的附加相似变换参数的间接绝对网平差模型，实现快速高效的一次迭代效率。类似于 4.3.1 节中的自由网平差降维相机系统设计，也利用 Schur 补先得到相机的降维法方程，然后直接分块求解特征点的坐标。但是其有别于 4.3.1 节介绍的方法，附加相似变换参数的间接绝对网平差模型的降维相机系统除了含有相机变量外，还同时包含 7 个相似变换参数，整体法方程形式如式(4.59)所示：

$$\begin{bmatrix} U & W_{\mathrm{CR}} & W_{\mathrm{CP}} \\ W_{\mathrm{CR}}^{\mathrm{T}} & V_{\mathrm{RR}} & W_{\mathrm{RP}} \\ W_{\mathrm{CP}}^{\mathrm{T}} & W_{\mathrm{RP}}^{\mathrm{T}} & V_{\mathrm{PP}} \end{bmatrix} \begin{bmatrix} \delta_{\mathrm{C}} \\ \delta_{\mathrm{R}} \\ \delta_{\mathrm{P}} \end{bmatrix} = \begin{bmatrix} \varepsilon_{\mathrm{C}} \\ \varepsilon_{\mathrm{R}} \\ \varepsilon_{\mathrm{P}} \end{bmatrix} \tag{4.59}$$

式中，W_{CR} 为相机和相似变换参数的关系；W_{RP} 为相似变换与特征点的关系；W_{CP} 表示相机和特征点的关系。假设控制点观测值对主副相机外方位元素、特征点三类角和相似变换参数的导数为 J_{M}、J_{A}、J_{B}、J_{R}，其维数分别为 3×6、3×6、3×3 和 3×7。在式(4.59)中，图像观测量的导数及乘积不变，下来罗列以控制点为观测的导数及乘积形式：

$$\begin{cases} W_{\mathrm{CR}} = J_{\mathrm{M}}^{\mathrm{T}} J_{\mathrm{R}} + J_{\mathrm{A}}^{\mathrm{T}} J_{\mathrm{R}} \\ W_{\mathrm{RP}} = J_{\mathrm{R}}^{\mathrm{T}} J_{\mathrm{B}} \\ W_{\mathrm{CP}} = W_{\mathrm{CP}} + J_{\mathrm{M}}^{\mathrm{T}} J_{\mathrm{B}} + J_{\mathrm{A}}^{\mathrm{T}} J_{\mathrm{B}} \\ V_{\mathrm{RR}} = J_{\mathrm{R}}^{\mathrm{T}} J_{\mathrm{R}} \\ V_{\mathrm{PP}} = V_{\mathrm{PP}} + J_{\mathrm{B}}^{\mathrm{T}} J_{\mathrm{B}} \end{cases} \tag{4.60}$$

类似于式(4.52)，将特征点分离出来，先计算相机的外方位元素和相似变换参数，如式(4.61)所示：

$$\left(\begin{bmatrix} U & W_{\mathrm{CR}} \\ W_{\mathrm{CR}}^{\mathrm{T}} & V_{\mathrm{RR}} \end{bmatrix} - \begin{bmatrix} W_{\mathrm{CP}} \\ W_{\mathrm{RP}} \end{bmatrix} V_{\mathrm{PP}}^{-1} \begin{bmatrix} W_{\mathrm{CP}}^{\mathrm{T}} & W_{\mathrm{RP}}^{\mathrm{T}} \end{bmatrix} \right) \begin{bmatrix} \delta_{\mathrm{C}} \\ \delta_{\mathrm{R}} \end{bmatrix} = \begin{bmatrix} \varepsilon_{\mathrm{C}} \\ \varepsilon_{\mathrm{R}} \end{bmatrix} - \begin{bmatrix} W_{\mathrm{CP}} \\ W_{\mathrm{RP}} \end{bmatrix} V_{\mathrm{PP}}^{-1} \varepsilon_{\mathrm{P}} \tag{4.61}$$

式(4.61)可以化成式(4.62)的形式：

$$\begin{bmatrix} U - W_{CP}V_{PP}^{-1}W_{CP}^{T} & W_{CR} - W_{CP}V_{PP}^{-1}W_{RP}^{T} \\ W_{CR}^{T} - W_{RP}V_{PP}^{-1}W_{CP}^{T} & V_{RR} - W_{RP}V_{PP}^{-1}W_{RP}^{T} \end{bmatrix}\begin{bmatrix} \delta_{C} \\ \delta_{R} \end{bmatrix} = \begin{bmatrix} \varepsilon_{C} - W_{CP}V_{PP}^{-1}\varepsilon_{P} \\ \varepsilon_{C} - W_{RP}V_{PP}^{-1}\varepsilon_{P} \end{bmatrix} \tag{4.62}$$

其中，令增量 $\bar{V}_{RR}^{-1}$ 为式(4.63)：

$$\bar{V}_{RR}^{-1} = (V_{RR} - W_{RP}V_{PP}^{-1}W_{RP}^{T})^{-1} \tag{4.63}$$

求逆，可以得到 7×7 的逆矩阵，将其代入式(4.64)，先计算得到相机的外方位元素

$$\left[U - W_{CP}V_{PP}^{-1}W_{CP}^{T} - \left(W_{CR} - W_{CP}V_{PP}^{-1}W_{RP}^{T} \right)\bar{V}_{RR}^{-1}\left(W_{CR}^{T} - W_{RP}V_{PP}^{-1}W_{CP}^{T} \right) \right]\delta_{C}$$
$$= \left[\varepsilon_{C} - W_{CP}V_{PP}^{-1}\varepsilon_{P} - \left(W_{CR} - W_{CP}V_{PP}^{-1}W_{RP}^{T} \right)\bar{V}_{RR}^{-1}\left(\varepsilon_{R} - W_{RP}V_{PP}^{-1}\varepsilon_{P} \right) \right] \tag{4.64}$$

在求解得到相机外方位元素增量 δ_{C} 的条件下，计算得到相似变换参数的增量

$$\delta_{R} = \bar{V}_{RR}^{-1}\left(\varepsilon_{R} - W_{RP}V_{PP}^{-1}\varepsilon_{P} - \left(W_{CR} - W_{CP}V_{PP}^{-1}W_{RP}^{T} \right)^{T}\varepsilon_{C} \right) \tag{4.65}$$

最后，将式(4.64)和式(4.65)代入式(4.61)计算得到特征点的增量

$$\delta_{P} = V_{PP}^{-1}\left(\varepsilon_{P} - \begin{bmatrix} W_{CP}^{T} & W_{RP}^{T} \end{bmatrix}\begin{bmatrix} \delta_{C} \\ \delta_{R} \end{bmatrix} \right) \tag{4.66}$$

4.4　数字基高比下的高程与平面精度预估

中国测绘科学研究院刘先林院士将摄影测量发展分为两大流派。第一是源于德国流派的以我国王之卓为奠基的直角坐标系的摄影测量理论(王之卓, 2007)。其服务于现有摄影测量完全有效，至今遥感测绘对地观测领域几乎全部沿用这个体系。第二是基于射线角的航空航天极坐标摄影测量理论。20 世纪 60 年代唐山铁道学院罗河(1958)和中国地质大学的周卡(1956)学派，证实了从射线角度出发可以改善直角坐标系矩阵病态问题，并缓解高阶奇异现象，但并没有成功地从理论上加以系统推导和证明，更没有上升到理论创建的高度，致使其后期逐步消沉。近年来，北京大学团队针对直角坐标系摄影测量方法在航空航天数据处理中遇到的解算效率低、精度下降甚至发散的问题，到国外学习仿生机器视觉，并将其成功引入摄影测量领域，创建了航空航天极坐标摄影测量的整套理论，证明了高分辨率遥感数据处理效率低下甚至发散的根源是稀疏矩阵，而极坐标航空航天摄影测量体系可以从根源上消除稀疏矩阵，使得效率、精度提高两个量级，收敛性、抗干扰能力提高一个量级，最优解不依赖初值，实现了高维非线性优化问题快速收敛和三维测量，推动了航空遥感产业联盟无订单自主作业新模式，解决了变姿态获取及拼接问题。虽然在简单摄影条件情况下(如有人航空摄影)，极坐标航空航天摄影测量体

系与直角坐标性能相当，但是在其他复杂摄影条件下(如无人机摄影及近景摄影)，其优势十分显著(表 4.4)。

表 4.4　直角坐标、极坐标光束法平差模型性能对比

比较要素	满足直角坐标约束的规范影像	高重叠影像	影像精度-效率-抗干扰性	大角度	变姿态	航空面阵航天线阵	与国军标数据组织存储比较
现有方法直角坐标	可处理	稀疏阵，有时发散	可以	困难	困难	无法统一	需三次直角-弧度转换
极坐标	可处理	去稀疏根源，无发散	各提高一个数量级	方便处理	方便处理	可以统一	无须转换

基高比是摄影测量中的一个重要概念，是评价航摄影像立体成像精度的重要指标。立体成像精度直接关系着高程测量精度、正射纠正、数字高程模型(DEM)提取、三维立体建模等关键环节，其在数字城市、土木工程、景观建筑、矿山工程、地震灾害评估、军事目标打击效果评估等民用与军事领域发挥重要作用。尤其在数字化条件下，基高比下降引起高程精度下降的现实，更加引起了国内外专家学者的广泛关注。在传统摄影测量理论中，基高比定义为基线与航高之比，在影像重叠度确定的情况下，其也等效为胶片航向幅宽与镜头焦距之比，为一个定值。数字化的引入使基高比产生了新的特点：首先，数字航摄相机普遍采用多 CCD 拼接、二次成像、CCD 变频率扫描等技术增大 CCD 承影面积，使得航摄影像中的基线已经不再是原有的单基线，而是出现了外视场基线、内视场基线、多度重叠基线等。其次，基高比也不再是固定不变的，而是传感器多参数的一个泛函表征，随着技术指标的改变而连续可调。经典摄影测量理论无法描述基高比的上述特点，随着多拼接、高速化、数字化成像系统的应用，基于单基线的立体观测方法与理论极大地制约了数字摄影测量的几何精度提高与自动化处理的进一步发展。数字基高比将规范后的四类航摄系统等效画幅与 CCD 个数、尺寸、间距、焦距等结构参量结合，与航速 v、影像曝光间隔 T、摄站数 N、扫描行数 n 等电学参量结合，发展为时空精度函数，实测误差≤1‰。研究表明，数字基高比可表达连续可调数字基高比理论内涵及新模型(段依妮，2015)。多 CCD 拼接、二次成像形成内/外视场基线，分别通过改变二维面积、一维垂直缩放来补偿像面幅度，使得基高比立体测量精度成为三维空间变量函数；同时，数字扫描频率可变、扫描区间在像素水平任意选择形成了多成像幅面的多基线，其实质上与飞行速度形成函数关系，使基高比高精度补偿成为时间变量的可控函数。综上，广义基线替代了传统的单基线，包括内/外视场基线、多度重叠基线，数字基高比替代了固定不变的基高比，成为连续可调的、评价摄影测量精度的一个四维函数。

综上所述，利用基高比的四大特征，并结合极坐标光束法平差模型可以有效地预估高程和平面精度，为空间特性的定性分析提供技术保障。中航贵州飞机有限公司利用上述地表精度与遥感载荷组合结构，构建了无人机观测载荷动态精度地面验证设备，形成 900 余页工程文件，改变了遥感系统飞行验证机制，促进了无人机遥感航空工业化发展。上述安全性、可靠性、精准性的跨越，完成了大型无人机在金沙江"死亡峡谷"遥感作业飞行的壮举。与现有方法相比，数字基高比的优势可归结如下(表 4.5)。

表 4.5　传统基高比与数字基高比特点对比

比较要素	航空载荷结构	载荷分类	载荷集成制作	基高比精度判别	无人机平台生产	精准飞行
传统基高比	以用途决定	无	整相机拼接体积大，成本高	粗测，动态光机结构不能用	长时间试验飞行	困难
数字基高比	以光机方程决定	四类物理结构	精密光学设计实现，精密轻巧	动态，与光机参量空间时间对应	人员、时间减少一个量级，试验成本大大降低	金沙江死亡峡谷飞行

4.5　本 章 小 结

本章是空间分辨率的末章。光束法平差的数学本质为最小二乘优化问题，本章针对其两个重要的指标(收敛性和收敛速度)，主要介绍了如下内容：

(1)对于收敛性的分析，从法方程的奇异性和参数变量对观测误差的敏感度来展开分析，发现极坐标光束法平差不易奇异，法方程的条件数更小，收敛性更好。

(2)对于收敛速度的分析，从极值点的寻找和目标函数的线性化程度展开分析，发现极坐标光束法平差的线性化程度更高和目标函数无平谷现象，故收敛速度更快。

(3)针对相机和特征点耦合求解的平差过程和极坐标表达的特殊性，利用 Schur 补的方法设计了自由网和绝对网的降维相机系统，从而提高了单次迭代运行效率。

以上述理论推导分析，可以有效解决经典直角坐标体系的遥感成像各环节孤立、离散几何稀疏性产生、小交会角构像方程病态奇异性与非收敛的问题，突破稀疏阵病态奇异性，实现高维非线性优化问题快速收敛和三维测量，为高分辨率遥感数据处理过程分析提供理论支撑。

参 考 文 献

段依妮. 2015. 遥感影像立体定位的相对辐射校正和数字基高比模型理论研究. 北京: 北京大学博士学位论文.

高立. 2014. 数值最优化方法. 北京: 北京大学出版社.

何旭初. 1979. 数值相关性理论及其应用. 高等学校计算数学学报, 1: 11-19.

罗河. 1958. 空中三角测量的一般解析法. 测量制图学报, 1: 1-20.

孙岩标. 2015. 极坐标光束法平差模型收敛性和收敛速度研究. 北京: 北京大学博士学位论文.

王之卓. 2007. 摄影测量原理. 武汉: 武汉大学出版社.

赵亮. 2012. MonoSLAM: 参数化、光束法平差与子图融合模型理论. 北京: 北京大学博士学位论文.

周卡. 1956. 空中三角测量. 土木工程学报 3, 3: 345-364.

Zhao L, Huang S D, Sun Y B, et al. 2015. ParallaxBA: bundle adjustment using parallax angle feature parametrization. The International Journal of Robotics Research, 34 (4-5): 493-516.

第二部分　时间分辨率

对时间分辨率的原理认识与发现，聚焦于高分辨率遥感实时性瓶颈问题破解，建立消除过度冗余、高效转换存储和直接三维成像新方法体系。主要包括以下内容：

第5章时间特性1：常规3—2—3维信息转换过冗余根源与仿生复眼3—3—2新机制；

第6章时间特性2：基于剖分-熵-基函数表征的数据实时处理理论；

第7章时间特性3：基于单光路光场成像的3—3维信息实时转换理论。

第 5 章　时间特性 1：常规 3—2—3 维信息转换过冗余根源与仿生复眼 3—3—2 新机制

近几十年仿生学的兴起与发展，引起了世界各国科研工作者的关注。他们希望通过模仿、学习各类生物，包括鱼类、哺乳动物、昆虫等经过千百万年的自然进化所形成的特殊的器官组织，以及所获得的各种特异的本领来推动目标识别研究领域的发展。

5.1　遥感信息过度冗余的 3—2—3 维模式转换问题浅析

随着应用的拓展和技术的进步，对地遥感观测的对象越来越丰富并实现了线性增长，然而与此同时数据冗余却正呈指数上涨。传统的运动目标检测，多利用现有成像传感器(如摄像机等)获取三维目标的二维图像，然后采用计算机信号处理手段进行处理，最后根据需求把检测到的二维信息恢复为三维表征以再现真实目标，这种 3—2—3 维的转换过程检测的精度与计算量多呈正相关关系——精度越高，需要的数据量就越大。此外，通过转换模型实现 3—2—3 维的两次变维数数据转换，势必会产生模型误差，为了不使模型误差影响遥感高频细节特征信息，不得不取用更多的冗余信息，在保留高频细节信息的同时，又把模型误差全部保留下来。统计表明，现有主流的遥感信息 3—2—3 维变换方法，不仅没有减少地表三维的无效对象信息，相反，为了高频细节特征信息的保留和转换模型误差不至于把前者淹没，其数据往往比原始有效探测所需的数据增加了 3~5 个数量级。过量冗余问题已经严重到不解决就难以继续进行数据处理与应用。

另外，由于对地观测，如遥感探测的细节信息多以高频存在，无法依靠滤除高频噪声的方法降低冗余，只能尽量以无损压缩的方式存储信息，压缩比不到 2，在冗余数据呈几何增长的同时，压缩处理等去冗余方法的效率却只能以百分之零点几的速率缓慢前进。由此可以断言，现行的遥感影像保留高频细节的无损压缩方法，几近进入技术无法发力的死胡同。

综上所述，遥感信息的过度冗余的根源有三个：一是对观测对象线性增长的需求，产生了数据立方体爆炸性增长的无度索取模式；二是受二维硬件制约，不得不采用三维空间信息—二维获取处理—三维再现的 3—2—3 维转换传输模式，使信息转换处理繁复、误差和噪声增大增多；三是遥感高分辨率细节信息与噪声、误差同属高频信息的本质，使无损压缩高频信息时保留了误差和噪声信息并极大地增加了原始信息数量。

由于无损压缩等去冗余方法在面对爆炸性数据增长时一筹莫展，在继续原有处理方式研究的同时，许多研究人员开始把目光转向新的图像获取与处理方式。近年来，昆虫复眼检测运动目标的优势引起了大量生物学家的重视，而仿生复眼运动目标检测也随之迅速发展。

　　仿生复眼运动目标检测的研究是一个集仿生学(Bebis et al., 1996)、信息科学、控制论、遥感科学等于一体的多学科交叉研究，具有复杂的系统性。其研究的根本在于复眼检测的生物机理研究，驱动力在于将检测机理应用到运动目标检测等领域解决常规方法难以解决的问题，其研究流程如图 5.1 所示。

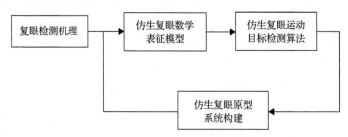

图 5.1　仿生复眼机理研究流程

　　本书提出了仿生复眼运动目标检测的基本概念和方法，包括由三维对象到三维轮廓到二维凝视的一整套多角度、大视场捕获、检测、识别运动目标的仿生学方法，基于上述仿生机理方法的信息获取与检测处理的理论模型和实现手段，基于大视场仿生结构的低分辨率三维轮廓检测理论及技术方法等。其中，三维对象到三维轮廓的目标捕获思想来源于昆虫复眼的检测机理，其通过信息科学的变分辨率数据表征算法实现，通过少量轮廓数据可以初步锁定视场中的运动目标；三维轮廓到二维图像的过程借鉴控制论的反馈理论，驱动成像系统对锁定的运动区域进行凝视成像获得运动目标的序列影像；对获得的目标影像采用纹理梯度等遥感图像处理方法进行处理；整个数据的处理链路，即图 5.2 所示的 3—3—2 维的数据获取模式是本书的核心，其为遥感信息的获取与处理提供了有效的解决方案(Sun et al., 2010; Sun et al., 2011)。

图 5.2　3—3—2 维的数据获取模式

　　图 5.3 展示了仿生复眼研究的链路及几个仿生层面，包括结构仿生、控制仿生及功能仿生等，目前大量的光学成像系统的研究集中在结构仿生层面，通过研究复眼的光路来增强系统的分辨率和视场；运动目标检测的研究集中在功能仿生层面，功能仿生是仿生研究的最高级别，本书对此进行了初步的探讨。

　　利用昆虫复眼进行运动目标捕获的系统流程如图 5.4 所示，复眼视觉系统利用球面成像具备的大视场优势可以同时观察其周围的各个区域，小眼(ommatidium)中的感光器对光信号的响应经过侧抑制增强，侧抑制是在相邻神经元中发生的作用，有助于视觉对物体轮廓灯信息的处理等预处理后，由初级运动检测器检测局部的运动变化构成整个系

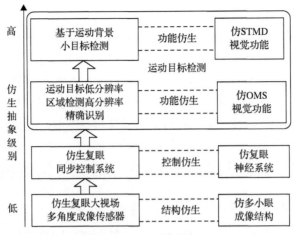

图 5.3　仿生机理示意图

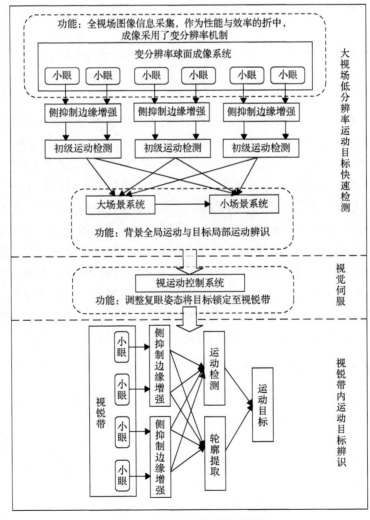

图 5.4　复眼运动目标检测流程

统的基本输入。由于视网膜上的图像同时存在昆虫自身运动导致的图像变化和目标运动导致的变化，大场景系统被用来检测图像的全局运动并对图像进行补偿，小场景系统则负责对目标进行检测。具体的检测采用一种由粗到精的两个阶段的检测运动目标。第一阶段为低分辨率下的运动目标粗检测，利用低分辨率的图像快速检测出其中运动目标所在的大致位置。然后，驱动与之相连的运动器官（类似于视觉伺服机构），将复眼的视锐带指向运动目标转入第二阶段，利用高分辨率图像精确提取运动目标的信息。

5.2 仿生复眼 3—3—2 维信息转换新模式

5.2.1 仿生复眼 3—3—2 维信息获取优势

由于常规的运动目标检测存在限制研究发展的因素，因此在继续原有处理方式研究的同时，许多研究人员开始把目光转向新的图像获取与处理方式。近年来，昆虫复眼检测运动目标的优势引起了大量生物学家的重视，而仿生复眼运动目标检测也随之迅速发展。

某些低等动物，如蜻蜓、蜜蜂、食蚜蝇等昆虫的复眼系统为我们提供了仿生的依据。昆虫复眼体积小、重量轻、视场大，尤其对运动目标非常敏感，在运动目标检测与跟踪方面具有独特的优势。据研究，蜜蜂对突然出现的物体的反应时间仅需 0.01s，而人眼却需要 0.05s。蜻蜓对动态目标探测能力达 100%，对飞行物体的捕获能力达 99%，视场角达到 360°。食蚜蝇的复眼中存在小目标运动感知器(STMD)神经元(Nordström and O' Carroll, 2009)，能够在运动环境下检测到小目标，解决了常规方法难以解决的难题。研究表明，复眼中包含两个独立的通道，一个被称为"大场景系统"(large field，LF)，其采用低分辨率的复眼在大视场范围内搜索运动目标，利用目标的轮廓信息对目标进行定位；另一个被称为"小场景系统"(small field，SF)，其采用高分辨率的复眼在小视场范围内精确检测识别运动目标。昆虫的这种检测能力，对研究运动目标检测具有很好的借鉴意义。复眼在具有广阔视野的同时也具有局部较高的分辨率，可以使昆虫对感兴趣的目标保持高分辨率的同时又能对视野内的其他目标保持警戒。复眼的这一机理较好地解决了目标检测研究中视场、分辨率和实时性三者之间有效性的矛盾，三者之间的矛盾是目前运动目标检测系统存在的最大问题，一直没有较好的方式能平衡这三项指标。

5.2.2 仿生复眼 3—3—2 维信息转换

昆虫的复眼是由许多个小眼组合而成的，小眼的个数从几百个到几万个不等，其每个小眼由 1 套屈光器[1 个角膜(cornea)和 1 个晶锥(crystalline cone)]、6～8 个视小网膜细胞(retinula cell)及其特化产生的视杆和基细胞等构成，即每个小眼可视为一个光学系统，且每个光学系统具有不同的分辨率。昆虫复眼信息获取的流程如下：在大视场范围内，通过低分辨率的小眼获取目标的三维轮廓，初步锁定运动目标所在的区域，然后将视锐带转向运动目标，进行目标的二维凝视成像。该过程实现了运动目标捕获的 3—3—2

维的信息获取与处理过程。该过程与传统的 3—2—3 维处理方式不同，3—3—2 维处理方式并不是机械地将三维信息全部转化为二维信息，而是通过抓住主体的轮廓信息，即低频信息，将所需要获取的目标等初步锁定，由此数据量减少 2~3 个数量级；凝视目标进行二维高精度探测，实现了三维信息的二维降阶，减少了一个数据维度，数据对应减少 2~3 个数量级，从而为遥感信息的有效获取及运动目标的检测提供了一种新的解决方案。

　　采用低分辨率的轮廓数据来检测运动目标的运动区域，轮廓数据表示如图 5.5 所示，能够大量减少所获取的数据量，为后续的目标检测减少冗余信息，其是提高检测效率的先决要素。上述搜索过程好比在数据的海洋中捕获我们所需要的目标，如果采取传统的方法就好似撒网遍历整个海洋，既耗时效率也低，而 3—3—2 维处理方式是先确定所需目标在数据海洋的大致方位，再通过技术手段在大致方位中精确撒网，这样省去了大量搜索非必需空间的时间。

(a) 原始数据　　　　　　　　　　　　　　　(b) 轮廓点云

图 5.5　三维轮廓数据表征

　　常规的获取方式多采用单镜头或多个高分辨率相机获取图像后进行拼接处理，仿生复眼运动目标检测采用高低分辨率组合的获取方式，如图 5.6 所示，中间红色为高分辨率摄像头，周围六个为低分辨率摄像头，检测目标轮廓时仅需要低分辨率数据即可，该模式根据运动目标检测的不同需求采取不同的摄像方式，可采取外扩型，即摄像头覆盖不同的区域，扩大监视视场；也可采取内扩型，即覆盖部分相同的区域，以便完成图像拼接及三维重构，最终实现多角度大视场的观测与数据获取。

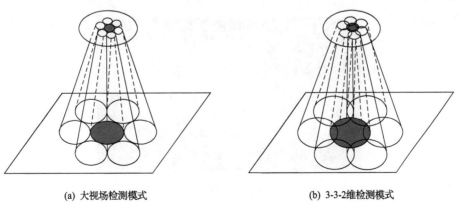

(a) 大视场检测模式　　　　　　　　　　　(b) 3-3-2维检测模式

图 5.6　两种不同的数据获取

结合上述，产生了动态与静态数据转换与关联的问题。运动载体目标动态特性决定了它的对地观测数据量达到最大，静态信息是其时间变量的具体取值，数据维数也有所降低。因此，以动态信息的过量数据冗余为研究对象，可以为解决各类数据过度冗余提供技术保障与借鉴，也可以为空间信息离散域理论提供技术内涵。

5.2.3 仿生复眼 3—3—2 维信息处理

1. 复眼变分辨率结构

昆虫复眼中小眼的分布并不均匀，而是在某些区域集中、某些区域分散，分布密集的区域称为视锐带。研究发现，视锐带内小眼光轴之间的夹角使得该区域小眼的空间采样频率更高。因而，相对于其他部分，视锐带有更高的分辨率。一般认为，复眼的视锐带与人眼的中央凹的功能类似，用来对其他目标进行检测、锁定和追踪。由于复眼的球面成像结构有很大的视场，而视锐带在复眼中只占很小的一部分，因而多数情况下，目标并不直接出现在视锐带的范围内，当复眼的其他部分敏感到运动目标的信号后，昆虫会迅速地调整其姿态，使锐带朝向目标，从而实现对目标的精确检测与识别。

基于复眼视觉机制的绘制算法，可以在保证视觉效果的前提下降低场景中视觉不敏感区域的显示分辨率，通过大量减少当前场景所需的绘制数据来提高速度。

2. 变分辨率数据表征

目前，成像传感器的主流发展趋势是高分辨率，但是对于具体的应用或具体的算法步骤而言并不是分辨率越高越好，在考虑细节的同时需要兼顾算法的时间成本。在运动目标的初步提取阶段，只需要较低的分辨率便可以满足要求(只要目标在图像中还有一定的尺寸)。而由于低分辨率图像需要处理的数据量小，其在提高程序的运行速度方面可以起到明显的效果。变分辨率的本质是多尺度分析在空间结构上的一种具体实现，其数据表征如图 5.7 所示。

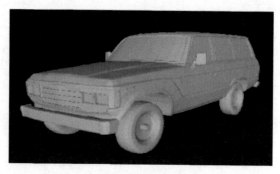

(a) 原始点云数据72480个点

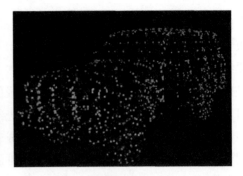

(b) 多级分辨率3779个点　　　　　　　　(c) 多级分辨率 1948个点

图 5.7　MeshLab 处理结果

目前，在大数据处理中比较成熟的技术为细节层次控制技术（level-of-detail，LOD），其以不同分辨率表示模型的不同细节信息。分辨率越高，所表示模型的细节层次越高，最高分辨率对应模型的初始扫描信息。细节层次控制技术提供了一种强有力的控制场景复杂度的绘制策略。它通过控制不同细节层次数据在场景的分布来控制整个场景绘制所需的元素个数，进而控制当前场景的绘制速度和绘制效果。但是该技术的应用必须要求首先对输入数据生成多分辨率的数据结构，这必然会加重大规模数据处理本身存在的存储问题。

三维模型的多分辨率控制研究多以网格数据为基础，而本书需要建立直接基于点云数据的多分辨率结构。对输入的无组织点云数据，通过层次聚类与局部拟合，可获取误差控制下的多分辨率数据结构(不同分辨率对应不同的细节层次)。此外，通过对细节层次数据的再组织，将全局搜索局部化，可以实现对指定细节数据的快速检索。

3. 模型轮廓数据提取

目前，可以通过指定误差下获取的低分辨率数据来得到近似的模型轮廓数据，这样的数据可以在大数据的初始绘制中向用户提供输入点云的基本信息。我们曾经考虑是否应正确提取模型的轮廓数据作为数据再组织后可提供的一种关键信息，但这项工作不是目前的重点。目前关于轮廓信息提取的研究工作包括在无组织的点云数据上提取多尺度的特征并以此表征轮廓模型。

5.3　复眼的视觉基础及 3—3—2 三级模式结构

5.3.1　复眼的结构及分布

1. 复眼的结构

昆虫的复眼是由许多个小眼组合而成的，小眼的个数从几百个到几万个不等。每个小眼的直径为 10～50μm，相邻的小眼之间的夹角一般为 1°～4°，其由角膜、晶锥、感杆束(rhabdom)和网膜细胞构成，如图 5.8 所示，图 5.8 中左侧为角膜、晶锥、感杆束、网膜细胞，右下侧为小眼剖面结构，右上侧为复眼全貌。角膜是复眼的最外层结构，通常是向外凸起，主要是由角膜细胞分泌而成的，可以在快速运动时感受风速的变化，而且可以减少光线的反射，继而增加角膜对光线的吸收。晶锥在角膜的下方，其通常是一个圆锥形的透明结构，与角膜合在一起形成屈光器。角膜和晶锥构成了复眼的屈光器，起到透光、保护感受器和屈光的作用，晶锥的形状可以随着光强的变化而变化，不同强度的光线通过此来进行不同的传导。感杆束是光感觉神经元在小眼内的杆状特化结构，由细胞膜向中腔伸出大量微绒毛形成，也是光敏色素的所在部位。网膜细胞存在于晶锥和感杆束周围，起到吸收和转化光能的作用(冷雪和那杰, 2009)。感杆束和色素细胞起到调节光亮和视觉定向功能的作用。

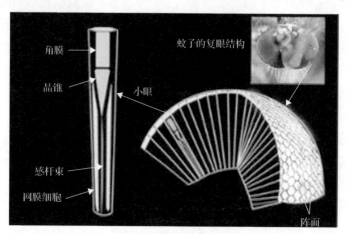

图 5.8　昆虫复眼示意图

复眼具有一个自适应、自组织以及具有容错能力的视觉系统，对于快速飞行的昆虫来说，复眼是快速获得信息的中心，可以快速和准确地确定前方物体的位置和方向，实时地分析和处理图像。其既可以在大范围内扫视周围场景和检测运动目标，又可以在小范围内精确识别目标。

2. 复眼的分布

昆虫复眼中小眼并不是均匀分布的，有的地方分布密集，有的地方分布稀疏，且不同区域的小眼角度也不同。图 5.9 展示了长尾管蚜蝇复眼中小眼的分布情况，不同的曲线和数值代表了不同的稀疏程度和不同的小眼角度，其中 d 代表背面(dorsal)，l 代表侧面(lateral)，f 代表前面(front)。复眼的小眼分布结构是其实现 3—3—2 检测运动目标的生理基础。

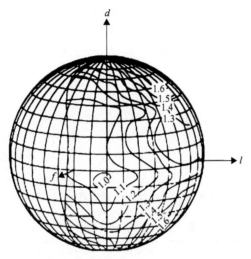

图 5.9　长尾管蚜蝇复眼中小眼的分布密度

5.3.2　复眼的侧抑制

1. 侧抑制现象

1931 年，Hartline 通过对鲎复眼的电生理研究发现了侧抑制现象，首次从神经生理学的角度解释了侧抑制的概念（Hartline and Ratliff, 1958）。Hartline 在对鲎复眼的单个小眼进行电生理实验时偶然发现，光线泄露会影响邻近小眼的反应，于是对当前小眼和临近小眼做了大量的实验，发现对邻近感受器的光照越强，受试感受器的发放就减慢得越多。受到光照的邻近感受器越多，其效应也就越大，即存在着抑制性影响的空间总和作用，这便是侧抑制现象，侧抑制作用的大小依赖于两小眼之间的空间距离，越邻近的小眼其侧抑制的作用越明显。随着 Hartline 获得诺贝尔奖，侧抑制网络的概念被提出并受到广泛关注。

鲎复眼的相互作用，经实验证明是一种循环式的抑制过程，与非循环式的抑制过程有显著的区别，抑制模型如图 5.10 所示。

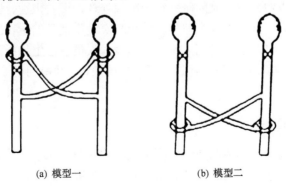

(a) 模型一　　　　　　　　　(b) 模型二

图 5.10　鲎眼中的感光器单元的互抑制

在这两类系统里，每个单元对另一个单元所施加的抑制性影响的量值取决于 X 处发生的活动水平。在循环性系统里，每个单元对另一个单元反过来正好在脉冲处或其附近发生影响；而在非循环系统中，每个单元对另一个单元都是在远离脉冲处并在侧枝下的某点产生影响。

2. 侧抑制模型

目前，侧抑制网络已经在信号处理领域得到了较多应用，在图像处理中主要用于突出反差、增强边缘信息。Hartline 和 Ratliff（1958）总结了部分侧抑制数学模型，见表 5.1。表 5.1 中权函数表示这些影响的强度的空间分布，其横坐标表示距离，纵坐标表示在该处单元与中心单元相互作用的系数，兴奋性影响为正值，抑制性影响为负值。

表 5.1　各种侧抑制数学模型

文献	权函数	数学模型
Fry, 1954		$r_p = \log_{10} \dfrac{I_p}{1 + \sum\limits_{j=1}^{n} k_{p,j} I_j}$
Hartline and Ratliff, 1958		$r_p = e_p + \sum\limits_{j=1}^{n} k_{p,j}(r_j - r_{p,j}^0)$
Taylor, 1956		$r_p = e_p + \sum\limits_{j=1}^{n} k_{p,j} r_j$
Bekesy, 1960		$r_p = \sum\limits_{j=1}^{n} k_{p,j} I_j$

侧抑制的特性表明，侧抑制的研究对于图像处理、模式识别、图像跟踪、成像制导等都很有用途。因此，除了神经生理学工作者和实验生理学的生物原型研究者之外，许多生物控制论工作者以及一些研究图像的工程技术人员也在生物原型的基础上，从理论研究、计算机模拟和硬件模拟等方面进行了大量的工作，并得到了一些实际应用（Bekesy, 1960）。

3. 复眼视神经检测

Reichardt 等（1987）提出复眼中包含两个独立的通道，Baccus 等（2008）对复眼全局运动与局部运动辨识方面的研究进一步证明了大场景系统与小场景系统的真实存在。一个被称为"大场景系统"，负责在背景低频振动的运动条件下调整扭转力矩，对整个场景的网膜像的位移进行视动补偿（可以认为是全局运动提取与补偿），从而稳定其飞行方向；另一个被称为"小场景系统"，在运动目标的高频振动方面起主导作用，用于检测场景中的运动目标。Reichardt 等（1987）还详细研究了复眼的图形分辨理论，提出了大场景与小场景的概念。在随后的多年 HR 模型得到了更为详细的阐述和完善，并且一直被用来解释昆虫的视运动反应。

　　随着近数十年电生理实验的发展，复眼中的神经元被逐渐发现，这些神经元对大场景激励敏感，且具备方向选择性，参与了头和身体的视运动控制。这些被称为切线细胞的神经元的运动响应也与 HR 模型的结论非常吻合。由于响应由相对高分辨率的视网膜图像综合得到，并且很明显可以响应小场景运动，于是很自然地得出大场景方向敏感细胞-切线细胞集成了大量小场景方向选择线路-初级运动检测器 EMD 的输出（Egelhaaf et al., 1993）。如果没有最后的时间平均步骤，HR 模型也可以被用来表示一个初级运动检测器，并且被普遍地作为大场景方向选择细胞提供输入的小场景输出模型。

　　图 5.11（a）表示 OMS 神经节收到周边的非线性子单元兴奋输入，同时被感知背景的多轴突细胞抑制，每个子单元信号经过时间滤波并且达到一定的阈值后可视为兴奋输入。兴奋和抑制网络接收相同的子单元输入，导致接收域中心和其周边选择不同的运动。图 5.11（b）为两种视网膜数据经过图 5.11（a）中的模型 a 处理后的显示。复眼之所以能够完成常规检测难以完成的任务，根源在其生物机理，即根据之前介绍的复眼的结构，多轴突神经细胞负责大区域监测，通过轮廓信息锁定运动区域，而视锐带内的 OMS 细胞通过"高分辨率"凝视最终检测运动目标。

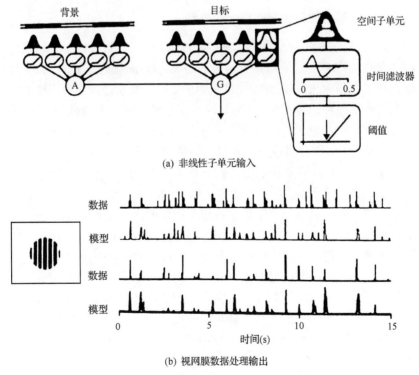

(a) 非线性子单元输入

(b) 视网膜数据处理输出

图 5.11　视网膜对运动的敏感反应模型

5.3.3 生物 3—3—2 模式的视觉结构

蜻蜓、食蚜蝇等昆虫的复眼系统对运动目标具有很高的探测灵敏度，从而为科学研究提供了很好的借鉴样例。昆虫复眼体积小、视场大，尤其对运动目标非常敏感，在运动目标检测与跟踪方面有独特的优势。据研究，蜜蜂对运动目标的反应时间为 0.01s，而人眼却需要 0.05s。蜻蜓的复眼由 28000 个小眼组成，视场角广阔(水平视野 240°垂直视野达到 360°)，其动态目标探测能力达 100%。

生物复眼中包含两个独立的通道，一个是"大场景系统"，另一个是"小场景系统"。前者采用低分辨率复眼在大视场范围内搜索运动目标，利用其三维轮廓信息进行定位；后者采用高分辨率复眼在小视场范围内精确检测运动目标，同时复眼对不同的光强、波长及颜色等都具有较强的区分能力。昆虫的复眼同时具有广阔的视野和局部较高的分辨率，使其拥有对感兴趣目标保持高分辨率的同时也能对视野内的其他目标保持警戒的能力。

生物复眼的分辨率在不同的部位是变化的，多数情况下是低分辨率区域先观察到运动物体的一个模糊影子，然后与视神经连接的运动器官自动调整昆虫的姿态，将视锐带对准目标。由于视锐带有更高的分辨率，生物可以进一步判断该物体是交配的对象还是捕食的目标。这种变分辨率的设计和两个阶段目标检测与识别方式是昆虫在有限的脑资源与复杂的场景中运动物体快速检测要求的折中，其有效地解决了实时检测与精确提取之间的矛盾。这就是生物 3—3—2 模式视觉结构的本质：采用低分辨率复眼搜索目标轮廓和高分辨率复眼精确检测目标。生物的这种检测能力，对研究目标检测具有很好的借鉴意义。

5.3.4 基于 3—3—2 模式的仿生复眼成像传感器

图 5.12 为仿生复眼的结构示意图，系统可以认为由 9 台摄像机组成(实际系统应为一个整体，并非直接将 9 台普通摄像机组合的结果，本书为便于理解，将系统中的每一路成像系统视作一台摄像机)。以 0 号摄像机为中心，其他 8 台摄像机围绕 0 号摄像机呈米形排列，顺时针依此标记为 1 号、2 号、……、8 号。根据摄像机主光轴之间的关系，将 2 号与 6 号编为一组，记为 G2，1 号、5 号为一组 G1，3 号、7 号为一组 G3，4 号、8 号为一组 G4。G2 中的两台摄像机与 0 号摄像机的位置关系如图 5.12 所示，假定 0 号摄像机为垂直视，2 号和 6 号分别采用斜视的方式与 0 号的成像面之间的夹角为 β(该角度的大小根据所需重叠率设定)，三台摄像机组合的结果保证沿飞行方向有比较大的视场，当飞行速度较快时，目标不至于很快移出可视范围。G1、G3、G4 每组内的两台摄像机与 G2 中两台摄像机之间的关系完全相同，可以认为 G1、G3、G4 分别由 G2 绕 0 号摄像机的主光轴旋转得到，以顺时针方向为正，对应的旋转角度(即 G2 中两台摄像机光心连线旋转到每个分组中两台摄像机光心连线的角度)分别为– 45°、45°、90°。G4 保证了在垂直于飞行方向的方向上有较大的视场，G1 与 G3 使得所有摄像机拍摄到的区域更加完整。这样，9 台摄像机的视场总和将使监控范围大大增加，而不必以缩放焦距损失分辨率为代价，而图 5.13 则展示了单组摄像机的相对位置关系，即对整个空间的观测区域的覆盖情况。

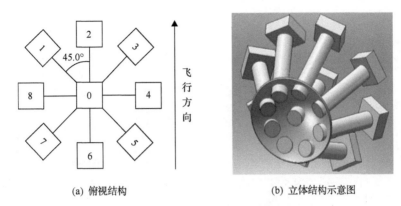

(a) 俯视结构　　　　　　　　　(b) 立体结构示意图

图 5.12　仿生复眼结构示意图

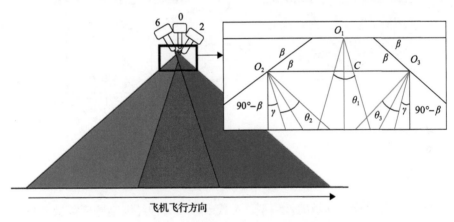

图 5.13　单组摄像机相对位置示意图

5.4　基于 OMS 神经元仿生 3—3 运动目标检测模型

5.4.1　OMS 神经元简介

Baccus 和 Meister(2002)发现复眼中存在两种特殊细胞，即多轴突神经细胞和 OMS 细胞，如图 5.14 所示，其中(a)为多轴突神经细胞，专门负责全局运动；(b)为 OMS 细胞，专门负责局部运动辨识(Ghosh et al., 2004)。其中，多轴突神经细胞的树突广泛分布在复眼的很大区域，可以综合大范围的运动变化信息，因而可以快速检测出背景运动及载体运动、全局运动，而 OMS 细胞对局部出现的运动具有高度的敏感性，能够快速识别局部有能动，同时由于多轴突神经细胞对 OMS 细胞具有抑制作用，导致 OMS 细胞只对目标运动敏感，而不受全局运动影响。

通过实验，Baccus 等成功解释了这两种细胞的基本作用机理，并将他们的模型发表在 2003 年的《自然》杂志上，随后他们又经过多次实验，于 2008 年发表了更新的改进模型版本，如图 5.15 所示。

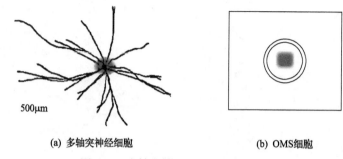

(a) 多轴突神经细胞　　　　　　　　　(b) OMS细胞

图 5.14　多轴突神经细胞与 OMS 细胞

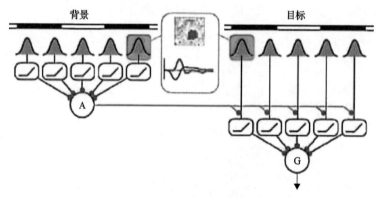

图 5.15　Baccus 等的改进模型

　　图 5.15 显示了目标运动敏感性模型，A 代表多轴突神经细胞感应背景之和；G 代表 OMS 细胞对目标运动感应之和。多轴突神经细胞感应背景之和在矫正之前被传送给双极细胞，经过时空滤波器最后由 G 进行输出。

5.4.2　复眼 OMS 检测机理

　　多轴突神经细胞的树突广泛分布在复眼的很大区域，可以综合大范围的运动变化信息，采用低分辨率的复眼区域，通过三维轮廓信息可以快速检测出背景运动。OMS 细胞，由于该神经节能够从全局运动中区分局部运动，所以称为目标运动选择细胞。由于多轴突神经细胞的信号相对稍早于 OMS 细胞的响应，当只存在背景运动与目标运动时，OMS 细胞对背景的响应会被抑制，只有当出现目标的局部运动时，OMS 细胞才会有较大的输出响应，因而 OMS 细胞只对目标运动敏感，而不受全局运动影响。当多轴突神经细胞锁定运动的范围后，复眼驱动视锐带内高分辨率的复眼 OMS 细胞对局部细节进行二维凝视。两种细胞的区分类似于图像处理中灰度信息分析法侧重于图像整体信息分布，特征法更注重图像局部信息的特点。OMS 细胞接收兴奋性输入从目标运动区域的非线性单元，同时被背景区域的多轴突神经细胞抑制。

　　复眼视觉的一个重要机理是在静止的场景下区分运动的目标。眼睛的运动主要有两种类型：一种是大场景的迅速扫视，另一种是小范围的局部凝视。目标检测的过程就是区分局部运动和全局运动的过程。基于该模型，本书设计全局运动与局部运动的仿生学算法。根据小眼的相对位置关系和它们检测到同一点的时间差等参数，可以快速地计算出外界光流的变化和目标的位置及速度。当复眼随昆虫运动而背景不动时，还可以检测出复眼本身的速度和相对位置。模拟昆虫的切线细胞的机制，综合多个点的运动量可以剔除噪声的影响，使提取到的运动量更加精确。

左右两只复眼共同构成双复眼成像模式，在完成每个复眼的成像数据进行初级运动检测和轮廓提取后，模拟复眼中方向敏感神经元的功能，综合各轮廓或碎边缘周围的初级运动检测数据检测出局部的运动方向，并计算出该运动在球坐标系下的角速度。然后，将所有局部运动数据代入双复眼球面成像模型，通过球面运动拟和求解出各局部速度相对于双复眼成像模型坐标系球心连线中点的标准化角速度(根据模型转化为静止复眼前某一特定点相对于坐标原点的角速度)。

5.4.3　仿生复眼变分辨率检测

Reichardt 等(1989)的视觉相对运动神经计算模型是基于蝇复眼系统研究出来的，在动物界视觉系统普遍具有感知周围环境运动变化的功能，对于蝇等昆虫类动物而言，其复眼视觉系统不像高等动物那样具有精细的分辨率，但具有广阔的视野，这种视觉功能主要是为了检测运动目标的存在与否，通常称为图像-背景相对运动分辨。而对于高等动物乃至人类的视觉系统，不仅需要觉察运动目标的存在，还需要迅速区分运动目标是敌害还是猎物，需要检测出高质量的运动目标图像，这种运动信息加工功能，称为视觉图像-背景相对运动分辨。

受复眼中的小眼个数限制，复眼成像的空间分辨率不可能太高，但这正是复眼结构利于运动目标检测的优势所在。多数情况下，检测运动目标需要的只是轮廓信息，过高的分辨率会降低轮廓提取的效率。分析复眼如何采用变分辨率轮廓检测来检测运动目标是该部分研究的重点。

分辨率衰减函数定义了模型表面的多分辨率分布，根据不同的需求能够体现复眼在观察场景时的视觉效果。衰减函数反映了分辨率的渐变过程，实现了由高分辨率到低分辨率改善边界区域分辨率变化的视觉效果。本书给出了基于线性变化的分辨率衰减函数，如图 5.16 所示。

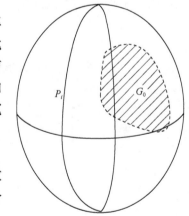

图 5.16　变分辨率衰减函数示意图
G_0 为锐视带区域；半径为 R_f

其中，E_0 为视锐带对应的最高分辨率数据，R_f 为视锐带的半径，$D(P_i, G_0)$ 为小眼距离视锐带的距离，E_{p_i} 为 P_i 所在节点对应层的轮廓数据。

5.4.4　仿生 OMS 检测模型

国内在仿生复眼运动目标检测方面的研究报道较少，基于复眼的变分辨率存储结构及逐级检测的机理，本书提出了初步的仿生复眼变分辨率运动目标检测算法，在此基础上，对算法进行了改进和完善，提出了仿生复眼变分辨率双层轮廓检测模型，如图 5.17 所示。

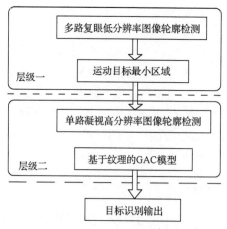

图 5.17　双层轮廓检测模型

具体的检测算法采用一种由粗到精的两个阶段的检测运动目标：第一阶段为低分辨率下的运动目标粗检测，利用低分辨率的图像快速检测出其中运动目标所在的大致位置。然后驱动与之相连的运动器官，类似于视觉伺服机构将复眼的视锐带指向运动目标转入第二阶段，利用高分辨率图像精确提取运动目标的信息。按照这一思想，本书设计了双层轮廓检测算法，实现流程图如图 5.18 所示。

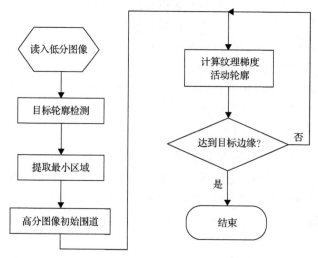

图 5.18　高低分辨率组合检测算法流程图

5.4.5　仿生 3—3 检测算法

目标的三维轮廓检测如图 5.19 所示，其中图 5.19（a）、图 5.19（b）为相邻复眼拍摄的低分辨率数据，图 5.19（c）为其匹配过程，图 5.19（d）为生成的三维点云数据。低高分辨率是一个相对的数据，在点云生成过程中只需较低的分辨率数据即可满足，符合复眼的大视场检测的初步阶段的机理。图 5.19(a)、图 5.19(b)图像大小分别为 250k，而图 5.19(d)点云大小为 23.5k，单张数据降低了一个数量级，若海量数据存储所减少的数量更大，则极大地减少了所需处理的数据量。该过程实现了仿生复眼原型系统的短基线、多交汇的数据采集模式，仅需较少数据即可表征目标的三维轮廓信息。

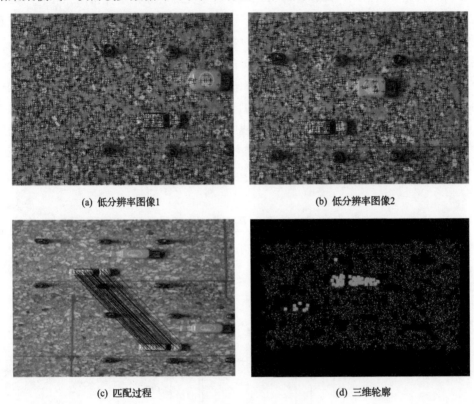

(a) 低分辨率图像1　　　　　　　　　　　(b) 低分辨率图像2

(c) 匹配过程　　　　　　　　　　　(d) 三维轮廓

图 5.19　低分辨率三维轮廓

具体算法流程如下：

(1)利用复眼实验平台对运动目标进行拍照，目标被其中的两个相机拍摄到，所获得的图像分别为图 5.19 中的低分辨率图像。由于装置的机械结构已知，因此可以得到两个相机之间相隔的距离(该距离作为第三步相对定向的初始值)。

(2)对两个相机拍摄到的相片利用 SIFT 算法进行特征点提取与匹配。SIFT 算法是一种在空间尺度中寻找极值点，并提取出其位置、尺度、旋转不变量，并且根据对每个特征点的特征描述子进行匹配的算法。对两张相片进行特征提取与匹配后，其结果见表 5.2。

表 5.2　复眼低分辨率数据处理

低分辨率图像一特征点数	低分辨率图像二特征点数	匹配同名点对	目标匹配点对
4655	4705	1777	56

(3) 从上面的匹配点对中在两幅图像的重叠区域均匀的选取 50 对同名点进行相对定向，即确定两个相机在空间中相对的三维坐标，在相对定向的过程中，需要将两个相机在 X 轴方向上的距离作为初始值，并且由于实验环境的限制，设定左相机的三维坐标为 $(0, 0, 0)$。从两个摄站对同一底面摄取一个立体像对时，立体像对中的任意物点的两条同名光线都相交于该物点，即存在同名光线对对相交的现象。若保持两张相片之间的相对位置和姿态关系不变，将两张相片整体移动、旋转和改变基线的长度，同名光线对对相交的特性不会发生变化。根据同名光线对对相交这一立体像对内在的几何关系，通过量测的像点坐标，用解析计算的方法求相对定向元素，即在两张图像的重叠区域选取一定数量的同名点进行相对定向，确定两个相机在空间的相对三维坐标，即计算两张相片的相对定向元素 $(\mu, \nu, \varphi, \omega, \gamma)$ (张祖勋和张剑清，1997)。其中，$(\varphi, \omega, \gamma)$ 为第二张相片相对于第一张相片的内方位元素，(μ, ν) 为基线的偏角和倾角。求解相对定向元素的方程为

$$Q = B_X d\mu - \frac{Y_2}{Z_2}B_X d\nu - \frac{X_2 Y_2}{Z_2}N_2 d\varphi - \left(Z_2 + \frac{Y_2^2}{Z_2^2}\right)N_2 d\omega + X_2 N_2 d\gamma \tag{5.1}$$

式中，$Q = N_1 Y_1 - N_2 Y_2 - B_Y$；$N_1 = \frac{B_X Z_2 - B_Z X_2}{X_1 Z_2 - X_2 Z_1}$；$N_2 = \frac{B_X Z_1 - B_Z X_1}{X_1 Z_2 - X_2 Z_1}$。其中，$Q$ 为上下视差；N_1、N_2 为投影系数；(X_1, Y_1, Z_1)、(X_2, Y_2, Z_2) 为像点在像空间辅助坐标系中的坐标。利用最小二乘原理，可列方程：

$$\begin{bmatrix} v_1 \\ v_2 \\ \vdots \\ v_n \end{bmatrix} = \begin{bmatrix} a_1,b_1,c_1,d_1,e_1 \\ a_2,b_2,c_2,d_2,e_2 \\ \vdots \\ a_n,b_n,c_n,d_n,e_n \end{bmatrix}\begin{bmatrix} d\mu \\ d\nu \\ d\varphi \\ d\omega \\ d\gamma \end{bmatrix} - l \tag{5.2}$$

通过间接平差可求得相对定向元素 $(\mu, \nu, \varphi, \omega, \gamma)$。

(4) 根据第三步相对定向的结果，得到两个相机的相对坐标后，采用摄影测量学空间前方交会的方法，便可以逐点计算出匹配点对的相对三维坐标，三维轮廓显示的结果如图 5.19(d) 所示。采用前方交会的测量方法，即利用像片的内方位元素、立体像对的相对方位元素、同名像点坐标计算出模型的相对三维坐标。大量的同名点三维坐标，即确定了目标的三维轮廓。其具体步骤如下：首先，计算出角方位元素和基线分量 (B_X, B_Y, B_Z)；其次，计算左右像片在摄影测量坐标系中的旋转矩阵的方向余弦；再次，计算像点在像空间辅助坐标系中的坐标 (X_1, Y_1, Z_1) 和 (X_2, Y_2, Z_2)；最后计算投影系数 N_1、N_2 和模型点的三维坐标 (X, Y, Z)。模型点在像空间辅助坐标系中的三维坐标计算公式如下 (金为铣，1996)：

$$\begin{cases} X = B_X + N_2 X \\ Y = \dfrac{1}{2}(N_1 Y_1 + N_2 Y_2 + B_Y) \\ Z = B_Z + N_2 Z_2 \end{cases} \tag{5.3}$$

通过上述方法获取大量的模型点的三维坐标，即获取了目标的三维轮廓。

上述过程中采用的数据是利用仿生复眼原型系统对地面目标拍摄获得的实验数据，地面布设了模型车。由于模型车与地面之间存在高度差别，便可以根据生成的三维点的 Z 坐标识别出模型车的三维点，即达到识别目标的目的。可以将该方法与理论应用到野外搜救等领域，在真实环境中，由于航拍相机具有精确的位置信息，可以更方便、精确地进行求解。该算法的边界条件是运动目标一定被两个或两个以上的复眼同时捕获。在复杂场景下，即在地面物体较复杂的情况下，不能仅仅通过 Z 坐标来识别目标，需要更多的初始值进行预处理。

本节详细分析了 OMS 神经元的检测流程和机理，借鉴该机理构建了仿生检测模型，设计并实现了仿生 3—3 检测算法，并建立了不同复眼检测图像的匹配关系，为仿生复眼目标检测提供了参考依据。

5.5　仿生 3—2 检测算法及小运动目标检测

5.5.1　仿生 3—2 图像获取

5.4 节详细阐述了复眼大视场低分辨率监测并锁定运动区域的生物机理及仿生方法，实现了其三维目标到三维轮廓数据检测，通过提取运动目标的特征点，采用视觉上交会的方法计算出目标特征点在特定坐标系中的三维位置，以这些三维特征点来表征目标轮廓。本章将阐述锁定目标后对目标凝视所形成的序列二维影像的精确识别。通过原型系统获得目标的低分辨率的三维轮廓点云数据如图 5.20 所示。

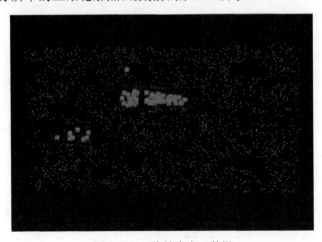

图 5.20　三维轮廓点云数据

通过轮廓数据，初步判断目标区域，然后调转高分辨率摄像头对目标进行凝视成像，采用我们构建的原型系统，获得的图像如图 5.21 所示。

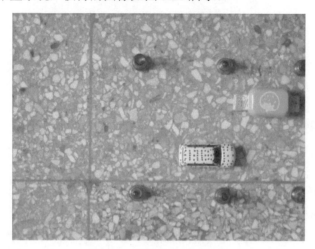

图 5.21　高分辨率凝视成像

找到目标后，即可对目标进行凝视成像，获取目标的序列影像，图 5.21 所示的单张影像大小为 2.5M。由于采用轮廓数据来寻找目标，单张点云数据相对减少 2 个数量级，随着拍摄时间的延长，所获得的序列影像数量增大，有效数据的冗余势必造成数量级的减少。

5.5.2　二维目标的精确识别

得到目标的序列影像后，利用检测算法对其进行精确分割识别。检测算法分两个阶段进行：第一阶段为低分辨率下的运动目标粗检测，利用低分辨率的图像快速检测出其中运动目标所在的大致位置(Sakamoto and Kato, 2000)。然后，驱动与之相连的运动器官(类似于视觉伺服机构)，将复眼的视锐带指向运动目标转入第二阶段，利用高分辨率图像精确提取运动目标的信息。

1. Level1 轮廓检测

首先对低分辨率多路复眼序列影像进行处理，采用 Canny 算子进行边缘检测，提取运动目标的轮廓，计算出该轮廓的最小区域$[m1{:}m2, n1{:}n2]$；然后对相同地物的高分辨率影像采用基于纹理梯度的 GAC(geodesic active contour)模型(Paragios and Deriche, 2000)进行处理。

2. Level2 纹理梯度计算

最小区域包含运动目标和部分少量的场景，即处于纹理变化的边缘，这时采用纹理梯度仅需较小的计算量就能够快速准确地分割出目标。本书采用高斯函数导数近似法求解图像低尺度上的纹理梯度，不同尺度及方向的梯度幅值为

$$TG_{i,\theta}(x,y) = \sqrt{\left[M_{i,\theta}(x,y) \times G_x'(x,y)\right]^2 + \left[M_{i,\theta}(x,y) \times G_y'(x,y)\right]^2} \tag{5.4}$$

式中，G_x'、G_y' 分别为高斯函数在 x 和 y 方向的偏导数；$M_{i,\theta}(x,y)$ 可由双树复数小波变换求出。

3. 纹理梯度 GAC 模型

在影像的 $[m1{:}m2, n1{:}n2]$ 区域内设置初始围道、迭代条件，围道逐步缩减，最终检测出运动目标。围道的初值设置如式 (5.5) 所示：

$$E = \iint_{\Omega} g\delta(u)|\nabla u|\,\mathrm{d}x\mathrm{d}y + c\iint_{\Omega}[1-H(u)]g\mathrm{d}x\mathrm{d}y \tag{5.5}$$

在利用水平集方法求解时，经常需要对函数 $u(x,y;t)$ 进行再初始化，为了克服这一缺点，Li 等 (2015) 通过对式 (5.5) 引入一个规整化项，完全解决了重新初始化的问题，其称为改进的变分水平集方法，改进后的表达式如式 (5.6) 所示：

$$E(u) = \mu\iint_{\Omega}\frac{1}{2}(|\nabla u - 1|)^2\,\mathrm{d}x\mathrm{d}y + \iint_{\Omega} g(x,y)\delta(u)|\nabla u|\,\mathrm{d}x\mathrm{d}y + c\iint_{\Omega}[1-H(u)]g\mathrm{d}x\mathrm{d}y \tag{5.6}$$

E 表示最小化一个封闭曲线 $C(p)$ 的能量泛函，当能量泛函达到最小时，对应的曲线就是分割的边界；g 为任意单调递减的非负函数；$\delta(x)$ 函数可以表示为 $H(x)$ 的导数；μ, c 为常数。根据改进的变分 GAC 模型式，本书提出基于纹理梯度的 GAC 模型梯度流方程式，如式 (5.7) 所示：

$$\frac{\partial u}{\partial t} = \mu\left[\nabla u - \mathrm{div}\left(\frac{\nabla u}{|\nabla u|}\right)\right] + \delta(u)\left[\mathrm{div}\left(g(\mathrm{TG})\frac{\nabla u}{|\nabla u|}\right) + cg\right] \tag{5.7}$$

将无人机真实航飞的影像采用该算法进行处理，处理结果如图 5.22 所示。

首先对低分辨率遥感影像[图 5.22 (a)，大小 127k]进行轮廓提取，并计算出最小区域如图 5.22 (a) 中红色矩形所示(Canny 算子轮廓提取时间为 0.016s，求出最小区域时间为 0.02s)，然后在图 5.22 (b) 中将矩形区域设置为初始围道，采用基于纹理梯度的 GAC 模型进行计算，红色围道最后停留在目标的边缘，检测出河道中的轮船(影像大小 257k，处理时间 6s)。在运动目标的初步提取阶段，只需要较低的分辨率便可以满足我们的要求(要求目标在图像中有一定的尺寸)。而由于低分辨率图像需要处理的数据量小，其在提高程序的运行速度方面可以起到明显的效果。引入纹理梯度的 GAC 模型的优势在于检测准确，不会产生漏检与虚检，通过低分辨率影像来设定最小初始围道，有效地提高了其检测效率，且当运动目标锁定后仅需单张影像即可分割识别目标，相对于常规检测算法，该算法有效减少了处理的数据量(差分法一般需要三张以上影像，减背景法需要 n 张影像求出平均背景)。本书提出的算法先对低分辨率影像处理检测出最小区域，再对高分辨率影像在较小的区域内进行目标的精确提取，其减小了算法处理的数据量，有效提高了检测效率。

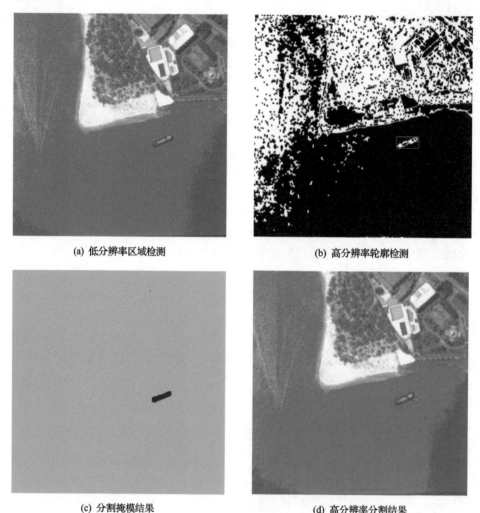

(a) 低分辨率区域检测　　　　　　　　　　　　　　(b) 高分辨率轮廓检测

(c) 分割掩模结果　　　　　　　　　　　　　　(d) 高分辨率分割结果

图 5.22　算法检测结果图

同时，本书采用 VC6.0，对一组同一地物的不同分辨率的数据分别采用 Canny、Pyramid 和 Laplase 算子进行处理，得到检测时间与分辨率大小的关系，如图 5.23 所示。

结果表明，检测时间随着图像分辨率的增大而逐步变长，且曲线斜率的增大表示检测时间增加的幅度大于图像分辨率增加的幅度，即分辨率越高实时性越差。本书研究的仿生复眼运动目标检测系统具有接近 360° 的视场，采用高低分辨率组合的图像采集模式和双层轮廓检测模型，较好地实现了运动目标检测的效果，有效解决了视场、分辨率和实时性矛盾的问题，并且随着数据量的增大，该系统的优越性得到进一步体现，同时选取其他交通数据进行处理，结果如图 5.24 所示，说明该算法具有较好的普适性。

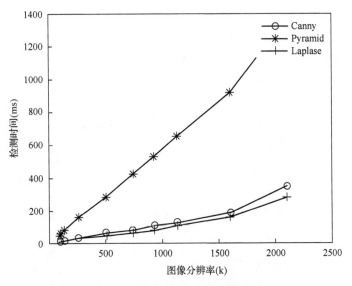

图 5.23　检测时间与分辨率的关系

图 5.24　仿生检测算法处理结果

5.5.3　仿生 STMD 检测模型

　　基于对 David 和 O'Carroll 团队所提出的小目标检测机理的研究(Barnett et al., 2007)及国际上最新的小目标神经元检测成果的分析(Li et al., 2010)，本节从生物学的角度对该神经元的工作机理做了初步的分析，首次提出了该神经元与运动背景之间的相互关系。在这一基础上，本书分析了 STMD 的检测机理，从图像处理的角度提出检测方法与模型，对 STMD、RTC 模型进行改进及优化是本书研究的重点。

STMD 的物理模型具有多层滤波器来仿真昆虫复眼的检测功能，每一个感光器对应场景图像的一个像素。经复眼视觉系统进行预处理，然后进行高阶神经元处理，通过相关运算得到最后的结果。根据上述复眼检测的机理研究，结合数字图像处理的理论，提出仿生 STMD 检测模型，如图 5.25 所示。

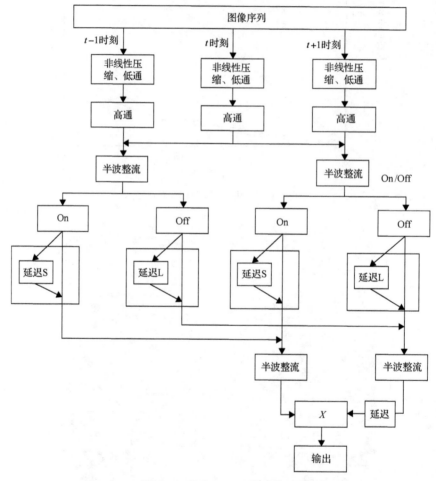

图 5.25　仿生 STMD 检测模型

该模型可以处理连续帧的序列影像，至少需要三帧包括小目标的图像。常规的信号处理算法多是非线性的，在压缩过程中会损失大量的细节信息。在复眼的视觉系统中，由于具有非线性自适应的压缩机理，因此能够帮助昆虫最大限度地看清周边环境及运动目标。van Hateren(2005)提出了非线性自适应的模型，通过一系列的低通滤波可以减少冗余增强对比度，图 5.25 根据这一机理将每一个空间位置根据亮度改变划分为 On 或者 Off 通道，每个通道可以自适应、独立地给出峰值信号的突破信息。以暗目标为例，目标边缘的亮度经过由亮变暗再变亮的过程，On 通道可以快速增加亮度，Off 通道可以慢速减少亮度。经过处理之后，On-Off 通道信号进行卷积便可得到最终检测的小目标，具体处理过程由检测算法实现。

5.5.4　仿生 STMD 检测算法

由于复杂的场景和昆虫复眼有限的分辨率(Land, 1997)，常规看来，小目标检测是极有难度的任务。但是复眼不同于单孔径的眼睛系统，生物学家研究发现，复眼中的神经细胞类似于高阶非线性滤波器，由于复眼的低分辨率和场景中小目标的突然改变，只有非线性的滤波器能够提取这种小的黑白点，复眼视觉的自适应特征能够有效地抑制噪声。借鉴复眼的小目标检测机理，基于图 5.25 所示的模型，本书提出自适应的 STMD 检测算法，算法实现过程如下所述。

复眼的视觉系统存在自适应非线性压缩机理，能够帮助昆虫自适应、有效识别周边环境，一定范围的亮度经过复眼的感光器能够有效压缩。视觉模糊成像过程对应复眼的接收器(Lovell et al., 2010)，因为昆虫眼睛的分辨率都是较低的，将实际获得的图像亮度压缩到仪器可接收的范围内，式(5.8)～式(5.11)实现了一个视觉模糊的过程，其将源图像的亮度进行了压缩。

$I_i(i,j,t)$ 为 t 时刻拍摄图像的灰度值，i,j 表示 t 时刻图像像素的坐标，I_{o1}、I_{o2} 为计算过程的中间变量，$I_{o3}(i,j,t)$ 为图像经过压缩的结果。

$$I_{o1} = \sqrt{I_i(i,j,t)+n} \tag{5.8}$$

$$I_{o2}(i,j,t) = k_1 \exp\left[I_{o1}(i,j,t)\times k_2\right] \tag{5.9}$$

$$I_{o3}(i,j,t) = \frac{I_{o2}(i,j,t)}{I_{o2}(i,j,t)+\dfrac{\sum I_{o2}(i,j)}{\text{num}}} \tag{5.10}$$

$$I_{o3}(i,j,t) = \frac{I_{o2}(i,j,t)}{I_{o2}(i,j,t)+\text{shiftmean}[I_{o2}(i,j)]} \tag{5.11}$$

输入处于自然界亮度范畴的图像，对于复眼而言，接收到的可处理的亮度范围较小，所以对图像的亮度进行压缩，由式(5.8)和式(5.9)进行一次非线性的压缩，再经过式(5.10)进行非线性自适应压缩。因为复眼的分辨率低，采集到的图像模糊，所以对式(5.10)改进得到式(5.11)，其具备了低通滤的功能，可以模糊图像，降低噪声干扰。

其中，$\dfrac{\sum I_{\text{out2}}(i,j)}{\text{num}}$ 为选取的计算用图像对应点的均值。由于复眼具有低分辨率的特征，光流模糊减少了场景的噪声和复杂性。

采用复眼系统拍摄的小目标数据，提取小目标所在的像素邻近行数据进行处理，原始数据如图 5.26 所示，横坐标为像素的列数，纵坐标为灰度，本节后续图像皆同。

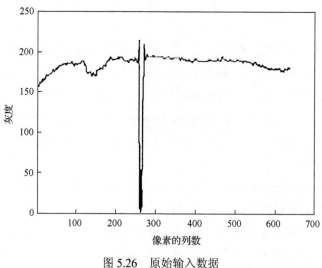

图 5.26　原始输入数据

将图 5.26 所示数据进行第一步压缩后，经式(5.8)和式(5.9)处理后的图像如图 5.27 所示，其中 k_1 取值为 1，k_2 取值为 0.2。

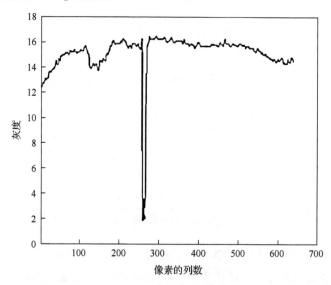

图 5.27　初次压缩后的数据

图 5.27 中，理论上波谷的左侧波峰是没有这么高的，产生的原因可看图 5.28 圈出的部分，原本这个部分是逐渐变黑的，可是却出现一个亮的栅格，主要是相机的原因。此处由于背景比较简单，干扰目标少，目标也比这个栅格大不少，因此这个栅格的影响不大。

式(5.8)描述了滤波器的一种稳定的特性，式(5.9)描述了长时间滤波器的特性，式(5.10)实现了非线性自适应静态压缩后的图像结果，这三个公式能够增强对比度，有利于后续小目标的检测。

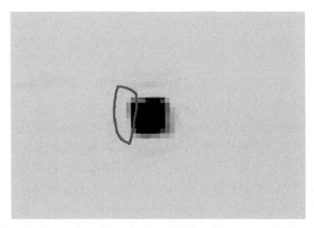

图 5.28　问题分析

采用构建的仿生复眼原型系统，在 1.5m 的拍摄高度拍摄了序列图像，拍摄过程中小目标和摄像机同时运动，选取其中 3 帧图像，如图 5.29～图 5.31 所示，按照上述算法进行处理，得到如图 5.32 所示的结果。小目标所在位置大概在第 224～第 230 行，选取中间行第 227 行作为输出的标准行。

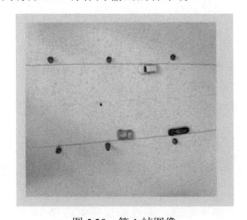

图 5.29　第 1 帧图像

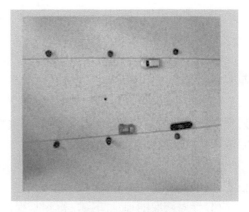

图 5.30　第 2 帧图像

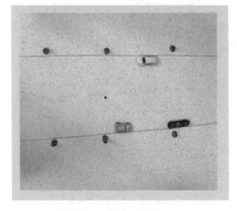

图 5.31　第 3 帧图像

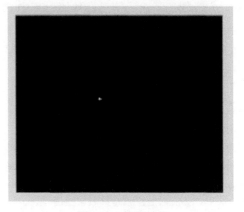

图 5.32　检测结果

通过对原型系统拍摄的多组数据进行处理，仿生复眼小目标检测算法均能有效地检测出运动的小目标。同时，本书采用了航拍的其他数据进行了实验，影像中的小目标均可以被检测出来。

本节给出了对二维目标影像的精确识别算法，采用了基于纹理梯度的 GAC 模型进行目标的分割识别，同时提出了小目标检测的问题。目前，有少量的研究希望通过提高目标信噪比的方法来达到检测小目标的效果，但这类方法主要是通过抑制杂波背景来实现的，这些方法在背景具有缓变结构时效果很好，但背景起伏较大时具有较高的虚警率。此外，这类方法都是单帧处理，并不能结合小目标的运动信息抑制强杂波背景。复眼视觉系统虽然分辨率有限，但是能在复杂的场景中捕获小的运动目标。受复眼神经机理的激发，本书提出仿生复眼非线性-自适应小目标检测算法。首先，多个时空滤波器用来模糊背景且增强目标与背景的对比度。其次，场景被划分为两个独立的通道，噪声被有效地压制。最后，将不同通道的信息进行卷积得到小目标的信息。航空拍摄时，航高过高经常会出现所需检测的目标在影像上过小，即小目标的情况，本节基于 3—3 锁定目标后的二维序列影像进行分析，解决了常规算法难以检测小目标的困难。

5.6　本　章　小　结

本章是时间分辨率的首章。主要介绍了以下内容：

（1）阐述了利用低分辨率小眼获取目标的三维轮廓，锁定运动目标位置，再通过模拟复眼视锐带对目标进行凝视观察，获取高分辨数据的理论方法。

（2）通过对昆虫复眼结构的剖析，以及复眼的侧抑制现象与理论进行介绍，引出图像处理中侧抑制数学模型的应用，同时在生物 3—3—2 视觉结构的基础上，展示了仿生复眼成像传感器原型。

（3）从基础神经元角度解析目标检测的算法原理，构建 OMS 多层次目标轮廓检测技术。

（4）针对获取的视觉图像，得到凝视后的高分辨率数据，通过构建仿生 STMD 的方法，进行检测模型构建与算法实现，完成 3—3—2 的闭环。

本章阐述了遥感信息在传输过程中遇到的 3—2—3 的信息丢失与海量数据的问题，通过构建仿生的 3—3—2 维信息，保障有效信息保留的前提下，提高目标的检测效率提供的指导，为遥感时间分辨率的提升提供了新的思路。

参 考 文 献

杜红伟. 2008. 生物侧抑制机制及应用研究. 南京: 南京航空航天大学博士学位论文.

金为铣. 1996. 摄影测量学. 武汉: 武汉大学出版社.

冷雪, 那杰. 2009. 昆虫复眼的结构和功能. 沈阳师范大学学报(自然科学版), 27(2): 241-244.

张祖勋, 张剑清. 1997. 数字摄影测量学的发展及应用. 测绘通报, 6: 12-17.

Baccus S A, Meister M. 2002. Fast and slow contrast adaptation in retinal circuitry. Neuron, 36(5): 909-919.

Baccus S A, Olveczky B P, Manu M, et al. 2008. A retinal circuit that computes object motion. Journal of Neuroscience, 28(27): 6807-6817.

Barnett P D, Nordström K, O'Carroll D C. 2007. Retinotopic organization of small-field-target-detecting neurons in the insect visual system. Current Biology, 17 (7): 569-578.

Bebis G, Georgiopoulos M, DaVitoria-Lobo N, et al. 1996. Learning Affine Transformations of the Plane for Model-Based Object Recognition. Vienna: International Conference on Pattern Recognition, (4): 60.

Bekesy G V. 1960. Neural inhibitory units of the eye and skin. Quantitative description of contrast phenomena. Journal of the Optical Society of America, 50 (11): 1060-1070.

Egelhaaf M, Borst A, Warzecha A K, et al. 1993. Neural circuit tuning fly visual neurons to motion of small objects II. Input organization of inhibitory circuit elements revealed by electrophysiological and optical recording techniques. Journal of Neurophysiol, 69 (2): 340-351.

Fry W J. 1954. Intense ultrasound; a new tool for neurological research. The Journal of Mental Science, 100 (418): 85-96.

Ghosh K K, Bujan S, Haverkamp S, et al. 2004. Types of bipolar cells in the mouse retina. Journal of Comparative Neurology, 469 (1): 70-82.

Hartline H K, Ratliff F. 1958. Spatial summation of inhibitory influences in the eye of Limulus, and the mutual interaction of receptor units. The Journal of General Physiology, 41 (5): 1049-1066.

Land M F. 1997. Visual acuity in inspects. Annual Review of Entomology, 42 (1): 147-177.

Li M, Wang H, Huang C, et al. 2010. A Self-Adaptive Algorithm for Small Targets Detection in Clutter Scene Inspired by Insects Compound Eye. Jinan: Proceeding of 8th World Congress on Intelligent Control & Automation.

Li C M, Xu C Y, Gui C F, et al. 2015. Level set evolution without re-initialization: a new variational formulation. San Diego: IEEE Computer Society Conference on Computer Vision and Pattern Recognition, (1): 430-436.

Lovell N H, Morley J W, Chen S C, et al. 2010. Biological-machine systems integration: engineering the neural interface. Proceedings of Institute of Electrical and Electronics, 98 (3): 418-431.

Nordström K, O' Carroll D C. 2009. Feature detection and the hypercomplex property in insects. Trends of Neuroscience, 32 (7): 383-391.

Paragios N, Deriche R. 2000. Geodesic active contours and level sets for the detection and tracking of moving objects. IEEE Transactions on Pattern Analysis and Machine Intelligence, 22 (4): 415.

Reichardt W. 1987. Evaluation of optical motion information by movement detectors. Journal of Comparative Physiology A, 161 (4): 533-547.

Reichardt W, Reichardt W, Egelhaaf M, et al. 1989. Processing of figure and background motion in the visual system of the fly. Biological Cybernetics, 61 (5): 327-345.

Sakamoto T, Kato T. 2000. Edge Detection Method Insensitive to the Light and Shade Variance in Image. Nashville: IEEE International Conference on Systems, man and Cybernetics, (3): 1581-1585.

Sun H, Tong H, Liang R, et al. 2010. Imaging mechanism of moving object detection with bionic compound eye. Beijing: The 18th IEEE International Conference on Geoinformatics.

Sun H, Zhao H, Mooney P, et al. 2011. A novel system for moving object detection using bionic compound eyes. International Journal of Physical Sciences, 8 (3): 313-322.

Taylor W K. 1956. Electrical simulation of some nervous system functional activities. Information Theory, 3: 314-328.

Van Hateren H. 2005. A Cellular and molecular model of response kinetics and adaptation in primate cones and horizontal cells. Journal of Vision, 54 (4): 31-37.

第6章　时间特性2：基于剖分–熵–基函数表征的数据实时处理理论

遥感数据在获取、传输、存储过程中面临冗余度高、数据量大的问题，继第5章在数据获取阶段以仿生3—3—2维信息理论实现去冗余，本章拟构建基于剖分–熵–基函数的数据实时处理转换理论，针对数据处理阶段，破解冗余及数据量瓶颈。具体包括：遥感影像数据实时处理的瓶颈问题及其处理理论的缺失，对遥感影像处理进行分析；基于空间信息剖分格网结构理论的面片式原始数据高效采集与检索理论，获取高质量离散数据；基于基函数–基向量–基图像理论的图像最简表征存储转换理论；基于熵–率失真函数无损–有损压缩理论及数据压缩解压缩理论，实现高分辨率遥感数据的高效压缩，探索熵–率失真函数的图像无损–有损压缩判据方法；数据实时处理理论的建立和评价，为空间大数据简约高时效计算提供一种动态获取和传输存储的参考基准。

6.1　遥感影像数据实时处理的瓶颈问题

遥感数字图像是以数字形式表示的遥感图像，是各种传感器所获得信息的产物，是遥感探测目标的信息载体，就像我们生活中拍摄的照片一样，遥感图像同样可以"提取"出大量有用的信息。数字记录方式主要指扫描磁带、磁盘、光盘等电子记录方式，它是以光电二极管等作为探测元件，探测地物的反射或者发射能量，经光电转化过程把光的辐射能量差转换为模拟的电压差(模拟电信号)，再经过模/数(A/D)变换，将模拟量变换为数值(亮度值)，存储于数字磁带、磁盘、光盘等介质中。遥感图像反映连续变化的物理场，图像的获取模仿了视觉原理，对所记录图像的显示和分析都需考虑视觉系统的特性。

遥感数字图像是指由小块区域组成的二维矩阵，对于单色即灰度图像而言，每个像素的亮度用一个数值来表示，通常数值范围为0～255，即可用一个字节来表示，其中0表示黑，255表示白，而其他表示灰度。遥感数字图像是先对二维连续光函数进行等距离矩形网格采样，再对幅度进行等间隔量化得到的二维数据矩阵。采样是测量每个像素值，而量化是将该值数字化的过程。图6.1是专题制图仪(thematic mapper,TM)采取的数字影像，右图为左图中对应方框的亮度值。遥感数字图像在本质上是二维信号，因此信号处理中的基本技术可以用于遥感数字图像处理中。但是，由于遥感数字图像是一种非常特殊的二维信号，反映场景的视觉属性，只是二维连续信号的非常稀疏的采样，即从单个或少量采样中获得有意义的描述或特征，因此无法照搬一维信号处理的方法，需要专门的技术。实际上遥感数字图像处理更多地依赖于具体应用问题，是一系列特殊技术的汇集，缺乏贯穿始终的严格的理论体系。

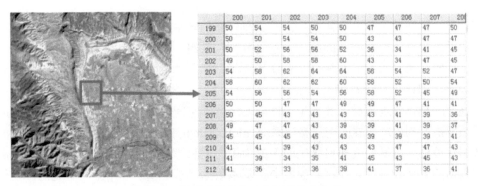

	200	201	202	203	204	205	206	207	208
199	50	54	54	50	50	47	47	47	50
200	50	50	54	54	50	43	43	47	47
201	50	52	56	56	52	36	34	41	45
202	49	50	58	58	60	43	34	47	45
203	54	58	62	64	64	58	54	52	47
204	58	60	62	62	60	58	52	50	54
205	54	56	56	54	56	58	52	45	49
206	50	50	47	47	49	49	47	41	41
207	50	45	43	43	43	43	41	39	36
208	49	47	47	43	39	39	41	39	37
209	45	45	45	45	43	39	39	39	43
210	41	41	39	43	43	43	47	47	43
211	41	39	34	35	41	45	43	45	43
212	41	36	33	36	39	41	37	36	41

图 6.1　遥感影像及其对应区域的亮度值

6.2　基于剖分格网结构的高效数据组织与管理

遥感获取空间数据，信息剖分格网，即将连续的空间数据变换成计算机所能处理的离散数据(程承旗等，2011)。空间数据模型体现了数据获取阶段的数据质量，也决定了后处理结果的优劣程度。本节在介绍完空间信息剖分网格后，着力叙述了面片式三维重建技术，实现仿生 3—3—2 维信息去冗余理论的对比，并为后续提出新的基于 3—3 维数据转换理论做出铺垫。

6.2.1　空间信息剖分格网简介

空间数据模型是 GIS 基础理论的核心(谢储晖和郭达志，2004)，其对现实世界中的地理实体进行抽象化定义和描述，并给出便于计算机识别与处理的抽象实体间的相互关系。空间数据模型主要分为栅格和矢量两种基本类型。栅格数据模型将空间实体表示为连续空间内一系列特定形状的矩阵元素，每个矩阵元素均有特定的坐标位置和属性值。矢量数据模型则以点、线、面为基本单元描述空间信息，这些基本单元由单个或一系列具有空间坐标信息的点组合而成。地理空间数据库中的数据存储组织主要采用这两种基本的空间数据模型，这也决定了空间数据的操作方式。GIS 中的空间分析功能主要设计为针对栅格数据和矢量数据两种格叠置分析、空间统计类的空间分析操作，然而栅格数据自身存在数据量较大这一缺点。矢量数据虽然具有数据量较小、数据精度高等优势，但其运算具有计算方法复杂、运算效率低等缺点。鉴于这两种模型各自存在的优缺点，人们寻求通过数据集成的方法，采用矢量栅格一体化来实现优势互补，以满足日益发展的新需求。前人的研究多致力于描述两种模型的相互依存与相互影响等方面，近年来，研究如何将这两种模型进行一体化并满足实际应用成为热点。现有的栅格与矢量一体化方法主要有混合模式和集成模式两种，尽管它们在空间数据存储与管理上已经有一定的应用，但真正用于相关空间分析功能的实现则不太理想。

GIS 正面临着海量全球空间数据库、全球性问题研究以及位置相关信息社会化服务等方面的巨大挑战。传统的基于地图的空间信息表达、组织、管理和发布方式已不能满足全球空间信息管理的需要。其中，矢量数据作为 GIS 常用的图形数据结构，在传统的空间计算、图形编辑以及几何变换方面具有较高的效率和精度。但由于矢量数据是由一系列离散的坐标点组成的，因此存在不易分割和重组、数据拼接困难、容易产生断裂等问题。同时，矢量数据的传统分幅存储模式不利于全球空间数据的统一表达、管理和应用。因此，构建一个新的基于全球的、多尺度的、融合空间索引机制、无缝的、开放的层次性空间数据管理框架，并基于该框架实现各类空间数据的表达和组织成为实际应用中亟须解决的问题。而球面剖分格网系统（global subdivision grid，GSG）是最具潜力的空间数据管理框架，其研究如何将空间剖分为等面积和等形状的层次状面片，并实现高效空间数据的表达和管理。在这类模型中，基本数据元素是基于一个空间单元的。实体信息是按照这种空间单元进行采集的。面片数据模型主要表现为以下两种形式：网格系统和多边形系统。

1）网格系统

网络系统是用规则的小面块集合来逼近自然界不规则的地理单元。数据采集与图像处理中普遍采用正方形，这就意味着正方形砌块是分割二维空间的实用形式。

2）多边形系统

多边形系统借助任意形状的弧段集合来精确表达地理单元的自然轮廓。它是表达面状地理要素的重要手段。多边形系统不像网格系统那样使用简单的二维阵结构，各个面域单元之间的关系不是系统所有的，而是需要专门建立的，即要建立多边形网结构元素之间的拓扑关系。

由于矢量数据组织的复杂性，目前通过球面剖分格网对空间数据进行组织和表达的重点仍在栅格数据；对于矢量数据，一般采用转换为栅格数据，然后逐级剖分的模式，在矢量数据应用时则以图片形式组织。这种实现方式显然无法发挥矢量数据特有的空间分析优势。因此，基于球面剖分格网系统如何实现矢量对象的组织、表达和管理将成为制约大范围多尺度矢量数据应用的瓶颈。

格网应以何种形状、何种方式进行多级划分以及划分的格网如何编码，是球面剖分网系统研究的核心问题，国内外相关成果大致可分为 3 类：正多面体格网模型、经纬度格网模型和自适应格网模型。正多面体格网模型是采用基于多面体的多边形层叠配置和规则形状划分的方式来表达整个球面信息，包括正四面体、正六面体、正八面体、正十二面体和正二十面体以及 14 个半规则立体。以 Dutton 的基于八面体的四分三角形格网（octahedral quaternary triangular mesh，OQTM）和 Fekete 的基于正二十面体的球面四叉树（sphere quad tree，SQT）为代表，其主要优点是对地球表面进行无缝、多级的格网划分，使全球空间数据能忽略投影的影响（关丽等，2009）。

地球表面可以剖分成各种大小的面片区域，如果每一个剖分面片区域对应一个唯一的存储地址，那么每一个存储地址与相应的存储单元或单元组相互映射，落在该面片区域的数据或信息自动存储在该存储单元或单元组中（王结臣等，2011）。

(1)空间数据按照空间位置进行存储。存储单元与地理空间相映射，每个存储单元都具有地学空间位置的含义。

(2)具有全球多尺度的唯一基准。以剖分面片为存储单位，每个剖分面片都具有全球唯一的地理标识。

(3) 数据实时快速存储与更新。采用空间数据自动剖分存储与并行处理，更方便地维护和更新空间数据。

(4) 支持存储资源按需动态扩展，即插即用。根据属于不同剖分区域的数据存储和增长模式，通过合理地预留一定数量的存储空间和从集群可用的存储资源中分配最佳存储空间，满足数据的动态扩展需求；根据具体剖分区域特征，能够自动识别、调用、组织接入集群网络中可利用的存储资源。

(5) 高效节能与数据虚拟全在线。根据访问需求及其空间位置的关联特性，对于热点区域数据，可以让其处于全在线状态；对于目前不关心的区域数据，可以让其处于待机或者关机状态，从而实现数据的虚拟全在线与存储资源的低能耗调度管理。

6.2.2　面片式三维重建技术

目前，所广泛采用的三维重建技术主要有两种：①基于图像的三维建模(image based modeling，IBM)(岳立廷等，2012)，即根据给定的多幅平面二维图像以及这些图像的空间几何关系来恢复空间三维信息的技术；②基于激光雷达技术(light detection and ranging，LiDAR)的三维建模，即利用仪器向目标发射光束，根据回波情况确定目标相对于仪器的空间三维坐标。

基于图像的三维建模技术研究起步较早，理论基本成熟，但是曾经因为技术限制，建模算法复杂、获取的三维点密度不高、自动化程度不高、效率低，而由于激光雷达技术能够快速获得密集的、大量的高程精度高的三维点云，因此基于激光雷达技术的三维建模方法受到人们的青睐。但是随着近几年计算机视觉理论的发展(马颂德和张正友，1998)，尤其是图像密集匹配(image dense matching)算法(曹焱，2013)、光束法平差(bundle adjustment)算法的研究，利用系列图像也能生成大量密集的三维点云，自动化程度大大提高，效率大大提高，其中以 Yasutaka Furukawa 提出的一种基于面片的多视角立体视觉算法(patch-based multi-view stereo，PMVS)算法为代表(沈海平等，2005)。相比于激光雷达的三维建模技术，基于图像的三维建模方法成本低(仅需要普通相机)、方法灵活(数据采集简单，不需要专业人员)、能适应各种级别(如大范围的城市、单个建筑物、小型物体等)的三维建模(郑德华等，2008；Verma et al.，2006)。因此，近些年来，基于图像的三维建模技术越来越吸引人们的注意，效率更高、适应性更强的算法不断被提出。

基于图像的三维重建的关键技术包括以下三点：①图像特征点提取；②图像特征点匹配；③三维空间点坐标确定。

1) 图像特征点提取

图像特征点(也称为角点)提取是图像处理、计算机视觉领域的基础研究课题，已经广泛应用于图像建模、模式识别、图像校正等领域中。对于图像中的特征点，最直观明显的就是图像灰度在水平、竖直两个方向变化比较大的点，即图像在水平、竖直两个方向差分 I_x、I_y 比较大的点。对于图像中的边缘点，即图像中仅在水平或竖直方向有较大的变化量。对于图像中的平坦地区，即图像的灰度在水平、竖直方向的变化量均较小。目前，特征点提取算法有很多种，且不同的算法对不同的特征点感兴趣，其中比较有名的有 Harris 算法、DoG（difference of Gaussian）算法与 SIFT（scale-invariant feature transform）算法。

其中，Harris 算法的优点在于检测到的特征点都是严格意义上的角点，如房屋的边角点、道路的拐点，这一优点对于三维重建有非常重要的意义。并且，Harris 算法简单，计算速度较快，可以通过图像划分格网和阈值约束的方法，使得 Harris 算法能快速提取到均匀密集的特征点。但是 Harris 算法提取到的特征点的坐标精度只能达到像素级别。

DoG 算法建立在尺度空间的基础之上，因而其提取到的特征点比较符合视觉感知特征，因此 DoG 算法所感兴趣的特征点与 Harris 算法不同，并且 DoG 算法简单，计算较快。与 Harris 算法相同，DoG 算法可以通过图像划分格网和阈值约束的方法，在图像上获得均匀密集的特征点，但 DoG 算法提取到的特征点的坐标精度只能达到像素级别。

SIFT 算法的优势在于检测特征点数量多、精度高、能够达到子像素级别，但是其缺点非常明显：①占用系统资源较多，耗费时间长；②检测的特征点不均匀，在图像特征缺乏的地方检测到的特征点较少，并且无法控制特征点的密度；③检测到的特征点往往不是图像中的角点，而三维建模中更关注的是角点，如建筑物的边缘点、道路的拐点；④实验表明，在航空图像中，特别是在植被比较茂密、图像亮度较低的区域，SIFT 算法提取到的特征点很少，远远达不到密集特征点的要求。

下面将以航空影像为例，来比较 Harris、DoG、SIFT 三种特征点提取算法。实验图片（图 6.2）大小为 1406×936，图片中地物目标主要有房屋、树木、道路，农田。用三种算法进行特征点提取，并且对 Harris 算法、DoG 算法格网划分与固定阈值，其结果如图 6.3、图 6.4 所示，所提取到的特征点数见表 6.1。

图 6.2　实验图片（1406×936）

图 6.3　Harris 算法与 DoG 算法提取特征点(其中蓝色点为 Harris 特征点，绿色点为 DoG 特征点)

图 6.4　SIFT 算法提取特征点

表 6.1　三种算法提取特征点数统计

原始图像大小	1406×936
Harris 算法提取特征点数	8292
DoG 算法提取特征点数	8130
SIFT 算法提取特征点数	11052

根据特征点结果图与统计数据，可以看出 SIFT 算法能检测出大量的特征点，但是特征点分布极其不均匀，大量的特征点集中分布在部分区域，并且不方便通过改进的方法来控制特征点的数目和分布。而 Harris 算法、DoG 算法提取到的特征点虽然数目略少于 SIFT 算法，但是分布均匀，关键部位(如房屋道路边缘)的特征点基本上完全提取出来。正是由于以上原因，本节不将 SIFT 算法作为特征点提取的算法，而是采用 Harris 算法、DoG 算法组合的方式实现特征点的提取。

2) 图像特征点匹配

图像匹配，即对于两幅有公共区域的图像 A 和 B，对于图像 A 上的一点 $p1$，在图像 B 上找到 $p1$ 的同名点 $p2$。图像匹配是图像密集匹配算法的关键步骤，图像匹配的精度与密集程度能极大地影响重建得到的三维模型的尺寸精度与采样精细度。图像匹配技术的关键在于：

(1)特征点的描述，即采用何种方法来描述特征点，以突出其特征。

(2)特征点相似度评价，即采用何种指标评价两个点之间的相似性。

(3)搜索策略，针对两幅图像上提取的特征点，采用何种算法加快找到同名点，以避免遍历地两两比较特征点。

目前在图像匹配方面，常用的方法有相关系数法、SIFT 算法。

3) 三维空间点坐标确定

基于图像三维重建的目的，确定图像上像素点对应的地面点的空间三维坐标，下面将从成像模型出发，介绍地面点的空间三维坐标的计算方法。

摄像机成像过程，可以简化为小孔成像模型，如图 6.5 所示。

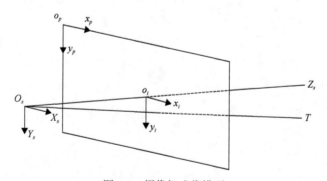

图 6.5　摄像机成像模型

图 6.5 中，T 表示空间目标点，O_s 表示摄影机投影中心，o_i 为像主点(主光轴与成像面的交点)，I 表示由 o_p-x_p 和 y_p 构成的成像面，T 投影在 I 上的像素点为 t。依图 6.5 建立三维摄像机坐标系 O_s-$X_sY_sZ_s$，坐标原点为投影中心，建立以像主点为原点的二维像平面坐标系 o_i-x_iy_i，建立以图像左上角为原点的二维像平面坐标系 o_p-x_py_p。像主点在坐标系 o_p-x_py_p 的坐标为 (x_0, y_0)。

设 T 在摄像机坐标系下的奇次坐标为 $(x_{st}$　y_{st}　z_{st}　$1)$，T 在世界坐标系下的奇次坐标为 $\tilde{M} = [x_{wt}$　y_{wt}　z_{wt}　$1]^T$，t 在坐标系 o_i-x_iy_i 下的坐标为 (x_{it}, y_{it})，t 在坐标系 o_p-x_py_p

下的坐标为 $(x_{\mathrm{pt}}, y_{\mathrm{pt}})$。根据图 6.5 的相似三角形关系，有

$$
\begin{cases}
\dfrac{x_{\mathrm{it}}}{f} = \dfrac{x_{\mathrm{st}}}{z_{\mathrm{st}}} \\[3mm]
\dfrac{y_{\mathrm{it}}}{f} = \dfrac{y_{\mathrm{st}}}{z_{\mathrm{st}}}
\end{cases}
\tag{6.1}
$$

又因为式 (6.2) 和式 (6.3)：

$$
\begin{cases}
x_{\mathrm{pt}} = x_{\mathrm{it}} + x_0 \\
y_{\mathrm{pt}} = y_{\mathrm{it}} + y_0
\end{cases}
\tag{6.2}
$$

$$
\begin{cases}
x_{\mathrm{pt}} = \dfrac{f x_{\mathrm{st}} + x_0 z_{\mathrm{st}}}{z_{\mathrm{st}}} \\[3mm]
y_{\mathrm{pt}} = \dfrac{f y_{\mathrm{st}} + y_0 z_{\mathrm{st}}}{z_{\mathrm{st}}}
\end{cases}
\tag{6.3}
$$

令 $u = f x_{\mathrm{st}} + m z_{\mathrm{st}}$，$v = f y_{\mathrm{st}} + n z_{\mathrm{st}}$，$w = z_{\mathrm{st}}$，$\tilde{m} = [u \quad v \quad w]^{\mathrm{T}}$，则有

$$
\begin{bmatrix} u \\ v \\ w \end{bmatrix} =
\begin{bmatrix} f & 0 & m & 0 \\ 0 & f & n & 0 \\ 0 & 0 & 1 & 0 \end{bmatrix}
\begin{bmatrix} x_{\mathrm{st}} \\ y_{\mathrm{st}} \\ z_{\mathrm{st}} \\ 1 \end{bmatrix} = K
\begin{bmatrix} x_{\mathrm{st}} \\ y_{\mathrm{st}} \\ z_{\mathrm{st}} \\ 1 \end{bmatrix}
\tag{6.4}
$$

摄像机坐标系与世界坐标系的关系为

$$
\begin{bmatrix} x_{\mathrm{st}} \\ y_{\mathrm{st}} \\ z_{\mathrm{st}} \\ 1 \end{bmatrix} = \lambda
\begin{bmatrix} R_{3\times3} & t_{3\times1} \\ 0^T & 1 \end{bmatrix}
\begin{bmatrix} x_{\mathrm{wt}} \\ y_{\mathrm{wt}} \\ z_{\mathrm{wt}} \\ 1 \end{bmatrix}
\tag{6.5}
$$

式中，$R_{3\times3}$ 为摄像机坐标系与世界坐标系之间旋转角 φ、ϖ、κ 所组成的旋转矩阵，用 3×3 的矩阵表示，$R_{3\times3} = \begin{bmatrix} a_1 & a_2 & a_3 \\ b_1 & b_2 & b_3 \\ c_1 & c_2 & c_3 \end{bmatrix}$；$t_{3\times1}$ 为摄像机坐标系与世界坐标系之间的平移向量，$t_{3\times1} = [t_x \quad t_y \quad t_z]^{\mathrm{T}}$；$\lambda$ 为摄像机坐标系与世界坐标系之间的尺度因子。

令 $\tilde{M} = [x_{\mathrm{wt}} \quad y_{\mathrm{wt}} \quad z_{\mathrm{wt}} \quad 1]^{\mathrm{T}}$。

综合以上可得

$$
\tilde{m} = \lambda K \begin{bmatrix} R_{3\times3} & t_{3\times1} \\ 0^T & 1 \end{bmatrix} \tilde{M}
\tag{6.6}
$$

令

$$P_{3\times4} = K\begin{bmatrix} R_{3\times3} & t_{3\times1} \\ 0^T & 1 \end{bmatrix} = \begin{bmatrix} fa_1+mc_1 & fa_2+mc_2 & fa_3+mc_3 & ft_x+mt_z \\ fb_1+nc_1 & fb_2+nc_2 & fb_3+nc_3 & ft_y+nt_z \\ c_1 & c_2 & c_3 & t_z \end{bmatrix} \tag{6.7}$$

则有 $\tilde{m} = P_{3\times4}\tilde{M}$, $P_{3\times4}$ 为描述空间点与像点关系的投影矩阵。

将式(6.7)展开可得

$$u = \lambda[(fa_1+mc_1)x_{wt} + (fa_2+mc_2)y_{wt} + (fa_3+mc_3)z_{wt} + (ft_x+mt_z)]$$
$$v = \lambda[(fb_1+nc_1)x_{wt} + (fb_2+nc_2)y_{wt} + (fb_3+nc_3)z_{wt} + (ft_y+nt_z)] \tag{6.8}$$
$$w = \lambda[c_1x_{wt} + c_2y_{wt} + c_3z_{wt} + t_z]$$

式(6.8)中，u、v、w 并没有实际的几何意义，要得到实际图像点的二维坐标需依据式(6.9)：

$$x_{pt} = \frac{u}{w} = \frac{(fa_1+mc_1)x_{wt} + (fa_2+mc_2)y_{wt} + (fa_3+mc_3)z_{wt} + (ft_x+mt_z)}{c_1x_{wt} + c_2y_{wt} + c_3z_{wt} + t_z}$$
$$y_{pt} = \frac{v}{w} = \frac{(fb_1+nc_1)x_{wt} + (fb_2+nc_2)y_{wt} + (fb_3+nc_3)z_{wt} + (ft_y+nt_z)}{c_1x_{wt} + c_2y_{wt} + c_3z_{wt} + t_z} \tag{6.9}$$

为了表述方便直观，也可以将式(6.9)简写为

$$x_{pt} = \frac{p_1x_{wt} + p_2y_{wt} + p_3z_{wt} + p_4}{p_9x_{wt} + p_{10}y_{wt} + p_{11}z_{wt} + p_{12}}$$
$$y_{pt} = \frac{p_5x_{wt} + p_6y_{wt} + p_7z_{wt} + p_8}{p_9x_{wt} + p_{10}y_{wt} + p_{11}z_{wt} + p_{12}} \tag{6.10}$$

通过前文的表述，式(6.6)～式(6.10)完全等价。下文中，为了描述清晰，在不同的地方将采用不同的公式。

式(6.9)中主要包含三类参数：①空间目标点的三维坐标；②空间目标点投影在相片上的二维坐标；③摄像机的内参数(主距、主点坐标)与外参数(摄像机的空间坐标与方位)。因此，式(6.9)建立了空间目标点、图像点、摄像机参数三者之间的数学关系。

当同一个目标点被两个以上的摄像机观察到时，并且各摄像机的内外参数都已知，便可以利用多目视觉的原理算出目标点的空间三维坐标。

6.3　基于基函数-基向量-基图像理论的最简表征存储与转换

利用仿生 3—3—2 维空间信息转换模式的数据获取方式，可以极大地降低高分辨率遥感数据获取过程中数据的过度冗余。但是在数据处理过程中，单张遥感数据过大也给

高分辨率数据的应用带来了很大的挑战，因此有必要采用图像处理的方式减少数据量。数据压缩技术作为解决这一问题的有效途径，在遥感领域越来越受到重视，对遥感数据进行压缩，删除了图像冗余的或者是不需要的信息，有利于节省通信信道，提高信息的传输速率；数据压缩之后有利于实现保密通信，提高系统的整体可靠性。

　　基于以上分析，探究基函数–基向量–基图像理论的图像最简表达，实现高分辨率遥感数据的高效压缩。在线性空间中，对于离散图像的表达主要分为代数表达和矩阵表达两种。在代数表达中，使用基函数和基图像作为表达的方法，由基函数构成基图像，而任意图像又可以构成基图像的线性表达，从而通过图像变换获得图像的表示方法，由于在变换过程中，均采用酉变换的形式，因此变换是可逆的，可以通过分解后的基图像合成原始图像，代数表示的离散图像变换的典型例子是哈尔变换。

　　在矩阵表达中，以基向量为基础，通过矩阵理论进行图像的变换。这种变换的特点是它简化了变换过程中的计算量，是一种相对快速的图像变换，其典型例子是哈达玛变换。图像变换大多是一个可逆的线性过程，可以分成一维离散变换和二维离散变换两类。

　　根据线性变换理论，任意图像的基函数–基向量–基图像表征理论是实现图像高效最简表达的根本。

6.3.1　基函数–基向量–基图像理论

1. 基函数

核矩阵的各行构成了 N 维向量空间的一组基向量。这些行是正交的，即

$$TT^{*t} = I \text{ 或 } \sum_{i=0}^{N-1} T_{j,i} T_{k,i}^* = \delta_{j,k} \tag{6.11}$$

式中，$\delta_{j,k}$ 为克罗内克 (Kronecker) 函数，表达式为

$$\delta_{j,k} = \begin{cases} 1 & j = k \\ 0 & j \neq k \end{cases} \tag{6.12}$$

　　虽然任一组正交向量集都可用于一个线性变换，但是通常整个集都取自同一种形式的基函数。例如，傅里叶变换就是使用复指数作为其基函数的原型，基函数之间只是频率不同。

　　在标准基下 (单位长度的正交向量组)，空间中的任何一向量都可以用单位长度的基向量的加权和来表示。任何一维 $(N \times 1)$ 的酉变换都对应着 N 维向量空间中一个向量的旋转。另外，由于一个 $N \times N$ 的图像矩阵可以通过行堆积构成一个 $N2 \times 1$ 的向量，则任意一个二维的、对称的、可分离的酉变换对应着一个 $N2$ 维向量空间中向量的旋转。

2. 基图像

　　二维反变换可以看作是对一组被适当地加权的基图像求和而重构原图像。变换矩阵 G 中的每个元素就是其对应的基本图像在求和时所乘的倍 (系) 数。

　　一幅基图像可以通过对只含有一个非零元素(令其值为 1)的系数矩阵进行反变换而产生。共有 IV 个这样的矩阵,产生 N2 幅基本图像,设其中一个系数矩阵为

$$G^{p,q} = \{\delta_{i-p,j-q}\} \tag{6.13}$$

式中,i 和 j 分别为行和列的下标;p 和 q 为标明非零元素位置的整数,则反变换为

$$F_{m,n} = \sum_{i=0}^{N-1} T(i,m)\left[\sum_{k=0}^{N-1}\delta_{i-p,k-q}T(k,n)\right] = T(p,m)T(q,n) \tag{6.14}$$

　　这样,对于一个可分离的酉变换,每幅基本图像就是变换矩阵某两行的外积(矢量积)。

　　类似于一维的信号,基图像集可以被认为是分解原图像所得的单位集分量,它们同时也是组成原图像的基本结构单元。正变换通过确定系数来实现分解,反变换通过将基图像加权求和来实现重构。

　　由于存在着无限多组的基图像集,因此也就存在着无限多的变换。这样,某一组特定的基图像集仅对相应的变换有重要的意义。

3. 任意图像的基图像线性表征与变换

　　对于二维情况,将一个 $N×N$ 矩阵 F 变换成另一个 $N×N$ 矩阵 G 的线性变换的一般形式为

$$G_{m,n} = \sum_{i=0}^{N-1}\sum_{k=0}^{N-1} F(i,k,m,n)f(i,k) \tag{6.15}$$

式中,i、k、m、n 为取值 0~N–1 的离散变量;$F(i,k,m,n)$ 为变换的核函数。$F(i,k,m,n)$ 可以看作是一个 $N^2 \times N^2$ 的块矩阵,每行有 N 个块,共有 N 行,每个块又是一个 $N \times N$ 的矩阵。块由 m、n 索引,每个块内(子矩阵)的元素由 i、k 索引。

$$
\begin{array}{c}
\quad\ n=1 \quad n=2 \quad\ n=N \\
\begin{array}{c}
m=1 \\
m=2 \\
\\
m=M
\end{array}
\begin{pmatrix}
[\ ] & [\ ] & \cdots & [\ ] \\
[\ ] & [\ ] & \cdots & [\ ] \\
\vdots & \vdots & & \vdots \\
[\ ] & [\ ] & \cdots & [\ ]
\end{pmatrix}
\end{array}
$$

　　如果 $F(i,k,m,n)$ 能被分解成行方向的分量函数和列方向的分量函数的乘积,即如果有

$$(i,k,m,n) = T_r(i,m)T_c(k,n) \tag{6.16}$$

则这个变换就叫作可分离的。这意味着这个变换可以分两步来完成:先进行行向运算,然后接着进行一个列向(或反过来)运算:

$$G_{m,n} = \sum_{i=0}^{N-1}\left[\sum_{k=0}^{N-1} F_{i,k}T_c(k,n)\right]T_r(i,m)f(i,k) \tag{6.17}$$

更进一步，如果这两个分量函数相同，也可将这个变换称为对称的(不要与对称矩阵混淆)，则

$$F(i,k,m,n) = T(i,m)T_r(i,m) \tag{6.18}$$

且式(6.17)可以写成

$$G_{m,n} = \sum_{i=0}^{N-1} T(i,m)\left[\sum_{k=0}^{N-1} F_{i,k}T(k,n)f(i,k)\right] \text{或} G = TFT \tag{6.19}$$

式中，T 为酉矩阵，像前面一样，叫作变换的核矩阵。在本章中，用这个表示方法标明一个普通的、可分离的、对称的酉变换。

反变换为

$$F = T^{-1}GT^{-1} = T^{*t}GT^{*t} \tag{6.20}$$

它可以精确地恢复 F。

例如，二维 DFT 是一个可分离的、对称的酉矩阵。此时，T 变成了式(6.21)中的矩阵 w。

DFT 的反变换使用 $w-1$，它仅是 w 的共轭转置。这样，这个离散变换对可表示如下：

$$G = wFw，\text{且} F = w^{*t}Gw^{*t} \tag{6.21}$$

在仿生复眼 3—3—2 维信息转换模式去冗余的基础上，探索了基于基函数-基向量-基图像的图像最简表达方式，从而实现图像压缩。为了进一步处理空间大数据简约高时效计算，本书提供一种动态获取和传输存储的参考基准，于是基于信息熵理论，研究图像有损压缩、无损压缩边界，探索图像无损压缩极限。而针对在实际数据处理过程中，不需要过高分辨率数据的情况，需要对图像进行有损压缩，以减少数据量，基于此，探索基于率失真函数理论的图像有损压缩判据，具体包括以下两点：

(1)基于信息熵的去冗余与无损压缩判据及有损压缩边界。

(2)基于率失真函数的有损压缩判据。

6.3.2　基于信息熵的去冗余与无损压缩判据及有损压缩边界

由于遥感数据中细节信息都是高频信号，高频信号在遥感图像中占主要信息成分。如果按照传统的图像压缩技术，则会造成图像高频信息的大量损失，图像质量严重下降。如果采用无损压缩的方式，传统无损压缩方法压缩比过低，因此有必要研究图像无损压缩极限，探究最大效率地对图像进行无损压缩。本书基于信息熵理论来探究图像无损压缩判据及有损压缩边界。

通常按照压缩后复原图像的失真情况，将图像压缩编码分成无失真(无损)压缩和限失真(有损)压缩两种。无损压缩的复原图像质量高，但压缩比小；有损压缩的复原图像质量较原图有所下降，但压缩比大。遥感信息因其获得的费用昂贵、用途极其广泛和具有时效性与永久性等特点，几十年来遥感数据压缩技术的研究大都停留在无损压缩方式上。这种压缩方式是以经典的香农(Shannon)信息论为压缩的理论极限，即以熵为压缩效率的下界，因此压缩比通常在 4∶1 左右。只是近几年来，遥感信息爆炸性的增长，对压缩比有了更高的需求，有损压缩技术才引起了遥感界的广泛关注。

6.3.3 基于率失真函数的有损压缩判据

在高分辨率图像的实际应用中，图像无损压缩之后数据量依然过大，尚且无法满足实际图像处理过程中处理效率的要求。因此，有必要对图像进行一定程度有损压缩。本书探究基于率失真函数理论的图像有损压缩判据，探究在一定压缩比条件下，图像质量的变化。

6.4　基于熵-率失真函数的无损-有损压缩理论

6.4.1 熵编码与无损压缩算法

信息熵 H 的概念则是美国数学家 Claude Elwood Shannon 于 1948 年在他所创建的信息论中引进的，用来度量信息中所含的信息量[为自信息量 $I(s_i) = \log_2 \frac{1}{p_i}$ 的均值/数学期望，其中对数的底数为编码的进制数，本书所有的底数均为 2，即以二进制编码为例]。

$$H(S) = \sum_i p_i \log_2 \frac{1}{p_i} \tag{6.22}$$

式中，H 为信息熵(单位为 bit)；S 为信源；p_i 为符号 S_i 在 S 中出现的概率。

例如，一幅 256 级灰度图像，如果每种灰度的像素点出现的概率均为 p_i=1/256，则

$$I = \log_2 \frac{1}{p_i} \equiv \log_2 256 = \log_2 2^8 = 8 \tag{6.23}$$

$$H = \sum_{i=0}^{255} p_i \log_2 \frac{1}{p_i} = \sum_{i=0}^{255} \frac{1}{256} \log_2 256 = 256 \times \frac{1}{256} \log_2 2^8 = 8 \text{ (bit)} \tag{6.24}$$

即编码每一个像素点都需要 8 位(I)，平均每一个像素点也需要 8 位(H)。

按某种编码方法后仍留在信息中的冗余量，就是该编码的平均码长与信息源的熵之间的差别，也就是

$$R = E\{L_w(a_k)\} - H \tag{6.25}$$

式中，$\{L_w(a_k)\}$ 用来表示符号 a_k 的码字长度(对二进制编码来说，以位为单位)。如果某

种编码方法产生的平均字长等于信息源的熵，那么它必定除去一切冗余的信息。这是可以是实现的，只要能够设计一种编码，使字符 a_k 的编码字长为

$$L_w(a_k) = -\ln[P(a_k)] \tag{6.26}$$

式(6.26)指出了平均字长的下限。对二进制编码来说，只有当所有符号的概率均为 2 的负整数次幂(如 0.5、0.25)时，才能达到这个水平。也就是说，平均码长给出了评判有损压缩效率的判据，而熵给出了无损压缩编码的效率极限。

截断误差是编码算法与熵之间差距的原因之一。由于对信息出现频率的度量是连续的，而存储编码时，编码位是离散的，因此数据以离散编码方式被存储的同时，对信息出现的频率进行了离散化，从而降低了信息编码压缩的效率。

6.4.2 率失真函数与有损压缩算法

图像编码是指在满足一定质量(信噪比的要求或主观评价得分)的条件下，以较少比特数表示图像或图像中所包含信息的技术。图像编码系统的发信端基本上由两部分组成(图 6.6)。首先，对经过高精度模–数变换的原始数字图像进行去相关处理，去除信息的冗余度；然后，根据一定的允许失真要求，对去相关后的信号编码，即重新码化。一般用线性预测和正交变换进行去相关处理。

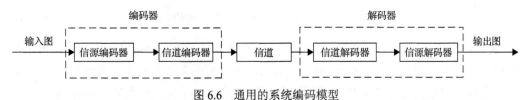

图 6.6 通用的系统编码模型

信源编码器的作用是减少或消除输入图像中的编码冗余、像素间冗余及心理视觉冗余。图像编码的指标由每个样本的平均编码比特数来衡量，这一数值的降低取决于编码方案是否能充分地去掉相关性。由于实际图像是一个非平稳过程，它的局部统计相关性随着图像各局部内容细节及活动量而变化，图像编码的目的就是充分去除图像每一局部范围内的相关性。频带压缩后的图像信号降低了信息冗余度，但一旦当信道产生误码，传输的信息就容易受到破坏。因此，图像编码的总性能应该用重建图像主客观失真、每个样本的平均编码比特数以及对信道误码灵敏度来表示。

1)率失真函数

香农首先定义了信息率失真函数 $R(D)$，并论述了关于这个函数的基本定理。定理指出，在允许一定失真度 D 的情况下，信源输出的信息传输率可压缩到 $R(D)$ 值，这就从理论上给出了信息传输率与允许失真之间的关系，奠定了信息率失真理论的基础。信息率失真理论是进行量化、数模转换、频带压缩和数据压缩的理论基础。

信源给定且又具体定义了失真函数以后，在满足一定失真的情况下，使信源传输给收信者的信息传输率 R 尽可能小，即在满足保真度准则下，寻找信源必须传输给收信者

的信息率 R 的下限值，这个下限值与 D 有关。从接收端来看，就是在满足保真度准则下，寻找再现信源消息所必须获得的最低平均信息量。而接收端获得的平均信息量可用平均互信息 $I(U;V)$ 来表示，这就变成了在满足保真度准则的条件下，寻找平均互信息 $I(U;V)$ 的最小值，即

$$R(D) = \min_{P(v_j/u_i) \in B_D} \{I(U;V)\} \tag{6.27}$$

式中，$R(D)$ 信息率失真函数或简称率失真函数，单位是奈特/信源符号或比特/信源符号。率失真函数给出了熵压缩编码可能达到的最小熵率与失真的关系，其逆函数称为失真率函数，表示一定信息速率下所可能达到的最小的平均失真。

2）率失真函数性质

$R(D)$ 的定义域为 $0 \leqslant D_{\min} \leqslant D \leqslant D_{\max}$

式中，$D_{\min} = \sum_x p(x) \min_y d(x, y)$ 和 $D_{\max} = \min_y \sum_x p(x) d(x, y)$，允许失真度 D 的下限可以是 0，即不允许任何失真的情况。

$R(D)$ 是关于平均失真度 D 的下凸函数，设 D_1，D_2 为任意两个平均失真，$0 \leqslant a \leqslant 1$，则有

$$R[aD_1 + (1-a)D_2] \leqslant aR(D_1) + (1-a)R(D_2) \tag{6.28}$$

$R(D)$ 是 $(D_{\min}, D_{\max})$ 区间上的连续和严格单调递减函数。由信息率失真函数的下凸性可知，$R(D)$ 在 $(D_{\min}, D_{\max})$ 上连续。又由 $R(D)$ 函数的非增性且不为常数可知，$R(D)$ 是区间 $(D_{\min}, D_{\max})$ 上的严格单调递减函数。图 6.7 给出了率失真函数的连续及离散图形，图 6.8 给出了率失真函数的一般形状。

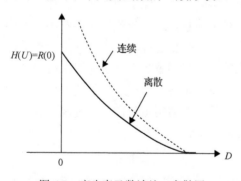
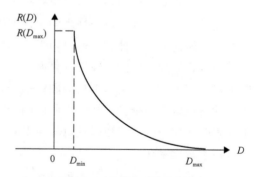

图 6.7　率失真函数连续、离散图　　　　　图 6.8　率失真函数的一般形状

设 $R(D)$ 为一离散无记忆信源的信息率失真函数，并且有有限的失真测度 D。对于任意 $D \geqslant 0, \varepsilon > 0$，以及任意长的码长 k，一定存在一种信源编码 C，其码字个数为 $M \geqslant 2^{k[R(D)+\varepsilon]}$，使编码后码的平均失真度 $\bar{D} \leqslant D$。

只要码长 k 足够长，总可以找到一种信源编码，使编码后的信息传输率略大于（直至无限逼近）率失真函数 $R(D)$，而码的平均失真度不大于给定的允许失真度，即 $\bar{D} \leqslant D$，

由于 $R(D)$ 为给定 D 前提下信源编码可能达到的下限，即香农第三定理，它说明达到该下限的最佳信源编码是存在的。

3）率失真函数与熵的关系

在无损压缩编码中，其信源输出的信息量用熵来度量，而在有失真信源中，由于引入了失真测度，不能用熵来度量信源的信息量，而是用信息率失真函数 $R(D)$ 表示。通过上面讨论可以看出，$R(D)$ 是在最大限定失真条件下信源所必须传递的最小信息速率，是理论上可以实现的最佳值。而当 $D=0$ 时，就是不允许任何失真的情况，此时 $R(0)$ 则是无失真条件下的最小信息传输率，也就是信息源的熵(图 6.9)，即 $R(0)=H$。

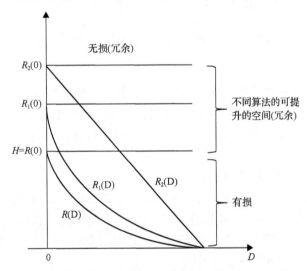

图 6.9　率失真函数与熵的关系(当算法为二进制编码时，率失真函数以位/信源符号)

但事实上香农第三定理仍然只是一个存在性定理，至于最佳编码方法如何寻找，定理中并没有给出，因此有关理论的实际应用有待于进一步研究。如何计算符合实际信源的信息率失真函数 $R(D)$，如何寻找最佳编码方法，才能达到信息压缩的极限值 $R(D)$，这是该定理在实际应用中存在的两大问题。因此，在实际工程应用中，对于不同的编码方法，由于技术上的原因，存在一个实际的信息传输速率 $R_1(D)$、$R_2(D)$，它与最佳理论值尚存在一定的差别，而这种差别正好反映了不同方式的信源编码的性能优劣。而此时当 $D=0$ 满足无失真时，信息的传输率大于信息源的熵，即 $R_1(D)<H$。

在要求无失真条件下，$R_1(0)$、$R_2(0)$ 与 H 之间的距离，即改算法在无损压缩时相对于熵可以改进的空间。更好地消除这部分数据冗余是算法研究的主要目的与方向。而当码率小于 H 时，算法一定是有损的。

6.4.3　数据压缩解压缩技术

预测编码利用线性预测逐个对图像信息样本去相关，根据离散信号之间存在着一定关联性的特点，利用前面一个或多个信号预测下一个信号，然后对实际值和预测值的差(预测误差)进行编码。如果预测比较准确，误差就会很小。在同等精度要求的条件下，就可以用比较少的比特进行编码，达到压缩数据的目的。

在预测编码中，对于具有 M 种取值的符号序列，第 L 个符号的熵满足：

$$\log_2 M \geqslant H(x_L) \geqslant H(x_L \mid x_{L-1}) \geqslant H(x_L \mid x_{L-1}, x_{L-2}) \geqslant \cdots \geqslant H(x_L \mid x_{L-1}, x_{L-2}, \cdots, x_1) > H_\infty \quad (6.29)$$

预测编码的压缩能力是有限的。以 DPCM 为例，一般只能压缩到每样值 2~4bit。20 世纪 70 年代后，科学家们开始探索比预测编码效率更高的编码方法。直到 70 年代后期，DCT 的使用使变换编码压缩进入了实用阶段，而小波变换是继 DCT 之后科学家们找到的又一个可以实用的正交变换。一维 DCT 变换和二维 DCT 变换,变换后输出 DCT 变换系数，将幅值图变成频谱图：

$$F(u,v) = \frac{4C(u)C(v)}{n^2} \sum_{j=0}^{n-1} \sum_{k=0}^{n-1} f(j,k) \cos\left[\frac{(2j+1)u\pi}{2n}\right] \cos\left[\frac{(2k+1)v\pi}{2n}\right] \quad (6.30)$$

变换编码是指先对信号进行某种函数变换，从一种信号(空间)变换到另一种信号(空间)，然后再对信号进行编码。例如，将时域信号变换到频域，因为声音、图像大部分信号都是低频信号，在频域中信号的能量较集中，再进行采样、编码，那么可以肯定能够压缩数据。变换本身并不进行数据压缩，它只把信号映射到另一个域，使信号在变换域里容易进行压缩，变换后的样值更独立和有序。

基于模型图像编码首先由瑞典的 Forchheimer 和 Fahlander(1983)提出。基于模型方法的基本思想是：在发送端，利用图像分析模块对输入图像提取紧凑和必要的描述信息，得到一些数据量不大的模型参数；在接收端，利用图像综合模块重建原图像是图像信息的合成过程。其基本原理如图 6.10 所示。

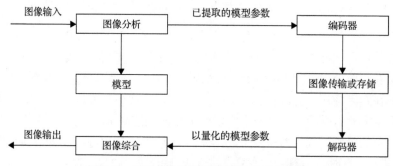

图 6.10　基于模型的图像编码基本原理框图

1988 年 1 月，美国 Georgia 理工学院的 Barnsley 和 Sloan(1988)在 BYTE 上发表了分形压缩方法。分形编码法(fractal coding)的目的是发掘自然物体(如天空、云雾、森林等)在结构上的自相似形，这种自相似形是图像整体与局部相关性的表现。分形压缩正是利用了分形几何中自相似的原理来实现的。首先对图像进行分块，然后再去寻找各块之间的相似形，这里相似形的描述主要是依靠仿射变换确定的。一旦找到了每块的仿射变换，就保存了这个仿射变换的系数，由于每块的数据量远大于仿射变换的系数，因而图像得以大幅度的压缩。

在分形编码中，进行图像分块之后，对每一个定义域块经过几何变换、同构变换和灰度变换后，就得到一个数量很大的定义域池。对值域块 R_i 的分形编码就是寻找最佳 ψ_i、τ_i、G_i，以及在定义域池里找到最佳的定义域块 D_j，选择 MSE 来度量块之间的距离，使得式 (6.31) 最小：

$$E^2(R, D) = \sum_{i,j}^{N} \left[r_{i,j} - (s \cdot d_{i,j} + o) \right]^2 \tag{6.31}$$

式中，$r_{i,j}$ 和 $d_{i,j}$ 分别为值域块 R 和经过前两种变换后的定义域块 $D_j'' = \tau_i(D_j') = \tau_i \cdot \psi_i(D_j)$ 的像素值。

6.5　数据实时处理理论的建立和评价

遥感已突破了数据获取的瓶颈，已经或正在走向全面应用的新阶段，同时，随着遥感图像分辨率（包括空间分辨率、光谱分辨率、辐射分辨率和时间分辨率）的提高，遥感应用已经从单纯的定性应用阶段发展到了定性应用和定量应用相结合的新阶段；与之相适应的是，遥感图像处理手段也是从光学处理、目视判读和手工制图阶段过渡到了数字处理阶段。在这个过程中，国际上相继推出了一批高水平的遥感影像处理系统，并逐渐得到广大用户的认可。这些系统的推广和使用，在很大程度上加快了遥感图像应用的步伐，促进了遥感图像从粗放应用向精细应用的过渡。遥感数字图像处理的本质就是将遥感图像以数字形式输入到计算机中，利用一定的数学方法，按照数字图像的规律进行变换，将一幅图像变为另一幅经过修改（改进）的图像，即由图像到图像的过程。

为了进行图像数据的处理，需要对涉及的图像做数学上的描述。目前，对于数字图像的处理存在两种观点：一是采用离散方法，二是采用连续方法。离散方法将图像看成是离散采样点的集合，每个点有其属性，对图像的处理运算就是对这些离散单元的操作。而一幅图像的存储和表示均为数字形式，数字是离散的，因此，使用离散方法来处理数字图像是合理的。该方法相关的概念是空间域。空间域图像处理以图像平面本身为参考，直接对图像中的像素进行处理。连续方法认为图像通常是对物理世界的实际反映，因而图像服从可用连续数学描述的规律，对图像的处理就是连续函数的运算，所以应该使用连续的数学方法进行图像处理。频率域的图像是在图像处理时利用傅里叶变换所得的反映频率信息的图像。完成频率域图像处理后往往要变换至空间域进行图像的显示和对比。许多处理运算背后的理论实际上是基于连续函数的分析，这种办法能很好地解决问题，而另一些处理过程则更适合于用对各个像素进行逻辑运算来进行构思，这时离散的方法就更好些。通常两种方法都能描述一个过程，但运用时必选其一。在许多情况下会发现，分别采用连续分析和离散技术的方案，会导致相同的答案，但沿着不同的思路会对问题的理解大不相同。如果片面地强调连续或是离散就可能得到显著不同的结果，即出现了采样效应。在进行图像数字化处理时，要能够刻画对原本连续形式的图像施行数字化后的影响程度，寻求由模拟到数字再由数字到模拟的转换过程中，保证感兴趣的内容不丢失或至少不明显损失的处理方法，要能够识别出采样效应的发生，并采取有效的方法消除它或使它降低到可以接受的程度。

6.6　本　章　小　结

本章是时间分辨率的次章。主要介绍了以下内容：

（1）阐述了空间信息进行剖分网格组织，提升遥感信息的管理效率，并叙述面片式三维重建技术。

（2）提出在单张遥感影像数据量过大时，带来的数据应用的挑战，引入基函数–基向量–基图像等方法进行图像的最简表征。

（3）利用信息熵–率失真函数等方法解决图像有损与无损压缩的挑战。

（4）数据实时处理理论的建立和评价，提出在进行图像实时处理时的准则是保证感兴趣的内容不丢失或至少不明显损失的处理方法。

本章主要描述遥感信息处理过程中的数据组织管理、矢量表达、存储压缩问题，通过网格剖分，基函数、向量、图像的表征，以及信息熵、率失真函数等手段实现图像的最优处理，以提升数据的实时处理能力，为遥感数据处理的时间分辨率提升提供新的思路。

参 考 文 献

曹焱. 2013. 基于双目立体视觉信息的三维重建方法研究. 吉林: 吉林大学博士学位论文.

程承旗, 吕雪锋, 关丽. 2011. 空间数据剖分集群存储系统架构初探. 北京大学学报(自然科学版), 47(1): 103-108.

关丽, 程承旗, 吕雪锋. 2009. 基于球面剖分格网的矢量数据组织模型研究. 地理与地理信息科学, 25(3): 23-27.

马颂德, 张正友. 1998. 计算机视觉: 计算理论与算法基础(Abbreviation). 北京: 科学出版社.

沈海平, 达飞鹏, 雷家勇. 2005. 基于最小二乘法的点云数据拼接研究. 中国图象图形学报, 9: 1112-1116.

王结臣, 崔璨, 陈刚, 等. 2011. 梯形面片数据模型及其空间运算应用. 测绘科学技术学报, 28(2): 141-145.

岳立廷, 于明, 于洋, 等. 2012. 一种基于面片的三维重建算法. 计算机工程, 38(14): 199-202.

谢储晖, 郭达志. 2004. GIS 数据模型及其实现. 计算机工程与设计, 25(5): 713-715.

郑德华, 岳东杰, 岳建平. 2008. 基于几何特征约束的建筑物点云配准算法. 测绘学报, 4: 464-468.

Barnsley M F, Sloan A D. 1988. A Better Way to Compress Images. New York: McGraw-Hill, Inc.

Forchheimer R, Fahlander O. 1983. Low Bit-Rate Coding through Animation. Davis, CA, USA: Proc. Picture Coding Symposium.

Verma V, Kumar R, Hsu S. 2006. 3D Building Detection and Modeling from Aerial LIDAR Data. New York: IEEE Computer Society Conference on Computer Vision and Pattern Recognition, (2): 2213-2220.

第7章 时间特性3：基于单光路光场成像的 3—3维信息实时转换理论

随着成像技术的进一步发展，数据获取的手段也有了重大突破。传统成像作为一种"所见即所得"的探测形式，其图像的主要性能取决于光学系统的物理指标，而后续图像数据处理往往只是起到锦上添花的作用。实际上，成像过程本身就可以看作为一系列针对光辐射的数学计算，如相位变化和投影积分等。如果能够获取到光辐射的完整分布，也就可以通过变换和积分等数据处理的手段来计算出所需的图像。通常，光辐射的场分布为光场，而光场成像指的就是光场的采集以及将光场处理为图像的过程。

光场成像体现出的优势在于：①任一深度位置的图像都可以通过对光场的积分来获得，因而无须机械调焦，同时也解决了景深受孔径尺寸的限制；②在积分成像之前对光辐射的相位误差进行校正，能够消除几何像差的影响；③从多维度的光辐射信息中能够实时计算出目标的三维形态或提取出其光谱图像数据。

7.1 3—3—2维信息转换模式下的直接成像原理

数字相机(digital camera)的出现使拍摄的影像数据更加容易被计算机等设备进行处理，从而获取针对性的信息。现有的数字相机均采用光学透镜组合与电子感光元件(常见的为 CCD 和 CMOS)两种设备，而柯达公司的 Steven Sasson 首次采用了 CCD 进行影像采集，从而奠定了数字相机的发展基础。

然而，无论采用 CCD 结构的数字相机还是采用 CMOS 结构的数字相机，其获取的信息质量与相机的电子学增益、曝光时间以及成像景深等参数相关。一般来讲，相机的曝光时间越长，在探测器未饱和的情况下，其获取的成像质量(信噪比)越高，但这一情况只适用于静态的影像，在目标运动或者形态发生变化的情况下，曝光时间过长会产生影像的模糊，因此在实际成像过程中，曝光时间需要兼顾探测器饱和及目标运动或者变化速率估计两种情况。此外，由于数字相机成像分辨率受相机探测器几何尺寸的限制，且光学透镜组合有一定的成像焦距，因此相机对拍摄物体的远近(即深度)有一定的要求。在近景成像中被拍摄的目标物体会被放置在成像有效景深中，因此目标物体的背景部分会变得模糊，而在航空或者航天成像中，由于相机成像距离较远，相机的有效景深在无穷远处，因此遥感影像中的地物均处于清晰状态。

在现实世界中各类物体均包含着大量的三维几何信息，即便是能够清晰成像的上述传统数字相机在采集物体信息时均存在着一个投影变换，该变换使得这些物体的三维信息变成二维平面信息，该过程被称为(3—2)，通过单张投影降维之后的二维信息想要恢复三维信息将非常困难，该过程被称为(2—3)。从几何光学的角度来看，其恢复困难的本质在于从物体反射或者发射出来的各个方向的光线经过透镜之后在探测器平面会聚形成一个清晰的像点，而该清晰的像点有且仅能反映出一条主光线(方向特点)，从而失去单张影像计算物点位置的可能。

光场成像技术描述的即物点各个方向的光线在相机内部传播的方向信息，这种特性使其具备单张影像计算物点位置的能力。一般的光场成像技术依然基于传统的成像元件，包括透镜组合以及 CMOS 或者 CCD 成像传感器进行信息的获取。由于影像数据的质量对几何信息的获取尤为重要，因此对影响传统数字相机的各类光电参数分析的方法对于光场成像技术来讲依然适用。

7.2　光场成像系统结构及预处理

7.2.1　光场遥感影像的辐射校正

使用的微透镜阵列可以将主透镜获取的影像进行分光(Levoy et al., 2006; Levoy, 1996; Adelson and Wang, 1992)，从而获取到同一像点的不同角度信息，而基于这一特性可以将原始数据分解成与相机阵列构成的光场相机一致的多角度影像集，相机的结构如图 7.1 所示。

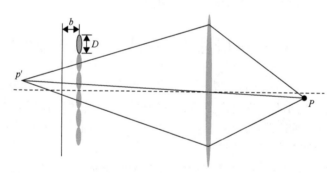

图 7.1　微透镜光场结构相机

由于光场相机也是对目标景物进行成像，因此需要通过辐射定标对其光谱特性进行简单矫正，如图 7.2 所示。同时，探测器阵列是正交排列，实际构建相机时微透镜阵列

(a) 未经过准确定标的白光影像　　　　　　　　(b) 准确定标后的白光影像

图 7.2　光场影像裸数据

的行列与探测器的行列存在错位的情况，因此需要对影像进行重采样，使之与光场符合正交排列的图像以便后续的处理。无论是 CCD 探测器还是 CMOS 探测器，其记录的影像信息均为反映目标物体的反射率信息或者发射率信息(在可见近红外波段为反射率)。然而，由于探测器的各个探元对光的敏感程度不一致，而且不同波段的光谱响应也不同，因此，如果不经过校正将会导致获取的影像数据不能真实地反映目标物体的真实色彩。

一般光场相机进行辐射定标与传统相机进行辐射定标过程类似，均为对准标准白光光源进行成像，确定各个波段的辐射亮度为 R_{red}、R_{blue}、R_{green}(针对 RGB 三色相机)。而相机接收到的亮度一般通过电学装置会转换为 DN 值，其大小为 $DN_{Calib,red}$、$DN_{Calib,blue}$、$DN_{Calib,green}$。对于白光光源，其各个分量的大小相等均为 255(8 位探测单元)，因此对于不同的 DN 值响应会形成校正系数：

$$
\begin{cases}
C_{red} = \dfrac{DN_{Calib,red}}{255} \\[2mm]
C_{blue} = \dfrac{DN_{Calib,blue}}{255} \\[2mm]
C_{green} = \dfrac{DN_{Calib,green}}{255}
\end{cases}
\tag{7.1}
$$

校正完之后的探测器的各个通道的 DN 值数据为 $DN_{red} = C_{red} \times DN_{Calib,red}$、$DN_{blue} = C_{blue} \times DN_{Calib,blue}$、$DN_{green} = C_{green} \times DN_{Calib,green}$。此外，通过探测器单元系数校正，还可以减小光场相机成像时的渐晕(光学系统轴外点的像面辐照度小于轴上点的像面辐照度)。

7.2.2　光场影像与探测器对齐

经过辐射校准之后的光场数据可以真实地反映地物各个光谱通道的信息。然而，由于光场相机的光学结构如图 7.3 (a) 所示，其探测器阵列与微透镜阵列在装配过程中探测器阵列的行与微透镜阵列的行之间并没有对齐，因此需要通过图像手段对其进行校正。

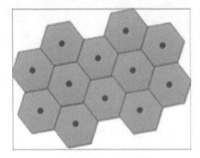 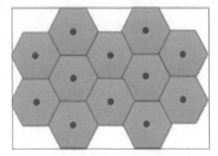

(a) 原始微透镜阵列影像　　　　　　　　(b) 校正之后的微透镜阵列影像

图 7.3　微透镜影像阵列对齐校正示意图

无论微透镜影像阵列对齐与否，其微透镜的排列顺序依旧呈周期性分布。而将微透镜阵列影像与探测器进行对齐的主要目标在于求解出微透镜阵列相对于影像的旋转角度。因此，本书拟通过两种手段进行角度的计算：①通过对白光影像进行傅里叶变换，计算出最小空间周期对应的旋转角度；②进行透镜阵列行影像的拟合，通过计算拟合后的直线斜率计算透镜的旋转角度。但是无论是①还是②，其针对的微透镜阵列旋转角度均比较小，一般不会超过 1°，这也满足现在工艺的精度。

对于二维周期傅里叶函数，其 x 维度周期为 T_x，而 y 周期维度为 T_y，其傅里叶变换为

$$F(u,v) = \iint_{x,y} f(x,y) \mathrm{e}^{-j2\pi(ux+uy)} \mathrm{d}x\mathrm{d}y \tag{7.2}$$

对此积分可以分解成

$$F(u,v) = \int_x \mathrm{e}^{-j2\pi ux} \mathrm{d}x \int_y f(x,y) \mathrm{e}^{-j2\pi uy} \mathrm{d}y \tag{7.3}$$

式 (7.3) 是两个一维傅里叶变换的结果，因此在频率域 u 维度上，空间周期 T_x 代表的频谱为 $2\pi/T_x$，v 维度上空间周期 T_y 代表的频谱为 $2\pi/T_y$。

因此，这个频谱点对应的坐标点对于频率原点的坐标为

$$\tan\theta_{\mathrm{uv}} = \frac{\theta_v}{\theta_u} = T_x/T_y \tag{7.4}$$

结合微透镜影像，对于旋转角度为 θ 的非对齐阵列影像，旋转如图 7.4 所示。

$$\begin{cases} T_x = D\cos\theta \\ T_y = D\sin\theta \end{cases} \Rightarrow \theta_{\mathrm{uv}} = \frac{\pi}{2} - \theta \tag{7.5}$$

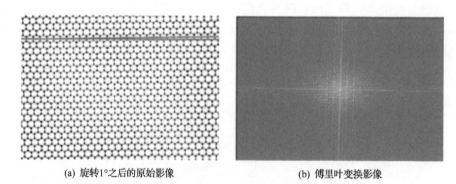

(a) 旋转1°之后的原始影像　　　　　　　(b) 傅里叶变换影像

图 7.4　模拟旋转角度 1° 的原始影像与傅里叶变换影像

7.2.3　光场微透镜阵列位置检测

光场成像的微透镜阵列影像其透镜的行与探测器的采样行已经平行。而微透镜影像满足正六边形排列，因此透镜的中心点也假定为正六边形排列，在微透镜阵列位置检测

中关键是找出模拟的正六边形排列微透镜中心点与真实微透镜中心点的偏移量（offset$_x$，offset$_y$）。在进行偏移计算之前，首先需要进行模拟正六边形排列，因此实验将提取透镜阵列影像的亮度中心作为初始中心点，而对于一般微透镜影像，其中心点亮度可以拟合成二次曲线分布。

如图 7.5 所示，一般通过拟合二次曲线进行微透镜中心点提取，但是这种方法往往只能寻找到比较粗糙的中心点，因此这里提取的中心点将用于计算透镜的直径：

$$D_{\text{microlens}} = \frac{1}{N}\sum(X_{r,\text{center}} - X_{l,\text{center}}) \tag{7.6}$$

这里的直径经过大量的中心点估计被认定为准确值，以直径作为参数进行正三角形 Delaunay 三角网格构建。然后，在三角网格内搜索最近邻初步提取的微透镜中心点进行偏移量的计算：

$$\begin{cases} \text{offset}_x = \dfrac{1}{N}\sum(X_{\text{delaunay}} - X_{\text{center,nearest}}) \\ \text{offset}_y = \dfrac{1}{N}\sum(Y_{\text{delaunay}} - Y_{\text{center,nearest}}) \end{cases} \tag{7.7}$$

最终利用构建的 Delaunay 三角形，在偏移（offset$_x$，offset$_y$）之后，确定微透镜的中心位置。

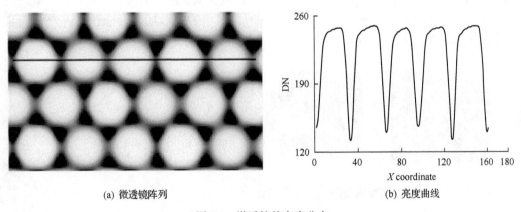

(a) 微透镜阵列　　　　　　　　　　　　　(b) 亮度曲线

图 7.5　微透镜的亮度分布

7.3　基于微透镜单光路光场三维信息获取方法

7.3.1　光场相对深度提取

通过可见光影像进行目标景物三维建模需要考虑物像的几何光学，采用光场成像技术进行几何信息的提取首先需要考虑的便是深度信息（Bishop and Favaro, 2012, 2011, 2009），即目标物体距离相机的远近。通常通过多视角三维成像首先需要通过特征点匹配进行相机的外参数计算，如 SFM（structure from motion）算法，在获取相机的外参数之后进行像点核线搜索开展密集匹配，最终获取密集的三维信息。与传统方法所不同的是利用光场技术虽然也获取了多角度的影像，但是其相机相对姿态固定，且呈正交排列，因此可以直接利用核线影像进行深度计算。

此外，针对微透镜阵列光场相机，通过成像平面与微透镜之间的几何关系，可以确定物点发射或者反射的光线在相机内部的传播方向。一般而言，景深范围内的一个物点在成像平面上至少会有两个像点，因此通过光线的追迹必然能够推算出物点距离相机的位置，成像原理如图 7.1 所示。依据光线可逆性质进行光场影像的深度计算，可以直接利用原始的微透镜阵列影像，避免影像的多角度分解。

通过相机阵列获取的光场影像，以及利用微透镜阵列相机进行影像多角度分解均可以获得多角度影像集。而一般光场影像为四维数据，即 $L(x,y,u,v)$，其中 x-y 平面为影像平面，也称为空间维度平面，u-v 平面为相机主点所在平面，也称为角度维度平面，如图 7.6 所示。通过分析一个角度维度的光场数据，如 $v = v_0$，则可以提取出一行影像数据集 $L(x,y,u,v_0)$，如图 7.6(a) 中的第四行图像。根据多视几何性质，一个物点在不同像平面上所成的像点被称为同名像点，而同名像点与相机主点以及物点多点共面，该平面被称为核面，核面与像平面的相交线被称为核线。由于光场影像在同一角度维度上的数据为 $L(x,y,u,v_0)$，其影像对应的相机主点在同一条直线上(在 u-v 平面上的 $v = v_0$ 的直线上)，因此在这一角度维度上的像点同名核线平行，即 $L(x,y,u,v_0)$ 上 $y = y_0$ 的直线为同名核线，这给同名点匹配带来了方便，该同名核线集表示如图 7.6(b) 画线所示。而 $v = v_0$，$y = y_0$ 的光场数据 $L(x,y_0,u,v_0)$ 被称为核线平面影像(图 7.7)(Jeon et al., 2015; Criminisi et al., 2005)，可以表达成 $Q(x,u)$。

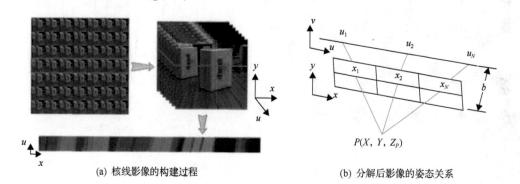

(a) 核线影像的构建过程   (b) 分解后影像的姿态关系

图 7.6 光场相机影像多角度分解

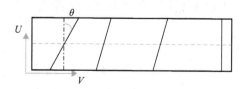

图 7.7 核线平面影像的示意图

斜线表示同名点构成的直线；θ 表示该直线的斜率角的补角

对于同名核线上的像点，其主点，物点以及像点坐标的几何关系为

$$\frac{(u_{i+1} - u_i - x_i + x_{i+1})}{u_{i+1} - u_i} = \frac{Z_p - b}{Z_p}, \ i = 1, 2, \cdots, N-1 \tag{7.8}$$

式中，N 为 u 的维数。此外还有

$$\frac{\Delta x}{\Delta u} = -\frac{b}{Z_p} \tag{7.9}$$

式中，$\Delta x = x_{i+1} - x_i$；$\Delta u = u_{i+1} - u_i$。

式 (7.9) 说明同名点在核线平面影像 $Q(x, u)$ 上呈线性排列，且其斜率与物点的深度 Z_p 成反比，这一性质的直观表达如图 7.6(a) 中的底部图像，各个同名点在核线平面影像为同一颜色的斜线。

因此，光场影像的深度信息可以定义为同名点在核线平面影像上的斜率值。

7.3.2　深度信息的计算

通过 1.3.1 中的分析可知，光场深度信息可以用核线平面的斜率 (角度) 表达，因此可以采用角度搜索的方式进行深度计算，即将待计算的深度划分为 $\theta = 0, \theta_1, \cdots, \theta_L$（$L$ 为划分的标签个数）。

一般在观测时假定物点为朗伯体，因此其向各个方向发射的光线亮度相同，即同名点构成的直线在理想情况下像点灰度值一致，则通过计算各个像点的灰度方差有

$$\sigma_\theta(x)^2 = \frac{1}{N_u} \sum_u [Q(x + u\tan\theta, u) - \bar{Q}(x + u\tan\theta, u)]^2 \tag{7.10}$$

当 θ 取真实值 θ_{true} 时，理论上 $\sigma_\theta(x)^2 = 0$。但是由于探测器存在噪声以及实际影像存在弱纹理区域，因此一般当 $\sigma_\theta(x)^2$ 取最小值时，对应的 θ 值为可以表达影像的深度信息，由于式 (7.10) 中的 θ 以 $\tan\theta$ 出现，因此在实际计算深度时，对 $\tan\theta$ 进行标签划分，从而计算对应的深度信息。

$$\Delta x = \underset{\tan\theta}{\arg\min} \frac{1}{N_u} \sum_u [Q(x + u\tan\theta, u) - \bar{Q}(x + u\tan\theta, u)]^2 \tag{7.11}$$

式中，Δx 为深度信息，同时也是相邻同名点在相邻两张影像上的视差。

在计算深度时，式 (7.11) 是考虑在同一角度维度下进行深度信息的计算，即利用的仅仅是 $L(x, y, u, v_0)$ 数据，角度维度 v 的维数大小非 1，因此为了利用整个 v 维度上的数据，本书将利用各个维度 v 上的核线平面影像构造成拓展核线影像，如图 7.8 所示，以增强深度信息计算的鲁棒性，拓展核线影像表达如下。

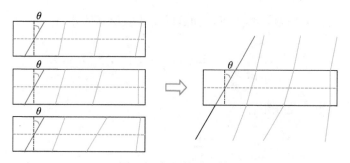

图 7.8　拓展核线影像

红色线条为同名点组成的直线，红色部分为非同名点组成的线条

拓展核线影像计算深度信息为

$$\Delta x = \underset{\tan\theta}{\arg\min} \frac{1}{N_v N_u} \sum_v \sum_u [Q_v(x + u\tan\theta, u) - \bar{Q}(x + u\tan\theta, u)]^2 \qquad (7.12)$$

7.3.3　深度信息优化方法

　　无论是经过多角度影像集进行的深度计算，还是通过微透镜影像直接进行的重聚焦深度计算，它们得到的结果只是比较粗糙的深度图像；对于纹理不够丰富的地方，需要形成准确的深度影像，需要考虑整幅影像的构图情况，进行深度信息的优化。

　　通常在深度信息优化时，深度图像看成是一个马尔可夫随机场，其最大概率的深度信息仅仅与其本身概率以及邻近像元的深度信息相关。因此，优化时往往会构建包含数据项和平滑项的能量方程：

$$E(f) = \sum_p D(f_p) + \sum_{q \in N_p} V(f_p, f_q) \qquad (7.13)$$

式中，$D(f_p)$ 为数据项；$V(f_p, f_q)$ 为考虑相邻像素信息的平滑项，且 $V(f_p, f_q)$ 满足可度量条件，即

$$\begin{cases} V(\alpha, \beta) = 0 \Leftrightarrow \alpha = \beta \\ V(\alpha, \beta) = V(\beta, \alpha) \\ V(\alpha, \beta) \leqslant V(\alpha, \gamma) + V(\gamma, \beta) \end{cases} \qquad (7.14)$$

　　为了解决上述问题，本书将引入双目视觉中常见的图割(graph cuts)，半全局匹配(semi-global matching)等方法进行深度优化。

　　1) 图割优化(graph cuts)

　　使用图割优化进行深度优化，在进行平滑项构建时，除了考虑相邻深度之间的差异信息外，还要考虑影像颜色信息的差异。因此，平滑项一般会修改为

$$V_{\text{smooth}} = V(f_p, f_q, I_p, I_q) \qquad (7.15)$$

通常进行平滑的函数形状如图 7.9 所示。

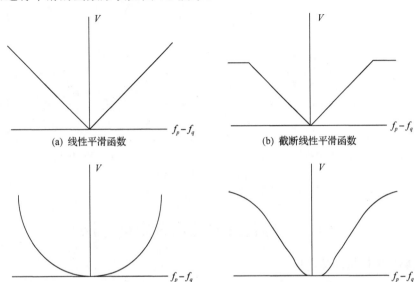

图 7.9　平滑度量空间采用函数形状

优化时针对度量空间 V 是否是可度量空间或者是半度量空间，采用深度标签拓展或者是深度标签互换两种优化模式。

2）半全局匹配优化（semi-global matching）

由于图割优化手段耗时较长，本书将同时采用半全局对深度信息进行优化，同时对比其深度计算的精度与时间代价。

半全局在进行能量最小计算时将式（7.13）中的平滑项进行了修正：

$$E(f) = \sum_p D(f_p) + \sum_{q \in N_p} P_1 T[|f_p - f_q| = 1] + \sum_{q \in N_p} P_2 T[|f_p - f_q| > 1] \tag{7.16}$$

式中，$T[\text{true}] = 1$；$T[\text{false}] = 0$。

对式（7.16）进行优化时，主要采用扫描线（scanline）方法对 8～16 个方向进行能量计算：8 个方向即图像该像素的 8 邻域，而 16 个方向为在 8 邻域外再拓展 8 个与之前不同的方向，如图 7.10 所示。每一个方向该像素能量为

$$L_r(p, f_p) = D(p, f_p) + \min[L_r(p - r, f_p), L_r(p - r, f_p - 1) + P_1,$$
$$L_r(p - r, f_p + 1) + P_1, \min_i L_r(p - r, i) + P_2] - \min_k L_r(p - r, k) \tag{7.17}$$

通过式（7.17）的计算，最终式（7.16）的优化转变为

$$E(f) = \arg\min_{f_p} \sum_p \sum_r L_r(p, f_p) \tag{7.18}$$

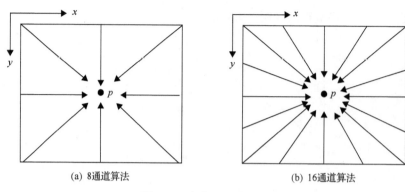

(a) 8通道算法　　　　　　　　　　　(b) 16通道算法

图 7.10　半全局匹配路径

7.4　遥感传感器的深度定标方法

7.4.1　光场遥感相机内参定标

　　在多视几何三维建模中，同名点匹配后的特征点经投影矩阵变换可以得到物点的绝对几何信息。而对于光场成像，其 3—3 维成像的特性使得相机只需要一次成像即可获得相对远近的三维信息，但如果要获得绝对空间几何信息，仍然需要进行相机的内参定标，如图 7.11(a) 所示，同时需要对计算获得的深度信息进行定标，如图 7.11(b) 所示。因此，一般光场相机的定标分为内参定标和深度定标。

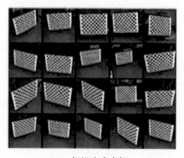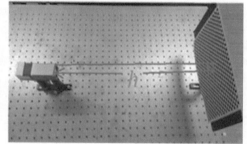

(a) 相机内参定标　　　　　　　　　　　　(b) 相机深度定标

图 7.11　光场相机定标

　　进行多角度影像深度图计算时，采用的深度图基准为多角度影像集中位置居中的图像，因此在定标的过程中，主要对该影像进行定标获取内参，该内参并非光场相机本身的内参，因此该内参被称为基于图像信息的虚拟内参。而像点坐标与空间物点坐标满足：

$$s\begin{bmatrix} x \\ y \\ 1 \end{bmatrix} = \begin{pmatrix} f_x & 0 & x_0 \\ 0 & f_y & y_0 \\ 0 & 0 & 1 \end{pmatrix} \begin{bmatrix} R & t \end{bmatrix} \begin{bmatrix} X \\ Y \\ Z \\ 1 \end{bmatrix} \tag{7.19}$$

且空间物点坐标由棋盘格提供，各个物点均处于同一平面，因此 Z 被定义为 0，以便于计算。同时定义

$$H = [h_1, h_2, h_3] = A[r_1, r_2, t] \tag{7.20}$$

其中，$A = \begin{pmatrix} f_x & 0 & x_0 \\ 0 & f_y & y_0 \\ 0 & 0 & 1 \end{pmatrix}$，考虑到向量 r_1、r_2 正交，因此可以得到

$$\begin{cases} h_1^{\mathrm{T}} A^{-\mathrm{T}} A^{-1} h_2 = 0 \\ h_1^{\mathrm{T}} A^{-\mathrm{T}} A^{-1} h_1 = h_2^{\mathrm{T}} A^{-\mathrm{T}} A^{-1} h_2 \end{cases} \tag{7.21}$$

通过建立像点与棋盘格上物点的对应关系，通过式 (7.21) 可以将 H 计算出来，还可以对 $A^{-\mathrm{T}} A^{-1}$ 进行求解，经过 Cholesky 分解，即可以计算出内参矩阵 A。一般为了获得高精度的内参，可以通过建立重投影像点坐标误差，进行 Levenberg-Marquardt 优化。重投影像点坐标误差为

$$\delta_e = \sum_{j=1}^{n} \sum_{i}^{m} \| p_{ij} - \hat{p}(P_i, A, R_j, t_j) \|^2 \tag{7.22}$$

在进行光场成像定标时，只有内参矩阵会保留，外参中的旋转平移矩阵将被舍弃，通过内参矩阵，即可建立坐标原点在相机上的坐标系进行几何信息量测。测量方程为

$$\begin{bmatrix} X \\ Y \\ Z_P \end{bmatrix} = Z_P A^{-1} \begin{bmatrix} x \\ y \\ 1 \end{bmatrix} \tag{7.23}$$

式中，$[X, Y, Z_P]^{\mathrm{T}}$ 为测量的空间点坐标。

7.4.2　遥感绝对深度信息定标

在绝对深度信息定标中，其主要思想即找出相对深度信息与绝对深度信息之间一一对应的关系 (Zeller et al., 2016; Sardemann and Maas, 2016)。采用角度划分不同标签的方法进行深度信息的计算，而该深度信息从本质上讲是多角度影像集中相邻两个影像同名点之间的视差，即式 (7.9) 中 Δu 取值为 1 时的值，为方便起见，这里仍然记为 Δx。同理，当式 (7.9) 中取相邻的微透镜阵列即 $\Delta x = 1$ 时，$\Delta u = -\dfrac{Z_P}{b}$，因此有

$$\Delta u \Delta x = 1 \tag{7.24}$$

通过对图 7.1 中光场相机的光学结构分析后有

$$\frac{z-b}{z} = \frac{d - u_1 q + u_2 q}{d} \tag{7.25}$$

因此有

$$\Delta x = \frac{zq}{bd} \tag{7.26}$$

在几何光学中，像点距主点的位置以及物点距主点的位置的关系为

$$\frac{1}{z+B} + \frac{1}{Z} = \frac{1}{f_2} \tag{7.27}$$

因此代入式(7.27)有

$$\frac{1}{Z} = \frac{1}{f_2} - \frac{1}{z+B} = \frac{1}{f_2} - \frac{1}{B + \frac{\Delta xbd}{q}} \tag{7.28}$$

即

$$\frac{1}{Z} = \frac{1}{f_2} - \frac{1}{B} + \left(\frac{\Delta xbd}{Bq}\right)\bigg/\left(B + \frac{\Delta xbd}{q}\right) \tag{7.29}$$

考虑到光场相机满足 F#匹配原则，即 $\frac{b}{d} = \frac{B}{D}$，因此在视差较小的情况下，式(7.29)可以简化成线性模式：

$$\frac{1}{Z} = c_1 + c_2\Delta x \tag{7.30}$$

7.4.3 绝对深度精确计算

一般进行深度定标时绝对深度均作为已知参量，然而由于该绝对深度定义为物点距离相机主点所在平面的垂直距离，而相机主点为主透镜的中心点，因此，在实际量测时无法直接接触。为了获得准确的绝对深度信息，本书采用理论计算结合实际量测的方法。

在深度定标时，本书采用密度较大的棋盘格进行深度计算，同时测量棋盘格距离相机主点的位置。在相机内参数已经定标的情况下，根据式(7.23)棋盘格上物点的坐标满足：

$$X = \frac{Z_P}{f_x}(x - x_0) \tag{7.31}$$

$$Y = \frac{Z_P}{f_y}(y - y_0) \tag{7.32}$$

因此，对于棋盘格上任意两点的绝对距离满足：

$$l = Z\sqrt{\left(\frac{x_1 - x_2}{f_x}\right)^2 + \left(\frac{y_1 - y_2}{f_y}\right)^2} \tag{7.33}$$

绝对深度信息为

$$Z = l \Big/ \sqrt{\left(\frac{x_1 - x_2}{f_x}\right)^2 + \left(\frac{y_1 - y_2}{f_y}\right)^2} \qquad (7.34)$$

式中，(x_1, y_1) 和 (x_2, y_2) 为像点坐标。为了精确计算像点坐标，本书采用 Canny 算子提取棋盘格的黑白格边缘信息，再利用 Multi-RANSAC 技术提取边缘点构成的直线信息，最后利用直线相交确定图像上的像点坐标，如图 7.12 所示。

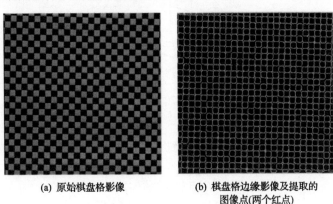

(a) 原始棋盘格影像   (b) 棋盘格边缘影像及提取的
图像点(两个红点)

图 7.12 像点坐标的提取

7.5 光场成像参数及深度精度分析

7.5.1 成像几何分辨率分析

几何分辨率的研究着眼于光场相机的微透镜的光学参数，以及其与探测器成像面的距离，通常将微透镜焦距等于微透镜阵列与成像平面距离的称为一代光场相机，而将微透镜焦距略小于微透镜阵列与成像平面关系的称为二代光场相机 (Georgiew and Lumsdaine，2009)，二代光场相机的结构如图 7.13 所示。

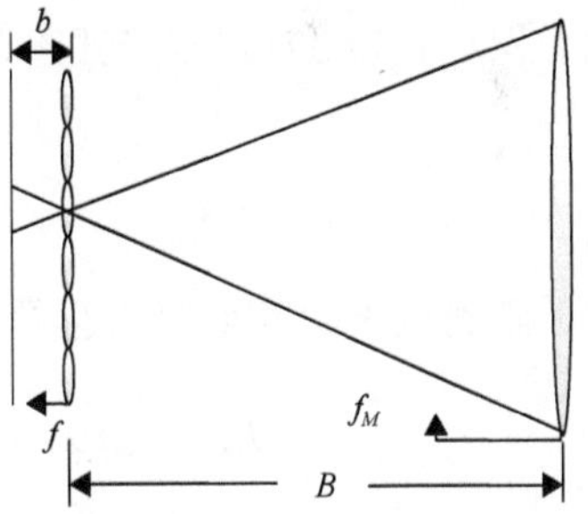

1）一代光场相机

由于二代光场相机在设计时，微透镜聚焦于探测器阵列平面，因此探测器平面的一个像素对应于以平行光入射到微透镜阵列表面的亮度的积分。而成像分辨率的分析一般针对重聚焦在微透镜表面的影像分辨率，因此需要对微透镜结构的光线传播进行分析。

图 7.13 光场相机微透镜阵列与成像平面的关系
$f = b$ 称为一代光场相机；$f < b$ 称为二代光场相机

通常一条光线可以由三个元素确定：位置 q、角度 p 及亮度 r，因此成像平面上一个像素的亮度信息可以表示成(图 7.14)。

$$I(q) = \int_p r_f(q,p)\mathrm{d}p \tag{7.35}$$

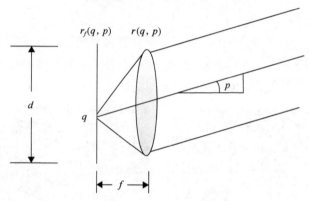

图 7.14　一代光场相机微透镜结构

经过微透镜阵列折射前的光线与微透镜折射后的光线存在——对应的关系，即

$$r_f(q,p) = r\left(q - fp, \frac{1}{f}q\right) \tag{7.36}$$

因此，式(7.35)可以表示成

$$I(q) = \int_p r\left(q - fp, \frac{1}{f}q\right)\mathrm{d}p \tag{7.37}$$

假定入射到微透镜阵列表面的平行光其亮度处处一致，则有

$$r\left(0, \frac{1}{f}q\right) = r\left(q - fp, \frac{1}{f}q\right) \tag{7.38}$$

因此对于积分式(7.37)，其形式可以转换为

$$I(q) = \frac{d}{f}r\left(0, \frac{1}{f}q\right) \tag{7.39}$$

对于微透镜表面的重聚焦影像，其每一个点的亮度信息可以表示为

$$I_{\mathrm{microlens}}(q) = \int_p r(q,p)\mathrm{d}p = \sum_{q_{\mathrm{detector}}} \frac{f}{d} I(q_{\mathrm{detector}}) \tag{7.40}$$

从式(7.40)可以看出，微透镜表面每一点的亮度为微透镜覆盖下的探测器上所有像元的灰度求和对角度的平均，因此重聚焦到微透镜表面的影像灰度处处一致。

2) 二代光场相机

对于二代光场相机，由于微透镜的焦距 $f < b$，因此会聚到探测器像元上的点存在一个对应于微透镜的物点信息，其光学结构关系如图 7.15 所示。对二代光场相机几何分辨率分析主要针对探测器对于微透镜阵列物平面的重聚焦影像的几何分辨率。

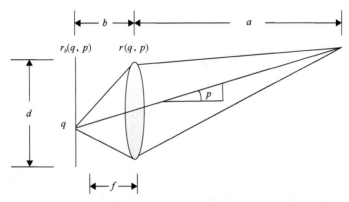

图 7.15　二代光场相机微透镜结构

与一代光场相机相似，探测器单个探元的灰度值由空间光线积分形成：

$$I(q) = \int_p r_b(q, p)\mathrm{d}p \tag{7.41}$$

由物平面(a)处发出的光线与探测器平面(b)会聚的光线仍然存在一一对应的关系，其对应关系为

$$r_b(q, p) = r_a\left(-\frac{a}{b}q, -\frac{b}{a}p - \frac{1}{f}q\right) \tag{7.42}$$

因此，式(7.42)的积分关系变成

$$I(q) = \int_p r_a\left(-\frac{a}{b}q, -\frac{b}{a}p - \frac{1}{f}q\right)\mathrm{d}p \tag{7.43}$$

一般物点可以看成朗伯体，即其向各个方向发射的光线亮度均一致，因此有

$$r_a\left(-\frac{a}{b}q, -\frac{b}{a}p - \frac{1}{f}q\right) = r_a\left(-\frac{a}{b}q, \frac{1}{b}q\right) \tag{7.44}$$

因此，式(7.43)的积分关系可以转换成

$$I(q) = \frac{d}{b}r_a\left(-\frac{a}{b}q, \frac{1}{b}q\right) \tag{7.45}$$

通过图 7.15 可知，一个像元对应一个物点信息，而物点面积与像点面积之间存在一定的几何关系，假定一个像素的大小为 pix_b，则物点的大小为

$$\mathrm{pix}_a = \frac{a}{b}\mathrm{pix}_b \tag{7.46}$$

通常一个微透镜对应的物平面的长度为(只考虑一维情况)

$$l_a = \frac{a}{b}d \tag{7.47}$$

假设微透镜阵列总共有 N 个微透镜阵列，则物平面的大小为

$$l_{a,\text{sum}} = d\frac{a}{b} + (N-1)d \tag{7.48}$$

因此，物平面能够计算出的像点的个数为

$$N_{a,\text{pix}} \approx \frac{Nd}{\text{pix}_b}\frac{b}{a} \tag{7.49}$$

7.5.2　成像深度分辨率分析

成像的深度分辨率主要体现在同名点匹配的误差上，该误差通过系统的传递最终导致深度估计的误差(Sardemann and Maas, 2016; Zeller et al., 2014)，光场相机深度信息提取的过程如图 7.16 所示。

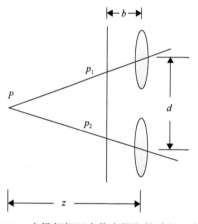

由图 7.16 可知：

$$\frac{b}{z} = \frac{1}{v} = \frac{p_2 - p_1}{d} \tag{7.50}$$

因此，深度信息 z 的精度为

$$\sigma_z = \frac{bd}{(p_2 - p_2)^2}\sqrt{2}\sigma_p \tag{7.51}$$

将式(7.51)代入式(7.50)有

$$\sigma_z = \frac{\sqrt{2}bv^2}{d}\sigma_p \tag{7.52}$$

图 7.16　光场相机深度信息提取的过程示意图　因此，深度的精度可以表示为

$$\sigma_Z = \frac{(Z-f_2)^2}{bf_2^2}B\sigma_z \tag{7.53}$$

式(7.52)代入式(7.53)有

$$\sigma_Z = \frac{(Z-f_2)^2}{f_2^2}\frac{\sqrt{2}v^2}{d}B\sigma_p \tag{7.54}$$

由于光场相机微透镜阵列为正六边形排列，而相隔距离越远，即 d 越大时精度越高，然而由于微透镜阵列间隔是一个离散函数，因此 d 的取值需要满足表 7.1 的情形。

表 7.1　微透镜间隔取值 d 与虚拟深度信息 v 的关系

d（微透镜直径 D）	v
1	$2\sqrt{3} > v > 2$
$\sqrt{3}$	$4 > v > 2\sqrt{3}$
2	$2\sqrt{5} > v > 4$
$\sqrt{5}$	…

7.5.3　成像有效景深分析

传统相机的景深取决于相机的探测器单个探元的大小 p，以及透镜的艾里斑大小，艾里斑的大小可以通过点扩散函数公式估计，即

$$s_\lambda = 1.22\lambda N \tag{7.55}$$

式中，$N = B / D$，而传统相机的成像光学结构如图 7.17 所示。

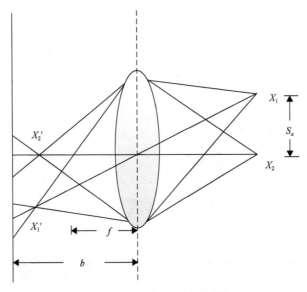

图 7.17　传统相机的成像结构

对于任意物点 X_0 距离主透镜的距离为 a，其在探测器上的成像点大小为 s，则有

$$s = \left| D[b(1 / f - 1 / a) - 1] \right| \tag{7.56}$$

因此，对于尺度为 D_I 的探测器，相机的有效分辨率为

$$R_e = \frac{D_I}{\max[s_0, s]}, s_0 = \max[s_\lambda, p] \tag{7.57}$$

而相机的理想分辨率为

$$R_t = \frac{D_I}{p} \tag{7.58}$$

此处定义有效分辨率比为

$$\mathrm{ERR} = \frac{R_e}{R_t} = \frac{p}{\max\left[\left| D[b(1 / f - 1 / a) - 1] \right|, s_0 \right]} \tag{7.59}$$

一般情况下，$p > s_\lambda \Rightarrow s_0 = p$，因此为了使 ERR 达到最大化，因此令

$$\left| D[B(1 / f - 1 / a) - 1] \right| \leqslant s_0 \tag{7.60}$$

有

$$\text{DoF} = a^+ - a^- = \frac{1}{\text{ERR}} \frac{2bp/D}{\left(\dfrac{B}{f}-1\right)^2 - \left(\dfrac{p}{\text{ERR}\times D}\right)^2} \tag{7.61}$$

对于光场成像相机，由于具有微透镜阵列，且主透镜的像点可以被多个微透镜观测到，因此一个像点对应的观测微透镜的数目为

$$v = a/b \tag{7.62}$$

由于一个点可以被多个微透镜观测到，因此有效分辨率变成:

$$\text{ERR}_{\text{LF}} = \frac{1}{v}\text{ERR} = \frac{1}{v}\frac{p}{\max\left[\left|D[b(1/f-1/a)-1]\right|, s_0\right]} \tag{7.63}$$

根据传统相机模型可以得到

$$a_0^- = \left[\frac{1}{f}-\frac{1}{b}\left(1-\frac{s_0}{D}\right)\right]^{-1}, \quad a_0^- = \left[\frac{1}{f}-\frac{1}{b}\left(1+\frac{s_0}{D}\right)\right]^{-1} \tag{7.64}$$

由于 $|a_0^-| > |a_0^+|$，故有 $\text{ERR}_{\text{LF}}(a_0^-) < \text{ERR}_{\text{LF}}(a_0^+)$，因此以 $\text{ERR}_{\text{LF}}(a_0^-)$ 为最高有效分辨率比率，则有光场成像像方的景深为

$$\text{DoF}_{\text{image}} = a[\text{ERR}_{\text{LF}}(a_0^-)] - a_0^- = \frac{1}{\text{ERR}_{\text{LF}}}\frac{2pN}{|b/f-1|} \tag{7.65}$$

根据主透镜物方与像方的成像原理，可以推导得出物方的景深为

$$\text{DoF}_{\text{Object}} = 2pN/\text{ERR}_{\text{LF}} \tag{7.66}$$

7.6　本　章　小　结

本章是时间分辨率的末章。主要介绍了以下内容:

(1)介绍了基于微透镜光场成像的方法，实质上是全息成像的硬件化，阐述了通过单张光场数据还原三维信息的理论依据。

(2)对光场的光学系统进行剖析，为单个成像传感器直接三维构像提供理论基础;并根据其光学结构给出数据预处理的方法，解析器件的相对几何参数。

(3)给出光场数据直接处理后的相对深度信息，且指出绝对测量坐标需要进行深度标定，引入线性深度标定的手段。

(4)通过引入精度评价模型，对光场计算得到的深度解析力进行仿真，为遥感场景下的相机光学参数设计提供依据。

本章主要阐述了微透镜单光路进行 3—3 维度信息获取的方法，从器件出发，介绍了时间分辨率提升的新方案，为开发高时间分辨率的遥感传感器设计提供了硬件研究思路。

参 考 文 献

Adelson E H, Wang J Y A. 1992. Single lens stereo with a plenoptic camera. IEEE Transactions on Pattern Analysis and Machine Intelligence, 14 (2): 99-106.

Bishop T E, Favaro P. 2012. The light field camera: extended depth of field, aliasing, and superresolution. IEEE Transactions Pattern Analysis and Machine Intelligence, 34 (5): 972-986.

Bishop T E, Favaro P. 2011. Full-resolution depth map estimation from an aliased plenoptic light field. Berlin, Heidelberg: Springer Berlin Heidelberg.

Bishop T E, Favaro P. 2009. Plenoptic depth estimation from multiple aliased views. 2009 IEEE 12th International Conference on Computer Vision Workshops.

Criminisi A, Kang S B, Swaminathan R, et al. 2005. Extracting layers and analyzing their specular properties using epipolar-plane-image analysis. Computer Vision and Image Understanding, 97 (1): 51-85.

Georgiew T, Lumsdaine A. 2009. Depth of field in plenoptic cameras. Eurographics, 5-8.

Jeon H G, Park J, Choe G, et al. 2015. Accurate Depth Map Estimation from A Lenslet Light Field Camera. Proceedings of the IEEE Conference on Computer Vision and Pattern Recognition.

Levoy M. 1996. Light field rendering. Proceedings of the 3rd Annual Conference on Computer New York: Graphics and Interactive Techniques, 31-42.

Levoy Marc, Ng R, Adams A, et al. 2006. Light field microscopy. ACM Transactions on Graphics (TOG), 25 (3): 924-934.

Sardeman H, Mas H G. 2016. On the accuracy potential of focused plenoptic camera range determination in long distance operation. Journal of photogrammetry and Remote Sensing, 114: 1-9.

Zeller N, Quint F, Stilla U. 2014. Calibration and accuracy analysis of a focused plenoptic camera. Annals of the photogrammetry, Remote Sensing and Spatial Information Sciences, 2 (3): 205.

第三部分　光谱分辨率

本部分聚焦于高分辨率遥感谱段分离和像元混淆应用瓶颈，建立宽谱段、像元解混-重构的对偶理论。主要包括以下内容：

第8章光谱特性1：多-高光谱转换机理的光谱重构理论；

第9章光谱特性2：可见-中/热红外反射-发射机理的光谱连续理论；

第10章光谱特性3：基于光谱重构和连续理论的像元解混模型方法。

第8章 光谱特性1：多–高光谱转换机理的光谱重构理论

本章介绍光谱特性的第一个特征：多–高光谱关联的光谱可重构物理本质特征。具体包括：多–高光谱关联的光谱重构理论基础，给出其物理推导与表征；高光谱库的构建与归一化，给出光谱重构的数据基础；规格化多端元光谱分解，给出光谱重构的端元基础；FSME 光谱重构的机理与实验验证，给出光谱重构的丰度基础，并进行了实验验证。

8.1 多–高光谱关联的光谱重构理论基础

在光学遥感中，通常将太阳辐射的光谱作为外部的信号源。太阳光谱经过大气和地表作用后携带研究对象的信息，再被传感器所接收，经过分析，获取所感兴趣的信息。实际上一束由太阳发射的光信号 I，在地面上能观测到的太阳辐射的波谱范围为 $0.295\sim2.5\mu m$。太阳光谱仍是由宽范围的连续光谱以及数以万计的吸收线和发射线所组成的。为了充分利用这些连续的光谱信息 I，假设它是由若干个具有较窄光谱波段的连续光谱信号 $(B_1, B_2, \cdots, B_n)$ 所构成的。当 I 到达地表，与地物[基本单元像元通常由若干端元构成 $(M_1, M_2, \cdots, M_n)$]作用，经过一系列复杂的吸收反射过程，I 变成新的反射信号 R，并且 R 也是由若干个具有较窄光谱波段的连续光信号构成的 $(B_1, B_2, \cdots, B_n)$。接着，反射信号 R 经过复杂的大气散射、吸收等过程，穿越大气层最终被传感器接收(图 8.1)。

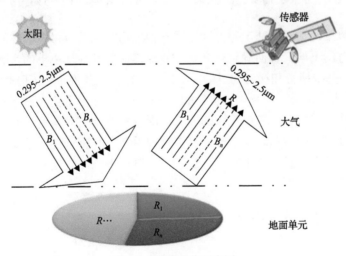

图 8.1 遥感成像示意图

传感器获取了地表的反射信号 R，其是由若干个具有较窄光谱波段的连续波谱信号构成的 $(B_1, B_2, \cdots, B_n)$。由于传感器的光学元件的分光特性不同，如光学元件的分光性较差时(几十纳米到几百纳米)，传感器就可能只获得一个或几个有较宽光谱波段的光信号

R_m；如果光学元件的分光性能足够好时（几纳米到亚纳米级），传感器就能够得到较窄的光谱波段光信号 R_h（$B_1, B_2, \cdots, B_n$）（图 8.2）。因此，一个像元的光谱信号宽波段与窄波段的区别只是分光强弱的区别，实际上宽波段是在成像时被综合了、被平均了。一个较宽的宽波段的光信号可以被看作是由若干个更窄的光信号构成的，即 R_m 同 R_h 之间存在联系。

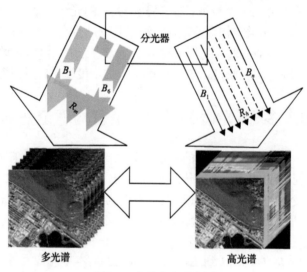

图 8.2　光谱分光示意图

8.2　光谱重构的数据基础——高光谱库的构建与归一化

在真实环境中，地表物质千差万别，同一种地物的光谱也可能因时间、空间及其他环境的变化而有所不同，从而导致建立一个能描述地表各种环境下的实际场景的地物光谱库非常困难。基于研究和探讨的目的，建立一个在一定条件下（如相对熟悉、简单的场景）适配性的光谱库来描述地物则是可行的。一个理想的光谱重构光谱库应该由具有代表性的地表典型物质组成，其覆盖较宽的波长范围且有非常高的精度，并且这些光谱有足够长的时间跨度和空间覆盖。为了验证光谱重构模型具有可行性，主要致力于解决相对熟悉、简单且实际上大量存在于自然界的场景。概括来说，收集光谱的途径主要有以下几种。

8.2.1　从公开发布的光谱库中选择光谱

1. USGS 光谱库

1）光谱库简介

在收集光谱重构所用的端元光谱时，首先考虑（美国地质调查局 USGS）所建立的光谱库 splib06a。splib06a 是一个由 USGS 光谱实验室所建立的综合的光谱库。其中，光谱样本的收集是为了遥感能利用这些光谱特征来探测相似的物质，因而光谱库含有地表遥感研究中非常广泛的各种地物，主要包含矿物、岩石、土壤、重构的混合物，此外还有植被、植物群落和微生物和人工物质等物质的光谱，光谱库的波长范围从紫外覆盖到远红外。splib06a 发展的来源最初是 USGS 在结合 JPL 标准波谱数据库的基础上，面向遥感探测需求发展出的波谱数据库。该波谱库不断发展，由第 1 版(splib01)已经发展到目前网上运行的第 6 版(splib06a)。该波谱数据包括有指示性的典型植被、土壤、水体、矿物、岩石、人工材料及混合材料样品。

2) 光谱库的构成

光谱库的主要构成物质见表 8.1。

表 8.1　USGS splib06a 光谱库组成

种类简写	主要的物质
M	矿物
S	土壤、岩石和混合物
C	涂料
L	液体、液体混合物、水、其他挥发物和冷冻挥发物
A	人造物，包括化学制品
V	植物、植被群落、植被与微生物的混合物

3) 光谱收集

USGS 光谱库中的光谱主要由 4 种不同的光谱仪来测量：①Beckman 5270，光谱范围为 0.2~3μm；②Analytical Spectral Devices (ASD) 便携式光谱仪，光谱范围为 0.35~2.5μm；③Nicolet Fourier Transform Infra-Red (FTIR) 干涉光谱仪，光谱范围为 1.3~150μm；④NASA Airborne Visible/Infra-Red Imaging Spectrometer (AVIRIS)，光谱范围为 0.4~2.5μm。实地光谱测量通常在不同的天空条件下，大部分收集在晴朗天空的最佳条件下，收集时间在午间前后的一个小时内。AVIRIS 光谱的测量常在便携式光谱仪难以测量时进行光谱收集，如较高的乔木冠层光谱(需要梯子或其他工具，以便仪器可以在光谱仪上方进行测量)。

4) 详细的光谱介绍

研究包括使用光谱库光谱来分解，重构未知场景。因此，具有高质量的光谱库是必需的。USGS 光谱库经过众多科研工作者长达 15 年的努力，已对光谱库中获得的测量光谱和进行了样本特征化，提供了具有科学分析、管理能力的光谱库软件，PC 机的用户同样也可以获得相关程序(Clark, 1983)。程序能读取二进制的光谱文件和绘制光谱图，以 View_SPECPR 软件(Kokaly, 2008)为例。在该程序的控制窗口下，可以定位所需要的光谱，进行光谱数据的查看、分析、制图，进行包络线去除，查看头文件、光谱的描述信息以及将其导出成 ASCII 文件。以其中 Aspen-1 Green-Top DESCRIPT 光谱为例(表 8.2 和图 8.3)。

表 8.2　　splib06a 中 Aspen-1 Green-Top 的描述

标题名称	Aspen-1 Green-Top 光谱描述
文件格式	植物
样品 ID	Aspen-1
类型	落叶树
植物名称	颤杨
拉丁名称	*Populus tremuloides*（美洲颤杨）
采集地点	Boulder, Colorado（科罗拉多州波尔得）

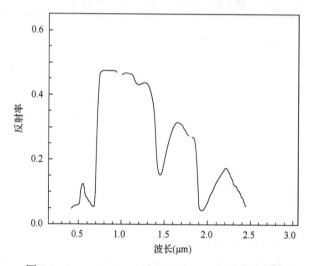

图 8.3　Aspen-1 Green-Top W1R1Fa AREF 的波谱图

2. 我国典型地物标准波谱数据库

1）光谱库简介

"我国典型地物标准波谱数据库"是由北京师范大学、中国科学院遥感应用研究所、南京大学等单位在国家"十五"863 计划信息的获取与处理技术主题的支持下所完成的一项重点基础科研任务（王锦地，2009）。"我国典型地物标准波谱数据库"的建设旨在通过数据库的建立，形成一个标准的波谱数据平台，从而为推动定量遥感的发展和应用提供基础波谱数据及配套参数和相关知识数据（王锦地等，2003）。波谱知识库是一个集波谱测量数据（含典型地物的典型遥感图像数据）、遥感先验知识数据（含遥感分析模型）于一体的数据库系统，其为定量遥感的理论与应用研究提供一个系统化和专业化的遥感波谱科学实验平台。该系统为广大用户提供了能覆盖我国主要地物从可见光、红外到微波波段的典型地物标准波谱知识库（王锦地等，2003）。

2）光谱库的构成

"我国典型地物标准波谱数据库"已在 2005 年通过科学技术部的验收，现已通过其用户平台面向全国用户免费提供数据服务，主要为用户提供波谱库中国典型地物波谱以及配套参数下载与传输服务。目前，数据库中收集与实测波谱条数超过 3 万条，采集地点包括除西藏、黑龙江等极少数省（自治区）外的全国各地，地物类型有农作物（冬小麦、玉米、棉花）、岩石矿物、水体等。

3）光谱收集

光谱收集主要采用的仪器有美国 ASD 公司的 FieldSpec@ Pro FR 和 GER 1500&3700 单视场角波谱辐射计（波段在可见光、近红外和短波红外，光学探头可以绑定在不同的平台上，也可安装在三脚架上在野外进行地面波谱测量），此外光谱库中也用了一部分 Itres 有限责任研究机构的小型航空光谱成像仪（compact airborne spectrographic imager，CASI）中的光谱数据，还包括高光谱成像仪（hyperion）（美国 EOS 计划中 EO-1 卫星的遥感器之一，其搭载美国 Terra 卫星、辐射计（multi-angle imaging spectro-radiometer，MISR；由 JPL 提供）、中分辨率成像光谱仪[moderate resolution imaging spectroradiometer，MODIS；它是美国国家航空航天局（NASA）正在实施的地球观测系统（earth observation system，EOS）计划中所应用的卫星传感器之一、专题制图仪[thematic mapper（TM） & enhanced thematic mapper+（ETM+）]等从卫星影像上收集的光谱数据。

4）详细的光谱介绍

进入波谱用户系统以后，分别可以按照波谱分类进行查询，定义地点、时间和种类后即可查询到所需光谱，也可以按照自定义参数的查询方式进行查询，如农作物结构参数、$1m^2$ 的总茎数（个）、株高（cm）、叶面积指数（无量纲）等，也可以按照地图模式来查询。以数据 5137 为例（图 8.4），可获取其测量时的相关信息，如图 8.5 所示。我国典型地物标准波谱数据库无论是地域分布，还是地物的种类都是非常适用于光谱重构研究的，但是该数据库目前处于维护中，能下载的数据相当有限。

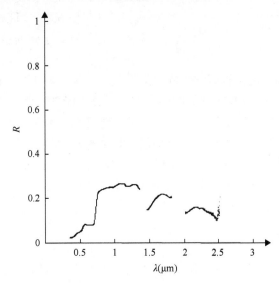

图 8.4　我国典型地物标准波谱数据库中 5137 数据光谱

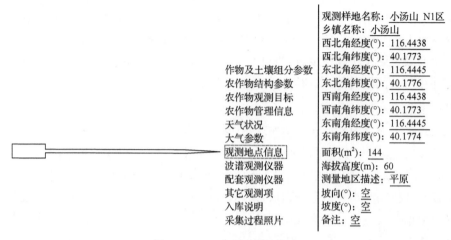

	观测样地名称: <u>小汤山 N1区</u>
	乡镇名称: <u>小汤山</u>
	西北角经度(°): <u>116.4438</u>
	西北角纬度(°): <u>40.1773</u>
作物及土壤组分参数	东北角经度(°): <u>116.4445</u>
农作物结构参数	东北角纬度(°): <u>40.1776</u>
农作物观测目标	西南角经度(°): <u>116.4438</u>
农作物管理信息	西南角纬度(°): <u>40.1773</u>
天气状况	东南角经度(°): <u>116.4445</u>
大气参数	东南角纬度(°): <u>40.1774</u>
观测地点信息	面积(m²): <u>144</u>
波谱观测仪器	海拔高度(m): <u>60</u>
配套观测仪器	测量地区描述: <u>平原</u>
其它观测项	坡向(°): <u>空</u>
入库说明	坡度(°): <u>空</u>
采集过程照片	备注: <u>空</u>

图 8.5　5137 数据详细参数图

8.2.2　从影像中收集光谱

影像端元光谱的提取是目前研究的热点。有很多方法可用来自动提取高光谱图像数据中的纯光谱，有人曾对几种常用方法进行过比较分析，但由于无法保证数据源的有效性及方法的普遍适用性，最终并没有得到一个完整的结论。

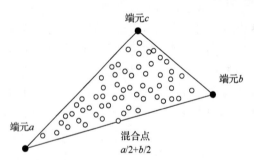

图 8.6　端元空间分布的几何意义

端元的物理意义是指图像中相对纯的地物类型，因此它实际上代表的是没有发生混合的"单一地物"。因此，可以认为像元数据集合构成的空间是空间中的几何单体或是凸集，端元为这些几何体的顶点，混合像元均由这些端元的混合构成，如图 8.6 所示。

在理想情况下，可以对噪声忽略不计，端元的几何位置处于几何单体的各个顶点，对于三角形内部的点，显然就是各个顶点的线性混合，其相对于各个顶点的位置即线性混合的系数。实际上由于噪声的影响，上述分析与实际情况往往有较大的差别，这样提取出来的端元并不能真实地反映地表实际地物特征，即求出的端元仅是对真实情况的估计或近似，这样端元的位置就不在顶点上。此外，在某些情况下，端元也可以被认为是一均值，是某种图像类别的中心。基于上述对端元意义理解的不同，端元的提取方式也不同。通常来说，可以分为两类：一类是通过求几何顶点的方式来解算端元；另一类则是通过求均值波谱的方式来解算端元。不管哪一种求解方法，都是对真实端元的估计。

8.2.3　野外光谱采集

在野外测量时一般采用垂直测量的比较法，垂直测量是为了使所有野外测量数据能与航空、航天遥感器所获取的数据进行比较，因此一般情况下，测量仪器均用垂直向下的测量方法，以便与多数遥感器采集数据的方向一致。由于实地情况十分复杂，测量时常将周围环境的变化忽略，认为实际目标与标准板的测量值之比就是反射率之比。

但这种测量无法考虑入射角度变化时造成的反射率辐射值的变化，也就是对实际地物在一定程度上取近似朗伯体，可见测量值也有一定的适用范围。测量时的注意事项如下：观测时段一般为地方时 9：30～15：30，以确保足够的太阳高度角，为减少测量人员自然反射光对观测目标的影响，观测人员应着深色服装。

8.2.4　波谱库质量控制与端元的规格化

1. 端元光谱库的质量控制

对数据质量的评估采用定量与定性相结合的方法，主要利用同类地物不同个体或群体的反射波谱强度或反射率之间存在一定变幅，但它们的吸收谷和反射的位置基本上是不变的。针对于此，将所有的光谱数据分为四大类：

(1)植被类的光谱：包含农作物的光谱，如小麦、高粱、玉米、水稻、各种乔木和花草的光谱。

(2)岩石、土壤光谱：包含 USGS 岩石、土壤光谱、我国典型地物波谱数据库中的土壤、矿物光谱，以及在野外自行采集的土壤光谱。

(3)水体光谱：包含我国各地采集的江河湖海及 USGS 水体的光谱。

(4)人造合成物光谱：主要是各种涂料和建筑材料的光谱。

对数据进行分类后，将所有采集的光谱数据按照统一格式入库，对于无效数据统一删除，且自行采集的数据中部分数据中间有无效部分，原始数据中无效部分采用负无穷大，此处设置为 0，从光谱中挑选噪声比较小的曲线作为光谱库的备选重构光谱。

2. 端元的规格化

对于所有端元光谱库中的端元光谱，即使是同一种地物，也因为其是在不同的时间和地点采集的，所以并不能方便地进行统一比较。为了便于在统一标准下用端元光谱进行光谱重构，要对光谱进行规格化，使其不受时间、地点、平台的影响。采用将光谱做规格化的处理来消除时间和空间的影响。

不同光谱的规格化最早见于应用 PDM 方法的 Landsat/MSS 和 TM 数据分析中 (Muramatsu et al., 2000)，对于 TM 数据，其规格化的方法为

$$\sum_{i=1}^{6} \left| P_k(i) \right| = 1 \tag{8.1}$$

式中，$i = 1, \cdots, 6$，对应于除热红外波段以外 6 个不同的 TM 波段；k 为不同的地物，为规格化后不同地面反射率测定值。由式(8.1)可知，规格化后的反射率值依赖于传感器，因此式(8.1)所计算的值适用于一种具体的传感器数据。针对该方法的不足，张立福等 (2005)提出了改进的规格化方法，采用连续的标准地物光谱数据，波长范围为 350～2500nm(不包括水蒸气严重吸收的范围)。与 TM 数据不同的是，规格化是在连续波长范

围内进行的，其公式如下：

$$\int |P_k(\lambda)|\mathrm{d}\lambda = \int \mathrm{d}\lambda \tag{8.2}$$

式(8.1)中的离散波段数 i 被换成连续波长 λ，式(8.1)等号右边的 1 用波长范围的积分值 $\int \mathrm{d}\lambda$ 代替，$P_k(\lambda)$ 的计算方法如下：

$$P_k(\lambda) = \frac{\int \mathrm{d}\lambda P_k(\lambda)}{\int |P_k(\lambda)|\mathrm{d}\lambda} \tag{8.3}$$

规格化是利用光谱库内的端元连续光谱数据，按式(8.3)进行归格化处理，得到不同种地物的标准化参考光谱，其适用于任何传感器。

对于某一传感器，将其光谱波段范围代入光谱响应函数，即传感器所对应波段规格化的标准光谱。

8.3　光谱重构的端元基础——规格化多端元光谱分解

在具有空间和时间代表性的典型地物波谱库建好以后，依据光谱重构原理，确定像元的光谱组分和每种成分的覆盖率。首先来介绍端元成分的确定，即像元的端元光谱分解。在像元分解过程中，现有的公开发表的文献已提出了大量有效的分解方法，然而，无论是简单的线性混合模型(linear mixture model，LMM)，还是复杂的非线性混合模型(nonlinear mixture model，NLMM)，或其他解混模型，都存在着以下三个问题：其一，这些解混的混合模型大多都是在假设像元中的端元成分已知的情况下进行分解的；其二，这些解混模型并没有考虑到各种端元的时空变化问题；其三，端元数量是确定的。

因而，在规格化重构端元光谱库的基础上，提出基于通用分解模式(universal pattern decomposition method，UPDM)和多端元分解模式的新分解方法，即规格化的多端元光谱分解方法(normalized multiple endmember decomposition method，NMEDM)。NMEDM 试图在迭代程序中，基于数千条光谱的光谱库，解释每一个像素的每一种可能的光谱组合，找到最好的分解模型来分解每一个像素的光谱信息，从而可以更有效地进行光谱重构。

8.3.1　多端元光谱分解的基础

从理论上来说，光谱分解就是要找到混合影像中的各种原始端元成分。如果能精确地找到混合像元的各端元组分，那么光谱重构的精度自然就是可以预期的了。对于端元的分解，几十年来，学者们已经提出了许多成功的分解算法。其中，应用最广泛的就是简单光谱混合分析，对于简单光谱混合来说，光谱表观反射率被分解为若干个端元的线性组合(图 8.7)，其是混合像元分解最常用的方法。这种模型计算简单、应用广泛，且具有一定的精度，因而也是目前对混合像元问题研究最为深入的方法。另外，在简单光谱混合分析的基础上，张立福等(2005)提出了通用模式分解算法(universal pattern decomposition method, UPDM)。

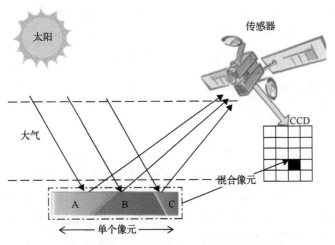

图 8.7　混合像元的成像过程

UPDM 是在模式分解算法(pattern decomposition method, PDM)的基础上发展起来的，PDM 认为，大约有 95.5% 的地物覆盖信息可以被成功分解为植被、水、土壤三种标准地物的光谱线性组合，每种标准地物自由度的误差为 4.2%，但由于 PDM 的应用受传感器限制，因此在此基础上发展了 UPDM(Muramatsu et al., 2000)。在 UPDM 中，最重要的就是对所有光谱进行了规格化处理，使得不同平台条件下获取的不同空间和时间的地物光谱能在一个标准下进行比较。这种规格化是在整个太阳连续光谱范围下(0.295~2.5μm)进行的，并且 UPDM 通过三种模式分解，实际上就是将高光谱数据表示成一个三维空间，在这个三维空间里，任何一个数据都是这三维数据的合成，即其中光谱形状可表示为三种标准模式(水体、植被、土壤)的线性组合，用公式表示为

$$R_i = C_w \cdot P_{iw} + C_v \cdot P_{iv} + C_s \cdot P_{is} + r_i \tag{8.4}$$

式中，R_i 为波段 i 的地物反射率值；C_w、C_v 和 C_s 分别为规格化后的标准水体、植被和土壤的系数；P_{iw}、P_{iv} 和 P_{is} 为规格化后的标准模式光谱；r_i 为残差。需要强调的是，在这里 R 所代表的是规格化后的标准光谱而不仅仅是标准光谱，C 是分解系数而不是端元覆盖率。

UPDM 简单易用而且能成功进行光谱分解。但由于其采用简单混合原则，即每一分解模式，其端元光谱是固定的(只采用三种分解模式，而且对于每一种模式通常采用平均值)，这使得其实际应用是受限的。因为不能解释一个事实，在视场内的成分数量和相对于这些成分的光谱是变化的。

另外一个缺陷就是 UPDM 不能说明各成分之间细微的光谱差别，从而会对中误差(RMSE)产生小的影响，且仅能被表达分解系数和/或残差。例如，水稻和高粱尽管同为农作物，但实际上它们的光谱是有差别的，就算是同是水稻光谱，7 月和 8 月也是有区别的。如果只是用一个平均化的标准光谱去进行代表会造成一定的误差。

基于上述分析，希望能发展一种新的分解方法，不仅可最小化残差和/或 RMSE，且允许在场景中不同数目的端元能参与分解（而不仅是三种通用模式的分解），并且这种分解是在一个包含有空间和时间的变化地物光谱库基础上的。利用这种方法，端元数量、类型可以在影像中变化到每一个像素，这就是 NMEDM。

8.3.2 多端元迭代混合分解

1. 混合场景端元

为了对提出的多端元光谱分解的有效性进行验证，以光谱库中的纯端元进行不同性质的混合，主要是指用不同数量的端元进行不同比例混合，以验证提出的规格化多端元分解分析的有效性，从而在端元光谱库中找到混合场景中准确的端元组分。为了使参与描述混合像元的端元代表有足够的说服性，从光谱库中随机选取 9 种端元，分别采集自不同的地点和时间，详细描述见表 8.3。

表 8.3　参与规格化多端元分解的 9 种端元

端元	光谱库中光谱名称	采集地点	采集时间	备注
土壤	anshun_lumian_201107181115	贵州安顺	20110718	野外实地测量
草地	anshun_caodi_201107181117	贵州安顺	20110718	野外实地测量
水稻	anshun_shuidao_201107211210	贵州安顺	20110721	野外实地测量
向日葵	baotou_youkui_201109021010	内蒙古包头	20110902	野外实地测量
水体	anshun_shuiti_201107211150	贵州安顺	20110721	野外实地测量
玉米	baotou_yumi_201109021004	内蒙古包头	20110902	野外实地测量
橡树叶	oak_oak-leaf-1.30669	LakewoodColorado	19970723	USGS 光谱
白云岩	dolomite_ml97-3.7170	Carson Hill, CA	19980415	USGS 光谱
硫酸镁	kieserite_kiede1.12283	Kieser Germany	20050516	USGS 光谱

2. 两端元混合

假设一个常见的两端元的场景进行两端元随意比例的混合：

$$R = C_1 \cdot P_1 + C_2 \cdot P_2 \tag{8.5}$$

式中，C、P 分别为端元的分解系数和端元的规格化光谱（下同）。两端元组成的混合像元是混合像元中最简单的一种场景了，但在实际环境中却是大量存在的。对于这样一种两类地物的覆盖，像元中的端元成分假设光子只和地表进行一次反射。对于两端元的混合场景，一种地物的覆盖率为 x 时，另一种地物的覆盖率为 $1-x$。为了验证提出的多端元规格化分解的有效性，把两端元按不同的比例进行混合（表 8.4），然后在建立的光谱库中进行分解，看是否能找到准确的端元。

表 8.4　两端元混合场景的不同比例混合

种类	覆盖率(f)
土壤(soil)	$0\sim1$
草地(grass)	$1-f_{soil}$

表 8.4 为土壤和草地的混合(覆盖率以 0.1 为步长,接下来的所有混合都以 0.1 为步长,下同)。

对于土壤和草地两端元的任意比例的混合，土壤的混合比例为 0～1，草地的混合比例为 1～0，共得到 11 条混合光谱[图 8.8(a)]，这样的 11 条混合光谱经 NMEDM 分解后，均从光谱库中准确地找到了参与混合的端元[图 8.8(b)]。

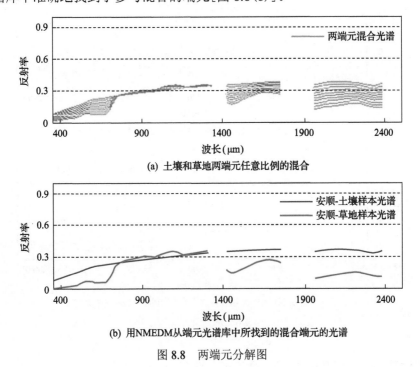

(a) 土壤和草地两端元任意比例的混合

(b) 用NMEDM从端元光谱库中所找到的混合端元的光谱

图 8.8　两端元分解图

3. 多端元混合

在现实环境中，一些复杂的场景或者是一些精细的调查，需要考虑到多端元的混合情况：

$$R = C_1 \cdot P_1 + \cdots + C_n \cdot P_n \tag{8.6}$$

为了进一步描述规格化多端元分解的有效性，本书也对超过三个端元的混合场景进行了分解，下边介绍四端元分解。

表 8.5 为一个草地、水稻、向日葵、土壤四端元任意比例的混合。图 8.9(a)为四端元混合之后得到的光谱，混合光谱经 NMEDM 分解后均从光谱库中准确地找到了参与混

合的端元[图 8.9(b)]。

表 8.5　四端元混合场景的不同比例混合

种类	覆盖率(f)
草地(grass)	$0 \sim 1$
水稻(rice)	$1 - f_{grass}$
向日葵(helianthus)	$1 - f_{grass} - f_{rice}$
土壤(soil)	$1 - f_{grass} - f_{rice} - f_{helianthus}$

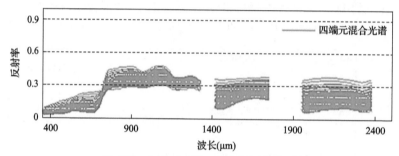

(a) 草地、水稻、向日葵、土壤四端元任意比例的混合

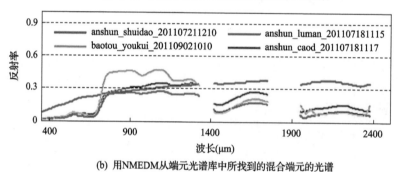

(b) 用 NMEDM 从端元光谱库中所找到的混合端元的光谱

图 8.9　四端元分解图

8.3.3　光谱重构的丰度基础-模糊集全约束条件

假设像元的重构端元组分已经确定，则端元的覆盖率是接下来要确定的部分。如果能够得到在实际场景中的端元成分，并且能准确地求出每种端元成分的覆盖率，则光谱重构就是可执行的。所以，如何才能准确地求出每一个端元的覆盖率就是接下来要研究的内容。

1. 全约束条件

把端元的覆盖率异化成分解系数，但要将其和实际物理意义对应起来，就应该重新将其变回端元覆盖率。而端元的覆盖率要想有实际的物理意义，每一种端元覆盖率必定非负且小于等于 1，并且所有组分覆盖率的和必须为 1。对于上述两种约束情况，在混合模型分解时，如果只考虑一种约束情况是部分约束的问题，同时考虑这两种约束则称为全约束问题(fully constrained)。

从已发表的文献看来，和为 1 的约束是较容易执行的，但非负的约束则较难。结果是，大多数的研究仅执行和为 1 的约束，然后应用非负的约束得到最终结果。实际上，到目前为止，无论是完全无约束、部分约束还是全约束的研究都是很多的。例如，解决部分约束问题的拉格朗日乘数(Lagrange multiplier，LM)最优化方法(Settle and Drake, 1993)，但是部分约束问题的结果通常对实际的混合覆盖估算只能生成一个较好的近似(Heinz and Chang, 2001)。因此，也有一些研究致力于解决全约束的问题，如二次规划方法(Trefethen and Bau, 1997)。然而，这些存在的解决方案无论是二次规划还是迭代算法，其因为计算量大，并不适合于大尺度的应用。

在这些问题的基础上，José Luis Silván 提出了一种基于模糊集运算[fuzzy set (FS) operations]的全约束方法，这种新的方案当端元数小于 7 时可以产生一个高效的方法(Silván-Cárdenas and Wang, 2010)，并且具有足够高的精度。

2. 隶属函数

在经典集合中，对于一个子集是否属于一个集合，结论是非常明确的。设 U 是一个特征空间，对于特征空间 U 的每一个像素 u 和特征空间中的一个子集 A 来说，或者 $u \in A$ 或者 $u \notin A$，两者仅有一个成立，是符合二分原则的。于是对于子集 A，u 的隶属函数是 $u_A \rightarrow \{0, 1\}$[图 8.10(a)]。而对于模糊空间而言，和传统的集合一样，模糊集也有它的元素，但可以谈论每个元素属于该模糊集的程度，其从低到高用 0~1 的数米表示。对于特征空间 U 中的每一个元素 u 和论域中的一个子集 A 来说，任取 $u \in U$，u 总是以某种程度 $u_A \in A$，即其隶属函数为 $0 \leqslant u_A \leqslant 1$[图 8.10(b)]。

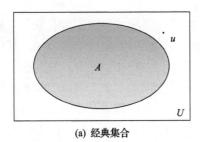

(a) 经典集合　　　　　　　　(b) 模糊集合

图 8.10　经典集合和模糊集合中隶属函数

从模糊集的隶属函数概念出发，其对于一个混合像元中各个端元的覆盖率也可以是一种很好的描述。因为混合像元中各个组成端元的成分隶属于该像素的程度(0~1)也和模糊集中隶属函数是完全吻合的。

对于多波段甚至是高光谱的影像空间来说，假设有一个由影像波段构成的特征空间，这个特征空间可以是超维的。在这个特征空间里有一个由法向量 $w \in R^n$ 构成的超平面 h：

$$W^T x - b = 0 \tag{8.7}$$

式中，$b \in R$。很显然，这个平面能将多维的特征空间分割为三个部分(图 8.11)：①平面本身；②平面左边；③平面右边。如果对于空间里的一个点 x_0 ，$W^\mathrm{T}x-b<0$ ，设定其存在于左半空间，如果 $W^\mathrm{T}x-b>0$ ，则存在于右半空间。

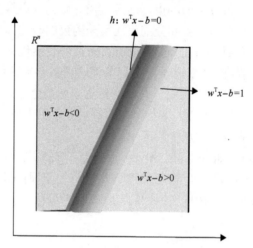

图 8.11　超平面所决定的空间

因此，H 被考虑为一个在 R^n 中的模糊半空间。模糊集 H 可以用隶属函数 $\mu_H = \mu(w^\mathrm{T}x_0 - b)$ 来定义，其中：

$$u(\lambda)=\begin{cases}1 & \lambda\leqslant 0\\ 1-\lambda & 0<\lambda<1\\ 0 & \lambda\geqslant 1\end{cases} \tag{8.8}$$

当最优候选模型确定以后，即每一个混合像元实际场景中的组合成分已确定，现在要确定的就是场景中每种组分的丰度比。从模糊数据中的模糊集合可知，模糊集也有它的元素，可以谈论每个元素属于该模糊集的程度，用 0～1 来表示。这对于一个混合像元中的各个端元的丰度比是一种很好的描述，即混合像元中各个组成的端元隶属于该像素的程度。模糊集有一个很好的优点，即其隶属度（0～1）总是正值，且符合端元丰度比的实际描述。接下来要考虑的就只是其和为 1 的问题了。在 José Luis Silván 提出的模糊集运算全约束方法，以及整个光谱库选取光谱的基础上，进行了适合光谱重构的模糊集解混。

3. 模糊集的全约束光谱解混

对于混合像元的混合模型，在前面已经讨论过了，假设至少有若干个端元，线型模型表示如下：

$$R = f_1e_1 + f_2e_2 + \cdots + f_ne_n + r \tag{8.9}$$

式中，r 为残差。

式 (8.9) 可以被表示为

$$R = f_1 e_1 + f_2 e_2 + \sum_{i=3}^{m} f_i e_i + \varepsilon \qquad (8.10)$$

式中，R 为像元的反射率；e 为实际场景中的不同组分，下标表示不同的端元；f 为端元的覆盖率，下标对应于不同的端元；ε 为残差。应当注意的是，f 不同于式(8.4)中的分解系数 C。然后，式(8.10)两边都减去 e_1，再用 $1 - f_1 - f_3 - \cdots - f_m$ 替代 f_2（从和为 1 限制得来）得到式(8.11)：

$$f_1(e_2 - e_1) = (e_2 - e_1) - (R - e_1) + r + \sum_{i=3}^{m} f_i(e_i - e_2) \qquad (8.11)$$

　　式(8.11)等号右边的最后项当 $m = 2$ 时为 0；当 $m > 2$ 时，这一项能通过式(8.11)等号两边都乘上一个正交向量 $e_1' - e_1$ 到基向量 $\{e_i - e_2\}, (i = 3, \cdots, m)$ 得以消除。其中，e_1' 是点 e_1 投影到除 e_1 端元以外的所有端元的超平面 h_1 的投影。这一步相似于文献(Yu et al., 2018)中讨论的正交子空间投影法(orthogonal subspace projection approach)。因此，f_1 的解能被描述为

$$f_1 = \frac{(e_1' - e_1)^{\mathrm{T}}(p - e_1 - \varepsilon)}{(e_1' - e_1)^{\mathrm{T}}(e_2 - e_1)} \qquad (8.12)$$

　　注意：$(e_1' - e_1)^{\mathrm{T}}(e_2 - e_1) = \|e_1' - e_1\|^2$。因为 e_1' 和 e_2 两者都在 h_1 内，且 e_1' 是在 h_1 内最接近 e_1 的点，特别地，当 $m = 2$ 时，$e_1' = e_2$。

　　定义式(8.13)：

$$w_1 = \frac{e_1' - e_1}{\|e_1' - e_1\|^2}, b_1 = w_1^{\mathrm{T}} e_1 \qquad (8.13)$$

　　所以 h_1：$W^{\mathrm{T}} x = b_1 + 1$ 是一个包含点 $e_2, \cdots, e_m$ 的超平面。利用这个定义，把式(8.12)简写为

$$f_1 = 1 - w_1^{\mathrm{T}}(R - r) + b_1 \qquad (8.14)$$

　　接下来要考虑的残差的形式。由一个线性混合所定义点的集合，有着非负与和为 1 的限制，定义了端元集合的凸集(convex hull)。因此。残差 $\|r\|^2$ 的最小表明要搜索在凸集内的最接近 R 的点 $R' = R - r$，对于在凸集外的点，最近的点是点 R 到凸集的最近面的正交投影。在推导出一般项的解之前，考虑两端元的情况。

　　假设现在已确定混合像元是由两个端元构成的，根据端元凸集中的几何意义，可以想象两个端元在几何空间中的分布一定可以连成一条直线。理想情况下，所有两个端元混合而成的像元都一定落在这两个端元连成的直线上。但由于实际情况的影响，实际待分解的像元也可能落在这条直线以外。总体来说，混合像元的分布可以根据残差的形式

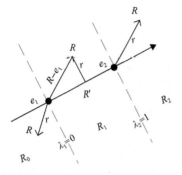

图 8.12　基于残差 ε 的两端元混合空间分割

而分为三个区间(图 8.12)。

如同在图 8.12 中描述的一样,残差向量 r 是三种形式中的一种,其依赖于 R 的区域。每一个区域代表了共享一个到最近面的所有点的集合。通常来说,三个区域能通过前面所定义的超平面变量 $\lambda_1 = w_1^T p - b_1$ 来特征化,沿着包含 e_1 和 e_2 的线变动。这个变量对 R_0 取负值,对 R_1 取 $0 \sim 1$ 的值(不包括边界点),对于 R_2 取大于 1 的值。

考虑到在图 8.12 中的定义,残差的表达式为

$$r = \begin{cases} R - e_1 & \lambda_1 \leqslant 0 \\ R - e_1 - \lambda_1(e_2 - e_1) & 0 < \lambda_1 < 1 \\ R - e_2 & \lambda_1 \geqslant 1 \end{cases} \tag{8.15}$$

现在,将式(8.15)代入式(8.14)中得到式(8.16):

$$f_1 = \begin{cases} 1 & \lambda_1 \leqslant 0 \\ 1 - \lambda_1 & 0 < \lambda_1 < 1 \\ 0 & \lambda_1 \geqslant 1 \end{cases} \tag{8.16}$$

最后,得到式(8.17):

$$f_1 = \mu(w_1^T R - b_1) \tag{8.17}$$

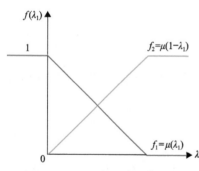

图 8.13　两端元分割下的端元丰度

这就是要求的端元 e_1 的覆盖率,同样一个相似的步骤能得到 $f_2 = \mu(\lambda_2)$,其中 $\lambda_2 = 1 - \lambda_1$。图 8.13 显示了 λ_1 的函数的这些隶属函数的结果。

如同先前所观测的情况,$\|r\|$ 的最小化表明混合空间的多个区域的分割,每一个区间所有点的集合都共享一个最近的面(这个面由这 n 个端元构成,当然这个面可以是 1 维的,也可以是 2 维,$\cdots$,$n-1$ 维的)。一般来说,对于 m,有 2^{m-1} 个面。因此,m 较大时是非常复杂的。对于有如此多的面和区域,是很难对残差向量的一般情况来写一个很明确的函数的。

根据模糊集中支集和核的概念,可以将其分解为 3 个相关的区域,这样表示覆盖率的形式要简单得多:①核心或者饱和区;②支集减去核心区,如过渡区;③支集的补集,如无效区。正如下边所指出的,每一个区域关联着凸集的面不同的集合。

让 X 表示端元的集合,且 2^X 表示幂集,除去空集外,考虑幂集的分割 $2^X = \{e_1\} \cup F \cup G$,其中 $F = \left\{ A \mid A \in 2^X, e_1 \in A, |A| > 1 \right\}$,且 $G = \left\{ A \mid A \in 2^X, e_1 \notin A \right\}$,所以 $|F| = |G| = 2^{m-1} - 1$。

让 $e_1(j)$ 表示 e_1 通过面 G_j 内的点定义的子空间内最近的点。如果 $\left|G_j\right|=1$，子空间是一个点，最近的点就是子空间本身；如果 $\left|G_j\right|>1$，最近的点由如下的正交子空间投影给出：

$$e_1^{(j)} = e_1 + (I - DD^{\#})(e_1 - e) \tag{8.18}$$

式中，D 为由在面 G_j 内的顶点所有线性独立差生成的基矩阵；$D^{\#}$ 为 D 的伪逆；e 为在面 G_j 内的任意点。子空间包含于超平面 h_1：$W^{\mathrm{T}}x = b_1 + 1$ 有如下参数：

$$w_j = \frac{e_1^{(j)} - e_1}{\left\|e_1^{(j)} - e_1\right\|^2}, b_j = w_j^{\mathrm{T}} e_j \tag{8.19}$$

此外，这样一个超平面的集合，对于在 G 内的所有面形成了 f_1 的支集，且对于在过渡区域 f_1 内的点，函数 $\lambda_j(x) = w_j^{\mathrm{T}} x - b_j$ 取 0～1。

对于 $j>1, R$ 到面 F_j 投影由式(8.20)给出：

$$p' = e_1 + (e_1^j - e_1)\lambda_j \tag{8.20}$$

式(8.14)替代方程导致 $f_1 = 1 - \lambda_j$，其中用到了 $(e_1' - e_1)^{\mathrm{T}}(e_2 - e_1) = \left\|e_1' - e_1\right\|^2$ 的一致性。之所以具有一致性因为 e_1' 是在 h_1 到 e_1 内最近的点，且 e_1^j 同样也在 h_1 内。

考虑到所有情况，其结果可以表示为

$$f_1 = \begin{cases} 1 & R \in R_0 \\ 1 - \lambda_1 & R \in R_1 \\ 1 - \lambda_2 & R \in R_2 \\ \vdots \\ 1 - \lambda_{2^{m-1}-1} & R \in R_{2^{m-1}-1} \\ 0 & R \in \bigcup_{j=2^{m-1}}^{2m} R_j \end{cases} \tag{8.21}$$

式中，R_0 为把 e_1 作为最近面的区域；R_j 为把 F_j 作为最近面的区域，$j = 1,\cdots,2^{m-1}$。

对于 $j = 1,\cdots,2^{m-1}$，隶属函数 $\mu(\lambda_j)$ 表达式如式(8.21)所示。其等效于 $\lambda_j(x) < 1$ 定义的半空间的支集建立 f_1 的支集。让 K 表示为 f_1 的支集的凸集的数目，对于 $k = 1,\cdots,K$，J_K 表示包含在第 k 个凸集内的半空间的索引集。对于 f_1，析取范式 DNF (disjunctive normal form) 函数表示如下：

$$f_1 = \bigvee_{k=1}^{K} \bigwedge_{j \in J_K} \mu(w_j^{\mathrm{T}} \cdot p - b_j) \tag{8.22}$$

问题现在转换为确定凸集 K 的数目及 J_K 对于 $k = 1,\cdots,K$ 的索引集，如三个端元的计算确定如下：

$$f_1 = \left[\mu(\lambda_1) \wedge \mu(\lambda_2)\right] \vee \left[\mu(\lambda_2) \wedge \mu(\lambda_3)\right] \tag{8.23}$$

8.4 FSME 光谱重构机理的建立及验证

经过前面的阐述及证明，通过模糊集全约束条件下的多端元分解，可以从混合场景中找到准确的端元构成成分及各端元的覆盖率，在此基础上提出模糊集多端元分解（fuzzy set multi-endmember decomposition，FSME）的重构方法。从光谱解混的原理出发，一个混合像元可以分解成若干种端元及其覆盖率的组合，那么从其对偶的逆过程出发，也可以认为其可以分解成若干种端元及基覆盖率的组合，从而可以重构出一个像元。

8.4.1 重构原理

在光谱重构模型中，假设每个入射光子仅与单个像元组分作用。一个混合像素的信号 R 能被其组分的纯光谱信号和光谱权重（权重由子像素的覆盖率决定）做如下描述：多光谱影像中提取的地物光谱可表示为光谱形状，光谱可表示为若干种标准光谱模式和残差项的线性组合，用公式表示如下：

$$R = f_1 e_1 + f_2 e_2 + \cdots + f_n e_n + r \tag{8.24}$$

式中，R 为像元的反射率；$e_1, e_2, \cdots, e_n$ 为实际场景中的不同组分，下标表示不同的端元；f 为端元的覆盖率，下标对应于不同的端元；r 为残差。对于多光谱传感器来说，其可以表述为

$$R_M = e_M f + r_M \tag{8.25}$$

式中，下标 M 表示多光谱传感器，由于混合场景中，端元组成成分和其丰度比不发生变化，而覆盖率 f 已经通过模糊集运算求得，因此只要用光谱库中先前通过多端元分解找到的具有窄波段的 e_H 代替宽波段的 e_M，便可重构获得所需的高光谱数据：

$$R_H = e_H f + r_H \tag{8.26}$$

式中，下标 H 表示高光谱传感器；R_H 为重构的高光谱数据。

8.4.2 光谱重构测试

1. 模拟数据的重构

多光谱数据采用的是搭载在 EO-1 平台上的 ALI 的 9 个多光谱波段数据，而重构的是 115 个波段的 Hyperion 数据。从光谱库中分别随机提取了水体、土壤和植被三种端元的光谱，并对这三种端元的光谱进行平均，以作为混合光谱，对上述四种光谱分别用

UPDM 和 FSME 两种高光谱重构方法进行重构，重构波段去除了未定标波段和水汽吸收波段，并对模拟得到的高光谱和原始光谱进行对比分析。实验结果如图 8.14 和图 8.15 所示。

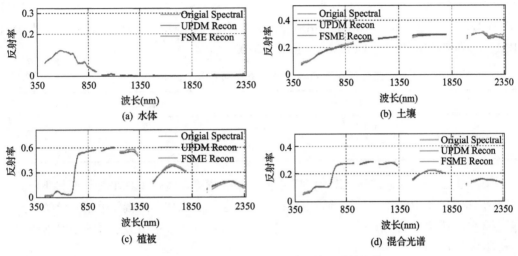

图 8.14　原始光谱(灰线)与两种重构光谱的比较

在图 8.14 中水体、土壤和两种纯端元的重构方法的结果是比较接近的，对植被、混合光谱两种地物进行比较，则 FSME 的模拟结果明显好于 UPDM，图 8.15 为其相对应的残差比较，其则更为明显地表明了这一点。这主要是因为在水体和土壤两种端元中，它们本身的反射率较低，因而两种重构方法的结果差别较小，而对于本身具有较高反射率的植被及混合了植被光谱的混合光谱，其残差图明显反映出 FSME 获得了更好的模拟结果。

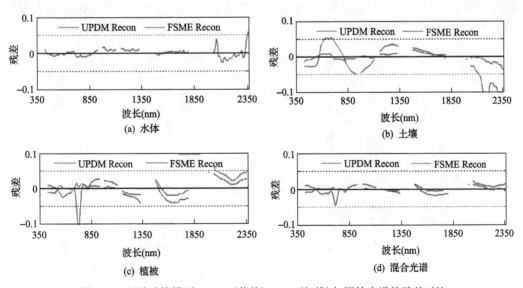

图 8.15　两种重构模型 UPDM(蓝线)FSME(红线)与原始光谱的残差对比

尤其应注意在图 8.15(c) 中，对于 UPDM 在近 720nm 处获得的结果产生了较大的残差，而 FSME 由于获得了更好的重构结果，因而没有产生这种现象。

从 UPDM 和 FSME 两种重构模型中水体、土壤、植被和混合光谱的 RMSE(表 8.6)可以看到，FSME 都明显好于 UPDM，其中植被的 RMSE 只有 0.0161，明显小于 UPDM 的 0.0317，对于水体，FSME 的 RMSE 为 0，也明显小于 UPDM 的 0.0021；对于土壤的 RMSE，则 FSME 要大于 UPDM，达到了 0.0102。

表 8.6　两种重构模型 UPDM 和 FSME 的 RMSE

模型	水体	土壤	植被	混合光谱
UPDM	0.0021	0.0068	0.0317	0.0123
FSME	0	0.0102	0.0161	0.0048

基于上述分析结果，FSME 模型相对于 UPDM 模型，残差和 RMSE 均明显下降，并可最小化残差和 RMSE，且在场景中允许植被、土壤和水体三类端元数据光谱库中的大量端元参与模拟，利用这种方法，端元数量、类型可以在影像中基于每一个像素变化。因而认为，FSME 是一种更好的重构模型。

2. Hyperion 数据的光谱重构

为验证光谱重构方法的可行性，用实际遥感数据进行了测试。实验选取了 10 景 ALI 数据进行了光谱重构。实验区域涵盖了中国 5 个地区，地物类型较丰富。具体如下：贵州地区(贵州安顺地区，2009~2011 年在这个地区采集了大量的野外光谱)、黑龙江地区(该区域地表覆盖类型较为丰富)、湖南地区(大致位于岳阳地区，分布着丰富的水体信息)、江西地区(该地区植被信息较为丰富)、内蒙古地区(大致位于包头地区，属于荒漠草原地区，同样也在这个地区实地采集了大量的光谱信息)。10 景重构 Hyperion 结果如图 8.16 所示。

(a)贵州地区-1　　　(b)贵州地区-2　　　(c)黑龙江地区-1　　　(d)黑龙江地区-2　　　(e)湖南岳阳地区-1

(f)湖南岳阳地区-2　　(g)江西地区-1　　(h)江西地区-2　　(i)内蒙古包头地区-1　　(j)内蒙古包头地区-2

图 8.16　重构影像高光谱立方体的假彩色合成图

合成波段 43(854nm)、24(659nm)、15(569nm)

8.4.3　重构结果评价

1. 视觉比较

用 FSME 重构方法，对研究区中提到的 ALI 数据的 9 个多光谱数据，按照 Hyperion 的波段配置，重构了 155 个波段的高光谱数据。为了减少计算量，对于所有的 10 景数据，对所有数据都只是截取了一个 900 乘以 200 的子区域。对原始影像和重构影像的视觉相似性进行了对比。研究区内地势平坦，主要地表覆盖类型为植被、水体和裸露土壤。简单的地形条件、裸露的土壤、植被多样性及丰富的水体使得该区域成为研究多光谱重构高光谱数据的一个理想区域。该研究区东西宽约 6km，南北长约 27km(图 8.17)。

(a) 假彩色影像合成图，合成波段43(854nm)、24(659nm)、　　(b) 真彩色影像合成图，合成波段24(659nm)、15(569nm)、
15(569nm)，左图为真实影像，右图为FSME重构影像　　　　　7(487nm)，左图为真实影像，右图为FSME重构影像

图 8.17　真实 Hyperion 数据和 FSME 重构高光谱数据的视觉对比

对重构影像和原始影像，选择 43(854nm)、24(659nm) 和 15(569nm) 三个波段进行假彩色合成，选择 24(659nm)、15(569nm) 和 7(487nm) 三个波段进行真彩色合成。对于两种合成影像，可以看到重构影像和原始影像并没有明显的差别，两幅影像的色彩、纹理、形状和边界基本上都是一致的，这充分表明，原始影像的特征和信息依然保留在重构影像中。从视觉上来看，重构影像比原始影像更亮一些，色彩更艳一些，这主要是因为原始影像直接从实测光谱模拟而来，较少受大气和仪器噪声的影响。

同样地，为了进一步分析里面的细节，也对原始影像和重构影像单个波段的相似性进行了对比(图 8.18)，以随机选择的 7 波段(487.8679nm)、43 波段(854.1786nm)、52 波段(972.9932nm)、68 波段(1134.3796nm)、81 波段(1265.5618nm)、147 波段(2274.4175nm)为例，进行单波段对比(图 8.18)，可以看到，这 6 个波段还是比较相似的，灰度、纹理

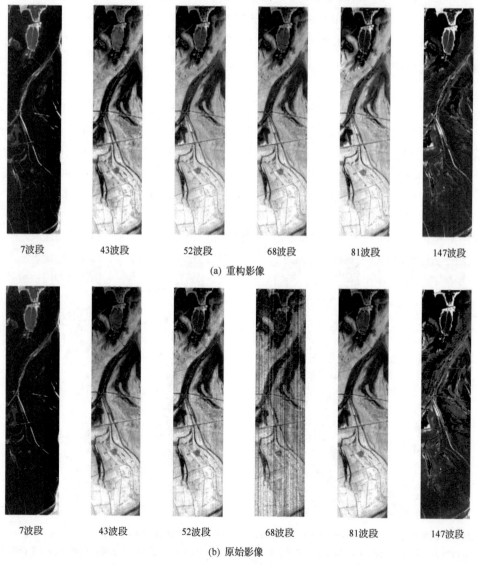

图 8.18　真实 Hyperion 数据和 FSME 重构高光谱数据单波段的视觉对比

信息都比较好。尤其是对于 52 波段和 68 波段，原始影像中的坏线和条带在重构影像中都很好地被消除了。总体来说，重构影像的对比度也原始影像要强。主要原因可能是重构影像较少受大气的影响。

2. 相关性分析

为了对重构影像和原始影像的数据质量的相互关系有更充分的说明，接下来进行了如下对比，计算了原始波段中每一个波段和其对应的重构影像中每一个波段的相关系数（图 8.19），以重构数据和原始数据间波段的相关性来分重构数据的质量。

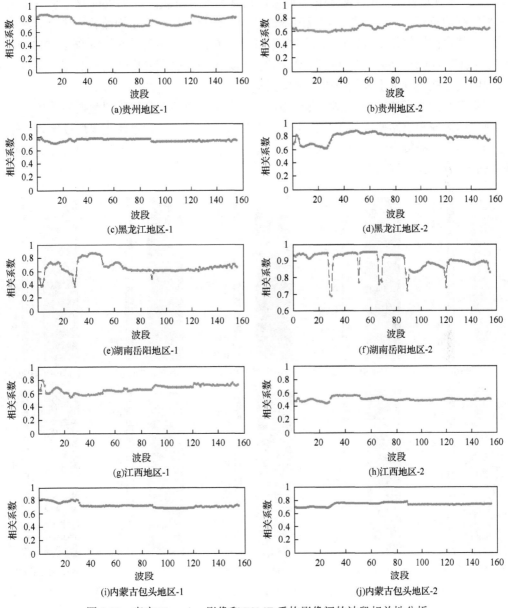

图 8.19　真实 Hyperion 影像和 FSME 重构影像间的波段相关性分析

以湖南岳阳地区的研究数据[图 8.19(f)]为例进行详细分析。从图 8.19(f)可以看到，除去个别极低值，整体来说，各个波段间的相关性是比较好的，尤其是在 88 波段(1336nm)以前，各波段间的相关系数都在 0.92 以上，有些区间波段的相关系数甚至达到 0.95 以上，在 88 波段(1336nm)以后，波段间的相关系数整体有所下降，其间又以 89～108 波段这个区间的相关性最差，但相关系数仍保持在 0.83 以上，除此之外，有些区间相关系数达到了 0.9，这些高的相关系数表明，在对应波段比较好的模拟性能。极低值点主要出现在 29 波段(712nm)、51 波段(933nm)、67 波段(1124nm)、89 波段(1477nm)、120 波段(1790nm)左右，这些波段的相关系数均低于 0.85，有些波段如 29 波段(712nm)，其相关系数只有 0.6952，出现这种情况的主要原因是研究区内含有大量植被，而 712nm 这个位置正位于植被的红边位置，这个位置红边反射率的急剧变化会容易产生重构误差，从而降低相关系数，其也同样使得 27 波段、28 波段、30 波段有较低的相关系数。51 波段(933nm)、67 波段(1124nm)、89 波段(1477nm)、120 波段(1790nm)左右出现较低的相关系数的主要原因是这些波段位于大气吸收特征位置附近。

除去对、对应波段的相关性进行的对比，为了更全面地分析模拟数据的质量，本书还对重构影像和原始影像的每个像素的相似程度进行了分析。对比主要通过比较原始影像和重构影像的每个像素的余弦矢量夹角进行分析，最终结果显示为一幅余弦矢量夹角图(图 8.20)，其极值见表 8.7。

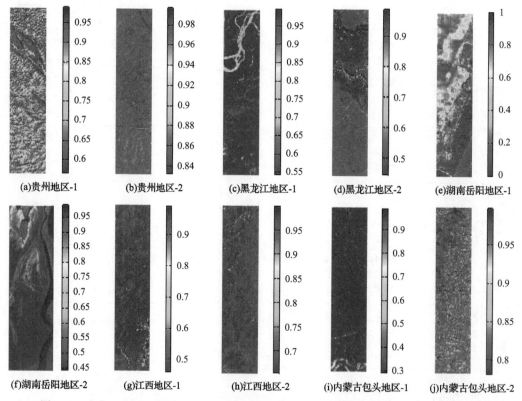

(a)贵州地区-1　　(b)贵州地区-2　　(c)黑龙江地区-1　　(d)黑龙江地区-2　　(e)湖南岳阳地区-1

(f)湖南岳阳地区-2　　(g)江西地区-1　　(h)江西地区-2　　(i)内蒙古包头地区-1　　(j)内蒙古包头地区-2

图 8.20　真实 Hyperion 影像和 FSME 重构影像间的每个像素(余弦矢量角)的相关性分析

表 8.7 像素间余弦矢量夹角极值

真实影像和重构影像	余弦矢量夹角最大值 c_max	余弦矢量夹角最小值 c_min
(a) EO1H1260432004281110PY_LGS_01 (贵州地区-1)	0.9911	0.5669
(b) EO1H1260432003326110PZ_AGS_01 (贵州地区-2)	0.9968	0.8330
(c) EO1H1180242004154110KY_LGS_01 (黑龙江地区-1)	0.9965	0.5449
(d) EO1H1190242001271111PP_AKS_01 (黑龙江地区-2)	0.9891	0.4457
(e) EO1H1230392011316110KF (湖南岳阳地区-1)	0.9950	0.4060
(f) EO1H1230402006226110KF (湖南岳阳地区-2)	0.9912	0.4444
(g) EO1H1210412009157110PX_WPS_01 (江西地区-1)	0.9916	0.4628
(h) EO1H1200402003211110KY_PF1_01 (江西地区-2)	0.9983	0.6548
(i) EO1H1290312003244110KP_LGS_01 (内蒙古包头地区-1)	0.9908	0.2918
(j) EO1H1290312003228110KP_PF1_01 (内蒙古包头地区-2)	0.9975	0.7822

颜色条表示余弦矢量夹角的大小，蓝色表示相似度小，红色表示相似度大，同样以岳阳地区的 EO1H1230402006226110KF 为例[图 8.20(f)]进行详细分析。整幅图像呈暗红色调，表明图像像素的余弦矢量夹角小，重构影像和原始影像相似度高，且余弦矢量夹角值普遍在 0.90 以上，部分区域值在 0.95 以上，相似度较大的区域主要为植被和水体，但裸露土壤的余弦矢量夹角值相对较小，其值也普遍在 0.90 以上，相似度最差的区域出现在图 8.20(f) 的左上角，其散布着一上些零碎的蓝色区域，这些区域主要是一些裸露的土壤和沼泽地，地物覆盖类型较为复杂，所建的地物光谱库中不存在能极好地吻合实际覆盖地物的光谱，导致实际重构效果较差。

3. 光谱分析

为了进一步说明所提出重构方法的鲁棒性和有效性，以岳阳地区的 EO1H1230402006226110KF 为例。在原始影像和重构影像的同一地区分别提取了植被、水体和土壤三种地物的感兴趣区，为了减少不确定性因素的影响，对植被、水体和土壤三个感兴趣区的光谱求平均，将原始影像和重构影像平均后的光谱与残差分别进行了对比，对比结果如图 8.21 所示，并分析了三者的 RMSE 结果(表 8.8)。

图 8.21 中，只显示了 427～2355nm 的 155 个波段，其中水汽吸收影响较大的波段、信噪比较低的波段、未定标波段和一些异常值波段已被去除。应当注意到，图 8.21 中的结果并没有经过光谱平滑，可以很容易地观察到重构光谱的有效性。

图 8.21 中，图 8.21(a)～图 8.21(c) 分别表示植被、水体、土壤三种感兴趣区的平均光谱，红色实线表示重构光谱，灰色实线表示实际 Hyperion 数据的光谱，可以清楚地看到，重构光谱和实际光谱还是吻合得比较好的，基本上都反映了所模拟地物的光谱特征，尤其是植被和水体的结果，模拟的结果比较准确。相对来说，土壤的重构结果要差一些，尤其是在 973～1790nm 光谱区间重构结果较差，但整条光谱还是基本反映了土壤的光谱特征。

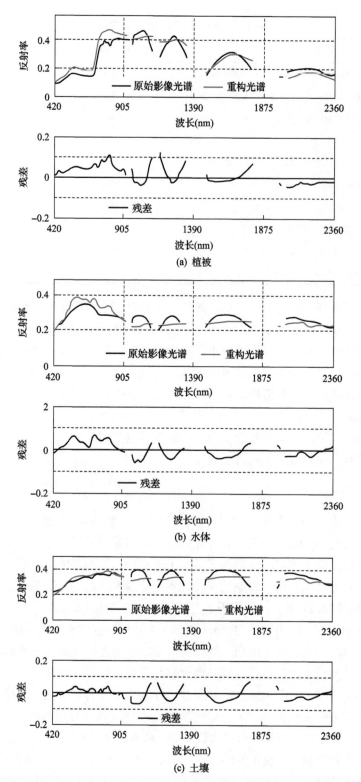

图 8.21 原始影像的光谱(灰线)和 FSME 重构光谱(红线)的对比及两者的残差

表 8.8　三种地物的 FSME 重构数据的 RMSE

地物	植被	水体	土壤
RMSE	0.0473	0.0446	0.0397

图 8.21 中黑色实线分别显示了植被、水体、土壤的重构光谱相对于实际光谱的残差。可以明显地看到，三种地特的残差都在 –0.1～+0.1，而其中又以水体的残差最小，三个感兴趣区的 RMSE 分别是，植被 0.0473、水体 0.0446、土壤 0.0397，都小于 0.05（表 8.8），这也说明重构影像的效果是很好的。从图 8.21 还可以看出，重构光谱的吸收和反射特征整体来说都比较好地和原始光谱匹配，但还是要比实际光谱要光滑一些，这主要是由于采用的光谱库本身的光谱特征是比较平滑的。这实际上也更符合实际地物的情况，表明提出的方法具有很好的性能。

4. 应用分析

在对重构数据和原始数据进行波段间的相关性像素的相关性分析后，也对重构高光谱数据的可应用性进行了分析。仍然以岳阳地区的 EO1H1230402006226110KF 为例进行分析，分别对重构影像和原始影像进行了光谱角匹配法（spectral angle mapping，SAM）分类。因为并没有实地采样，所以只是做了一个简单的分类效果图（图 8.22），并且以原始数据的分类效果图作为参照物进行分类效果的统计（表 8.9）。

(a) 原始影像　　　　(b) 重构影像分类结果图

图 8.22　原始影像和 FSME 重构影像 SAM 分类效果图

表 8.9　原始影像和 FSME 重构影像 SAM 分类精度比较

分类	产品精度(%)	用户精度(%)	产品精度(像素数)	用户精度(像素数)
植物 1	92.06	99.64	104557/113571	104557/104931
植物 2	97.06	67.84	9719/10013	9719/14326
土壤 1	76.69	60.76	15885/20712	15885/26145
土壤 2	81.89	81.21	10729/13101	10729/13211
水体	92.2	97.44	20839/22603	20839/21387
总体分类的精度= (161729/180000) =89.8494%；Kappa 系数= 0.8282				

从图 8.22 直观来看，分类效果是很相似的。从分类精度表来看，总体分类的精度达到了 89.8494%，Kappa 系数为 0.8282。其中，以植物 1 和水体的分类精度最好，产品精度和用户精度分别达到了 (92.06%，99.64%) 和 (92.2%，97.44%)；又以土壤 1 的分类精度最差，产品精度和用户精度分别为 (76.69%，60.76%)，这主要可能是由该地区的土壤类型较为复杂，而所建设的光谱库中并没有类似的光谱类型所导致的。

8.5　本章小结

本章是光谱分辨率的首章。本章围绕多-高光谱重构的相关研究，主要介绍了如下的内容：

(1) 重点阐述了理论基础、数据基础和端元基础；同时基于模糊集全约束条件提出了多端元光谱重构的方法，并用模数据和真实遥感数据对方法进行了验证。

(2) 从视觉比较、相关性分析、光谱分析和应用分析几个层面对重构的结果进行评价，表明重构出来的遥感光谱和影像与真实地物的光谱和影像具有很好的匹配性。

光谱重构是光谱分辨率核心瓶颈像元解混的相反过程。在像元解混分析遇到困难时，光谱重构综合方法可以提供一种巧妙的理解像元分解物理本质的新手段。同时揭示了多光谱重构出高光谱的物理本质。

参 考 文 献

王锦地. 2009. 中国典型地物波谱知识库. 北京: 科学出版社.

王锦地, 李小文, 张立新, 等. 2003. 我国典型地物标准波谱数据库. 丽江: 环境遥感应用技术国际研讨会.

张立福, 张良培, 村松加奈子, 等. 2005. 基于高光谱卫星遥感数据的 UPDM 分析方法. 武汉大学学报(信息科学版), 30(3): 264-268.

Clark R N. 1983. Spectral properties of mixtures of montmorillonite and dark carbon grains: Implications for remote sensing minerals containing chemically and physically adsorbed water. Journal of Geophysical Research: Solid Earth, 88 (B12): 10635-10644.

Heinz D C, Chang C I. 2001. Fully constrained least squares linear spectral mixture analysis method for material quantification in hyperspectral imagery. IEEE Transactions on Geoscience and Remote Sensing, 39(3): 529-545.

Kokaly R F. 2008. View_SPECPR: Software for Plotting Spectra (Installation Manual and User's Guide, Version 1.2). U.S. Geological Survey Open-File Report, 2008-1183: 26.

Muramatsu K, Furumi S, Fujiwara N, et al. 2000. Pattern decomposition method in the albedo space for Landsat TM and MSS data analysis. International Journal of Remote Sensing, 21(1): 99-119.

Settle J J, Drake N A. 1993. Linear mixing and the estimation of ground cover proportions. International Journal of Remote Sensing, 14(6): 1159-1177.

Silván-Cárdenas J L, Wang L. 2010. Fully constrained linear spectral unmixing: analytic solution using fuzzy sets. IEEE Transactions on Geoscience and Remote Sensing, 48(11): 3992-4002.

Trefethen L N, Bau D. 1997. Numerical Linear Algebra. Philadelphia: Society for Industrial and Applied Mathematics. http://dx. doi. org//0.1137//.9780898719574.

Yu C, Lee L C, Chang C I, et al. 2018. Band-specified virtual dimensionality for band selection: an orthogonal subspace projection approach. IEEE Transactions on Geoscience and Remote Sensing, 56(5): 2822-2832.

第9章 光谱特性2：可见–中/热红外反射–发射机理的光谱连续理论

通过获取高精度的反射与发射光谱，可以有效地区分和识别不同的目标物。在中红外波段(3~5μm)，物体的主要特性是反射与发射，而在热红外波段，物体就只有发射特性。本章首先介绍目前获取地物光谱成像的两种技术，并对其适用性进行了分析；通过中红外的反射与发射分离理论，探讨反射与发射的一般算法，同时介绍中红外地表发射率反演的具体方法，完成中红外反射与发射率分离；并进一步将波段拓展到热红外波段完成宽波段的研究，进行多波段热红外的发射率反演一般算法的探讨，然后对热红外多波段利用温度发射率分离方法进行发射率计算，完成热红外发射率的反演。

9.1 色散型与干涉型光谱载荷的技术特征

光谱成像技术是当今遥感成像技术和光谱技术的有机结合，目前已成为人们研究和获取目标三维信息(二维空间信息和一维光谱信息)的重要手段和前沿科学(王建宇，2011)。航天技术、大规模集成的阵列式探测器制作技术以及空间光学、精密仪器、计算机图像处理及数据传输技术的发展，使得光谱成像技术在空间遥感、信息获取等方面越来越显示出重要的地位和作用(马玲等，2006)。

航天遥感是人类认知自然的有效手段，光谱成像作为强有力的遥感技术之一，近年来得到飞速发展。光既是信息载体，又是能量载体，成像仪可直观地获取目标的影像信息，光谱仪可根据目标的特征光谱而获取其物质结构信息，光谱成像仪具备了成像仪和光谱仪的双重功能，正在成为空间飞行器搭载的主要传感器，以完成对地面军事观察和各种民用的勘测。

光谱成像技术从原理上讲分为色散型和干涉型两类。色散型光谱成像技术是利用色散元件(光栅或棱镜)将复色光色散，分成序列谱线，然后再用探测器测量每一谱线元的强度。干涉型光谱成像技术是同时测量所有谱线元的干涉强度，对干涉图进行逆傅里叶变换而得到目标的光谱图。

理论分析表明，在相同条件下，干涉型光谱成像技术的通量较色散型光谱成像技术高 200 倍左右，光谱分辨率一般也要高两个数量级以上，其信噪比为色散型的 $M \times 1/2$ 倍(M 为光谱元数)。

色散型光谱成像技术和干涉型光谱成像技术的主要区别如下：

(1)分光原理不一样：一个是采用光栅衍射分光，一个是迈克耳孙干涉分光。

(2)接收器不一样。

9.1.1　色散型光谱成像技术

　　光束色散后进入检测器，若交替照射在电偶上的两束光强度相等，则热电偶无交变信号输出。当参比光束强度大于测量光束时，热电偶将产生与光强差成正比的交变信号，该信号经放大后将推动参比光束中的光楔使之向减弱参比光束的方向移动，直至两光束相等为止。记录笔与光楔同步移动，光楔所削弱的参比光束的能量就是试样池中所吸收的能量，如图 9.1 所示。

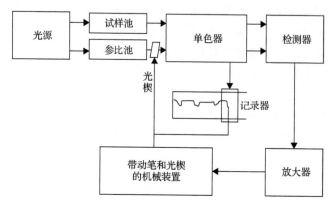

图 9.1　色散型光谱成像技术成像原理图

　　色散型红外光谱成像技术是由棱镜或光栅来完成分光的。在色散型红外光谱成像技术中，光源发出的光先照射试样，然后再经光栅分成单色光，由检测器检测后获得光谱，如图 9.2 所示。

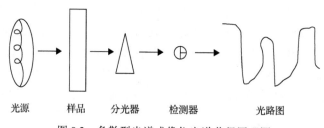

图 9.2　色散型光谱成像仪光谱获得原理图

9.1.2　干涉型光谱成像技术

　　干涉光通过样品室，获得含有光谱信息的干涉信号到达探测器 D 上，探测器将干涉信号变为电信号。此处的干涉信号是一时间函数，由干涉信号绘出干涉图，经过 A/D 转换器送入计算机，有计算机进行傅里叶变换的快速计算，即获得以波数为横坐标的红外光谱图，如图 9.3 所示。

　　干涉型红外光谱成像技术中，光源发出的光先是经迈克耳孙干涉仪变成干涉光，再让干涉光照射样品，检测器获得的只是干涉图而不是红外吸收光谱，实际的红外吸收光谱还需要由计算机把干涉图进行傅里叶变换才能得到，如图 9.4 所示。

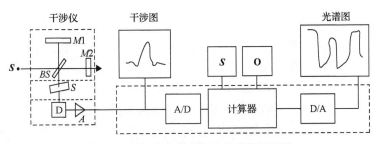

图 9.3　干涉型光谱成像技术成像原理图

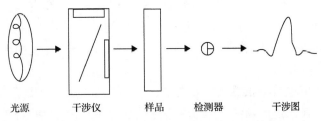

图 9.4　干涉型光谱成像仪获得干涉图样原理图

　　干涉型光谱成像技术通过获取目标的两维空间信息和一维光谱信息，构成一个数据立方体。由于干涉型光谱成像技术以傅里叶变换为基础，仪器直接获取的图像信息为干涉条纹，无法直接进行地物反演，需要经过进一步的数据处理才能得到有用的遥感影像，这也是干涉型光谱成像技术的一个缺点，后续数据处理较复杂。

9.1.3　两类光谱成像方式的对比分析

　　色散型光谱成像技术有着分辨率高、光能效率高等优点，可以直接得到地物目标的光谱图，实现"图谱合一"。同时，因为光学系统存在一定的裂缝，导致系统的光通量低。色散型高光谱成像技术的仪器结构限制，会有 COMS 探元坏死导致的条带性数据丢失，这是无法改变的，是由 CMOS 探元质量问题引起的，而且会产生谱线弯曲 smlie 效应(图 9.5)，这一缺点同样是由平台的稳定性造成的，其只能采用定标的方式去除干扰。

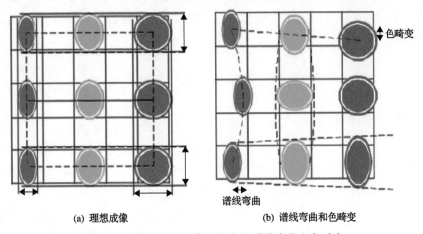

(a) 理想成像　　　　　　　　　　　　(b) 谱线弯曲和色畸变

图 9.5　色散型光谱成像技术存在谱线弯曲和色畸变

干涉型高光谱成像技术从成像机理来说，有很多优点。对于空间调制干涉型成像技术，其没有运动部件、实体三角共光路的优点，但其具有特别强的空间适应性，适合在飞机和卫星等飞行器上搭载，能获取任一波长的谱强度。美国 Lincoln 实验室光谱成像技术专家 Persky 认为，其将成为光谱成像技术领域的典型代表(王彩玲，2011)。干涉型光谱成像仪直接探测的是离散干涉强度，所有光谱信息都含在干涉图中，经过傅里叶变换，可以把任一波长的光谱强度提取出来。其还具有灵活改变波长分辨率的优点，干涉图是光谱信息的频域表达，因此在频域应用带通滤波器可以非常方便地得到不同波长分辨率的信息。对于另外一种主流干涉型光谱成像技术——时空联合调制型干涉光谱成像技术，其不仅继承了空间调制的所有优势，还由于去除了狭缝限制，大大提高了能量利用率，使得干涉型具有高通量的优点，对于一些要求高辐亮度的地物有着很大的优势(高静等，2010)。

干涉型高光谱成像技术虽然具有高通量、多通道的优点，但由于其在国内起步较晚且数据处理复杂，在国内市场的适应性并不是很强，并没有得到很好推广。

干涉型高光谱成像技术自身也具有一些缺点，与色散型光谱成像技术相比，它的分辨率较低，没有色散型光谱成像技术精准，而且它的实验室定标方法与色散型光谱成像技术不同，在定标的过程中出现了干涉图不对称及零光程差不重合的问题。干涉型高光谱成像技术也不能很好地进行地物之间和军事目标的搜索和监视，缺乏对特定地物的光谱特征的掌握。干涉型高光谱成像技术存在的最主要问题是干涉型高光谱数据处理没有切实可行的方法。在研究过程中，其仅仅侧重算法本身，没有与实际应用结合，再加上干涉型巨大的数据量，进一步加深了干涉型光谱成像技术推广的困难性。

色散型和干涉型成像光谱技术之间的差异和优缺点的存在，不断刺激着色散型和干涉型高光谱成像技术的发展。干涉型光谱成像数据获取技术具有潜在高通量、多通道和高光谱分辨率等优点，能够实现极高的光谱分辨率，具有空间维和光谱维双重多通道优点，能够与色散型光谱成像技术形成互补。因此，针对色散型数据获取方式存在的问题，对色散型和干涉型两种数据获取方式进行对比，分析两者的适用性，探讨两类数据获取方式的组合使用，在特定环境下使用与之对应的成像光谱仪，从而提供更加丰富、高效、高质量的数据源。

9.2　中红外的反射与发射分离与温度反演

9.2.1　中红外辐射传输模型

在白天，中红外谱区地表的总辐射包括地表的热辐射及反射的太阳辐射。但在夜间，反射的太阳辐射对地表总辐射的贡献几乎为 0，可以忽略不计。星载卫星传感器在中红外谱区接收到的辐射总量如图 9.6 所示。

图 9.6 中，1 为地表发射的能量；2 为假设地表为朗伯体的情况下，地表反射的太阳辐射能量；3 为地表反射的大气下行的辐射能量；4 为大气上行的辐射能量。在地表观测

时，第 4 部分的能量是不存在的。

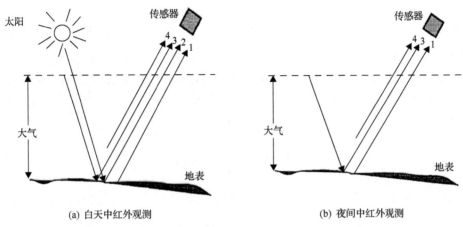

(a) 白天中红外观测　　　　　　　　　　(b) 夜间中红外观测

图 9.6　星载中/红外传感器入瞳处接收的能量（Schutt and Holben, 1991）

根据普朗克辐射定律，可以用普朗克函数的形式表示红外波谱区卫星传感器接收到的辐亮度值，在白天晴空大气条件下，卫星传感器通道 i 接收到的波长在 $3\sim5\mu m$ 的中红外辐射亮度可以近似表示为（Jiang et al., 2006）：

$$B_i(T_i) = B_i(T_{g\_i})\tau_i(\theta_{sat}) + R_{atm\_u}\uparrow \tag{9.1}$$

式中，$B_i(T_i)$ 为卫星传感器通道 i 接收到的通道辐射能；T_i 为卫星通道 i 的亮度温度；$B_i(T_{g\_i})$ 为通道 i 在地面上观测到的地表辐射能量；T_{g_i} 为地面上通道 i 的亮度温度；$\tau_i(\theta_{sat})$ 为从地面到传感器方向通道 i 的大气透过率；θ_{sat} 为观测天顶角；$R_{atm\_u}\uparrow$ 为大气上行总辐射[单位：$W/(m^2\cdot\mu m\cdot sr)$]，包括通道 i 大气向上的上行辐射能（$R_{atm\_i}\uparrow$）和大气对太阳辐射能的散射所产生的路径向上通道辐射能（$R^s_{atm\_i}\uparrow$）。

式（9.1）中，地面上观测到的地表辐射能量 $B_i(T_{g\_i})$ 可以表示为

$$B_i(T_{g\_i}) = \varepsilon_i B_i(T_s) + \rho_{hi}R_{atm\_d}\downarrow + \rho_{bi}R^s_i \tag{9.2}$$

式中，ε_i 为通道 i 的地表发射率；$B_i(T_s)$ 为地表直射辐射的通道辐亮度；T_s 为地表温度[单位：$W/(m^2\cdot\mu m\cdot sr)$]；$R_{atm\_d}\downarrow$ 为大气下行总辐射[单位：$W/(m^2\cdot\mu m\cdot sr)$]，包括大气向下半球通道 i 的辐射能，即通道辐照度除以 π（$R_{atm\_i}\downarrow$）和大气对太阳辐射能的散射所产生的路径向下通道辐射能（$R^s_{atm\_i}\downarrow$）；ρ_{bi} 为通道 i 的地表双向反射率；R^s_i 为地面上通道 i 的太阳直射辐射能，可表示为

$$R^s_i = E_i\cos(\theta_{sun})\tau_i(\theta_{sun}) \tag{9.3}$$

式中，E_i 为大气顶部太阳在通道 i 上的通道辐射能[单位：$W/(m^2\cdot\mu m\cdot sr)$]；$\cos(\theta_{sun})$ 为

太阳天顶角的余弦值；θ_{sun} 为太阳天顶角；$\tau_i(\theta_{sun})$ 为太阳到地面方向通道 i 的大气透射率。

式 (9.2) 描述了地面上观测到的地表辐射能量 $B_i(T_{g\_i})$ 包括三个部分的内容：第一部分是地表热辐射的贡献；第二部分是大气下行的辐射能量经地表反射后进入传感器的部分；第三部分是来自反射的太阳能量。地表的反射率与发射率之间的关系可以由基尔霍夫定律 (Kirchhoff's law) 得到。在非朗伯体的情况下，地表的双向反射率 ρ_{bi} 可以表述为

$$\rho_{bi}(\theta_{sun},\theta)=\frac{1-\varepsilon_i}{\pi}f_i(\theta_{sun},\theta) \tag{9.4}$$

式中，θ_{sun}、θ 分别为太阳和观测天顶角；$f_i(\theta_{sun},\theta)$ 为地表的角度参数，可以表达为

$$f_i(\theta_{sun},\theta)=\frac{\pi\rho_{bi}(\theta_{sun},\theta)}{\rho_{hi}(\theta)} \tag{9.5}$$

式中，$\rho_{hi}(\theta)$ 为半球面反射率，可以由式 (9.6) 计算得到

$$\rho_{hi}(\theta)=\int_0^{2\pi}\int_0^{\pi/2}\rho_{bi}(\theta,\theta',\varphi)\cos(\theta')\sin(\theta'')\mathrm{d}\theta'\mathrm{d}\varphi \tag{9.6}$$

实际上，角度参数 $f_i(\theta_{sun},\theta)$ 取决于表面类型和观察几何参数。通过式 (9.5) 和式 (9.6)，可得半球面反射率 $\rho_{hi}(\theta)=1-\varepsilon_i$。

因此，地面上观测到的地表辐射能量 $B_i(T_{g\_i})$ 也可以表示为

$$B_i(T_{g\_i})=\varepsilon_iB_i(T_s)+(1-\varepsilon_i)R_{atm\_d}\downarrow+\rho_{bi}R_i^s \tag{9.7}$$

在此基础上，令式 (9.7) 等号右边的前两项表示为

$$B_i(T_{g\_i}^0)=\varepsilon_iB_i(T_s)+(1-\varepsilon_i)R_{atm\_d}\downarrow \tag{9.8}$$

式中，$B_i(T_{g\_i}^0)$ 为夜间无太阳直射辐射贡献时，地面上通道 i 接收到的辐射能（$T_{g\_i}^0$ 为无太阳直射辐射贡献时的地表亮温）如图 9.6(b) 所示，则式 (9.7) 可变为

$$B_i(T_{g\_i})=B_i(T_{g\_i}^0)+R_i^s\rho_{bi} \tag{9.9}$$

因此，通过遥感手段实现地表温度和发射率的反演，需要对大气的 τ、$S^\uparrow$、地表反射的大气下行辐射以及地表反射的太阳直射辐照度进行校正。

9.2.2　中红外谱区发射能量与反射能量的分离

中红外谱区由于同时受到地表热辐射及反射太阳辐射的影响，而且这两部分能量的数量级相当，因此分离比较困难。目前，国内外一些学者对此进行了初步的探讨。

1. 中红外发射能量估算

Tang(2008) 及 Wang 等 (2015) 利用 MODIS 中红外 22 通道(中心波长 3.79μm) 和 23 通道(中心波长 4.06μm) 估算反射的太阳直射辐射亮度。由于两个通道的中心波长非常接近且存在一定的地表亮温差(T_{g_22} 和 T_{g_23} 的差)，考虑利用这两个相邻通道之间存在的地表亮温差来计算无太阳辐射贡献时地表的辐射能量(发射能量)。首先，假定 22 通道和 23 通道的地表双向反射率相等，即 $\rho_b = \rho_{b22} = \rho_{b23}$，且 $T_{g\_i}^0$ 与通道无关，即 $T_g^0 = T_{g\_22}^0 = T_{g\_23}^0$，根据式(9.9)可以得到

$$B_{22}(T_{g\_22}) = B_{22}(T_g^0) + R_{22}^s \rho_b \tag{9.10}$$

$$B_{23}(T_{g\_23}) = B_{23}(T_g^0) + R_{23}^s \rho_b \tag{9.11}$$

将式(9.10)和式(9.11)按照泰勒一项式展开，可以得到

$$\frac{\partial B_{22}}{\partial T}(T_{g\_22} - T_g^0) = R_{22}^s \rho_b \tag{9.12}$$

$$\frac{\partial B_{23}}{\partial T}(T_{g\_23} - T_g^0) = R_{23}^s \rho_b \tag{9.13}$$

从式(9.12)和式(9.13)中消去 ρ_b，得到

$$(T_g^0 - T_{g\_22}) = \frac{AB}{1 - AB}(T_{g\_22} - T_{g\_23}) \tag{9.14}$$

式中，$A = R_{22}^s / R_{23}^s, B = \dfrac{\partial B_{23}/\partial T}{\partial B_{22}/\partial T}$ \tag{9.15}

利用辐射传输模型 MODTRAN 4.0 分别模拟计算出各种大气和地表类型条件下 MODIS 22 通道和 23 通道的地表亮温 T_{g_22} 和 T_{g_23} 值，发现它们的关系实际上是非线性的，考虑到泰勒公式的更高阶形式以及普朗克函数与温度的非线性关系，所以采用一种类似劈窗技术的二次项形式来表达式(9.14)，形式如下：

$$(T_g^0 - T_{g\_22}) = A_1 \times (T_{g\_22} - T_{g\_23})^2 + A_2 \times (T_{g\_22} - T_{g\_23}) + A_3 \tag{9.16}$$

式中，T_{g_22} 和 T_{g_23} 为传感器接收到的两个通道的亮度温度，可根据普朗克公式由传感器接收到的两个通道的辐射亮度值直接得到。T_g^0 取 $T_{g\_22}^0$ 的值。$A_1 \sim A_3$ 是回归系数，它们仅是太阳天顶角的函数，与地表参数和大气条件无关。为了确定 $A_1 \sim A_3$ 和太阳天顶角的关系，对模拟结果进行了二次多项式拟合，得到下面的关系：

$$A_i = B_{1i} \cos(\theta) + B_{2i} \cos(\theta) + B_{3i} \tag{9.17}$$

$B_{1i} \sim B_{3i}$ 是转换常数。一旦求得了无太阳辐射贡献时的地表亮温 T_g^0，就可以求得无太阳辐射贡献时的地表辐射能量，也就是地表的发射能量，进而获得地表反射的太阳能量。

2. 中红外发射能量估算

如果要利用白天的中红外数据进行陆表温度反演，首先应对地表反射的太阳直射辐射能量进行估算，从而去除掉该部分的能量。Qian 等 (2016) 及 Zhao 等 (2014) 利用大气透过率 τ_i 可以表示与水汽有关的函数，即式 (9.18)：

$$\tau_i(\theta, \lambda) = a + b \cdot \ln(\text{WVC}) + c \cdot [\ln(\text{WVC})]^2 \qquad (9.18)$$

式中，a、b、c 为关于观测天顶角的函数。认为 R_i^s 也是关于大气水汽含量 WVC 以及太阳天顶角 SZA 的函数，这两者之间有共同性。因此，研究太阳直射辐射（$D_i = \tau_i \times R_i^s$）与 WVC、VZA、SZA 的关系可以估算反射的太阳直射辐射能量，但这建立在地表为朗伯体且地表发射率已知的基础上。

通过数值模拟，D_i 与 $\ln(\text{WVC})$ 可以用如下的二次多项式表示：

$$D_i = a + b \cdot \ln(\text{WVC}) + c \cdot [\ln(\text{WVC})]^2 \qquad (9.19)$$

式中，a、b、c 为拟合的系数；D_i 为直射太阳辐射。不同的 VZA 对 D_i 是有影响的，Qian 等 (2016) 表述了 a、b、c 与 $1/\cos(\text{VZA})$ 关系，可以用式 (9.20)～式 (9.22) 来表示：

$$a = a_1/\cos(\text{VZA}) + a_2 \qquad (9.20)$$

$$b = b_1/\cos(\text{VZA}) + b_2 \qquad (9.21)$$

$$c = c_1/\cos(\text{VZA}) + c_2 \qquad (9.22)$$

因此，直射的太阳辐射可以描述为式 (9.23)：

$$D_i = \left[\frac{a_1}{\cos(\text{VZA})} + a_2\right] + \left[\frac{b_1}{\cos(\text{VZA})} + b_2\right] \cdot \ln(\text{WVC}) + \left[\frac{c_1}{\cos(\text{VZA})} + c_2\right] \cdot [\ln(\text{WVC})]^2 \qquad (9.23)$$

式中，a_1、a_2、b_1、b_2、c_1、c_2 为拟合系数。同时，Qian 等 (2016) 也表述了 a_1、a_2、b_1、b_2、c_1、c_2 与 $1/\cos(\text{SZA})$ 的关系，可以用式 (9.24)～式 (9.29) 来表示：

$$a_1 = a_{11} \cdot \cos(\text{SZA}) + a_{10} \qquad (9.24)$$

$$a_2 = a_{21} \cdot \cos(\text{SZA}) + a_{20} \qquad (9.25)$$

$$b_1 = b_{11} \cdot \cos(\text{SZA}) + b_{10} \qquad (9.26)$$

$$b_2 = b_{21} \cdot \cos(\text{SZA}) + b_{20} \qquad (9.27)$$

$$c_1 = c_{11} \cdot \cos(\text{SZA}) + c_{10} \qquad (9.28)$$

$$c_2 = c_{21} \cdot \cos(\text{SZA}) + c_{20} \tag{9.29}$$

因此，直射的太阳辐射可以描述为式(9.30)：

$$
\begin{aligned}
D_i &= \left[\frac{a_{11} \cdot \cos(\text{SZA}) + a_{10}}{\cos(\text{VZA})} + a_{21} \cdot \cos(\text{SZA}) + a_{20} \right] \\
&+ \left[\frac{b_{11} \cdot \cos(\text{SZA}) + b_{10}}{\cos(\text{VZA})} + b_{21} \cdot \cos(\text{SZA}) + b_{20} \right] \cdot \ln(\text{WVC}) \\
&+ \left[\frac{c_{11} \cdot \cos(\text{SZA}) + c_{10}}{\cos(\text{VZA})} + c_{21} \cdot \cos(\text{SZA}) + c_{20} \right] \cdot [\ln(\text{WVC})]^2
\end{aligned}
\tag{9.30}
$$

式中，a_{11}、a_{10}、a_{21}、a_{20}、b_{11}、b_{10}、b_{21}、b_{20}、c_{11}、c_{10}、c_{21}、c_{20} 为拟合系数。

　　将太阳直射的反射能量从传感器入瞳处接收到的总能量中剔除，可以获得等效的表观温度，这样就可以利用适应性劈窗算法进行中红外波段的陆表温度和地表发射率的反演。

9.3　多波段热红外的发射率与温度反演基本算法

　　目前，在热红外波段通常采用分裂窗算法进行陆表的温度反演，其输入发射率数据可以比较好地避免算法受到大气等噪声的干扰，而分裂窗算法的一般流程也包含了发射率的反演和温度反演两个部分。

9.3.1　多波段热红外发射率反演

　　在单通道热红外温度反演中，不可避免地需要对地表像元的发射率进行分析处理，一般而言，热红外影像的像元分辨率较低。因此，可以用植被和裸土以及两者的混合定义一个像元，也可以用这两类像元的组合表示传感器观测得到的像元的发射率，其通用表达式如下：

$$\varepsilon = P_v R_v \varepsilon_v + (1 - P_v) R_s \varepsilon_s + d\varepsilon \tag{9.31}$$

式中，ε_s 代表裸土的发射率是一个常数；ε_v 代表植被的发射率也是一个常数；P_v 为植被的覆盖度；R_v 为植被的温度比率；R_s 为裸土的温度比率，两者的定义为 $R_i = (T_i / T)^4$，其中 i 为植被 v 或裸土 s，而 $d\varepsilon = 0$。如果遇到对城市进行温度反演，可以将城市看成由建筑物 m 和植被 v 的混合像元。而式(9.31)中的表达也相应地替换为 R_m 和 ε_m。

　　在遥感反演中，一般采用归一化植被指数(NDVI)进行植被覆盖度的分析，植被覆盖度 P_v 和 NDVI 的关系表达式如下：

$$P_v = (\text{NDVI} - \text{NDVI}_s) / (\text{NDVI}_v - \text{NDVI}_s) \tag{9.32}$$

式中，NDVI 为待处理像元的归一化植被指数；NDVI_s 为裸土的归一化植被指数；NDVI_v 为植被的归一化植被指数，后两者在计算时是常数。在实际的应用中，当 $\text{NDVI}_v > 0.70$

时，就将像元看成纯植被，即 $P_v = 100\%$；当 $\text{NDVI}_v < 0.05$ 时，就将像元看成纯裸土，即 $P_v = 0$。将分析的参数代入式(9.31)中，即可求得待反演像元的发射率。

9.3.2 多波段热红外温度分裂窗算法

当热红外传感器有两个热红外通道时，可以采用分裂窗算法对陆表温度进行反演，微分形式的辐射传输方程表达式如下：

$$\frac{\mathrm{d}I_\lambda}{\mathrm{d}s} = -kU(I_\lambda + B_\lambda) \tag{9.33}$$

式中，I_λ 为在波长 λ 处的辐射值；U 描述了光通过介质的性质；s 为传播的距离；其余光学厚度的关系为，$\mathrm{d}\tau_\lambda = k_\lambda U \mathrm{d}s$，$k_\lambda$ 为介质的吸收系数。通过式(9.33)可以得到大气层顶的辐射亮度为

$$I_\lambda(T_\lambda) = B_\lambda(T_0) - \int_0^{\tau_\lambda} \mathrm{d}\tau_\lambda' \mathrm{e}^{-\tau_\lambda'} \{B_\lambda(T_0) - B_\lambda[T(\tau_\lambda - \tau_\lambda')]\} \tag{9.34}$$

式中的温度均为亮温，即发射率为 1 的黑体温度，其中 $(\tau_\lambda - \tau_\lambda')$ 描述了大气的某一高度(McMillin, 1975)。为了对式(9.34)进行简化，将普朗克公式展开至一阶，可以得到如下公式：

$$T_\lambda = T_0 - \int_0^{\tau_\lambda} \mathrm{d}\tau_\lambda' \mathrm{e}^{-\tau_\lambda'} [T_0 - T(\tau_\lambda - \tau_\lambda')] \tag{9.35}$$

式中，第二项代表了大气的影响，同时也说明了当气溶胶光学厚度变小时，卫星观测到的温度就会接近地表的辐亮度。在无云的情况下，在 $10\sim13\mu\mathrm{m}$ 的大气窗口中，气溶胶散射可以被忽略。主要的大气影响来自于大气的吸收和水汽的辐射，而这种情况下气溶胶的光学厚度较小，一般而言 $\tau_\lambda \ll 1$，因此式(9.35)可以转换成：

$$T_\lambda = T_0(1-\tau_\lambda) + \int_0^{\tau_\lambda} \mathrm{d}\tau_\lambda' T(\tau_\lambda - \tau_\lambda') \tag{9.36}$$

或者

$$T_\lambda = T_0(1-\tau_\lambda) + \int_0^{U_{\text{path}}} \mathrm{d}U k_\lambda T(U) \tag{9.37}$$

式中，$\mathrm{d}\tau_\lambda = k_\lambda \mathrm{d}U$，而在实际应用时，假定 k_λ 可以表达成相关的尺度因子 $C(\lambda)$ 及大气相关函数的乘积 $f(U,T,p)$。令 $U_T = \int \mathrm{d}U f(U,T,p)[T_0 - T(U)]$，那么对于已有的两个波长的数据有

$$\begin{aligned} T_1 &= T_0 - C(\lambda_1)U_T \\ T_2 &= T_0 - C(\lambda_2)U_T \end{aligned} \tag{9.38}$$

将式 (9.38) 中的 U_T 消除可以得到

$$T_0 = T_1 + \frac{1}{[C(\lambda_2)/C(\lambda_1) - 1]}[T_1 - T_2] \tag{9.39}$$

因此，只需要算出 $C(\lambda_2)/C(\lambda_1)$，就可以利用式 (9.39) 进行分裂窗算法的运算。式 (9.39) 展现了分裂窗算法的基本形式，但并没有将地表的发射率及传感器观测的角度进行考虑。Qin 等 (2004) 分别对地表的发射率及角度进行考虑，从而形成了不同形式的分裂窗算法。

9.4　基于多波段温度发射率分离的发射率测算方法

无论是单通道的算法还是分裂窗算法，其不可避免地需要知道地表待反演像元的发射率信息，并将其作为已知值输入反演的公式。为了降低对地表发射率值的依赖，Gillespie 等 (1998) 提出了基于 ASTER 卫星影像的温度与发射率分离算法,旨在温度反演的同时将地表的发射率数据同步进行反演。发射率数据的反演将不再依赖于可见近红外波段的 NDVI 数据而是依靠热红外波段 8~12μm 上的 5 个通道数据。通过数值模拟计算，Gillespie 等 (2011) 认为，温度发射率分离算法的反演精度可以达到 −1.5 ~ +1.5 K，而发射率的精度可以达到 −0.015 ~ +0.015。

在热红外波段，卫星接收到的信号有经过地表反射和大气效应的地表像元的辐射、大气的上行辐射和经过大气影响的大气的下行辐射，因此为了简化表达，大气辐射传输可以变换成如下形式：

$$L = \tau\varepsilon B(T) + \tau(1-\varepsilon)S_\downarrow + S_\uparrow \tag{9.40}$$

式中，L 为卫星接收到的辐射信息；τ 为大气的透过率；ε 为地表的发射率信息；$1-\varepsilon$ 为地表的反射信息；$S_\downarrow$ 为大气的下行辐射信息；$S_\uparrow$ 为大气的上行辐射信息。

9.4.1　温度发射率分离 NEM 模块算法

该模块的主要任务就是估计陆表的温度，并从中剔除掉被反射的大气辐射。实际应用中会使用一个极值发射率 ε_{max} 进行温度和其他波段发射率的计算，通常这个值的初始值会选择为 0.99。如果 NEM 估算的 ε 差异性较小，那么说明初始估计的 ε 基本正确，之后会进一步用一些经验手段对 ε_{max} 进行修正。如果差异性较大，那么说明表面是发射率低于 $\varepsilon = 0.96$ 的一些物体，如岩石和土壤等。计算时将代入 $\varepsilon = 0.96$ 进行进一步的求解。在 NEM 模块中，输入的地表辐亮度为：$R = L' - (1-\varepsilon_{max})S_\downarrow$，$L'$ 为消除了大气上行辐射 $S_\uparrow$ 的卫星获取的辐亮度。对于传感器不同波段有不同的 R 值，利用 R 值即可以初步计算出地表的温度：

$$T_b = \frac{c_2}{\lambda_b}\left[\ln\left(\frac{c_1\varepsilon_{max}}{\pi R_b \lambda_b^5} + 1\right)\right] \tag{9.41}$$

$$T_{\mathrm{NEM}} = \max(T_b) \tag{9.42}$$

$$\varepsilon_b = \frac{R_b}{B_b(T_{\mathrm{NEM}})} \tag{9.43}$$

式中，b 为传感器的波段；c_1 和 c_2 为通过普朗克定理计算出的常数。

通过不断修正 $\varepsilon_{\max}$ 的值，式(9.40)～式(9.42)将会被重复计算，直至前后两次同一波段修正的 R 的值小于一个阈值，或者重复的次数超过某一限制。

9.4.2   温度发射率分离 RAT 模块算法

该模块的主要目的是计算相对发射率 β_b，对于五波段传感器而言，其计算方法如下：

$$\beta_b = \varepsilon_b 5\left[\sum \varepsilon_b\right]^{-1} \tag{9.44}$$

经过这样的处理对计算精度有一定的优势，即 β_b 的不确定度要小于由噪声等价温度带来的不确定度，且 β_b 的误差导致其光谱的变化低于 ASTER 数据监测的阈值。

9.4.3   温度发射率分离 MMD 模块算法

经过 RAT 模块变换得到 β 谱，还需要进一步计算反演得到真实的地表发射率。MMD 模块就是为了建立发射率最小值 $\varepsilon_{\min}$ 与 MMD 之间的关系，通过 $\varepsilon_{\min}$ 及 β 谱计算得到传感器各个通道的地表发射率，具体的计算过程如下：

$$\mathrm{MMD} = \max(\beta_b) - \min(\beta_b) \tag{9.45}$$

建立最小发射率 $\varepsilon_{\min}$ 与 MMD 的关系，如图 9.7 所示。

$$\varepsilon_{\min} = 0.994 - 0.687 \times \mathrm{MMD}^{0.737} \tag{9.46}$$

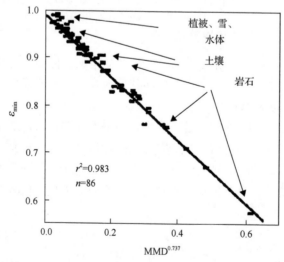

图 9.7   发射率最小值 $\varepsilon_{\min}$ 与 MMD 之间的统计关系(Gillespie et al., 2011)

各个波段与发射率的关系为

$$\varepsilon_b = \beta_b \left(\frac{\varepsilon_{\min}}{\min(\beta_b)} \right) \tag{9.47}$$

为了使反演得到的地表的发射率更加准确，一般使用发射率最大的波段作为温度计算的波段：

$$T = \frac{c_2}{\lambda_{b^*}} \left(\ln \left(\frac{\varepsilon_{b^*} c_1}{R_{b^*} \pi \lambda_{b^*}^5} + 1 \right) \right)^{-1} \tag{9.48}$$

式中，λ_{b^*} 为发射率最大波段的波长。至此地表的发射率光谱与温度均被反演。

9.5　基于中红外的宽波段反射-发射光谱连续机理的建立及评价

中红外谱区（3～5μm）介于可见光-近红外（0.38～2.5μm）与热红外谱区（8～14μm）之间，地物在波红外同时表现出可见光-近红外的反射特性以及热红外的辐射特性，能够适应昼夜光照环境变化，完成等全天候观测。中红外在整个波段中表现出有别于可见光-近红外与热红外独特的、不可替代的特性。

基于中红外谱区进行宽谱段遥感的研究目前主要分为两类：一类是对植被、土壤、岩石、水体等典型地物在中红外谱区的反射波谱特性进行分析，关注地物内部物质变化对反射率的影响，从而反演中红外发射率用于目标识别、地物分类等研究。也有利用地物（一般是海洋耀斑区）在中红外谱区反射率的稳定性，以此作为反射率定标的机理波段，对反射太阳波段进行在轨定标与验证，如利用海洋耀斑区，以海水中红外谱区的反射率为机理进行可见-近红外波段反射率的标定。另一类是对植被、土壤和岩石、水体等典型地物在中红外谱区的发射波谱特性进行分析，实现中红外谱区陆地表面温度和发射率的分离，从而进行陆地表面温度的反演以及中红外发射率的提取，利用中红外谱区发射率的光谱特性进行霜冻灾害监测、非光合植被与土壤分离等应用。中红外在地震辐射异常研究中也到了一些应用。中红外光谱也和偏振技术结合起来，对土壤含水量、目标探测、图像处理等进行研究。

随着遥感技术的发展和载荷研制水平的提高，不断出现各种新型载荷，致力于宽谱段（可见光-近红外-中红外-热红外）传感器的设计与研制，充分挖掘遥感宽谱段携带的地表信息，从而发展定量遥感技术与应用。本书基于中红外谱区地物的特性，对目前宽谱段研究（可见光-近红外-中红外-热红外）的研究现状进行分析，探讨中红外谱区遥感应用的潜力。

中红外谱区作为连接可见光-近红外与热红外的中间波段，在宽谱段的研究中有着不可替代的地位。基于中红外谱区宽谱段遥感的研究设想可以从如下几个方面进行开展。

（1）丰富光谱发射率/反射率数据库。随着新一代高空间分辨率传感器技术的发展，遥感探测的纯像元的可能性将增加。利用高空间分辨率的多光谱/高光谱数据，可以更准确地进行地表分类。如果地物光谱数据库中包含真实地物的大量天然和人造材料的光谱，未来基于地表类型赋值法将很有可能成为遥感反演地表发射率/反射率的关键。尽管目前有 ASTER 等光谱数据库，但这些数据库仅包含了少数典型地物样本的光谱曲线，且大部分是在实验室内测得的。丰富地物光谱数据需要迫切展开实验室和现场的宽谱段光谱测量，从而建立一套详细的分类系统。

(2) 发展宽谱段大气校正方法。目前的大气校正方法通常采用无线电探测数据或者其他传感器或平台获取的大气廓线。随着宽谱段卫星传感器的发展，可以更加详细地获得大气和地表的信息。也就是说，窄谱段的高光谱分辨率使得大气的吸收特征能在观测的辐射光谱中凸显出来，为使用高光谱数据本身进行大气校正提供了可能。目前，一些学者也在该问题上进行了一些研究。Yong 等(2002)提出了 in-scene 的方法进行大气校正。随后，Borel(2008)改进了该方法。Gu 等(2000)为实现这一目标，开发了一个自动大气的补偿算法。以后关于该方面的研究，将主要围绕如何实现不依赖于辅助数据和假设，仅利用宽谱段数据本身进行地表参量的反演。

(3) 开展利用宽谱段数据进行地表参量(地表发射率/反射率、地表温度)及大气廓线的同步反演。卫星搭载的传感器仅测量大气顶层辐射。这些辐射依赖于地表发射率/反射率、地表温度和大气廓线。由于地表发射/反射以及大气吸收、散射和发射等因素耦合在一起，很难同时反演地表参数和大气廓线。没有任何地表和大气先验信息条件下，进行地表参量和大气廓线的同步反演比较困难。目前，建立同步反演方法是获取这些参量比较有效的途径。因此，需要足够的窄波段观测通道来提供足够的垂直分辨率数据，建立宽谱段观测的转换模型，以获取大气廓线和地表参量。有研究者尝试不用辅助数据进行地表参量和大气廓线的同步繁衍。宽谱段遥感技术的日益发展，也为该问题的解决提供了可能。

(4) 中红外谱区发射和反射能量的分离。目前，许多遥感研究主要集中在可见-近红外谱段反射率和热红外谱段地物发射率以及地表温度这些方面。作为可见光-近红外与热红外的中红外谱区，因为其特殊的电磁波特性，同时具有发射和反射特性，而且这两部分能量的数量级相当，分离比较困难。虽然也有一些学者进行了一定的探索，但基于统计关系或者基于一定的假设，该方法并不是最佳的。如何提出切实可行的分离方法，精确分离这两部分的能量，还需要将来开展大量研究。但这样的研究目前较容易在已经搭载宽谱段仪器的 MODIS、VIIRS、FY 系列等传感器上开展。对于没有搭载宽谱段仪器的载荷，对不同卫星传感器数据进行研究，也是目前中红外能量分离需要迫切考虑的问题。

(5) 利用反演的窄波段地表方向发射率/反射率来估算。地表宽谱段半球发射率/反射率是估算地表向上辐射的一个关键参数(Jin and Liang, 2006)。因此，地表宽谱段发射率/反射率研究十分重要。然而，目前卫星反演得到的发射率/发射率只能代表窄波段方向发射率/反射率，它是在大气窗口内一些窄波段的特定观测方向上测定的地表发射率/反射率，而非计算地表向上辐射所需的宽谱段发射率/反射率。利用遥感估计宽谱段半球发射率/反射率的困难在于：目前的研究只是大气窗口内少数窄波段，而不是整个波谱范围，这就产生了需要对整个波谱进行积分的问题；同时观测角度也是比较少的，这也产生了需要对整个上半球进行角度积分的问题。因此，为准确反演宽谱段地表发射率/反射率，需要解决确定最佳窄谱段和观测角度的问题，需要发展一些利用反演得到的窄谱段地方向发射率/反射率来估算宽谱段半球发射率的方法。

　　虽然中红外谱区具有同时受到地表热辐射和太阳反射辐射影响的特点，基于中红外谱区进行宽谱段的研究工作目前开展得还较少。但中红外谱区地物其独特的光谱性能，在地物分类和性状研究中具有越来越重要的地位。随着宽谱段遥感技术的发展，搭载中红外通道的传感器会越来越多，关于中红外谱区的研究会逐渐多起来。作为连接可见-近红外与热红外的谱区，中红外在宽谱段遥感研究中会越来越重要。目前，基于中红外谱区进行宽谱段遥感研究存在上述困难，但也有一些学者开始进行了相关的摸索和初步研究，并取得了可喜的成果。在目前遥感技术下，探索中红外谱区能量分离算法以及基于中红外谱区建立窄谱段与宽谱段的转换模型，是现在需要展开大量研究的地方。

9.6　本 章 小 结

　　本章是光谱分辨率的次章。主要介绍了如下内容：

　　(1) 对中红外热成像技术的两种不同类型(色散型和干涉型)进行了对比分析，总结两种技术的优缺点，认为两种数据获取方式的组合使用，可以提供更加丰富有效和高质量的数据。

　　(2) 中红外遥感由于其同时具有反射和发射特性使得其在被动遥感中具有特殊的低位，但难点是中红外能量的分离，本章简单介绍了目前存在的中红外能量分离算法。

　　(3) 将光谱延伸到热红外谱段，探讨了热红外发射率和温度反演的基本算法。

　　目前对于宽谱段(可见近红外-中红外-热红外)的研究随着遥感载荷谱段拓宽和理论突破，展现出了非常好的应用前景。尤其是随着宽谱段遥感技术的发展，以中红外为连接的宽谱段遥感研究会具有越来越重要的地位。

参 考 文 献

高静, 计忠瑛, 王忠厚, 等. 2010.空间调制干涉光谱成像仪的星上定标系统稳定性研究. 光谱学与光谱分析, 30(4): 1013-1017.

马玲, 崔德琪, 王瑞, 等. 2006. 成像光谱技术的研究与发展. 光学技术, 32(S1): 573-576.

王彩玲. 2011. 干涉高光谱成像中的信息提取技术. 北京: 中国科学院研究生院(西安光学精密机械研究所)博士学位论文.

王建宇. 2011. 成像光谱技术导论. 北京: 科学出版社.

Borel C. 2008. Error analysis for a temperature and emissivity retrieval algorithm for hyperspectral imaging data. International Journal of Remote Sensing, 29(17-18): 5029-5045.

Gillespie A, Rokugawa S, Matsunaga T, et al. 1998. A temperature and emissivity separation algorithm for Advanced Spaceborne Thermal Emission and Reflection Radiometer (ASTER) images. IEEE Transactions on Geoscience and Remote Sensing, 36(4): 1113-1126.

Gillespie A R, Abbott E A, Gilson L, et al. 2011. Residual errors in ASTER temperature and emissivity standard products AST08 and AST05. Remote Sensing of Environment, 115(12): 3681-3694.

Gu D, Gillespie A R, Kahle A B, et al. 2000. Autonomous atmospheric compensation (AAC) of high resolution hyperspectral thermal infrared remote-sensing imagery. IEEE Transactions on Geoscience and Remote Sensing, 38(6): 2557-2570.

Jiang G M, Li Z L, Nerry F. 2006. Land surface emissivity retrieval from combined mid-infrared and thermal infrared data of MSG-SEVIRI. Remote Sensing of Environment, 105(4): 326-340.

Jin M L, Liang S L. 2006. An improved land surface emissivity parameter for land surface models using global remote sensing observations. Journal of Climate, 19 (12): 2867-2881.

McMillin L M. 1975. Estimation of sea surface temperatures from two infrared window measurements with different absorption. Journal of Geophysical Research, 80 (36): 5113-5117.

Qian Y G, Wang N, Ma L L, et al. 2016. Land surface temperature retrieved from airborne multispectral scanner mid-infrared and thermal-infrared data. Optics Express, 24 (2): A257-A269.

Qin Z H, Xu B, Zhang W C, et al. 2004. Comparison of split window algorithms for land surface temperature retrieval from NOAA-AVHRR data. Anchorage: Geoscience and Remote Sensing Symposium.

Schutt I B, Holben B N. 1991. Estimation of emittances and surface temperatures from AVHRR data. Espoo: Geoscience and Remote Sensing Symposium.

Tang B H, Bi Y Y, Li Z L, et al. 2008. Generalized split-window algorithm for estimate of land surface temperature from Chinese geostationary FengYun meteorological satellite (FY-2C) data. Sensors-Basel, 8 (2): 933-951.

Wang J, Tang B H, Li Z L, et al. 2015. Retrieval of land surface temperature from modis mid-infrared data. Milan: 2015 IEEE International Geoscience and Remote Sensing Symposium (IGARSS).

Young S J, Johnson B R, Hackwell J A. 2002. An in-scene method for atmospheric compensation of thermal hyperspectral data. Journal of Geophysical Research-Atmospheres, 107 (D24): 4774.

Zhao E, Qian Y G, Gao C X, et al. 2014. Land surface temperature retrieval using airborne hyperspectral scanner daytime mid-infrared data. Remote Sensors-Basel, 6 (12): 12667-12685.

第 10 章 光谱特性 3：基于光谱重构和连续 理论的像元解混模型方法

遥感高光谱数据因其空间分辨率的限制使得研究区域内存在多种地物类型，于是形成了混合像元。将混合像元分解为典型的地物(端元)和它们之间混合的比例(丰度)，可以获得亚像元级别的信息，从而提高地物识别的精度。混合像元的解混对于基于多光谱和高光谱遥感图像的高精度地物分类及地面目标的检测有着重要的意义(刘力帆，2013)。本章基于光谱重构和光谱可变机理对像元解混模型理论及实验方法进行具体讲解。具体包括：像元解混的基本理论与方法，从像元解混的本源，以及光谱重构的逆过程给出数学物理推导；中/热红外数据支持下的像元解混，结合中/长波红外数据对解混对象进行检索，降低需要解混的范围和运算量；全色图像支持下的高光谱像元解混，以全新的方法，将高空间分辨率的全色数据与高光谱分辨率的高光谱数据进行融合；成像仪光谱可编程手段及解混支撑手段，为像元解混提供了可变光谱分辨率的数据基础，从硬件角度解决了光谱可编程问题。

10.1 光谱重构机理下的像元解混基本方法及逆向对偶性

10.1.1 混合像元解混的地物理解

航天或者航空拍摄的遥感影像图像的空间分辨率是有限的，一个像元往往对应着地面上较大面积的一块区域。其中可能包含着多种地物类型，通常把这些典型的地物类型称为端元，把只包含一种端元的像元称为纯像元，而把那些包含多种端元的像元称为混合像元(图 10.1)。

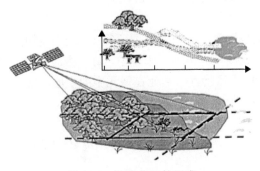

图 10.1 混合像元的形成

混合像元是由多种端元混合产生的，它的光谱特性不同于任何典型像元的光谱特性。因此，传统的像元级别的图像分类算法并不适合于精确定量地分析含有混合像元的遥感图像，合理的方法是将混合像元进行解混，分解成其所包含的端元以及这些端元在该混合像元中的百分含量（丰度）。

对于混合像元，其对应于各端元的丰度值必须满足两个约束条件：丰度值非负约束及丰度值和为 1 的约束。这两个约束在混合像元分解算法研究中显得尤为重要。

10.1.2 混合像元分解的物理模型

从物理的混合方式上看，混合像元可以由线性混合或者非线性混合的方式产生。当端元之间的相互影响（多次散射）可以忽略，观测区域的总表面积根据端元的丰度按比例进行分配，那么各端元反射的辐射也将以相同的比例进入传感器。在这个意义上，成像区域端元的丰度与反射辐射中的光谱之间存在线性关系，该种情况下可以使用线性物理模型，如图 10.2（a）所示。而当端元之间的多次散射等相互影响比较大时，端元之间的混合方式将是非线性混合（Keshava and Mustard，2002），如图 10.2（b）所示。例如，端元包括植被和植被下的土壤，它们之间的散射就无法忽略。实际上，线性混合是非线性混合的一个特例，没有考虑多次端元之间反射和散射的情况（刘力帆，2009）。

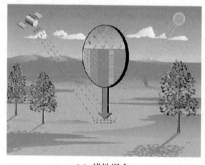
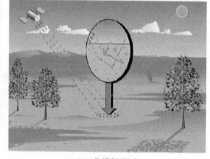

(a) 线性混合 　　　　　　　　　　(b) 非线性混合

图 10.2　混合像元的物理模型（Keshava and Mustard，2002）

对应于不同应用场景下混合像元不同的混合模式，混合像元也存在着不同的分解模型。具体采取何种混合方式取决于具体的应用。下面对比较简单的线性解混模型做一个简要的介绍。

线性光谱混合模型是目前混合像元解混研究中较多采用的一种模型（郑有飞和李剑萍，2000；Small，2001）。在线性光谱混合模型中，每一个波段里的每一个像元的灰度值表示为混合像元中各端元的光谱特性与端元在像元中的丰度的线性组合。若遥感图像有 m 个通道，n 类地物种类，则第 i 波段的像元灰度值 d_i 可以表示为

$$d_i = \sum_{j=1}^{n} a_{ij} \times s_j + n_i \quad (i = 1, 2, \cdots, m; j = 1, 2, \cdots, n) \tag{10.1}$$

式中，a_{ij} 为第 i 个波段第 j 种端元的光谱特性参数；s_j 为第 j 种端元的丰度；n_i 为噪声。同时，基于混合像元解混的实际物理意义，端元的丰度需满足以下两个约束条件：

(1)对于每一个混合像元，对应于各端元的丰度 s_j 之和应该等于 1，即 $\sum\limits_{j=1}^{m} s_j = 1$。

(2)丰度 s_j 应该在[0, 1]的范围内，即 $0 \leqslant s_j \leqslant 1$。

　　线性光谱混合模型是建立在像元内相同地物都有相同的光谱特征以及光谱线性可叠加的基础上的。其理论上具有较好的科学性，对于解决像元内的混合现象有一定的效果，但不足的是，当典型地物选取不准确时，线性光谱混合模型会带来比较大的误差。

　　同时，混合像元解混是光谱重构(详见第 8 章)的逆过程，两个互为对耦关系，其原理见表 10.1、图 10.3。

表 10.1　像元解混与光谱重构的对比

	处理对象	所得结果	原理公式
像元解混	单个像元对应的混合光谱	像元范围内不同地物的独立光谱及分布比例	$R = f_1 e_1 + f_2 e_2 + \cdots + f_n e_n + r$
光谱重构	不同地物的独立光谱	按照分布比例混合的单个像元光谱	$f_1 e_1 + f_2 e_2 + \cdots + f_n e_n + r = R$

　　表 10.1 中，R 为像元的反射率；$e_1, e_2, \cdots, e_n$ 为实际场景中的不同组分，下标表示不同的端元；f 为端元的覆盖率，下标对应于不同的端元；r 为残差。

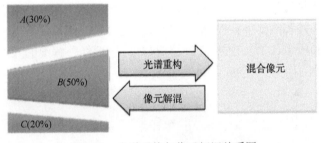

图 10.3　光谱重构与像元解混关系图

10.2　中/热红外数据支持下的像元解混

10.2.1　中/热红外数据特性及其在图像识别中的优势

　　高光谱图像除包含普通图像的二维空间信息之外，还包含丰富的光谱信息。高光谱图像的每一个像素都存在着一条近似连续的光谱曲线，因此地物目标的反射和发射特征就得以保留，为地物目标的识别提供有利的条件。但是由于受到传感器分辨率的影响，得到的高光谱影像的一个像元包含多于一种地物目标，这就产生了混合像元的问题。因此，需要通过像元解混技术，将地物信息混合形成的高光谱信息进行分离，从中提取出需要反映地物特征的光谱信息(图 10.4)(陈奕艺，2008)。光谱解混技术在军事上，特别是在伪装识别上具有非常大的发展需求和潜力。

　　红外被动热成像系统具有较强的穿透烟、雾、霾、雪等限制以及识别伪装的能力，不仅克服了微光夜视探测和可见光探测依赖于自然光的缺点。同时红外成像不受低空工

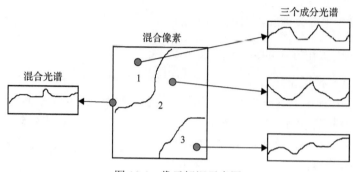

图 10.4 像元解混示意图

作时地面和海面的多路径效应影响，具有多目标全景观察、追踪和目标识别能力及良好的抗目标隐形能力等。因此，红外成像技术受到众多相关研究人员的关注。

但是，现阶段只有单波段红外热像仪，该类热像仪在杂波干扰或昼夜交替时刻常常会出现探测目标范围有限的情况。为此，很多研究者提出了利用不同红外波段图像间固有的、较强的差异性和互补性来进行多波段探测的解决办法。利用光谱仪自身的特点便能解决单波段数据的问题，从而为多波段的解混和使用提供了可能。

中红外和热红外由于获取到的是地物的热特性，因此能够找到暗背景下的目标，且正是由于中红外和热红外在发射特性方面的较大优势，其给像元解混提供了新的思路。利用传感器的中红外和热红外波段，可以进行端元搜索式的像元解混，求得解混像元中包含的地物种类和所占比例。中/热红外解混与可见-近红外解混的区别主要是波段数的不同，如图 10.5 所示。

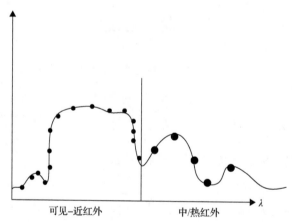

图 10.5 中/热红外与可见-近红外的波段数区别

10.2.2 中/热红外波数据支持下的像元解混方法

中红外和热红外波数据支持下的具体解混方法按照规格化多端元（详细介绍见第 8 章）的像元解混模型进行。通常所说的红外吸收光谱，就是指中红外和热红外光谱。基频振动是红外活性振动中吸收最强的振动，所以最适宜进行红外光谱的定性和定量分析。

红外吸收光谱是由分子振动能级的跃迁同时伴随转动能级的跃迁而产生的，因此红外光谱的吸收峰有一定宽度的吸收带。这个窗口对火灾、活火山等高温目标识别敏感，可以有效捕捉高温信息，也就是热信息，从而反映了物体发射率的特性。

在像元解混的过程中，基于中红外和热红外数据的像元解混过程如下：

(1) 基于中红外和热红外的数据，能够初步确定温度异常点所在的位置，利用该位置，可以确定高光谱图像上进行光谱解混的像元位置，避免不必要的冗余计算，从而提高算法运算效率。

(2) 基于已有的地物在中红外和热红外的特性，可以对中红外和热红外的数据进行解混。

(3) 结合高分辨率全色图像对高光谱图像进行解混，中红外和热红外的数据可以利用地物的热特性验证该处是否存在一些特殊的异常点，并且中红外和热红外的像元解混能进一步证实高光谱图像解混的正确性和可靠度。

对中红外和热红外的光谱数据进行遍历搜索，对温度相对于周围环境有着明显异常的区域进行筛选，并且将该区域的中红外和热红外与实验室得到的中红外和热红外波谱库进行对比，初步确定该区域的地物种类，然后将该地物种类的光谱数据带入相应区域的高光谱数据，结合基本的地物进行像元解混，从而进一步确定该地物是否存在，并得到该目标在该区域所占的覆盖率大小。具体解混流程如图 10.6 所示。

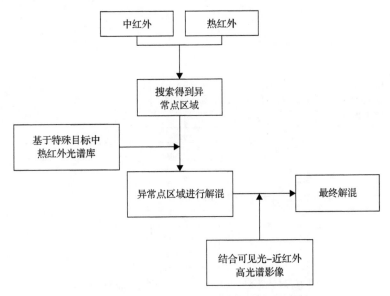

图 10.6　中红外及热红外进行光谱解混流程

中红外和热红外由于获取到的是地物的热特性，因此能够找到暗背景下的目标，如夜视条件下的军事目标，还能找到发射特性与周围地物显著不同的伪装目标，如用草坪遮挡的坦克。在像元解混的过程中，中红外和热红外的应用途径为：基于中红外和热红外的数据，初步确定温度异常点所在的位置；利用该位置，可以确定高光谱图像上进行光谱解混的像元位置，避免不必要的计算，从而提高算法运算效率。

10.3 全色图像支持下的高光谱像元解混

10.3.1 全色图像支持下的像元解混步骤

全色图像是成像光谱范围较宽的单波段遥感影像，通常具有较高的空间分辨率，但光谱信息非常有限。高光谱图像有着丰富的光谱信息，但空间分辨率相对较低，在使用时希望能够结合两者的优点，同时利用全色图像的高空间分辨率以及高光谱图像的高光谱分辨率，为后续的光谱解混及地面目标的识别提供帮助。以我军 99 式主战坦克为例，"天宫"和"尖兵"搭载的传感器的全色分辨率设计为 1m，在这种尺度上可以观测出坦克的轮廓及其所占的面积比例。在军事应用中，可以通过全色图像对感兴趣的目标物体进行轮廓搜索，再通过高光谱影像对目标物体进行光谱分析，最终达到对混合像元解混的目的，提取出感兴趣目标的光谱信息。

全色图像有更为精确的地物轮廓信息，利用该信息可以对高光谱图像的空间分辨率进行更加细微的刻画，在更小的尺度上进行像元解混，解混结果自然更加精确。

具体的操作步骤如图 10.7 所示。

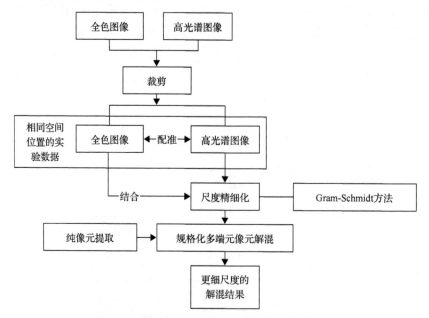

图 10.7 结合全色数据进行高光谱像元解混步骤

全色数据的空间分辨率高于高光谱数据，将全色数据的空间信息带入高光谱数据，能够使高光谱数据有更精细空间尺度的信息，同时保留原始的光谱信息。其主要利用的方法是 Gram-Schmidt 正交化方法。在线性代数中，如果内积空间上的一组向量能够组成一个子空间，那么这一组向量就称为这个子空间的一个基。Gram-Schmidt 正交化提供了一种方法，能够通过这一子空间上的一个基得出子空间的一个正交基，从而进一步求出对应的标准正交基。

Gram-Schmidt 正交化的原理为：设欧氏空间 V 中向量 $\alpha_1, \alpha_2, \cdots, \alpha_s$ 线性无关，令

$$
\begin{cases}
\beta_1 = \alpha_1 \\
\beta_2 = \alpha_2 - \dfrac{\langle \alpha_2, \beta_1 \rangle}{\langle \beta_1, \beta_1 \rangle} \beta_1 \\
\beta_3 = \alpha_3 - \dfrac{\langle \alpha_3, \beta_1 \rangle}{\langle \beta_1, \beta_1 \rangle} \beta_1 - \dfrac{\langle \alpha_3, \beta_2 \rangle}{\langle \beta_2, \beta_2 \rangle} \beta_2 \\
\vdots \\
\beta_s = \alpha_s - \dfrac{\langle \alpha_s, \beta_1 \rangle}{\langle \beta_1, \beta_1 \rangle} \beta_1 - \dfrac{\langle \alpha_s, \beta_2 \rangle}{\langle \beta_2, \beta_2 \rangle} \beta_2 - \cdots - \dfrac{\langle \alpha_s, \beta_{s-1} \rangle}{\langle \beta_{s-1}, \beta_{s-1} \rangle} \beta_{s-1}
\end{cases}
\tag{10.2}
$$

则 $\beta_1, \beta_2, \cdots, \beta_s$ 均为非零向量，且两两正交。

再令 $\gamma_i = \dfrac{1}{|\beta_i|} \beta_i$，$i = 1, 2, \cdots, s$，则 $\{\gamma_1, \gamma_2, \cdots, \gamma_s\}$ 为规范正交组。

将式（10.2）重新写成：

$$
\alpha_i = t_{i,1}\beta_1 + \cdots + t_{i,i-1}\beta_{i-1} + \beta_i, \quad i = 1, 2, \cdots, s
\tag{10.3}
$$

其中，$t_{i,k} = \dfrac{\langle \alpha_i, \beta_k \rangle}{\langle \beta_k, \beta_k \rangle}$，$i = 1, 2, \cdots, s,\ k = 1, 2, \cdots, i-1$。$\forall i, j \in \{1, 2, \cdots, s\}$，则有

$$
\langle \alpha_i, \alpha_j \rangle = \left\langle \sum_{k=1}^{i-1} t_{ik}\beta_k + \beta_i, \sum_{k=1}^{j-1} t_{jk}\beta_k + \beta_j \right\rangle
$$

$$
= \left(t_{i1}, t_{i2}, \cdots, t_{i,i-1}, 1, 0, \cdots, 0 \right)
\begin{pmatrix}
\langle \beta_1, \beta_1 \rangle & 0 & \cdots 0 \\
0 & \langle \beta_2, \beta_2 \rangle & \cdots 0 \\
\vdots & \vdots & \vdots \\
0 & 0 & \cdots \langle \beta_2, \beta_2 \rangle
\end{pmatrix}
\begin{pmatrix}
t_{j1} \\
t_{j2} \\
\vdots \\
t_{j,j-1} \\
1 \\
0 \\
\vdots \\
0
\end{pmatrix}
\tag{10.4}
$$

令 $T = \begin{pmatrix}
1 & t_{21} & \cdots & t_{s-1,1} & t_{s,1} \\
0 & 1 & \cdots & t_{s-1,2} & t_{s,2} \\
\vdots & \vdots & & \vdots & \vdots \\
0 & 0 & \cdots & 1 & t_{s,s-1} \\
0 & 0 & \cdots & 0 & 1
\end{pmatrix}$，

则

$$
\begin{pmatrix}
\langle \alpha_1, \alpha_1 \rangle & \langle \alpha_1, \alpha_2 \rangle & \cdots & \langle \alpha_1, \alpha_s \rangle \\
\langle \alpha_2, \alpha_1 \rangle & \langle \alpha_2, \alpha_2 \rangle & \cdots & \langle \alpha_2, \alpha_s \rangle \\
\vdots & \vdots & & \vdots \\
\langle \alpha_{s-1}, \alpha_1 \rangle & \langle \alpha_{s-1}, \alpha_2 \rangle & \cdots & \langle \alpha_{s-1}, \alpha_s \rangle \\
\langle \alpha_s, \alpha_1 \rangle & \langle \alpha_s, \alpha_2 \rangle & \cdots & \langle \alpha_s, \alpha_s \rangle
\end{pmatrix}
$$

$$
= T' \begin{pmatrix}
\langle \beta_1, \beta_1 \rangle & 0 & \cdots & 0 & 0 \\
0 & \langle \beta_2, \beta_2 \rangle & \cdots & 0 & 0 \\
\vdots & \vdots & & \vdots & \vdots \\
0 & 0 & \cdots & \langle \beta_{s-1}, \beta_{s-1} \rangle & 0 \\
0 & 0 & \cdots & 0 & \langle \beta_s, \beta_s \rangle
\end{pmatrix} T
\tag{10.5}
$$

式(10.5)等号左端的实方阵是 $\alpha_1, \alpha_2, \cdots, \alpha_s$ 的 Gram 矩阵，记为 $G(\alpha_1, \alpha_2, \cdots, \alpha_s)$，式(10.5)等号右端中间的对角阵是 $\beta_1, \beta_2, \cdots, \beta_s$ 的 Gram 矩阵，即有

$$
G(\alpha_1, \alpha_2, \cdots, \alpha_s) = T' G(\beta_1, \beta_2, \cdots, \beta_s) T
\tag{10.6}
$$

因此

$$
\det G(\alpha_1, \alpha_2, \cdots, \alpha_s) = \det G(\beta_1, \beta_2, \cdots, \beta_s) = \langle \beta_1, \beta_1 \rangle \langle \beta_2, \beta_2 \rangle \cdots \langle \beta_s, \beta_s \rangle
\tag{10.7}
$$

对任意一个向量组，无论它是线性相关，还是线性无关，它总有 Gram 矩阵(或者事先给出定义)。将全色数据替换 Gram-Schmidt 变换后的第一个波段，然后反变换，即可实现高光谱数据尺度的精细化，如图 10.8 所示。

(a) 尺度精细化前的影像 　　　　　　　　　(b) 尺度精细化后的影像

图 10.8　尺度精细化前后的影像对比

纯像元的提取，即影像端元光谱的提取是目前研究的热点。有很多方法可用来自动提取高光谱图像数据中的纯光谱。端元的物理意义是指图像中相对纯的地物类型，因此它实际上代表的是没有发生混合的"单一地物"。像元数据集合构成的空间是空间中的几何单体或是凸集，端元为这些几何体的顶点，混合像元均由这些端元混合构成(戚文超等，2016)，如图 10.9 所示。

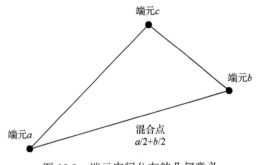

图 10.9　端元空间分布的几何意义

假设在理想情况下，噪声可以忽略不计，那么端元空间分布如图 10.9 所示，端元的几何位置就处于几何单体的各个顶点，对于三角形内部的点，显然就是各个顶点的线性混合，其相对于各个顶点的位置即混合系数。实际上噪声的影响，使得上述分析与实际情况往往有较大的差别，这样提取出来的端元并不能真实反映地表实际地物特征，即求出来的端元仅是对真实情况的估计或近似，这样端元的位置就不在顶点上。此外，在某些情况下，端元也可以被认为是一均值，是某种图像类别的中心。基于上述对端元意义的理解的不同，端元的提取方式也不同(刘益世，2013)。通常来说，可以分为两类：一类是通过求几何顶点的方式来解算端元，另一类则是通过求均值波谱的方式来解算端元。但不管哪一种求解方法，都是对真实端元的估计，并且要注意的是，这两种求解方法各自有不同的适应情况。本书主要用图 10.10 的方法从影像中提取了部分端元光谱。

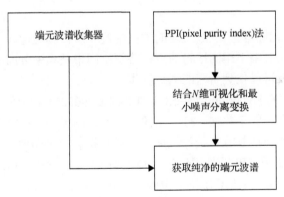

图 10.10　端元光谱提取步骤和方法

对于遥感数据所有像素点集合在特征高维空间形成的凸集中，像元纯度指数(pixel purity idex, PPI) 首先利用最小噪声分离(minimum noise fraction, MNF) 的方法对数据进行降维；再通过迭代将降维后的高维散点图映射生成大量的随机矢量，这些随机矢量穿过数据集合内部(图 10.11)；之后计算散点图到这些随机矢量的投影，投影的极值作为纯净像元被记录下来。不断地变换随机矢量，记录每个像元被标为纯净像元的次数，最终认为累计次数最大的点就是要找的端元。

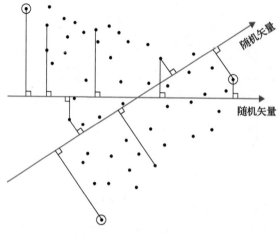

图 10.11　PPI 算法示意图

10.3.2　全色图像支持下的像元解混过程

具体的全色图像支持下的像元解混过程如下：

(1)首先对图像进行最小噪声分离(MNF)。要注意的是 MNF 变换后各波段是按照信噪比的大小而不是方差的顺序来排列的。这样排列的顺序可以舍弃包含噪声的波段，从而达到降维的目的，最终减少计算量。

(2)生成像元纯度指数(PPI)图像。PPI 是在遥感的多光谱和高光谱数据中寻找纯净像元的方法。如前所述，通过将 N 维散点图投影到随机矢量上，从而找到"纯净像元"并生成 PPI 图。

(3)最终光谱单元确定。从(2)生成的数据中进一步得到纯像元，并做出它们在 N 维光谱空间中的散点图。由于相同地物的点在特征空间中是集中分布的。通过在 N 维可视化空间中不停旋转就可以找到所需的训练样本。

以 EO-1 平台上的 Hyperion 数据 EO1H1230402006226110 为例，首先对该数据进行辐射校正，得到表观反射率数据。打开图像，查看该图像的光谱特征。在进行 MNF 变换之前，需要确定如何估算噪声统计特征，这里直接从整个图像中而不从暗目标中估算噪声统计特征。MNF 和 PPI 的处理过程分别如图 10.12(a)和图 10.12(b)所示。

经过 MNF 变换后，发现对于特征根的值大致在第 20 个波段处，特征根的值接近于 1.0，波段 1～20 包含了大部分信息。分别在两个窗口里打开 MNF 波段 1 和波段 20，可以发现二者的信息差别：MNF 波段 20 已经基本上是噪声了，如图 10.13 所示。

在进行 PPI 计算时，总的迭代次数设为 20000 次。得到 PPI 的结果后，可以进入 N 维可视化分析。首先，在窗口里找出 MNF 波段 1，用遥感处理软件 ENVI 中 ROI 工具的 "Threshold band to ROI"，取值 PPI>15(即只有 PPI 值大于 15 的像元才认为可能是纯净像元，参与端元选择)，得到一个 ROI。然后，打开 N 维 Visualizer 工具"Visualize with New Data"，进行可视化。在选择对话框中选择生成的 MNF 文件，只选择前 10 个 MNF 波段，确定后显示窗口(图 10.14)。

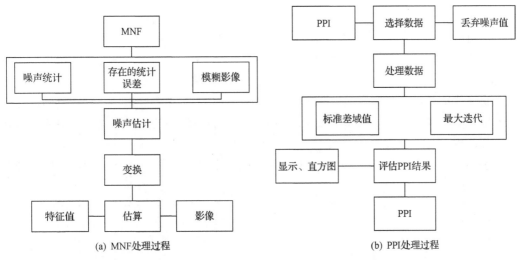

(a) MNF处理过程　　　　　　(b) PPI处理过程

图 10.12　影像中端元提取流程

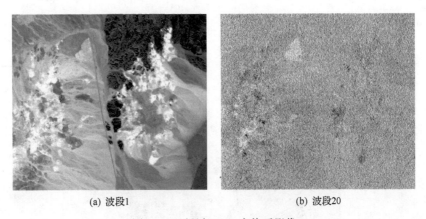

(a) 波段1　　　　　　　　(b) 波段20

图 10.13　经过 MNF 变换后影像

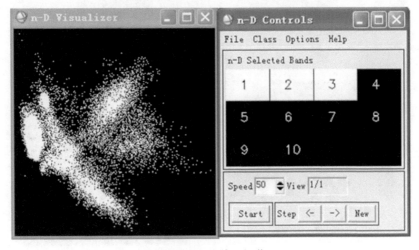

图 10.14　N 维可视化

在 N 维可视化中进行数据交互分析。旋转可视化数据框中的数据云，当数据云旋转到某一个角落时，这些点是基本保持在一起的，即可进行端元的选取。完成一种端元的选择后，继续旋转数据云，进行下一个端元类的定义。在数据云的旋转过程中，也可以加入新的 MNF 波段。在端元定义的过程中，尽可能地多定义端元类，直至很难发现新的端元。

要注意的是，用户定义的端元中，有些端元实际上是混合像元，因此需要确认这些端元所代表的地物类型。通常运用光谱匹配技术，将所选择的端元与光谱库中的参考光谱进行比较。

图 10.15 是在图像上提取到的端元光谱曲线。图 10.16 是针对上述端元在图像上解混得到的丰度的可视化图像。

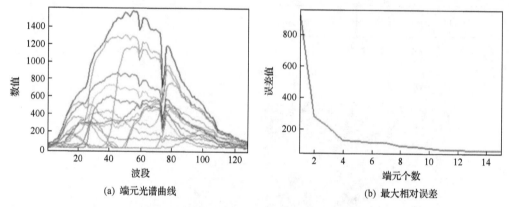

(a) 端元光谱曲线　　　　　　　　(b) 最大相对误差

图 10.15　端元光谱曲线

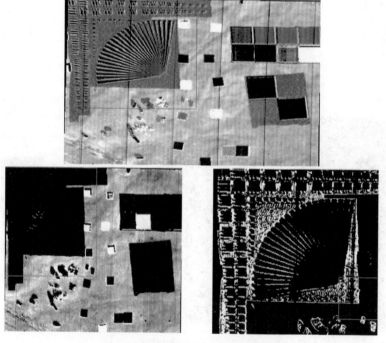

图 10.16　不同端元的丰度可视化图

10.4　成像仪光谱连续机理及解混支撑手段

10.4.1　成像仪光谱可编程

现有绝大部分成像光谱系统只能按照固定的波段序列和光谱分辨率进行光谱扫描，没有考虑不同目标的光谱特征以及不同波段对光谱分辨率的不同需求，特别是在光谱分辨率不断提高的情况下，很容易造成原始数据量巨大、冗余度高、数据效率低等问题，给数据的压缩、传输、存储和处理带来不便，即高光谱成像中的"维数灾难"问题。

此外，光谱分辨率与系统复杂度、图像信噪比、积分时间等参数之间相互矛盾，在所有的波段一味追求高光谱分辨率往往会影响其他性能指标，达不到系统效能的最优化。因此，随着成像光谱技术的发展，越来越希望仪器的光谱响应能够实现可编程，以满足不同的应用需求。

实质上，对多光谱仪器进行波段的细分，即可得到高光谱数据。而对高光谱数据进行重采样，也一定能得到对应波段宽度的多光谱数据。所以，多/高光谱数据和采集仪器之间并没有本质的区别，通过有效的光谱可编程手段，理论上可以实现两者的互通。

目前，国内外对应用于成像光谱系统的光谱可编程技术进行了相关研究，主要形成了两条方法。第一种方法是采用面阵探测器选择性读出及信号累加技术，具体的像元选择及信号累加电路可以有多种实现方式。目前，投入使用的光谱可编程成像光谱系统主要采用该方法，如加拿大的紧密型机载成像光谱仪 (compact airborne spectrographic imager, CASI) (Tejada et al., 1999)、欧洲航天局的紧密型高分辨率成像光谱仪 (compact high resolution imaging spectrometer, CHRIS) 和中分辨率成像光谱仪 (medium resolution imaging spectrometer, MERIS) (Rast et al., 1999) 等。但是，该方法在原理上类似于通过软件方法实现的波段挑选和累加，其本质上只是在系统原有响应的基础上对信号进行重新组合，因此受到了诸多限制。

第二种方法为采用电控可调谐滤光器，该方法直接对入射光信号进行编程选择，因此具有更大的灵活性，理论上可以实现波段数、波段位置、波段带宽、输出顺序的任意配置。电控可调谐滤光器主要包括声光可调谐滤波器 (acoust-optical tunable filter, AOTF) 和液晶可调谐滤波器 (liquid crystal tunable filter, LCTF)。比较而言，AOTF 具有更好的可调性、灵活性、可靠性和环境适应性，并具有更高的光学效率及更快的调谐速度，因此更加适合在成像光谱技术中应用。

光谱可编程的实现原理如下：如果对 AOTF 同时施加的几个射频驱动频率频差很小，各衍射中心波长的间隔小于半峰宽，则各衍射波段将发生部分重叠，合并一个连续的、较宽的衍射波段。图 10.17 为两波段合成的原理图，图 10.17 (a) 为射频驱动信号功率谱，图 10.17 (b) 为相应的衍射效率曲线。按照这种方法，可以通过改变射频驱动频率的个数及频差，调整和控制 AOTF 器件总的响应带宽，即系统光谱分辨率。

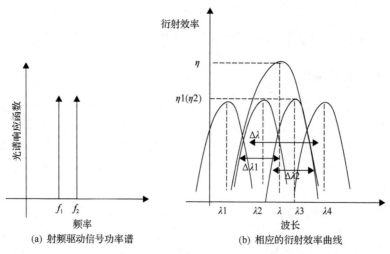

图 10.17　两波段合成的原理图

可编程成像光谱仪和一个灵敏的可控制的卫星平台的结合为数据图像的采集提供了很大的灵活性。通过这样的结合就能处理可编程高光谱仪的数据，以满足特定的科学需要和解决特定的科学问题。更具体地说，卫星平台上的可编程高光谱仪能够控制图像数据的空间分辨率。因此，这也是色散型高光谱成像仪的核心优势。

目前，绝大多数成像光谱仪的敏感器采用了 CCD 探测器。面阵 CCD 器件读取电路技术的发展，和光谱仪分光系统结合，为实现成像光谱通道中心波长和带宽可编程带来了可能性。分光系统将视场光栅(狭缝)色散实现谱段分离，成像于 CCD 面阵上，每行的探测元对于给定波长空间像元(垂直于飞行方向)，不同的行代表连续分光的光谱维。选择读取 CCD 面阵上某行或连续行进行电荷累加，这样就实现输出成像光谱通道中心波长和带宽编程配置。

10.4.2　通道可编程读取的三项主要关键技术

实现通道可编程读取的三项主要关键技术如下：

1)分光系统

焦平面探测器推帚式成像原理如图 10.18 所示。分光系统是关键的部件，直接决定着系统的光谱最小可分辨率。为实现通道可编程，最好采用光栅型分光系统，在光栅指标的选择上要进行深入的研究和调研，通过研究光栅各参数指标，如光栅常数、闪耀波长、光栅加工误差等，制定并选用合理的光栅指标，探测器的像元阵在同一水平面，还要克服准直光束应用方法中像面弯曲的问题。

2)CCD 面阵探测器及面阵驱动电路

面阵 CCD 探测器的外部驱动电路是实现可见-近红外波段中心波长和带宽可选的核心，不仅要按 CCD 手册给予一定的偏置电压，建立合适的工作点，还要依据地面指令发送的通道配置表，采用大规模可编程逻辑器件(FPGA)，完成相应的面阵 CCD 读取电路时序，控制读取 CCD 面阵上某行或连续行进行电荷累加，实现通道可编程功能，具体如图 10.19 所示。

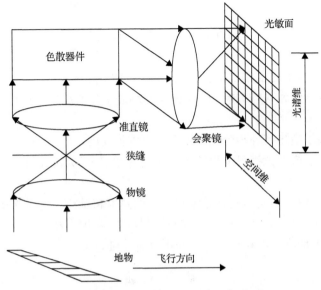

图 10.18　焦平面探测器推帚式成像原理图

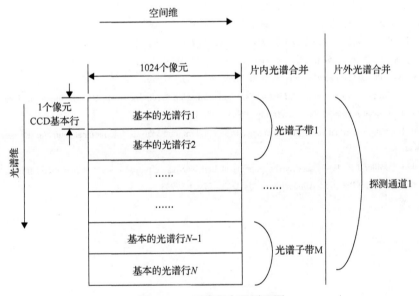

图 10.19　可编程实现原理图

3) 星上辐射/光谱定标

遥感仪器发射前都要进行定标，通道可编程改变了探测波段的中心波长和带宽，所以要对在轨后所有可能改变的通道进行组合，全部进行定标，其工作量非常巨大甚至不可能完成。必须考虑在飞行中定标，最好引入太阳光源进行定标，发射前只需对缺省或几组常用的通道配置完成定标工作，在轨后如果根据需要改变通道的中心波长位置和带宽，则依靠星上定标反演不同谱段的地物光谱信息，开展典型的地物光谱研究。因此，必须结合仪器的特点，研制一套高精度、高稳定性、全系统和全口径的星上辐射/光谱定标系统。

10.5　本章小结

本章是光谱分辨率的末章。主要介绍了如下的内容：

(1)阐述了混合像元的物理模型。认为像元解混是光谱重构逆过程，两个是互为对偶的关系。

(2)分别介绍了中热红外与全色数据支持下的像元解混的过程和结果。

(3)简要介绍了成像光谱可编程的原理和关键技术，可为像元解混提供可变分辨率的数据基础。

混合像元的分解是高光谱遥感定量化应用的热点和难点。通过光谱重构合成理论的求逆过程，首次奠定像元解混理论表达的模型范式，实现了从统计分析向理论解析的基础跨越，对于遥感地物分类和目标检测应用具有基础意义。

参 考 文 献

陈奕艺. 2008. 基于数码相机的物体表面色光谱重构. 杭州: 浙江大学博士学位论文.

李剑萍, 郑有飞. 2000. 气象卫星混合像元分解研究综述. 中国农业气象, 21(2): 44-47.

刘力帆. 2009. 高光谱遥感图像混合像元解混方法的研究. 上海: 复旦大学博士学位论文.

刘益世. 2013. 高光谱遥感混合像元端元提取研究及应用. 长沙: 中南大学硕士学位论文.

戚文超, 张霞, 岳跃民. 2016. 多端元光谱混合分析综述. 遥感信息, 31(5): 11-18.

Keshava N, Mustard J F. 2002. Spectral unmixing. IEEE Signal Processing Magazine, 19(1): 44-57.

Rast M, Bezy J L, Bruzzi S. 1999. The ESA Medium Resolution Imaging Spectrometer MERIS a review of the instrument and its mission. International Journal of Remote Sensing, 20(9): 1681-1702.

Small C. 2001. Estimation of urban vegetation abundance by spectral mixture analysis. International Journal of Remote Sensing, 22: 1305-1334.

Tejada Z, Pablo J, Miller J R. 1999. Land cover mapping at BOREAS using red edge spectral parameters from CASI imagery. Journal of Geophysical Research: Atmospheres, 104(D22): 27921-27933.

第四部分　辐射分辨率

本部分聚焦于遥感高分辨率与辐射亮度（能量）强度矛盾关系破解，建立分辨率对能量的依赖关系判据和提高信息反差比的新手段。主要包括以下内容：

第 11 章辐射特性 1：基于能量转换机理的辐射传输理论；

第 12 章辐射特性 2：不同下垫面的大气辐射传输与辐射亮度反演理论；

第 13 章辐射特性 3：光源非均衡偏振效应机理与遥感第五维新变量。

第11章 辐射特性1：基于能量转换机理的辐射传输理论

遥感成像的过程实质上就是辐射能量传输的过程，本章将介绍在遥感过程中基于辐射传输的能量转换理论，揭示遥感成像的机理。具体包括：遥感辐射传输基本理论，以探究辐射传输的过程和实质；中红外的光学物理特性，以探究中波在遥感领域的物理特性；地物辐亮度的反射与发射特征理论，以了解地物发射与反射特性的差异性；基于偏振手段的辐亮度亮暗两端延拓理论，以水体为例，探究对于辐亮度偏亮或者偏暗的情况，用偏振手段进行亮暗两段延拓的机理和方法。

11.1 遥感辐射传输基本理论

探测器接收目标物辐射或反射的电磁波，由此形成的遥感原始影像与目标物相比是失真的，这是因为在太阳—大气—目标物—大气—探测器的辐射传输过程中存在着许多干扰因素，使接收的信号不能准确反映地表物理特征，如光谱反射率、光谱辐亮度等(朱君和唐伯惠, 2008; 宫鹏, 2009)。

上述因素会产生如下四个方面的影响：

(1)大气分子及气溶胶的瑞利散射与米氏散射、分子及气溶胶的吸收、散射以及散射吸收的耦合作用。大气的存在导致成辐射与吸收，这是两个对立的作用，一个增加辐射量，一个减少辐射量。

(2)表面因素的贡献。一般应用中认为，地球表面是朗伯体，反射与方向无关。但这个假设是一种近似，事实上任何表面在物理特性与物质结构上都不是理想的朗伯体，因此认为地球表面是朗伯体时则会带来误差。另外一个因素是，由于大气散射的存在，邻近像元的反射光也会进入目标场，从而影响辐射量，这部分贡献被称为交叉辐射。

(3)地形因素的贡献。目标高度与坡向也会对辐射造成影响。

(4)太阳辐射光谱的影响。太阳本身是一个黑体，其光谱辐射按照普朗克定律具有一定的形状，这个因素在反射率反演中需要予以考虑。

为了正确反映目标物的反射和辐射特性，必须消除在图像记录的辐亮度上的各种干扰项，这便是辐射校正的内容之一。

在各种因素中，大气因素的影响要首先予以考虑。大气散射与吸收对下行辐射与遥感器接收的上行辐射的光谱特性造成较深的影响，而且其中的气溶胶和分子的影响行为是不同的。大气的散射与辐射光波长有密切的关系，对短波长的散射与长波长的散射要强得多。分子散射的强度与波长的四次方成反比。气溶胶的散射强度随波长的变化与粒子尺度分布有关。

11.1.1 晴天条件大气辐射传输模拟

针对晴朗天空，根据影像太阳-观测几何条件，设置了太阳天顶角变化范围为20°～

75°，观测天顶角变化范围为 0°～30°，两种天顶角的变化间隔均为 5°；太阳-观测相对方位角的变化范围为 100°～160°，变化间隔为 20°；6S 辐射传输模型提供了几种不同的大气类型供用户选择，选择了 1962 年美国大气廓线，水汽和臭氧含量分别设置为 3.0g/cm² 和 3.5cm·atm[①]；气溶胶模式设置为大陆型气溶胶，并设置 550nm 气溶胶光学厚度分别为 0.01、0.05、0.1、0.2，分别代表从晴朗到略微浑浊的几种大气条件；地表高程范围为 0～3.5km，间隔变化为 0.5km，见表 11.1。

表 11.1　辐射传输模拟过程输入的 5 维参数

维度	参数名称	范围	变化间隔
1	太阳天顶角	20°～75°	5°
2	观测天顶角	0°～30°	5°
3	太阳-观测相对方位角	100°～160°	20°
4	550nm 气溶胶光学厚度	0.01、0.05、0.1、0.2	—
5	地表海拔	0～3.5km	0.5km

波段范围和光谱响应函数也是大气辐射传输模拟的关键输入参数，根据 Hyperion 提供的各波段中心波长与半波宽度(表 11.2)，可很容易地计算得到波段范围。高光谱波段的光谱响应函数通常假设为高斯分布函数 $g(\lambda_c,\sigma)$：

$$g(\lambda_c,\sigma)=\exp^{-\frac{(\lambda_c-\lambda)^2}{2\sigma^2}} \tag{11.1}$$

$$\sigma=\frac{\text{FWHM}}{2\sqrt{2\ln2}} \tag{11.2}$$

式中，λ_c 为中心波长；FWHM 为半波宽度；λ 为输出光谱响应函数的波长位置。需要注意的是，6S 中光谱响应函数所对应的波长位置固定，即从 0.25μm 开始每增加 0.0025μm 为输入光谱响应函数的波长位置。加入光谱响应函数的 TOA 方向反射率可表示为式(11.3)，其中 r_i 为反射率；$g_i(\lambda)$ 为光谱响应函数。

$$r_i=\frac{\int g_i(\lambda)\rho(\lambda)\mathrm{d}\lambda}{\int g_i(\lambda)\mathrm{d}\lambda} \tag{11.3}$$

表 11.2　去掉信噪比低的波段后所保留的 Hyperion 波段

Hyperion 波段编号	波长范围(μm)
8～57	0.421～0.931
79～120	0.9217～1.352
128～166	1.422～1.816
179～223	1.936～2.391

① 1atm=1.01325×10⁵Pa。

6S 输出结果为大气路净辐射项、大气下行透过率、大气上行透过率、大气半球反照率等参数。

11.1.2　云天条件大气辐射传输模拟

1. 云天地表短波净辐射的不确定性分析

云是影响地表短波辐射最主要的大气因素之一，能够破坏地面有效辐射的日变化规律。地球表面大约有 50%的地区被云覆盖，云可以把太阳辐射通量有效地改变成在空间和时间上不均匀分布的地气系统热流入量。一方面，云是变化的并且调节着大尺度大气运动的能量供应；另一方面，云量的变化又被大尺度大气运动所决定。云对太阳辐射具有高反射和低吸收的特性，云的平均反照率为 50%～60%，约为地面反照率的 5 倍，占行星反照率的 2/3，但云对太阳辐射的吸收率却很低，只有 3%左右。云对太阳短波辐射具有吸收和强烈反射的作用，使 22%左右的太阳短波辐射被云反射回太空，地面及云层以下大气的温度降低。高反射率使到达云层以下的大气的太阳辐射减少，到达地面的太阳辐射也减少，因而地面温度降低，其又使地面向大气的显热、潜热输送减少，从而使云层以下气温降低。据估计，云的高反射率使云层以下大气加热率比晴空时要小大约0.5℃/d。云的形状各异，空间分布非均一程度很大，这也是卫星估算地表短波辐射最大的误差来源之一。

如图 11.1 所示，当云出现在地表的太阳辐射入射方向时，太阳辐射就会被云强烈反射，地表接收的短波辐射就会减少，直接导致短波辐射的地面观测值降低；同时，若在观测方向没有云层遮挡，把卫星观测结果代入晴朗天空的回归方程进行反演，地表短波净辐射的估算结果就会偏高。当云出现在卫星观测方向时，地表接收的辐射会受到云层反射而减少，通过有云天空的回归方程估算的地表短波净辐射也会减少，但若太阳辐射入射方向没有云遮挡，地表所接收的太阳辐射即晴朗天空的太阳辐射，其导致遥感反演结果偏低。大气的非均一性质也对用于遥感反演的影像数据的空间分辨率提出了挑战。在低空间分辨率影像某一像元中出现的云，在同时获取的高空间分辨率影像中则可分解为多个有云和无云的像元，针对有云像元和无云像元分别采用不同的估算过程，获得更加精确的反演结果，因而空间分辨率的提高有助于提高遥感反演的精度。

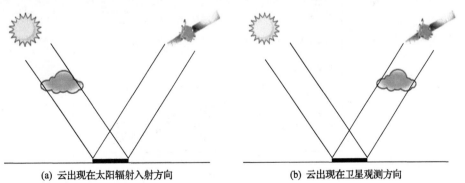

(a) 云出现在太阳辐射入射方向　　　　　　　(b) 云出现在卫星观测方向

图 11.1　云对地表短波辐射卫星反演的影响

由于有云天气的不确定因素更多，因而在辐射传输模拟前需要对云及地表参数进行敏感性分析(吴太夏等, 2010; 吴太夏, 2010)，研究有云天气条件下地表短波下行辐射随各种参数的变化趋势，从而为选择和建立查找表的维度及参数变化范围提供依据。

2. 基于 SBDART 的云参数敏感性分析

SBDART 提供了云高(ZCLOUD)、云光学厚度(TCLOUD)、云粒子有效半径(NRE)、云层相函数(IMOMC)、液态水路径(LWP)、云层相对湿度(RHCLD)和云层水汽混合比(KRHCLR)等云的相关参数，其中 LWP 也是一种表征云光学厚度的参数。另外，随着地表海拔增加，地表获得的太阳辐射也随之增加，因而地表海拔也是地表短波净辐射的重要影响因素。在有云天气条件，笔者利用 SBDART 进行辐射传输模拟，分别研究了云高、云光学厚度、云粒子有效半径和地表海拔与地表短波下行辐射的关系和变化趋势。

不同的云光学厚度与地表下行辐射的变化趋势如图 11.2 所示，不同颜色的曲线表示不同的太阳天顶角。从图 11.2 中可以看出，随着云光学厚度的增加，地表短波下行辐射将迅速减少，主要是由于地表接收的太阳辐射以直射辐射为主，散射太阳辐射所占比例相对较小，当云光学厚度较小时，其增加较小幅度就可以大量削弱太阳直射辐射，地表接收的太阳辐射也急剧减少。云光学厚度增大到 30，地表短波下行辐射的减少趋势趋于平缓，因为当天空云量较多时，地表接收的太阳辐射以散射辐射为主，云光学厚度增加所削弱的太阳散射辐射较少，地表接收的太阳辐射减少程度也趋于平稳。此外，随着太阳天顶角(sza)增加，地表接收太阳辐射的减少程度也趋于平缓，因为当太阳天顶角较小时，太阳辐射在大气中的光学路径较短，等量太阳辐射散布的面积就较小，地表单位面积获得的太阳辐射就较多，地表短波下行辐射以直射辐射为主；太阳天顶角增大，太阳辐射在大气中的光学路径增加，直射辐射减少，散射辐射增加，但直射辐射降低的程度大于散射辐射增加的程度，地表接收的太阳辐射也随太阳天顶角的增大而减少。

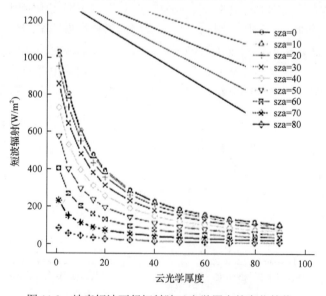

图 11.2　地表短波下行辐射随云光学厚度的变化趋势

　　海拔决定了地表接收太阳辐射的多少，随着海拔增加，太阳辐射到达地表的光学路径变短，太阳辐射衰减量减少，地表接收的太阳辐射增加(图 11.3)。太阳天顶角为 0°时，海拔从 0km 变化为 7km，地表短波下行辐射增加了 256.5W/m²；当太阳天顶角为 80°时，海拔从 0km 变化为 7km，地表短波下行辐射增加 117.37W/m²。表 11.3 是不同太阳天顶角条件下，海拔从 0km 变化为 7km 时，地表短波下行辐射的增加值。从表 11.3 可以看出，地表短波下行辐射随太阳天顶角的增加逐渐减少。

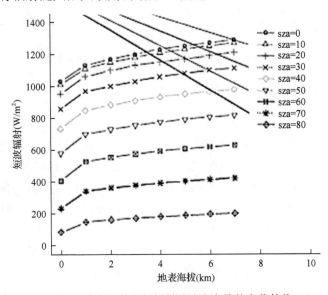

图 11.3　地表短波下行辐射随地表海拔的变化趋势

表 11.3　不同太阳天顶角条件地表短波下行辐射随地表海拔变化的增加值

太阳天顶角	20°	30°	40°	50°	60°	70°	80°
地表短波下行辐射增加值(W/m²)	254.02	251.02	246.55	238.67	222.82	189.09	117.37

　　云在非水汽吸收的可见光波段上，反射函数主要是云光学厚度的函数；在水汽吸收的近红外波段上，反射函数主要是云粒子大小的函数。SBDART 提供了冰核云与水核云粒子有效半径(NRE)的设置，NRE>0 表示云的米氏散射由水核云形成，NRE<0 表示云的米氏散射由冰粒子形成。NRE 最小值为 2μm。水核云与冰核云的 NRE 在 2~20μm 变化时，地表短波下行辐射会随着 NRE 的增大而增加，而且在太阳天顶角较小时增加的程度更显著；当 NRE>20μm 时，地表短波下行辐射基本没有变化。

　　当云光学厚度增加时，地表短波下行辐射随 NRE 的变化趋势变得平缓。表 11.4 是 NRE 从 5μm 增至 20μm 时，地表短波下行辐射随云光学厚度和太阳天顶角的变化情况。从表 11.4 中可以看出，太阳天顶角较小时，地表短波下行辐射的变化程度较大；云光学厚度较小时，地表短波下行辐射的变化程度也较大。另外，在太阳天顶角较大时，地表短波下行辐射的变化较小，相对于地表海拔和云光学厚度的作用，可以忽略 NRE 对地表短波下行辐射的影响。

表 11.4 NRE 从 5μm 增至 20μm 时地表短波下行辐射随云光学厚度和太阳天顶角的变化情况

	太阳天顶角	20°	30°	40°	50°	60°	70°	80°
地表短波下行辐射增加值 (W/m²)	云光学厚度=5	45.19	40.61	34.06	25.82	16.83	8.80	3.12
	云光学厚度=15	46.45	40.48	32.96	24.65	16.42	9.07	3.35
	云光学厚度=40	27.00	24.00	20.00	15.00	10.10	5.60	2.10
	云光学厚度=60	20.00	17.00	14.00	10.70	7.20	4.00	1.50
	云光学厚度=90	12.70	11.50	9.50	7.20	4.90	2.70	1.03

11.2 中红外的光学物理特性

11.2.1 中红外光谱大气光学特性分析

中红外辐射在大气窗口区和吸收带区的传输机制是不同的，在吸收带区，大气的光学特性主要由气体分子的选择性吸收来决定，而在窗口区，这种选择性吸收只占次要地位。在位于 3.5～4.0μm 的中红外窗区，其谱段的左右两端分别是位于 2.7μm 附近的水汽、CO_2 的联合吸收带和中心波长位于 4.3μm 的 CO_2 吸收带。传统中红外窗口区是一个比较透明的窗区，对其光学性质有影响的气体有 CO_2、水汽、CH_4、N_2O，其中在 3.60～3.85μm 谱区内可以认为基本上没有选择性吸收。气溶胶粒子对这一窗口区光学性质的影响比短波红外窗口区明显减少，尤其是在洁净的大气条件下，气溶胶粒子对总辐射衰减的贡献一般小于 5%，对标准大气而言，这一窗口区大气透过率一般为 70%～80%。

目前，国内外大部分对地观测卫星遥感器，如 NOAA、FY-1、FY-2 卫星等均配置了中红外窗口区通道(3.55～3.95μm)，其目的是进行地球表面和云顶温度的探测。利用 MODTRAN 辐射传输模型软件包，并选择 1976 年美国标准大气进行地-气系统垂直大气透过率计算，获得 3.0～5.0μm 大气总透过率谱和几种主要的吸收气体透过率谱。结果表明，在 3～5μm 波段，主要的气体吸收贡献有水汽、CO_2、CO_2 混合气体、O_3、CH_4、N_2O。图 11.4 为 3～5μm 波段大气总垂直透过率。可以看出，在 3～5μm 波段最透明区为 3.448～4.0μm 波段，该波段大气透过率基本在 70%～95%，其他波段均由于气体吸收带的吸收贡献使大气透过率降低。

在该中波波段，水汽在 4.5～5.0μm 波段和 3.0～3.3μm 波段有强吸收贡献；在传统中波窗区通道，水汽有弱吸收贡献。O_3 在 4.5～5.0μm 波段有一强吸收峰，在 3.1～3.3μm 波段有一个弱吸收峰。气溶胶散射有 2%～3%的吸收贡献。另外，在 4.5～5.0μm 波段，CO_2 混合气体和 CO_2 有弱吸收贡献；在 4.2～4.5μm 波段，中心在 4.3μm 波段附近，由于 CO_2 混合气体和 CO_2 的强吸收，该谱段基本不透明；在 3.2～3.4μm 波段，有一个 CO_2 混合气体强吸收带。在 4.5μm 波段附近，还有一个 N_2O 强吸收峰，在 3.8～4.2μm 波段，有一个 N_2O 弱吸收峰。在 3.2～3.4μm 波段，有一个 CH_4 强吸收带。

总之，对于 3.55～3.95μm 窗区通道，主要的吸收气体为：水汽、CO_2 混合、N_2O、CH_4 和气溶胶(2%～3%)，它们对大气透过率的总吸收贡献为 20%～30%。对于 4.35～5.0μm 火焰高灵敏波段，主要的吸收气体为水汽、水汽连续(2%左右)、CO_2 混合、CO_2、

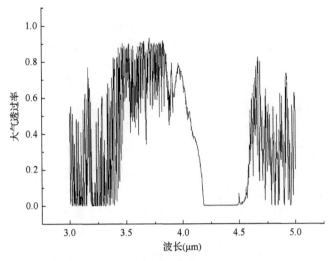

图 11.4　3～5μm 波段大气总垂直透过率

N_2O、O_3 和气溶胶(2%左右)，它们对大气透过率的总吸收贡献为 60%～70%，即该谱段大气总垂直透过率为 30%～40%。

11.2.2　中红外的应用需求分析

中红外介于可见光-近红外与热红外之间，波长范围为 3～5μm。在位于 3.5～4.0μm 的中红外窗区，其谱段的左右两端分别是位于 2.7μm 附近水汽、CO_2 的联合吸收带和中心波长位于 4.3μm 的 CO_2 吸收带。传统中红外窗区是一个比较透明的窗区，对其光学性质有影响的气体有水汽、CO_2、CH_4、N_2O，其中 3.60～3.85μm 谱区内可以认为基本上没有选择性吸收。气溶胶粒子对这一窗区光学性质的影响比短波红外窗区明显减少，尤其是在洁净的大气条件下，气溶胶粒子对总辐射衰减的贡献一般小于 5%，表现出良好的大气穿透特性，不受烟雾的影响。同时，中红外表现出可见光-近红外的反射特性以及热红外的辐射特性，能够适应昼夜光照环境变化，完成全天候观测。由此可见，中红外在整个波段中表现出有别于可见光-近红外与热红外独特的、不可替代的特性。

在军事上，可以进行全天候侦察识别，发现隐蔽/伪目标，可以为复杂战场军事目标信息快速、准确提取与解译提供重要的基础支持，也可以为突发军事事件及形势判断提供直接的数据支撑。在民用方面，地表温度、海洋温度、森林火灾、火山、昼夜云、海岸线监测，以及其他自然灾害的监测有广阔的应用前景。因此，研究中红外在全谱段光谱成像仪的特点、构建中波定标在宽波段目标反演的全光谱反射/透射理论和方法需求迫切。

近年来开发的反演温度的方法大都是利用热红外数据，但是热红外数据的空间分辨率较低，反演精度不够。根据维恩位移定律，随着温度的上升，辐射的峰值向短波方向移动，温度越高，波长越短。热红外波段温度反演不能反演出高温目标的真实温度。

地球表面温度(简称地表温度)是指地表和大气相互作用的临界层的温度，包括地表水体表面温度和陆地表面温度。地表温度是一个重要的地球物理参数，在地气间的物质和能量交换中扮演着重要角色，对地球上自然资源的生成、植被的生长、气候变化和人类日常生产生活都有重要的影响。因此，如何低成本、高效率地获取地表温度引起了许多学者的兴趣。热红外遥感技术作为获取地表热状况信息的重要手段得到迅速的发展。从 20 世纪 80 年代开始，通过红外遥感数据进行地表温度反演已经成为一个研究热点，相关学者提出了一系列单窗算法、劈窗算法和多通道算法，在这些算法的基础上，根据具体数据的特点和应用中的实际情况又开发了许多种变异算法，但是，就温度反演的精度来说，离实际应用的需要还有相当大的差距，在海洋与大气数值模拟、商业捕鱼活动、海洋环境保护、军事侦察、气候变化和城市热环境监测等领域对温度反演结果的精度、时间分辨率和空间分辨率存在着差异化的需求。

　　红外遥感能够在不破坏地表热力学状态的情况下记录地表物体的热辐射能量，其在温度反演方面受到重视，众多学者也开展了大量的研究工作。地表温度在地面监测方面有非常重要的意义，尤其在对水文、生态、环境等方面早期地表温度测量是使用温度计进行测量，获得的只是局部温度，然而应用遥感技术可以获得大区域的地表遥感数据，利用遥感数据进行温度反演的结果具有实效性。

　　随着科技的不断进步，已有学者提出了一些很好的利用中红外来识别和反演温度的方法，提出利用中红外波段提取土壤发射率的算法，利用提取出的土壤发射率反演地表温度。当光谱仪的中红外和热红外通道是分开的或阴天无太阳直射光时，利用中红外自身的光谱信息进行温度反演就很重要。目前，利用短波红外遥感数据进行高温目标的温度反演的研究很少，主要是基于野外测量数据的高温目标的短波红外发射率提取比较困难，所以短波红外的地表发射率先验知识严重缺乏，尽管在热红外有很多成熟的温度发射率分离算法，但大多数应用在中红外波段会失效。

11.3　基于偏振手段的辐亮度亮暗两端延拓理论

　　传统的辐射学和光度学的遥感已经进行多年，偏振光遥感的诞生是空间遥感技术发展的必然结果。传统遥感解释的主要依据是目标的个体光谱特征，得到的是二维信息，而偏振光遥感可以获得三维信息，从而为实现目标空间结构的反演奠定基础(罗杨洁等, 2007)。

　　水是生命之源，水对人类生态环境起着至关重要的作用，研究水的偏振反射特征，对于环境保护、水资源的监测具有重大理论意义与广泛的应用前景。水体的偏振反射特性主要与波段和入射探测几何有关，但主要在入射相对的反射方向偏振反射最强烈，尤其在平静近似镜面反射的水面，其他方向的偏振反射信息可以忽略。但是水面波浪引起的偏振反射需要更详细复杂的解释。

11.3.1　暗背景下水体信息的偏振反射滤波特性("弱光强化")

　　在可见近红外波段的水色遥感领域，离水辐射指光进入水体后，经水体内部的后向散射而从水表面出射的上行辐射，即水色。它携带了水体的有用信息，是水体组成信息的光学体现。水色产品中的离水辐射主要包括两个物理量：离水辐亮度[刚好在水面上出射的上行辐亮度，单位：W/(cm² · μm · sr)]和离水反射率(刚好在水面上出射的上行辐亮度与下行辐亮度的比值)，如图 11.5 所示。离水辐射是水色遥感的基本量，可用于后续水体固有光学量、水色因子浓度等的反演，光合有效辐射、初级生产力、赤潮指数等的计算。然而，卫星传感器测量的大气顶信号中还包含有大气散射和吸收、表面镜面反射、白帽反射等的贡献。这些因素都会影响利用遥感手段对水体进行监测的精度。

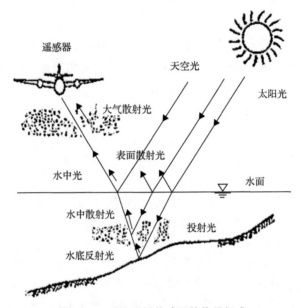

图 11.5　到达卫星传感器的信号组成

　　清洁水体光谱在可见光和近红外波段的反射率比较低，其光谱特征不明显，在光学遥感图像上水体一般都表现为暗色调，造成了利用光谱学手段进行水体遥感识别和水质参数反演的困难。在研究水体的偏振波谱时发现，在对水体进行多角度观测时，水体在可见光与近红外波段的偏振度波谱值要远大于其无偏的反射率，表现在图像上即水体的偏振度图像的亮度要远大于其强度图像的亮度，揭示了利用多角度偏振遥感进行水体探测的优势，从而有效解决了在利用光学遥感进行水体探测时反射率低的难题，大大提高了水体的遥感识别能力和水质参数反演精度。

　　当光倾斜地入射到水体表面上时，一部分将发生反射，另一部分将折射进水体内部。设 α 为入射角，β 为折射角，则入射光、反射光、折射光的平面构成入射面。不管入射光本身的振动方向怎样，它的电矢量总可以分解为垂直于入射面的分量 $E_{\perp}$ 和平行于入射面的分量 $E_{\parallel}$，相应地，反射光电矢量的分量为 $E_{\perp}'$ 和 $E_{\parallel}'$。

　　当一束自然光在两种介质界面上反射和折射时，反射光和折射光的传播方向虽由反射和折射定律决定，但这两束光的振动取向，即偏振态，则需根据光的电磁理论，由电磁场的边界条件来决定。

　　如果不考虑方向，则有

$$\frac{E'_{\parallel}}{E_{\parallel}} = \frac{\tan(\alpha - \beta)}{\tan(\alpha + \beta)} = \frac{E'_{\perp}}{E_{\perp}} \cdot \frac{\cos(\alpha + \beta)}{\cos(\alpha - \beta)} \tag{11.4}$$

当 $\alpha = 0°$ 时，可得

$$\frac{E'_{\parallel}}{E_{\parallel}} = \frac{E'_{\perp}}{E_{\perp}} \tag{11.5}$$

已经知道 $E_{\perp} = E_{\parallel}$，因此式 (11.5) 表明，反射光中电矢量的平行分量 $E'_{\perp}$ 值和垂直分量 $E'_{\parallel}$ 值相等，但这两个分量是不相干的，合成后的反射光仍然是自然光，所以当入射光垂直入射到水体表面时，其反射光不存在偏振性。

当 $0° < \alpha < 90°$ 时，均有 $\cos(\alpha + \beta) < \cos(\alpha - \beta)$，此时

$$\frac{E'_{\parallel}}{E_{\parallel}} < \frac{E'_{\perp}}{E_{\perp}} \tag{11.6}$$

交界面对于入射光的两个分量 ($E_{\perp}$ 和 $E_{\parallel}$) 的物理作用并不相同。不论入射光的偏振状态如何，式 (11.6) 表明反射光中电矢量的平行分量的值总是小于垂直分量的值，从内部结构来看，这两个分量是不同方向上、振幅大小不等的大量偏振光的电矢量在这两个方向上投影的矢量和，因此这两个分量仍然是不相干的，不能合成为一个矢量，是部分偏振光，因此其偏振状态就与入射光的偏振状态不同了，也就是说，当入射光为自然光（非偏振光）时，入射光经水体表面一次反射后，其反射存在偏振现象。

为了验证水体的这种偏振高光谱特性的有效性，可以利用 PARASOL 卫星数据对此进行分析。图 11.6 和图 11.7 用到的图像是截取自 2008 年 11 月 29 日位于大西洋某海域的 PARASOL 卫星图像。图 11.6 所示的是不同波长的 PARASOL 卫星的无偏（强度）图像。图 11.6(a)~图 11.6(c) 分别对应 490nm、670nm 和 865nm 的强度图像。图 11.6 中白色区域为云，黑色区域为海水。图 11.7 所示的是不同波长的 PARASOL 卫星的偏振度图像。图 11.7(a)~图 11.7(c) 分别对应 490nm、670nm 和 865nm 的偏振度图像。

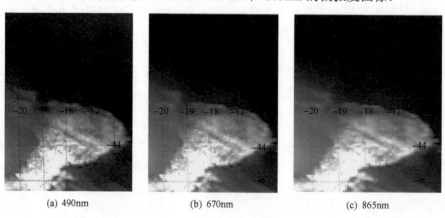

(a) 490nm   (b) 670nm   (c) 865nm

图 11.6　不同波长的 PARASOL 卫星的无偏（强度）图像（赵海盟等，2018）

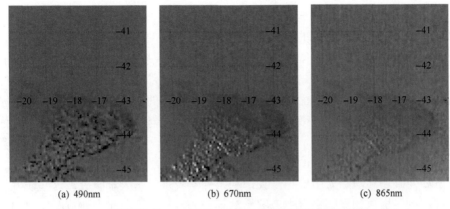

图 11.7　不同波长的 PARASOL 卫星的偏振度图像（赵海盟等, 2018）

从图 11.6 和图 11.7 可以看出，各波长对应的偏振度图像的水体部分亮度都高于强度图像的水体部分亮度。表 11.5 将图 11.6 和图 11.7 图像中水体的亮度的平均值进行了统计。亮度倍数是将偏振度图像的亮度平均值除以强度图像的亮度倍数。相同海域 490nm、670nm 和 865nm 的偏振度图像亮度分别是对应波长强度图像亮度的 4.1 倍、18.0 倍和 36.8 倍。490nm 由于大气偏振、水体吸收等因素的影响而倍数较小，但总体上水体偏振度图像的亮度要远大于其强度图像的亮度。分析相同海域不同角度观测的偏振度图像，偏振度图像的亮度仍然大于强度图像的亮度，也就是偏振度图像能够将强度图像上较暗的区域变得更亮，有利于通过亮度分割等手段进行识别与分类，以提高遥感解译与反演精度。

表 11.5　偏振度图像与强度图像的平均亮度比较

	490nm	670nm	865nm
强度图像	14.07	3.47	1.97
偏振度图像	57.25	62.51	72.49
亮度倍数	4.1	18.0	36.8

从上述分析可以看出，水体的多角度偏振度波谱曲线大于相同状态水体的无偏光谱。在地面利用光谱仪测量水体的多角度偏振光谱的特性和规律同样适用于星载多角度偏振遥感器对水体的识别与反演，从而为低反射率地物的遥感提供了一条重要的观测手段。

11.3.2　强水体耀斑偏振剥离（"强光弱化"）

平静的水面可以被近似地看作一面镜子，当太阳光入射时，在与入射线方向关于法线对称的反射线方向上形成强烈的反射辐射，从而形成太阳耀光。当有风经过时，水面形成倾角，在海浪的顶端形成闪光点，这也是太阳耀光。水表面反射辐射带有少量水体本身的信息，它的强度与水面性质有关，如水面浮游生物、黄色物质、泡沫带等；但是，在受太阳耀光影响的中心区域，太阳耀光的强度非常强，比水体向上辐射量高出几十倍，传感器很可能已经达到饱和，很难从遥感资料中提取水色信息，从而影响了水质信息提取的精度。在机载遥感资料中，太阳耀光也很难避免。因此，研究如何有效去除太阳耀光的影响，是水质遥感监测的重要问题。

来自大气外层的太阳辐射的传输过程中，经过大气的瑞利散射和气溶胶散射，其中一部分返回到卫星携带的传感器，一部分朝前直射和漫反射到达海面（Rao and Mahulikar, 2005; Wu and Zhao, 2005）。到达海面的直射光，其中一部分由于镜面反射有可能穿过大气到达传感器，另一部分经水面折射进入水面；在水体的次表面，又受到水色因子如叶绿素、黄色物质和悬浮泥沙等微粒的散射，其中后向散射部分经水面折射离开水面，穿过大气到达卫星携带的传感器，而进入水体次表面的另一部分辐射继续向下到达真光层深度，或到达海底又部分反射，经水面折射回到传感器。

关于如何减弱和消除太阳耀光，我国和国外学者进行了大量研究，这些研究结果已经广泛应用到各层次的遥感平台中。罗杨洁等（2007）提出了引起水体镜面反射的太阳高度角范围，认为对遥感时间、太阳高度、太阳方位与航向等相互关系进行周密的设计可避免镜面反射。

目前，避开或消除太阳耀光最常见的方法主要有两种：一种是卫星 CET 尽可能移至中午 12 点，最小化耀光影响范围；另一种是将传感器设计成垂直、前倾 20°和后倾 20°三种扫描状态，通过拼接图像消除耀斑区域，如装载在美国"SeaStar"卫星上的 SeaWiFS 传感器。利用偏振技术消除太阳反射光虽在航空遥感中没有前例，但在摄影学中却早有应用。摄影技术中，在有太阳反射光存在的情况下，如拍摄汽车玻璃中的人物或水里的鱼，常使用偏振镜来进行过滤处理。

自然光以非布儒斯特角入射光滑水面，其反射和折射光均变成部分偏振光，而且反射光的主要振动方向一定与入射面垂直，折射光的主要振动方向则在入射平面内。如果入射角为布儒斯特角，则反射波为线偏振波，折射波为部分偏振波。

被动遥感中，光源为自然光，光线入射到地物表面被反射，这时的地物相当于起偏器。当这些反射光进入探测器时，如果在多角度传感器上装载一个偏振片，就可以得到多角度偏振反射光谱，这时的偏振片为检偏器。如果存在太阳光经过地物后的反射光为线偏振光，就可以通过检偏器消除这部分反射光。

水面（尤其是平静水面）可以被近似地看作光滑的表面，当强光源入射时，在与入射线方向关于法线对称的反射线方向上形成强烈的反射辐射，这就是水体的镜面反射。当有风经过时，近似光滑的水面形成倾角而造成耀光，或在海浪的顶端形成闪光点。在水色遥感中，水面的镜面反射而产生的太阳耀光是影响水色遥感图像质量的关键因素。由水体体散射形成的向上辐射强度很小，而太阳耀光的强度却非常强，受太阳耀光影响的中心区域，太阳耀光的辐射相当于水面辐射的几十倍。当产生太阳耀光时，传感器所接收到的水体信息几乎被太阳耀光所掩盖，大部分像元处于饱和状态，很难从总的辐射量中提取水色信息，从而影响了水色影像资料的利用率。水体的反射光是部分偏振光，通过偏振器的消光作用，可以将耀光中的偏振光部分消除，同时将非偏振光的强度减半，达到剥离水体耀光的作用。

到达水面的入射光为非偏振光，经水体反射后，根据上述讨论，其反射存在偏振现象。这时水体实际上是起偏器，当光线的入射角为布儒斯特角 53°，即太阳高度角为 37°时，其反射光为电矢量垂直于入射面的完全偏振光，在传感器前使用检偏器，调节检偏器的方位角，让偏振方位角与光线反射光的偏振方向相互垂直，此时由于偏振片的阻光作用，反射光全部不能通过偏振片，传感器所接收的信息为大气散射和水体体散射，水体镜面反射的值为 0，也就是将太阳耀光全部剥离。

根据式 (11.7) 可求得太阳高度角：

$$\sin h = \sin\psi \sin\delta + \cos\psi \cos\delta \cos t \tag{11.7}$$

式中，ψ 为地理纬度；太阳赤纬角 δ 可以由天文年历查出；t 由时间换算为度。根据该计算方法，可计算出地球上任一点 (经度、纬度) 在任一时刻的太阳高度角。因此，可以计算出世界各地太阳高度角等于 37° 时适宜进行水体偏振遥感的时间。表 11.6 中的时间均以当地时间为准。

表 11.6　春分日世界各地适合水体偏振遥感的时间

北纬	0	N10	N20	N30	N40
适宜时间	12+3:32	12+3:29	12+3:20	12+3:03	12+2:32
南纬	0	S10	S20	S30	S40
适宜时间	12+3:32	12+3:29	12+3:20	12+3:03	12+2:32

由表 11.6 可以看出，在超过南北纬 53° 的地区，即使是正午也不可能存在太阳高度角等于 37° 的情况，也就是说，超过南北纬 53° 的地区在春分日不能利用偏振反射完全消除太阳耀光。结合各地的正午太阳高度角，在南北纬 0°～30° 地区，一年中有 12 个月可能完全消除太阳耀光；南北纬 40° 地区有 8 个月可以完全消除太阳耀光，1 月、2 月、11 月、12 月四个月不适宜；南北纬 30° 地区有半年时间完全消除太阳耀光；依此类推，到极地地区由于太阳高度角低于 37°，因此全年都没有能完全消除太阳耀光的时间 (李博，2011；Luo et al., 2007)。

以上是完全消除太阳耀光的情况，其实水体耀光有时也带有一定的水体信息，对某些指标的反演可能有很重要的作用，如水面油膜所产生的镜面反射，如果完全剥离，这部分信息势必会损失；在实际中，由于水体的体散射非常微弱，有时在完全剥离了耀光以后，散射的上涌光信息也由于偏振片的一定吸收作用而，传感器接收到的信息量十分小；另外，要求偏振遥感都在布儒斯特角这个条件也有点苛刻，也没有必要完全消除太阳耀光。只要耀光的辐射量没有使传感器饱和，在有耀光的情况下水体向上的辐射量也能有效识别，就是说太阳入射角在大于或小于布儒斯特角的一定范围内，反射光由线偏振光和自然光两部分组成，为部分偏振光时，可以通过控制偏振方位角的大小来调节耀光的大小，以达到消除噪声，突出有用信息的作用。

在任一 xoy 平面，在与 X 轴的夹角为 θ 的方向上，通过线偏振器后观测所得的光强为

$$I(\theta) = \left[(1-p) \cdot \frac{1}{2} + p \cdot \cos^2\theta \right] \cdot I_0 \tag{11.8}$$

式中，p 为偏振度，可通过计算不同太阳高度角时的值，I_0 的值可通过控制偏振方位角的大小而得到。

当 $\theta = 0°$ 时

$$I(\theta) = \frac{1}{2}(1+p) \cdot I_0 \tag{11.9}$$

即部分偏振光中偏振光部分被完全剥离，只剩下自然光部分，自然光通过线偏振器后的光强变为原来的一半。也就是说，部分偏振光通过偏振器后的光强变为入射光强的 0%～50%，大大消除了耀光的影响。

　　由此根据不同的传感器，可以定量给出太阳入射角的适宜区间和偏振方位角的大小，以进行偏振遥感，使耀光大小保持在合适的范围内，给出适宜进行水体偏振遥感的时间表，其比完全消除耀光的情况下的适宜时间要长得多，传感器所接收到的信息也丰富得多。为了验证以上推论，利用偏振方向光谱测量仪对水体的镜面反射进行了模拟。图 11.8～图 11.10 所示的分别为纯净水体在入射角为 53°、60°、50° 时，在波段为 670～690nm、观测方位角为 0°～360° 时，相应探测角的 0°偏振、无偏(不配偏振镜头所测数据)的反射比波谱曲线，横坐标为观测方位角，纵坐标为相对方向反射比。

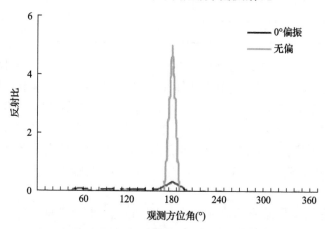

图 11.8　纯净水体在入射角、探测角均为 53°，0°偏振和无偏的波谱曲线图

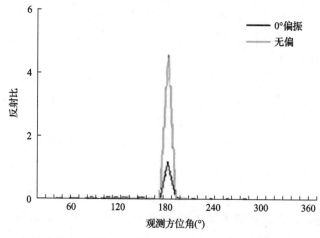

图 11.9　纯净水体在入射角、探测角均为 60°，0°偏振和无偏的波谱曲线图

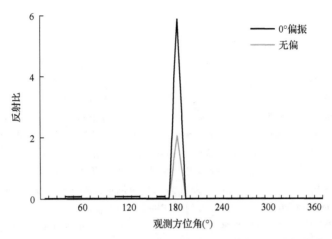

图 11.10　纯净水体在入射角、探测角均为 50°，0°偏振和无偏的波谱曲线图

由上述讨论可以发现，只有当多角度探测器在入射面内时才可能产生太阳耀光，其他方向反射比的值都很小。纯净水体在 53°探测角方向的平行入射面的入射能量大部分被折射或吸收，此时的 0°偏振反射比要比无偏反射比小得多，也就是说，当光线入射角为布儒斯特角，传感器前偏振器的偏振方位角为 0°时，水体反射光为完全偏振光，被偏振器完全吸收，全部剥离了太阳耀光。

从图 11.9 也可以发现，0°偏振反射比还有一定的反射峰，并不是理论上的零值，这跟实验中有一定的杂光干扰以及布儒斯特角控制的精度有一定的关系，由于仪器角度定位的精度只能精确到度，而纯净水体的布儒斯特角应为 53.1°，该突出部分应该是由非偏振光的影响而形成的。

从图 11.9 和图 11.10 可以看出，入射角为 60°、50°，即不是布儒斯特角时，相应探测角上 0°偏振反射比的值仍然大大小于无偏时反射比的值，图 11.9 的 0°偏振反射比的值为 1.192，无偏反射比的值为 4.571，其剥离效率为 73.92%；图 11.10 的 0°偏振反射比的值为 2.036，无偏反射比的值为 5.871，其剥离效率为 65.32%。这说明越接近布儒斯特角，其剥离效果越佳。其原因是越接近布儒斯特角，反射光中的自然光成分逐渐减少，偏振光成分逐渐增多。水体反射光中的偏振光部分均可完全剥离。

11.4　本 章 小 结

本章是辐射分辨率的首章。具体包括：

(1)遥感辐射传输基本理论，以探究辐射传输的过程和实质。

(2)中红外的光学物理特性，以探究中波在遥感领域的物理特性。

(3)地物辐亮度的反射与发射特征理论，以了解地物发射与反射特性的差异性。

(4)基于偏振手段的辐亮度亮暗两端延拓理论，以水体为例，探究对于辐亮度偏亮或者偏暗情况，用偏振手段进行亮暗两段延拓的机理和方法。

上述要点是遥感过程中基于辐射传输的能量转换理论的重要基础，揭示了遥感成像的机理。

参 考 文 献

宫鹏. 2009. 遥感科学与技术中的一些前沿问题. 遥感学报, 13(1): 13-23.

李博. 2011. 高光谱反演地表短波净辐射方法研究及真实性检验. 北京: 北京大学博士研究论文.

罗杨洁, 赵云升, 吴太夏, 等. 2007. 水体镜面反射的多角度偏振特性研究及应用. 中国科学(D 辑: 地球科学), 3: 411-416.

吴太夏. 2010. 振遥感中的地物性质及地-气分离方法研究. 北京: 北京大学博士研究论文.

吴太夏, 晏磊, 相云, 等. 2010. 水体的多角度偏振波谱特性及其在水色遥感中应用. 光谱学与光谱分析, 30(2): 448-452.

朱君, 唐伯惠. 2008. 利用 MODIS 数据计算中国地表短波净辐射通量的研究. 遥感信息, 3: 60-65.

赵海盟, 刘思远, 李俊生, 等. 2018. 高信息——背景反差比滤波特性的水、雪、植被偏振遥感探测. 遥感学报, 22(6): 957-968.

Luo Y J, Zhao Y S, Li X W, et al. 2007. Research and application of multi-angle polarization characteristics of water body mirror reflection. Science in China Series D-Earth Sciences, 50(6): 946-952.

Rao A G, Mahulikar S P. 2005. Effect of atmospheric transmission and radiance on aircraft infared signatures. Journal of Aircraft, 42(4): 1046-1054.

Wu T X, Zhao Y S. 2005. The bidirectional polarized reflectance model of soil. IEEE Transactions on Geoscience and Remote Sensing, 43(12): 2854-2859.

第12章 辐射特性2:不同下垫面的大气辐射传输与辐射亮度反演理论

定量化遥感反演理论中,大气是非常重要的反演因素。大气包含了不同的气体成分,它们对太阳光谱的不同波段有着不同的吸收能力,从而形成不同的大气窗口。通过不同成像模式下水汽精确反演及 Fuzzy 变权重反演参量控制,可以对大气中的水汽含量进行精确的计算,为大气辐射传输提供基础资料。在进行辐射传输分析的前提下,分别考虑复杂陆表下垫面反射率校正与辐射传输精度提升技术,以及多级水体的离水辐射校正及偏振自适应精度关联技术,完善反射率反演的各个环节。通过高大气噪声下偏振粒子层析推演与大气校正技术,深入探讨大气辐射传输与地表反射率反演的关系。

12.1 不同成像模式下水汽反演及 Fuzzy 变权重参量控制

近红外光谱区所测量的反射太阳辐射主要同地表的反射和水汽的吸收及大气的散射有关,卫星观测的辐射值可以近似地表示为

$$L_{\text{Sensor}}(\lambda) = L_{\text{sun}}(\lambda)T(\lambda)\rho(\lambda) + L_{\text{Path}}(\lambda) \tag{12.1}$$

式中,$L_{\text{sun}}(\lambda)$ 为大气顶的太阳常数;$T(\lambda)$ 为总大气透过率,相当于从太阳到地表再到传感器的透过率;$\rho(\lambda)$ 为地表反射率;$L_{\text{Path}}(\lambda)$ 为辐射传输路径上的大气散射,称为大气路径散射。由于在近红外区大气的路径散射很小,因此这个方程简化了大气和地表之间的多次散射过程。

在水汽反演时通常需要做以下几点假设:①遥感器主要接收的是地表反射的直射辐射,程辐射较少,而且以单次散射为主;②散射与水汽吸收两种过程各自独立;③散射辐射对波长的响应不明显。在这一假定下,程辐射与地表反射的直射辐射成一定比例,引入比例系数 $c-1$,非水汽吸收波段和水汽吸收波段的入瞳辐亮度可以表示为

$$L = cL_{\text{sun}}\rho\tau_{\text{a}} \tag{12.2}$$

$$L_{\text{wv}} = cL_{\text{s,wv}}\rho_{\text{wv}}\tau_{\text{a}}\tau_{\text{wv}} \tag{12.3}$$

式 (12.2) 对应的是非水汽吸收区,τ_{a} 为气溶胶消光的贡献。式 (12.3) 则不同,总的大气透过率中除气溶胶消光的贡献外还有水汽吸收的作用。如果这两种过程各自独立,总的大气透过率就等于它们各自的透过率相乘,τ_{wv} 为水汽透过率。

然而,侧摆成像模式和水体上空通常难以满足以上假设。侧摆成像模式,随着大气路径增加,程辐射的影响大大增强;水体上空卫星观测信号中,由于水体在近红外具有很强的吸收特性,几乎吸收了全部的入射能量,反射率很小,卫星接收信号的信噪比低。

　　此外，不同水汽吸收带对在不同大气条件下有不同的敏感性，如强水汽吸收通道对于较干大气比较敏感，比较适于水汽含量小的成像模式下的水汽反演，而在水汽含量较大的情况下，强水汽吸收通道容易饱和，难以获取准确的水汽含量，此时应采用弱吸收通道。

　　为此，不同成像模式及水体上空水汽含量精确反演模型的建立首先要选取合适的水汽反演通道。总体研究方案如下：

　　基于高光谱卫星辐射观测数据和探空水汽资料，采用逐步回归分析方法，如图 12.1 所示：建立可见-短波红外波长范围内不同水汽通道及其附近窗区通道辐亮度比值与水汽含量的回归模型，根据回归模型的拟合效果，确定星下点成像模式、侧摆成像模式及水

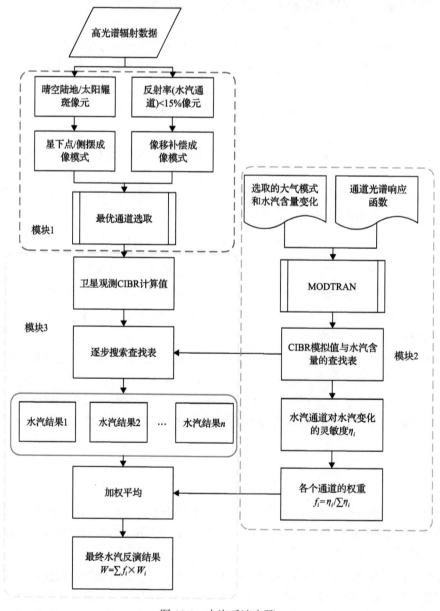

图 12.1　水汽反演步骤

体上空(采用像移补偿成像模式)不同水汽含量条件下水汽反演的最优通道组合；基于辐射传输模型，建立不同大气模式下，水汽通道透过率与水汽含量的变化关系，量化不同水汽通道对水汽含量的敏感性；在晴空陆地和海洋耀斑区像元识别的基础上，根据实际成像条件，优化配置水汽反演通道，根据水汽通道透过率-水汽含量的查找表分通道反演水汽含量，最后结合各个通道对水汽含量的敏感性，确定其在多个水汽通道中的权重大小，基于加权平均的策略，建立综合多光谱特征的水汽含量高精度反演模型。其具体包括三部分：不同成像模式下水汽反演通道优化选取、水汽吸收通道对水汽反演精度敏感性分析和综合多光谱特征的水汽含量高精度反演模型建立。

12.1.1　不同成像模式下水汽反演通道优化选取

基于不同水汽含量(高、中、低)条件下，如同一地区不同季节或同一季节不同地区的高光谱卫星辐射观测数据和探空水汽观测资料，针对可见-短波红外区域的三类主要水汽吸收带：①2.27~3.57μm，宽强吸收带；②中心波长分别为 1.38μm、1.86μm 的两个窄的强吸收带；③0.7~1.23μm，弱的窄吸收带内的水汽吸收通道，利用逐步回归分析方法，分别对单个水汽通道、多个不同强弱吸收通道组合，建立高中低水汽含量条件下卫星资料获取的水汽通道透过率与水汽含量的回归模型(Chomko et al., 2003)。根据回归模型的回归系数和回归残差，确定各个成像模式，在不同水汽含量条件下，红外高光谱遥感反演晴天大气可降水量的“最优”通道组合，技术路线如图 12.2 所示。

12.1.2　不同水汽吸收带对水汽反演精度敏感性分析

针对 6 种大气条件，即热带、中纬度地区夏季、中纬度地区冬季、近极地夏季、近极地冬季和美国标准大气廓线，通过改变水汽含量，基于 MODTRAN 辐射传输模型，模拟获取各个水汽吸收通道及其周围两个通道的辐亮度，并采用连续波段内插法计算辐亮度比值(CIBR)如式(12.4)，获得不同大气条件下，不同水汽吸收通道的 CIBR 随水汽含量(PWV)变化的关系，将 CIBR 对水汽含量的一阶导数作为该水汽通道在这一大气条件下对水汽含量变化的灵敏度 η_{abs} [式(12.5)]，从而为后续多光谱水汽含量反演模型中水汽通道权重的设置奠定基础。

$$\text{CIBR}(\lambda_{abs}) = L(\lambda_{abs}) / [C1 \times L(\lambda_{trans1}) + C2 \times L(\lambda_{trans2})] \tag{12.4}$$

式中，λ_{abs} 为水汽吸收通道；λ_{trans1}、λ_{trans2} 为两个窗区通道；$C1$、$C2$ 为比例常数，与窗区通道到水汽吸收通道的距离成反比。

$$\eta(\lambda_{abs}) = d\text{CIBR}(\lambda_{abs}) / d\text{PWV} \tag{12.5}$$

式中，PWV 为水汽含量。

12.1.3　综合多光谱特征的水汽含量高精度反演模型

根据实际成像条件，确定水汽反演使用的通道和采用的大气模式，然后分别对每个水汽通道及其附近的窗口通道，基于 MODTRAN 辐射传输模型，采用连续波段内插法构

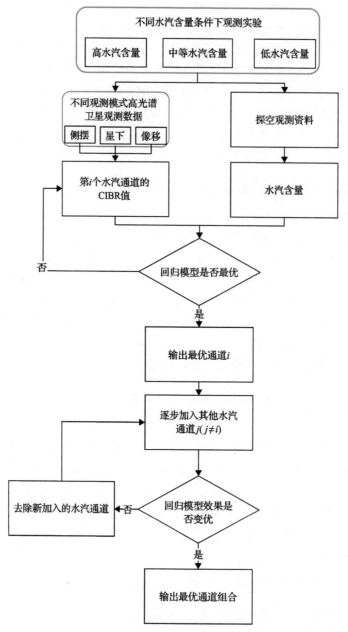

图 12.2　不同成像模式下水汽反演通道优化选取技术路线

建辐亮度比值(CIBR)，形成 CIBR 和水汽含量的查找表；针对晴空陆地和海洋耀斑像元，根据卫星实际观测的 CIBR 值，使用逐步搜索法对查找表进行搜索，获取不同水汽通道处水汽含量反演结果；最后根据各个水汽通道的灵敏度计算其在通道组合中的权重大小，采用加权平均的策略计算最终水汽含量，形成综合多光谱特征的水汽含量(W)反演模型(王丽美和姜永涛, 2011)：

$$W = \sum_{i=1}^{n} f_i \times W_i \tag{12.6}$$

式中，f_i 为 i 水汽通道的权重；W_i 为 i 水汽通道对应的水汽含量反演结果。

以下是 FY-3A/MERSI 水汽通道设置及其与其他传感器对比情况（表 12.1），以及上述算法进行水汽反演的一些成果（胡秀清等，2011）。

表 12.1　不同星载遥感器在近红外水汽吸收带附近的通道位置和宽度　　（单位：nm）

仪器 通道	FY-1C/1D		CMODIS/SZ-3		FY-3A/MERSI		MODIS/EOS	
	中心波长	宽度	中心波长	宽度	中心波长	宽度	中心波长	宽度
水汽 通道	936	50	905	20	905	20	905	30
			925	20	940	20	936	10
			945	20	980	20	940	50
			965	20				
			985	20				
两侧窗区 通道	865	50	865	20	865	20	865	40
			1005	20	1030	20	1240	20

FY-3A/MERSI 的产品示例及其与探空资料的对比情况分别如图 12.3 所示。

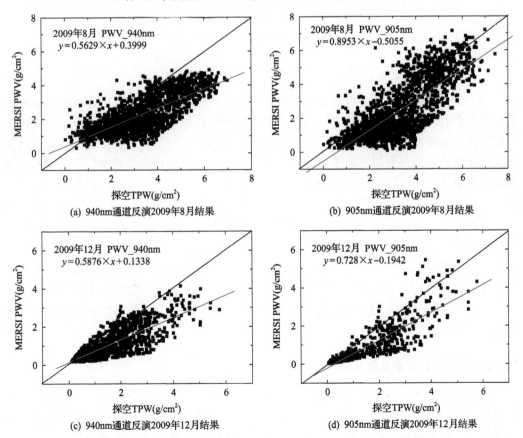

图 12.3　FY-3A/MERSI 反演近红外水汽总量与地面探空数据按月比较检验图（胡秀清等，2011）

12.2 复杂下垫面陆表反射率校正与辐射传输精度提升技术

12.2.1 山地地表反射率反演

山地地表反射率反演首先要对山地高光谱图像数据进行预处理，主要是配准和利用辐射定标系数进行辐射校正；然后，利用计算出的大气参数、地形参数进行反射率反演，如图 12.4 所示。

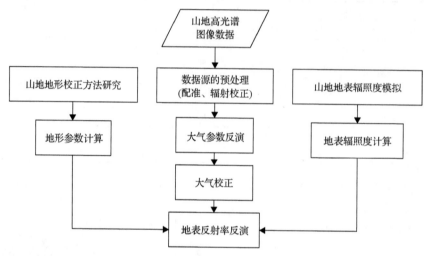

图 12.4 山地地表反射率反演技术方案

由于受大气吸收、散射以及地形等因素影响，传感器输出的 DN 值在反映目标地物的信息时会存在一定程度的失真。依据遥感信息传输机理和大气辐射传输理论，利用大气辐射传输模型减小大气的影响，采用地形校正方法进行地形校正。校正后的辐亮度值比上水平地表总的入射辐射即水平地表反射率 ρ_h。山区目标地物经地形校正后的水平地表反射率 ρ_h 可由已有影像反演，如式(12.7)所示：

$$\rho_h = \frac{\pi[d^2 L_h - L_{\mathrm{P}}]}{\tau \cdot E_0} \tag{12.7}$$

式中，L_h 为利用地形校正模型从影像山地辐亮度校正得到水平地表的辐亮度值；d 为日地距离修正因子，这里取 $d=1$；大气程辐射值 L_{P} 和大气透过率 τ 则由 6S 大气辐射传输模型计算得到；E_0 为水平地表太阳总入射辐射，利用山地太阳辐照度随时空和高程的变化模型计算获得。

12.2.2 城市地区地表反射率反演

针对城市地区，研究辐射能量在大气–城市地表(包括阴影区和高亮区)之间的耦合作用机制，充分考虑大气邻近效应以及阴影遮蔽、背景环境等影响，建立精细的反射率反演模型，实现城市地区的高精度反射率反演。具体研究方案如图 12.5 所示。

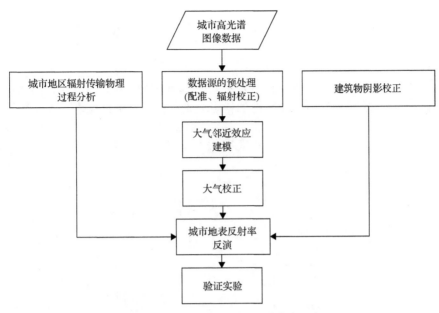

图 12.5　城市地表反射率反演技术方案

12.2.3　城市地区辐射传输物理过程分析

到达地面的辐照度由以下两部分能量构成：太阳直射辐照度、天空散射光。其中，天空散射光又包括两部分：太阳入射光在大气中单次散射和多次散射后达到地表；太阳入射光在大气和地面间单次和多次散射后到达地表。分析遥感器入瞳处的辐亮度构成：地面反射太阳辐射、地面反射天空散射光、城市建筑反射辐射经大气散射后进入遥感器、程辐射。

1) 大气邻近效应建模

基于城市地区，研究背景地物反射率随城市背景空间位置变化的规律，根据传感器、目标、背景的方位信息建立能量传递方程，精确计算大气邻近效应对遥感器入瞳辐亮度的贡献，实现城市地区的大气邻近效应建模。

2) 建筑物阴影校正

城市地区的高大建筑物会产生阴影，在进行地表反射率反演之前，必须进行阴影校正。结合高光谱图像波段多的特点，研究可见近红外及短波红外谱段对阴影信息的敏感性，利用阴影区域的光谱和几何特征进行阴影检测，并结合场景、目标和光照几何等知识对场景中的阴影进行校正，为地表反射率的精确反演奠定基础。

3) 城市地区地表反射率反演

基于辐射传输物理过程，利用高光谱辐亮度数据和数字高程数据，以及观测几何参数、地形参数、阴影遮蔽、大气辐射参数等信息，建立针对城市地区的反射率反演模型，实现高精度地物反射率反演。

4) 验证实验

分别从反射率光谱曲线、阴影去除效果、均方根误差、统计量等方面,将反演数据与实测数据比较,验证仿真的准确程度。

海岸带地表反射率反演的具体技术方案如图 12.6 所示。首先对海岸带高光谱图像数据进行海陆分离,然后针对海洋和陆地的特点分别进行反射率反演。

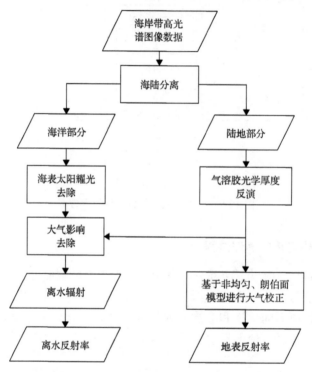

图 12.6　海岸带地表反射率反演技术方案

海陆分离的基本原理是利用水体在近红外具有很强的能量吸收特性,反射率很小,相比之下土壤和植被在这个波段内吸收的能量较少,具有较高的反射率,从而设置适当的阈值即可实现水陆信息的提取。

由于海洋的均匀性和低反射率特征,地表模型一般不需要考虑双向反射和邻近效应,但是海岸带陆地则必须考虑邻近效应。

对于海洋部分,根据海表反射辐射的大气辐射传输,海洋大气校正方程可写为

$$L_i(\lambda) = L_P(\lambda) + t_s(\lambda, \theta_s)L_w(\lambda) + t_d(\lambda, \theta_v)L_g(\lambda) \tag{12.8}$$

式中,$L_i(\lambda)$ 为卫星探测的波长为 λ 的辐射;$L_P(\lambda)$ 为大气程辐射;$L_w(\lambda)$ 为离水辐射;$L_g(\lambda)$ 为海表镜向反射辐射;$t_s(\lambda, \theta_s)$ 为大气的漫透过率;$t_d(\lambda, \theta_v)$ 为大气的直接透过率。

对于陆地部分,如果考虑周围邻近像元的影响,假定地面是平坦的(不考虑地形的影响),并假设天空是均匀朗伯散射体,天空辐照度是各向同性的(这一假设对于一般的天气条件是可以成立的),根据大气辐射传输方程,传感器接收到的辐射亮度可表示为

$$L_{\mathrm{t}} = L_{\mathrm{P}}(\theta_{\mathrm{v}}, \theta_{\mathrm{s}}, \varphi) + T(\theta_{\mathrm{v}}) \frac{\rho_{\mathrm{surf}}}{\pi} \frac{E_{\mathrm{d}}(0)}{(1 - \rho_{\mathrm{e}}S)} \tag{12.9}$$

式中，L_{P} 为大气程辐射；$T(\theta_{\mathrm{v}})$ 为地-传感器总大气透过率；ρ_{surf} 为朗伯假设条件下地物反射率；ρ_{e} 为大尺度背景地物反射率；E_{d} 为地面总辐照度；S 为大气半球反照率；θ_{s} 为太阳天顶角；θ_{v} 为观测天顶角；φ 为相对方位角。

对于山地和海岸带这种复杂下垫面地表，不同地物间的多次散射，使得高光谱影像上不同像元间相互影响，即不同像元间存在邻近效应，要准确地反演地表反射率，首先需要消除邻近效应的影响，因此，本书将首先进行邻近效应消除方法的研究，然后分别进行山地、城市地区和海岸带地表反射率反演方法的研究。该方法可以有效实现在卫星主要用户实验区内，复杂下垫面(城市和山区)地表反射率反演精度(1σ)达到 80%，其他下垫面地表反射率反演精度(1σ)达到 85%。

12.3　多级水体的离水辐射校正及偏振自适应精度关联技术

12.3.1　基于高光谱近岸与内陆水体的气溶胶特性建模

在可见近红外波段的水色遥感领域，离水辐射指光进入水体后，经水体内部的后向散射而从水表面出射的上行辐射，即水色。星载观测和近地面机载观测到的离水辐射携带了水体的有用信息，是水体组成信息的光学体现(Gao et al., 2018)，可用于后续水体固有光学量、水色因子浓度等的反演，光合有效辐射、初级生产力、赤潮指数等的计算(Ruddick et al., 2000)。水色产品中的离水辐射主要包括两个物理量：离水辐亮度 L_{w}(刚好在水面上出射的上行辐亮度)和离水反射率 ρ_{w}(刚好在水面上出射的上行辐亮度与下行辐亮度的比值)。

然而，卫星传感器测量的大气层顶信号中还包含有大气散射和吸收、表面镜面反射、海水表面白帽反射等的贡献。由于大气的影响较大，从卫星测量的总信号中消除大气影响的过程称为大气校正。

基于中国近海和内陆湖泊固有的光学研究结果，利用 Hydrolight 软件进行离水辐射光谱模拟分析；针对可能的水体与大气光学特性(模拟与实测)(何贤强等，2004)，基于大气顶辐射传输模拟，重点研究混浊水体判识和气溶胶类型判识方法；进行不同观测与环境条件下离水辐射反演的敏感性分析，确定最优波段组合(He et al., 2004)。基于实测气溶胶观测数据，进行气溶胶物理光学特性的反演与聚类分析，获得区域性的气溶胶模型参数，用以支撑离水辐射反演过程中的气溶胶影响校正。

在水体上空，卫星传感器测量的反射太阳辐射包括水面的反射、水体内部的吸收和散射、大气气溶胶和气体的吸收衰减、大气气溶胶和分子的散射衰减等。水体下垫面情况下的晴空大气层顶(TOA)传感器在 λ 波长处测得的总反射率 $\rho_{\mathrm{t}}^{\mathrm{TOA}}$ 可简化成如下形式(省略了角度)：

$$\begin{aligned} \rho_{\mathrm{t}}^{\mathrm{TOA}}(\lambda) &= \rho_{\mathrm{surf}}(\lambda)T_{r+a}(\lambda)T_{\mathrm{g}}(\lambda) + \rho_{\mathrm{mix}}(\lambda)T_{\mathrm{g}}(\lambda) \\ &= [\rho_{\mathrm{w}}(\lambda) + \rho_{\mathrm{g}}(\lambda) + \rho_{\mathrm{wc}}(\lambda)]T_{r+a}(\lambda)T_{\mathrm{g}}(\lambda) + [\rho_{r}(\lambda) + \rho_{\mathrm{A}}(\lambda)]T_{\mathrm{g}}(\lambda) \end{aligned} \tag{12.10}$$

式中，ρ_{surf} 为海表面的反射率，可以分解为镜面反射的直射太阳光(称为太阳耀斑)ρ_g、离水反射率 ρ_w 和海表面白帽反射的直射太阳光和漫射天空光 ρ_{wc}；T_{r+a} 为分子与气溶胶混合大气的散射透过率；T_g 为气体吸收透过率；ρ_{mix} 为无气体吸收时，分子和气溶胶混合大气的反射率，可以分解为纯分子大气的反射率 ρ_r 和气溶胶大气的反射率 ρ_A(包括分子和气溶胶间的相互作用)(Simon et al., 2000)。离水辐射反演，即从卫星测量的 ρ_t^{TOA} 中去除海表面耀斑和白帽反射、大气分子散射、大气气溶胶散射和吸收，以及气体吸收等因素的影响，得到离水反射率 ρ_w (He et al., 2012)。

12.3.2　离水辐射反演的一般方法

海水按其光学性质的不同可划分为一类水体和二类水体：一类水体的光学特性只由浮游植物及其伴生物决定，可以近似用叶绿素表征，典型区域是清洁的开阔大洋；二类水体的光学特性由叶绿素、悬浮颗粒物、黄色物质共同决定，其主要位于近岸、河口等受陆源物质排放影响较为严重的混浊地区。与水体对应，一类水体上空多为海洋型气溶胶，吸收性极弱(Pote et al., 2003)；而在近岸地区，气溶胶受陆源影响，成分复杂。因此，按照所针对区域的不同，离水辐射反演算法可大致分为针对清洁一类水体(暗像元、非吸收气溶胶)的全球业务化算法，以及针对复杂二类水体(亮像元、吸收气溶胶)的区域改进算法。

全球业务化算法针对的是清洁大洋一类水体，普遍采用查找表技术。根据式(12.10)，对于每一晴空海洋像元 (q_0, q_n, Df)，计算其对应的 T_g、T_{r+a}、ρ_{mix} 或者 ρ_A、ρ_r、ρ_{wc} 和 ρ_g，并从总信号中去除，即可得到离水反射率 ρ_w。其中，海洋白帽反射率 ρ_{wc} 可以利用表面风速进行估计；太阳耀斑反射率 ρ_g 可以利用太阳、卫星观测角度和风矢量进行估计；气体吸收透过率 T_g 可以在给定角度和气象参数(水汽、臭氧含量)等条件下进行计算；纯瑞利大气的反射率 ρ_r 可以在给定角度和表面大气压等条件下进行精确计算；散射透过率 T_{r+a} 与气溶胶有关，但在给定气溶胶类型、气溶胶光学厚度和角度等条件下也可以进行精确计算。因此，只剩 ρ_{mix} 和 ρ_w 作为待确定的未知量。为了进行求解，需假设两个波段的离水辐射为 0("暗像元")。这样，由这两个波段的 ρ_t^{TOA} 可以估计出 ρ_A 或者 ρ_{mix}，再利用这两个波段的信息确定出合适的气溶胶模型，进而将近红外的 ρ_A 或者 ρ_{mix} 外推到可见光，即可得到可见光波段的 ρ_A 或者 ρ_{mix}。

气溶胶的时空变化性较大，气溶胶散射计算是大气校正算法的核心。由于液态水在近红外的显著吸收作用，在清洁一类水体，波长大于 740nm 时水体信号可忽略不计，因此，目前成熟的大气校正算法采用两个近红外(NIR)波段(NIR_S 指较短波长，NIR_L 指较长波长)进行气溶胶信息的确定。其算法主要有 2 类，分别基于 $\tau_a \leftrightarrow \gamma = \rho_{mix}/\rho_r$ 系数查找表和 $\rho_{as} \leftrightarrow \rho_A$ 系数查找表。

大气散射透过率与波长、天顶角、大气类型、气溶胶模型和光学厚度等有关，可用式(12.11)近似：

$$T_{r+a}(i, \tau_a, \lambda, \theta) = a(i, \lambda, \theta) \times \exp[-b(i, \lambda, \theta) \times \tau_a(i, \lambda)] \tag{12.11}$$

式中，a、b 为波长 λ、气溶胶模型 i、天顶角 θ 下的系数；τ_a 为气溶胶光学厚度。

与气溶胶查找表类似，除了建立 $\tau a \leftrightarrow Tr+a$ 的系数查找表之外，同样可以采用不同气溶胶模型、光学厚度和角度条件下的 $Tr+a$ 查找表直接进行查算（Gould and Arnone, 1998）。

吸收和非吸收性气溶胶在较短波长差异明显，因此对于吸收性气溶胶的处理通常采用多个可见光波段的信息，此时，需引入基于半分析的水体反射率模型，采用优化方法进行水体-大气的联合求解。也可以通过吸收气溶胶指数等方法先进行气溶胶吸收性的判识，再基于特定的气溶胶类型进行处理。

为了处理水体和气溶胶的复杂性，优化方法时常被采用，但是处理费时。利用由特定水体和大气光学特性下的模拟或实测数据训练得到的神经网络进行大气校正更为简单省时。图 12.7 给出了 SWIR 算法在中国近海的离水反射率反演个例。

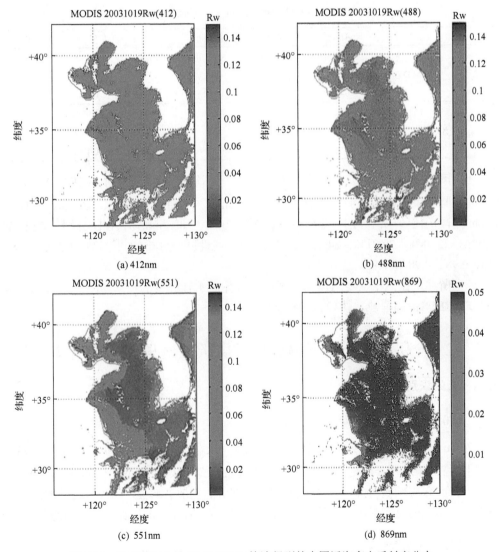

图 12.7　2003 年 10 月 19 日 SWIR 算法得到的中国近海离水反射率分布

Rw 为通道，即 412nm、488nm、551nm 和 869nm

12.3.3 离水辐射反演的精度估计

在进行离水辐射反演时，除了传感器定标和大气辐射传输模型的固有误差之外，辐射传输模拟所采用的水体和大气(主要是气溶胶)等参数的代表性，以及真实气溶胶辐射表示为两种备选气溶胶模型的加权平均的假设等都是离水辐射反演的误差来源(何贤强等，2004)。

国际上一类水体离水辐射反演的目标是443nm的相对误差小于5%(Bailey and Werdell，2006)。表12.2给出了针对全球范围和水深大于1000m的水域，NASA发布的MODIS Aqua探测器的归一化离水亮度(L_{wN})产品与实测结果(同步 3h 以内)的比值中值、相对偏差APD、线性回归的 R^2 信息(数据由 NASA ocean color 网站提供)。

表 12.2 NASA MODIS Aqua L_{wN} 产品的检验结果

		412nm	443nm	488nm	531nm	551nm	667nm
全球	比值中值	0.6851	0.8387	0.8608	0.9048	0.8901	0.6481
	APD(%)	36.20	24.27	20.22	15.52	15.49	39.43
	R^2	0.6912	0.7360	0.7711	0.7771	0.7907	0.7591
水深大于1000m	比值中值	1.0029	1.0105	1.0264	0.9477	1.0691	1.1913
	APD(%)	6.73	7.83	9.29	11.23	16.38	41.13
	R^2	0.9608	0.9144	0.8256	0.4928	0.4013	0.4897

在中国近海，基于 2003 年春季和秋季黄东海航次的实测数据，对 MODIS Aqua L_{wN} 产品的检验结果表明，对于中低混浊水体，412nm、443nm、488nm、531nm、551nm 和 667nm 波段的比值中值分别为 0.61、0.81、0.79、0.82、0.80 和 0.75；APD 分别为 312.33%、24.59%、22.98%、20.91%、24.35%和 25.00%；线性回归分析的 R^2 分别为 0.72、0.89、0.96、0.98、0.98 和 0.99。

综上所述，在卫星主要用户实验区内，水体离水辐亮度的反演精度为：近岸和内陆水(1σ)＞85%；高浑浊水体(2σ)＞75%。

12.4 高大气噪声下偏振粒子层析推演与大气校正技术

12.4.1 云的识别

1. 670nm 和 865nm 反射率云检测

670nm 和 865nm 处反射率的比值，即 $\rho_{865nm} / \rho_{670nm}$ 对云、水体和植被有着不同的值，可利用该特性来进行云检测。因为云在红外波段的反射率只有少许的下降，所以值接近 1；而对水体而言，分子散射和气溶胶散射使得短波的后向散射增强，约为近红外的两倍，值接近 0.5；植被的反射率在近红外波段较之可见光波段有显著的增加，使得值总是大于 1。

2. 1380nm 卷云识别

1380nm 波段处于水汽的强吸收带，研究表明，当水汽含量大于 0.4cm 可降水量时，光路上将没有来自地表的反射辐射到达探测器。因为 0.4cm 是一个较小的大气水汽含量，所以大多数地表在该通道都是不可见的。而高层卷云的反射率相对较高，所以可以设置 1380nm 通道的反射率阈值来识别卷云。

云的识别流程如图 12.8 所示。

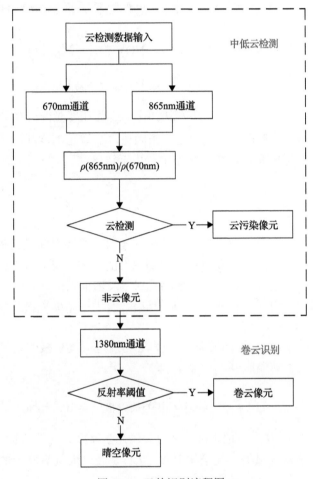

图 12.8　云的识别流程图

考虑到地表可能存在冰雪覆盖的情况，其在一定程度上会降低云识别的精度，造成对冰雪像元的错误识别。为提高这种情况的反演精度，可以考虑利用地表气象数据实现冰雪像元的识别。

12.4.2　基于辐射传输的大气校正

一般而言，大气校正是在基于暗像元的方法实现洁净大气环境下进行的，该方法主要包括暗像元的选取及标量辐射传输大气校正两部分；当大气环境复杂，存在薄云、雾、霾等时，采用基于矢量辐射传输的方法，利用矢量对于散射敏感的特性，实现高噪声情况下的大气校正。

1. 暗像元的选取

当地表反射率很小时，卫星观测的辐射值主要是大气的贡献，气溶胶的作用使卫星接收的辐射值增大，基于浓密植被的暗像元气溶胶光学厚度反演算法就是利用浓密植被地区红蓝波段的辐射值和气溶胶光学厚度的这种关系反演气溶胶光学厚度的(赵志强等, 2015)。

浓密植被暗像元使用 NDVI 指数来确定，NDVI 的计算如式(12.12)所示：

$$\text{NDVI} = (L_{\text{nir}} - L_{\text{red}}) / (L_{\text{nir}} + L_{\text{red}}) \tag{12.12}$$

式中，L_{nir} 为在近红外波段(850nm)的辐亮度值；L_{red} 为在红光波段(660nm)的辐亮度值。NDVI 能够较好地体现植被覆盖率，设定一个阈值，当像元 NDVI 大于该阈值时，该像元被认定为植被暗目标像元。在实际操作中，由于该研究区域下半部分为城区，故不将此部分纳入研究范围。

2. 大气校正

传感器接收的辐射主要包括来自目标地物的辐射、程辐射和交叉辐射三部分。大气校正的目的是尽可能消除大气对提取目标地物辐射的影响，将大气效应对总辐射的贡献剔除。大气校正的精度直接决定了进行地物反射率反演的精度。

假设天空辐照度各向同性和地面朗伯面反射，且天空晴朗无云，忽略大气的折射、湍流和偏振。

在辐射传输过程中，到达地面的总辐照度 E_{e} 为经过大气衰减的太阳直射辐照度 E_{s} 和下行天空光漫射到地表的辐照度 E_{d} 之和，即

$$E_{\text{e}} = E_{\text{s}} + E_{\text{d}} = (E_0 / D^2) \cos\theta_{\text{s}} \exp(-\tau \sec\theta_{\text{s}}) + E_{\text{d}} \tag{12.13}$$

式中，E_0 为太阳常数；D 为日地距离；τ 为大气光学厚度；θ_{s} 为太阳天顶角。

遥感平台上传感器入瞳处的光谱辐亮度 $L_{\text{s}}(\lambda)$ 是经过大气衰减后的地表光谱辐亮度和大气本身光谱辐亮度(即程辐射) $L_{\text{P}}(\lambda)$ 之和，即

$$L_{\text{s}}(\lambda) = L_{\text{r}}(\lambda) \exp(-\tau_{\lambda} \sec\theta_{\text{v}}) + L_{\text{P}}(\lambda) \tag{12.14}$$

式中，θ_{v} 为传感器观测角。

由式(12.13)和式(12.14)可以推导出地物表面反射率为

$$\rho_{\text{surf}}(\lambda) = \frac{\pi}{T_{\text{u}}(\lambda)} \cdot \frac{D^2 L_{\text{s}}(\lambda) - L_{\text{P}}(\lambda)}{E_0(\lambda) \cos\theta_{\text{s}} T_{\text{d}}(\lambda) + E_{\text{d}}(\lambda)} \tag{12.15}$$

式中，$T_{\text{u}}(\lambda)$、$T_{\text{d}}(\lambda)$ 分别为向上和向下的透过率；当 θ_{s} 和 θ_{v} 小于 70°时，在大气散射和弱吸收(可见近红外波段)情况下：

$$T_d(\lambda) = \exp(-\tau_\lambda \sec\theta_s)$$
$$T_u(\lambda) = \exp(-\tau_\lambda \sec\theta_v)$$

$$(12.16)$$

式 (12.16) 可作为遥感图像大气校正的简单模型，$L_s(\lambda)$ 可以通过传感器辐射定标得到。

如果考虑周围邻近像元的影响，假定地面是平坦的 (不考虑地形的影响)，并假设天空是均匀朗伯散射体，天空辐照度是各向同性的 (这一假设对于一般的天气条件是可以成立的)，根据大气辐射传输方程，传感器接收到的辐射可表示为

$$L_t = L_p(\theta_v, \theta_s, \psi) + T(\theta_v)\frac{\rho_{surf}}{\pi}\frac{E_d(0)}{(1-\rho_e S)}$$

$$(12.17)$$

式中，L_p 为大气程辐射；$T(\theta_v)$ 为地-传感器总大气透过率；ρ_{surf} 为朗伯假设条件下地物反射率；ρ_e 为大尺度背景地物反射率；E_d 为地面总辐照度；S 为大气半球反照率；θ_s 为太阳天顶角；θ_v 为观测天顶角；ψ 为相对方位角。基于辐射传输的大气校正主要步骤如下：

首先，忽略邻近像元影响，得到表面反射率 ρ_1：

$$\rho_1 = \frac{\pi[D^2(c_0 + c_1 \cdot DN) - L_p]}{TE_d(\rho_e = 0.15)}$$

$$(12.18)$$

式中，c_0、c_1 为将像元灰度值 DN 转化为辐射亮度值的校正系数；D^2 为日-地修正因子；假设地物目标是处在反射率为 0.15 的背景中，$E_d(\rho_e = 0.15)$ 为反射率为 0.15 的地面辐射照度。

其次，计算邻近像元的平均反射率 $\overline{\rho}$：

$$\overline{\rho}(x,y) = \frac{1}{N^2}\sum_{x,y=1}^{N}\rho_1(x,y)$$

$$(12.19)$$

混合像元受周围背景的影响程度依赖于传感器的空间分辨率。

再次，扣除目标背景的影响，得到反射率 ρ_2：

$$\rho_2(x,y) = \rho_1(x,y) + q[\rho_1(x,y) - \overline{\rho}(x,y)]$$

$$(12.20)$$

式中，$q = (T_u - e^{-\tau/\mu_v})/e^{-\tau/\mu_v}$，$T_u$ 为大气向上的总的透过率，$e^{-\tau/\mu_v}$ 为直射透过率。

最后，还原到实际背景情况下 ρ_3：

$$\rho_3(x,y) = \rho_2(x,y)[1 - (\overline{\rho}(x,y) - \rho_e)S]$$

$$(12.21)$$

式中，S 为大气半球反照率，可表示为

$$S = \left[1 - \frac{E_d(0)}{E_d(\rho_e = 0.15)}\right]/(\rho_e = 0.15)$$

$$(12.22)$$

图 12.9 为大气校正前与校正后的效果示意图。

(a) 大气校正前　　　　　　　　　　　　　(b) 大气校正后

图 12.9　大气校正前后效果示意图

12.4.3　基于矢量辐射传输大气校正

　　传统的基于标量的辐射传输模型仅仅考虑了光的强度，忽略了电磁波矢量在时间和空间上的规律性变化，用矢量辐射传输能够更好地描述光与物质的相互作用，因而在进行大气校正时，具有更高的精度。

　　大气的辐射传输是遥感中的一个重要环节。遥感器，无论是航空还是航天传感器，观测地表及大气目标时都会受到大气分子、气溶胶及云等大气成分的影响。因此，在传感器对地观测的过程中，大部分时候传感器接收到的参量既包括了地表目标的信息也包括了大气成分的影响。因此，在对地表目标反射特性进行研究的过程中，需要对大气信息有足够的了解，以便精确扣除大气影响，而对大气信息的计算则需要大气辐射传输模型。如果遥感的目标是大气成分，如气溶胶、二氧化碳，则辐射传输模型可以用以反演大气的相关成分，这时需要扣除的则是地表与大气耦合作用的贡献。目前，遥感中应用较多的是标量辐射传输模型，矢量辐射传输模型(考虑了偏振作用)应用较少。一方面，缺少考虑偏振的传感器(目前在轨卫星仅 POLDER)，限制了卫星平台对地偏振遥感；另一方面，矢量辐射传输模型计算资源较标量版本强、计算时间更长，使得大规模采用矢量辐射传输模型具有一定的限制。考虑到高分平台上搭载有多角度偏振探测仪，可以尝试利用矢量辐射传输模型进行大气校正。

　　校正的思路主要是基于矢量辐射传输模型，即电磁波在平面平行大气中的辐射传输，其可以用辐射传输方程表示：

$$
\begin{aligned}
\mu \frac{\partial I(\tau, \mu, \psi)}{\partial \tau} &= [I(\tau, \mu, \psi) - \frac{\omega_0}{4\pi}] I(\tau, \mu', \psi') \mathrm{d}\mu' d\psi' \\
&- \frac{\omega_0}{4\pi} \mathrm{e}^{\frac{\tau}{\mu}} P(\tau, \mu, \psi, \mu_s, \psi_s) E_s
\end{aligned}
\tag{12.23}
$$

式中，τ 为大气光学厚度；ω_0 为大气的单次散射反照率；μ 为天顶角的方向余弦；ψ 为方位角；E_s 为太阳辐照度；I 为斯托克斯矢量，其中的 $P(\mu, \psi, \mu', \psi')$ 可以表示为

$$P(\mu, \ \psi, \ \mu', \ \psi') = L(-\chi)P(\cos\Theta)L(\chi') \tag{12.24}$$

式中，$P(\cos\Theta)$ 为相函数矩阵，Θ 为散射角，散射平面为参考平面；$L(-\chi)$ 为散射到散射平面之前及之后的旋转矩阵。

12.5　本　章　小　结

本章是辐射分辨率的次章。主要介绍了如下的内容：

(1)通过不同成像模式下水汽精确反演及 Fuzzy 变权重反演参量控制可以对大气中的水汽含量进行精确的计算，为大气辐射传输提供基础资料。

(2)在进行辐射传输分析的前提下分别考虑复杂陆表下垫面反射率校正与辐射传输精度提升技术以及多级水体的离水辐射校正及偏振自适应精度关联技术，完善反射率反演的各个环节。

(3)通过高大气噪声下偏振粒子层析推演与地表反射率精度提升技术，深入探讨大气辐射传输与地表反射率反演的关系。

上述内容是辐射分辨率与大气关联的重要内涵，对于遥感辐射具有普遍意义。

参 考 文 献

何贤强, 潘德炉, 黄二辉, 等. 2004. 中国近海透明度卫星遥感监测. 中国工程科学, 6(9): 33-37.

胡秀清, 黄意玢, 陆其峰, 等. 2011. 利用 FY-3A 近红外资料反演水汽总量. 应用气象学报, 22(1): 46-56.

王丽美, 姜永涛. 2011. HJ-1A 高光谱数据的大气水汽含量反演. 环境科学与管理, 36(4): 36-39.

赵志强, 李爱农, 边金虎, 等. 2015. 基于改进暗目标法山区 HJ CCD 影像气溶胶光学厚度反演. 光谱学与光谱分析, 35(6): 1479-1487.

Bailey S W, werdell P J. 2006. A multi-sensor approach for the on-orbit validation of ocean color satellite data products. Remote Sensing of Environment, 102(1-2): 12-23.

Chomko R M, Gordon H R, Maritorena S, et al. 2003. Simultaneous retrieval of oceanic and atmospheric parameters for ocean color imagery by spectral optimization: a validation. Remote Sensing of Environment, 84(2): 208-220.

Gao M, Zhai P W, Franz B, et al. 2018. Retrieval of aerosol properties and water-leaving reflectance from multi-angular polarimetric measurements over coastal waters. Optics Express, 26(7): 8968-8989.

Gould R W, Arnone R A. 1998. Three-dimensional modelling of inherent optical properties in a coastal environment: Coupling ocean colour imagery and in situ measurements. International Journal of Remote Sensing, 19(11): 2141-2159.

He X Q, Bai Y, Pan D, et al. 2012. Atmospheric correction of satellite ocean color imagery using the ultraviolet wavelength for highly turbid waters. Optics Express, 20(18): 20754-20770.

He X Q, Pan D L, Mao Z H. 2004. Atmospheric correction of SeaWiFS imagery for turbid coastal and inland waters. Acta Oceanologica Sinica, 23(4): 609-615.

Pote D H, Kingery W L, Aiken G E, et al. 2003. Water-quality effects of incorporating poultry litter into perennial grassland soils. Journal of Environmental Quality, 32(6): 2392-2398.

Ruddick K G, Ovidio F M. 2000. Atmospheric correction of SeaWiFS imagery for turbid coastal and inland waters. Applied Optics, 39(6): 897-912.

Simon H U, Haj Y A, Schaffer L F. 2000. Role of reactive oxygen species (ROS) in apoptosis induction. Apoptosis, 5(5): 415-418.

第13章 辐射特性3：光源非均衡偏振效应机理与遥感第五维新变量

一般将太阳光视为理想强度值，是遥感初级历程，忽略光粒子方向振动突出考虑辐射传播方向即辐射效应问题。但太阳辐射进入地球地气圈层时，会受到大气粒子、地表等的折射、散射和反射的影响，使得非偏振态的太阳光产生偏振现象，被偏振探测器捕捉到。偏振遥感就是在光的辐射传输理论下深化到光传播方向切平面的光学振动效应，从而得到更多的地物信息，为遥感精准服务于地理、大气海洋乃至地球科学提供光学物理要素的科学基础。

13.1 偏振遥感"强光弱化、弱光强化"本质

偏振是与光强、频率、相位并列的遥感电磁波的四个主要物理特性之一，偏振信号是地表与大气系统反射信号的重要组成部分，是利用遥感信息反演地表与大气信息重要信号的来源。目前，光学遥感研究多集中于非偏振遥感，对偏振遥感研究较少，从而忽略了遥感反演中的一项重要数据源。

13.1.1 光的偏振及表征

波的振动方向对于传播方向的不对称性叫作偏振，其是横波特有的现象（姚启钧，1982）。偏振（在微波谱段称为极化）是电磁波的重要特征。地球表面和大气中的目标在反射、散射和透射及发射电磁辐射的过程中，会产生由它们自身性质决定的特征偏振，即偏振特性中蕴含着目标的多种信息。为了更好地描述偏振光，可以采用电矢分量方法、琼斯矢量方法、邦加球表示法及斯托克斯矢量表示法。这里重点介绍斯托克斯矢量表示法。

1852 年，斯托克斯(Stokes)提出用四个参量来描述光波的强度和偏振态。它可以描述光的所有偏振态，四个参量都是光强的时间平均值，组成一个四维数学矢量。Stokes 参量可用 I、Q、U、V 来表示，即

$$\begin{cases} I = I_{0°} + I_{90°} \\ Q = I_{90°} - I_{0°} \\ U = I_{+45°} - I_{-45°} \\ V = I_r - I_l \end{cases} \tag{13.1}$$

式中，I 为非偏振光强；Q、U 分别为两个方向上的线偏振光强；V 为圆偏振光强；$I_{0°}$、$I_{90°}$、$I_{+45°}$、$I_{-45°}$、I_r 和 I_l 分别为放置在光传播路径上一理想偏振片在 0°、90°、+45°、–45°方向上的线偏振光，以及左旋(l)和右旋(r)圆偏振光强。

入射光的偏振度为

$$P = \frac{\sqrt{Q^2 + U^2 + V^2}}{I} \tag{13.2}$$

入射光的偏振方位角为

$$\varphi = \frac{1}{2}\tan^{-1}\left(\frac{U}{Q}\right) \tag{13.3}$$

13.1.2 "强光弱化，弱光强化"的机理解释

高分辨率遥感的辐射分辨率代表遥感器接收电磁波的强度，足够的能量保障了对地物的敏感能力，也直接影响高光谱各波段敏感强度及高空间分辨率像元敏感水平。目前，常规遥感只能在 1/3 光线适中的情况下获取优良影像，其余过亮（如太阳磁暴、恒星天体或水体耀斑）、过暗（如重大自然灾害或远端极弱光行星体探测）的影像难以获取，其成为先进空间探测和地表重大地质灾害等遥感观测的瓶颈（图 13.1）。观测物不同物理化学性状具有强烈的反差比，即"强光弱化""弱光强化"的物理机理，为破解这一难题提供了新的可能。

(a) 亮度适中　　　　　　　(b) 亮度过暗而黑　　　　　　(c) 亮度过亮而饱和

图 13.1　不同强度的遥感影像

假设入射辐射为单位辐射量，辐射在地表、地表内部及二者之间都会发生多次散射作用，而最后传感器获得的出射辐射是这三者的总和。一般而言，入射到地表的辐射，或被直接散射回大气中，或被吸收，或进入地表内部。进入地表内部的辐射会与地表内部的物质，如水分等发生生化作用，也会部分被散射、部分被吸收。但是与地表散射不同的是，这部分散射是与地表内部的物质含量相关的，其对辐射的调制作用体现在反射率上，这部分辐射是非偏振的(Knyazikhin et al., 2013)，如图 13.2 所示。

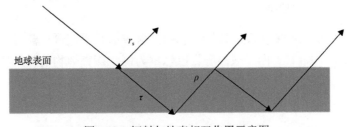

图 13.2　辐射与地表相互作用示意图

　　设地表的散射反照率为 ω，地表直接被反射的概率为 r_s，地表内部向上散射的概率为 ρ，向下散射的概率为 τ。根据菲涅尔原理可知，地表直接反射的辐射是部分偏振的，也就是说，r_s 可以进一步分解为

$$r_s = r_{sp} + r_{snp} \tag{13.4}$$

式中，r_{sp} 为线偏振部分；r_{snp} 为非偏振部分。

　　辐射进入地表内部，与其相互作用后，辐射被向上散射的总概率为

$$r_i = (1 - r_s)\omega\rho \tag{13.5}$$

则辐射被吸收的概率 a_i 以及向下透射的概率 t_i 为

$$a_i = (1 - r_s)(1 - \omega) \tag{13.6}$$

$$t_i = (1 - r_s)\omega\tau \tag{13.7}$$

　　传感器接收到的辐射与地表及内部相互作用后的总能量则可以简单地表述为

$$r = r_s + (1 - r_s)\omega\tau \tag{13.8}$$

则传感器探测到的偏振度为

$$p = \frac{r_{sp}}{r_s + (1 - r_s)\omega\rho} \tag{13.9}$$

　　一般情况下，r_{sp} 可以被认为是常量，即与波长无关的量。当地表的反射率较低时，即 $\omega\rho$ 表现为较小值，从视觉效果来看，目标会显得很暗，偏振度 ρ 表现为较大值，则实现了"弱光强化"的过程；反之，当地表的反射率较高时，即 $\omega\rho$ 表现为较大值，从视觉效果来看，目标会显得很亮，偏振度 ρ 表现为较小值，则实现了"强光弱化"的过程。

13.2　地物偏振遥感的规律特征

　　地表最典型的地物为水、土、岩和植被，它们也是研究地物偏振特性最主要的四大对象。通过对这四大对象进行研究，可以获得地物偏振遥感的五个特征，即多角度反射物理特征、多光谱化学特征、粗糙度与密度结构特征、信息-背景高反差比滤波特征、辐射传输能量特征以及辐射传输能量特征。

13.2.1　多角度反射物理特征

　　为了研究典型地物的偏振反射特性，利用偏振方向光谱测量仪测量了大量的地物，如土壤、植被单叶、岩石表面、液面等。以棕壤为例，探究地物的偏振特性及入射光线与观测方向的天顶角和方位角。

　　1) 反射率与光线入射天顶角的关系

　　从图 13.3 中可以看出，在探测角相同、光线入射天顶角不同的条件下，随着入射天

顶角的增大，偏振反射率也随之增大，并且在偏振角为 90°、方位角为 180°处（热点方向）其反射率最大；而在 0°偏振角时虽然也存在峰值，但反射率明显变小。

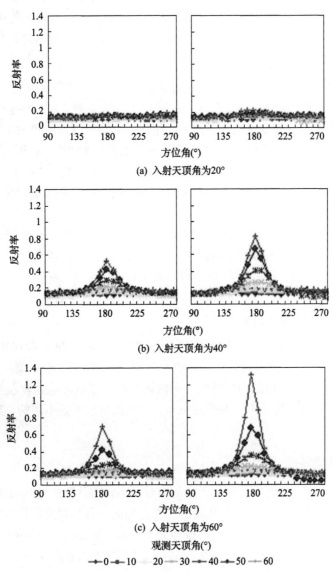

(a) 入射天顶角为20°

(b) 入射天顶角为40°

(c) 入射天顶角为60°

观测天顶角(°)

—◆— 0 —■— 10 　 20 　 30 —●— 40 —▲— 50 —╋— 60

图 13.3　棕壤在 690～760nm 波段处，不同入射天顶角下 0°（左）
与 90°（右）偏振反射率曲线图

上述结果表明，光源入射角对曲线影响极大，且在与光源入射角相等的反射角方向，棕壤表面发生了明显的镜面反射。这个作用产生一个以反射光的光轴为主轴的圆锥曲线，因此表现在不同的探测角都有一定的波峰起伏，并且各探测角的光谱波峰值是按圆锥的主轴逐渐向四周减小的。

2) 反射率与探测天顶角的关系

在光线入射天顶角一定[图 13.3(c)]、地物表面能起偏的条件下，棕壤表面的偏振反射率一般随着探测天顶角的增大而增大，最大值在方位角 180°处，同样 90°偏振角处为最大值，而 0°偏振角处峰值明显锐减。从光谱数据上分析，在入射天顶角为 20°时，地物表面没有起偏，所以不同探测天顶角的值无明显变化。当入射天顶角从 20°变化到 60°时，其获得的能量显著增加，并且随着探测天顶角的增大，其反射峰值也随之增大。

3）反射率与探测方位角的关系

土壤的偏振反射光谱与方位角呈对称分布，并且在方位角 0°~90°和 270°~360°两个区间内不随方位角的变化而变化。在这个区间，土壤的光谱表现出朗伯体的特性，而在方位角 90°~270°上，波谱曲线出现了波峰，起伏程度随探测天顶角的不同而变化。当探测天顶角为 0°~30°时，光谱曲线一般不随方位角的变化而变化（从理论上讲，0°波谱曲线是一条毫无波动的直线）。当探测天顶角为 40°时，光谱曲线在 180°附近出现弱小的峰值，当探测天顶角为 50°、60°时，光谱曲线在 180°附近出现强烈的峰值，其中以 60°的光谱曲线最为强烈。

与此同时，对黑钙土、砖红壤、泥炭土等其他土壤类型做同条件测试，结果表明，土壤尽管在成土母质、土壤成分等方面不同，但它们的波谱曲线有很多共性：都在方位角 90°~270°出现尖锐的峰值，只是峰值的高低稍有不同，但是与非土壤物质，如白板（主要物质为氧化镁）、岩石等，在相同条件下的波谱曲线有明显的差异。

4）反射率与偏振方位角的关系

从图 13.3 中也可以看出，在偏振方位角分别为 0°（左）、90°（右）的情况下，土壤的偏振状态有很大的不同，突出表现在热点值的位置。0°偏振的反射峰值明显小于 90°偏振的反射峰值。而从另外测得的 45°偏振与无偏振的数据来看，这二者在热点值附近的峰值均介于 0°~90°偏振，说明不同偏振方位角，其偏振反射率是不同的，其内部蕴含着一定的规律。

13.2.2 多光谱化学特征

偏振方向反射与二向性反射具有一定的定量关系。部分偏振光（Vanderbilt and Grant, 1985）是自然光与线偏振光的混合，是介于二者之间的一种偏振态，从内部结构看，其振动虽也是各个方向都有，但不同方向的振幅大小不同。根据马吕斯定律，强度为 I_0 的线偏振光，通过检偏器后，透射光的强度（在不考虑吸收的情况下）为

$$I = I_0 \cos^2 \theta \tag{13.10}$$

设部分偏振光的总强度为 I_0，其中非偏振光成分的强度为 I_n，偏振光成分的强度为 I_l，这时在传感器前使用检偏器，就可以测定光束通过检偏器后的光强变化。让光束垂直入射，设转动检偏器与透光轴方向平行（透光方向）的光强为 $I_{90°}$、与透光轴方向垂直（消光方向）的光强为 $I_{0°}$，显然有

$$I_{90°} = I_l + \frac{I_n}{2} I_{0°} \tag{13.11}$$

故有

$$\frac{I_{0°} + I_{90°}}{2} = \frac{I_0}{2} \tag{13.12}$$

即透光方向与消光方向的光的光强的算术平均数（暂称为偏振均值）为入射前光强的一半。通过检偏器后的非偏振光成分的强度变为原来的一半，如果通过检偏器后的偏振光成分的强度也为原来的一半，就可以建立二向性反射光强与偏振化二向性反射光强之间的一个等量关系。当 $\theta = \pm\pi/4$ 时，部分偏振光通过起偏器的光强如式（13.13）所示，即到达传感器的光是入射前的一半。

$$I_{45°} = \frac{1}{2} I_n + I_l \cos^2\left(\pm\pi/4\right) = \frac{I_0}{2} \tag{13.13}$$

对上述情况进行延伸推理，可以得出：

$$\frac{I_b}{I_{b'}} = \frac{I_{90°} + I_{0°}}{2I_{45'}} = \frac{I_{45°}}{I_{45'}} \tag{13.14}$$

式中，I_b、$I_{90°}$、$I_{0°}$、$I_{\pm45°}$ 分别为二向性反射（无偏）、90°偏振、0°偏振及 45°偏振的光强；$I_{b'}$、$I_{45'}$ 分别为无偏与 45°偏振时相应白板的反射光光强。

13.2.3　粗糙度与密度结构特征

利用岩石表面的粗糙度与偏振度可以对岩石的密度进行估算。通过测量多种岩石的偏振度峰值与粗糙度进行相关分析，发现它们呈幂函数关系，回归方程为

$$y = 0.604x^{-0.297} \tag{13.15}$$

可决系数 R^2 为 0.9854。对该回归模型进行 F 检验，发现偏振度峰值与粗糙度之间存在显著的相关关系。岩石表面的反射光谱的偏振度 P 由式（13.16）决定：

$$P = \frac{2\cos\alpha\cos\beta\sin\alpha\sin\beta}{\cos^2\alpha\cos^2\beta + \sin^2\alpha\sin^2\beta} = \frac{2}{\dfrac{1}{\tan\alpha\tan\beta} + \tan\alpha\tan\beta} \tag{13.16}$$

利用折射定律，可以用岩石的折射率消去式（13.16）中的折射角，于是得

$$P = \frac{2\cos\alpha\sqrt{1 - \dfrac{\sin^2\alpha}{N^2}}\sin\alpha\dfrac{\sin\alpha}{N}}{\cos^2\alpha\dfrac{N^2 - \sin^2\alpha}{N^2} + \sin^2\alpha\dfrac{\sin^2\alpha}{N^2}} = \frac{2\sin\alpha\tan\alpha\sqrt{N^2 - \sin^2\alpha}}{N^2 - \sin^2\alpha + \sin^2\alpha\tan^2\alpha} \tag{13.17}$$

式（13.17）说明，在入射角已知、偏振度已知的情况下，可以计算岩石的折射率。有了岩石的折射率，就可以通过洛仑茨-洛仑兹折射度公式来求得岩石的密度。洛仑茨-洛仑兹折射度公式如下：

$$\frac{n^2 - 1}{n^2 + 2} \times \frac{1}{\rho} = 常数 = \gamma_{LL} \tag{13.18}$$

式中，n 为折射率；ρ 为密度；常数通常等于 0.12。例如，普通辉石的折射率 $n=1.713$，那么通过计算可以得到辉石的密度为 3.33g/cm³。这个密度完全在 3.23～3.52g/cm³。因此，可以用折射率来估计矿物的密度。

有了上述理论作基础后，就可以通过偏振度来计算岩石的折射率、岩石的密度了。但是由于测定的偏振度为岩石粗糙表面的偏振度，而不是在光滑平面下的结果，因此两者计算的结果有些出入。另外，往往岩石在镜面方向的偏振度较大，而在其他方向的偏振度较小，如果用它们的均值来代替，两者差异减小。这些原因有待于进一步研究。

13.2.4　信息-背景高反差比滤波特征

通过利用光谱库分析不同粒径积雪的光谱特性发现，在可见光和近红外波段范围内，不同粒径的积雪均表现出很强的反射率，因此可以利用偏振的滤波作用来减小传感器接受到过强反射信号而饱和的可能性，从而提高遥感探测精度。

以芬兰大地测量研究所研制的多角度偏振光谱仪提供的积雪数据为例，如图 13.4 所示，为对积雪进行镜面反射方向的观测结果。入射天顶角为 60.5°，获取了反射率（reflectance）和 0°偏振方位角（Pol_0）、45°偏振方位角（Pol_45）、90°偏振方位角（Pol_90）、135°偏振方位角（Pol_135）下的偏振反射信息及线偏振度（DoLP）信息。

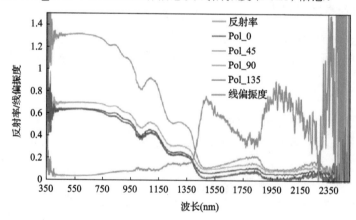

图 13.4　镜面反射方向观测积雪时不同波段偏振反射与非偏振反射

从图 13.4 中可以看出，反射率积雪在可见光和近红外波段有极强的反射，很容易使探测器能量饱和，部分波段的反射值大于 1，有较大误差，且近红外波段的总反射强度低于可见光波段。当反射信号通过不同偏振方位角的偏振片后，能量有所减小，强度减少为总反射强度的一半左右，不易使探测器能量饱和。但不同偏振方位角下的反射强度在不同波段与总反射具有相近的变化趋势，即其不影响积雪在不同波段的光谱变化规律。由于实验所采用的 ASD 光谱仪有三个传感器分别进行探测：350～1000nm、1000～1850nm 和 1850～2500nm，且在 350～1000nm 范围较为稳定，仪器偏振效应的影响较小，分析 400～1000nm 范围的反射率与线偏振度的关系，并进行平滑处理，即仪器测量工程中，以波长 10nm 间隔为一组，取平均值，结果如图 13.5 所示。分析发现，对于线偏振度，其值与反射率在不同波段表现出相反的变化趋势，呈负相关，利用二次曲线拟合，可得 R^2 为 0.9611，具有很好的拟合精度，起到很好的滤波作用，即在积雪遥感观测时，可以利用偏振度信息对常规非偏振反射进行补充，在反射率过强时线偏振度值较小，而在总反射过弱时线偏振度值较大，提高了反差，有助于积雪遥感观测精度的提高。

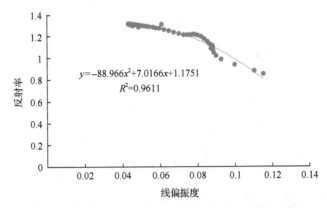

$$y = -88.966x^2 + 7.0166x + 1.1751$$
$$R^2 = 0.9611$$

图 13.5　镜面反射方向观测积雪时反射率与线偏振度的关系

13.2.5　辐射传输能量特征

植被是地表最典型的地物之一，以植物冠层的偏振反射特性为例证明能量辐射传输能量特征。

当人眼或传感器倾斜观测植被时，会发现植被的部分叶片是白色的，而并非绿色的，如图 13.6 所示。这说明辐射与叶片作用后，大部分光子是在表面直接镜面反射，这部分辐射的强度很大，因而会很晃眼。而白色说明了这部分反射是没有波长选择性的，在可见光范围内的反射率均一。依据菲涅尔原理，这部分光是部分偏振的（Vanderbilt et al., 1985）。

图 13.6　玉米的倾斜观测

入射辐射（太阳辐射，非偏振辐射）与叶片相互作用后，有部分辐射会在叶表直接反射，称之为镜面反射，是反射光既包含线偏振光也包含非偏振光。这部分辐射没有进入叶片内部，因而不含叶片内部的信息；而另外一部分会进入叶片内部，称之为漫射散射。这部分辐射与内部组织相互作用，部分被吸收，然后剩下的逃逸出叶片内部，这部分辐射包含叶片内部信息（叶绿素含量、氮含量等）（Vanderbllt, 1980）。镜面反射部分只与叶片特性以及入射与观测的相对关系有关，具体来说即入射与观测的相对方位、叶表蜡质层的折射率以及叶表粗糙度，如图 13.7 所示。

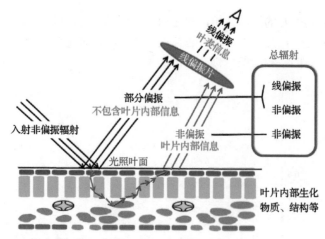

图 13.7　辐射与叶片相互作用示意图（Yang et al., 2016, 2017）

利用偏振探测能够有效提取部分来自叶片的镜面反射部分，从而能更精准地刻画植被的偏振辐射传输模型，以便更精确的反演植物的生物信息。

13.3　全天空偏振观测三个规律特征

本节给出了受大气影响产生的全天空偏振效应的物理现象，该现象稳定可测，成为大气遥感定量化的一个可行的理论依据，定义为天空偏振模式图。

13.3.1　天空偏振光模式图理论

当太阳辐射透过大气层到达地球表面时，经过大气的散射后，太阳辐射具有一定的偏振性（Ollinger et al., 2008; Yang et al., 2016），如果大气散射多为一次散射时，这种太阳辐射的偏振现象在天空中就形成了一个稳定的偏振分布，又称为天空偏振模式图。

通过理论推导与软件模拟，可得到天空偏振光的分布情况。图 13.8（a）和图 13.8（b）分别表示太阳高度角为 60° 和 0° 时天空偏振光的分布情况，图中黑色条棒的方向表示的是偏振方向，而条棒的宽度表示的是偏振度，即偏振强度的大小，阴影部分表示的是人眼可观测到的天空部分。

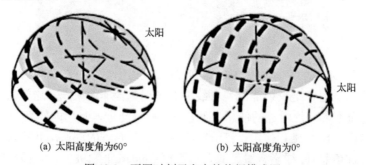

(a) 太阳高度角为60°　　　　　　　(b) 太阳高度角为0°

图 13.8　不同时刻天空中的偏振模式图

天空中的偏振模式图与太阳高度角（即时刻）密切相关，不同太阳高度角其偏振模式图也不相同，偏振光的强度与方向都有差异，太阳高度角低时，天空中的偏振强度比较大，也就是说，傍晚或早晨天空中偏振强度比中午时大。显然，偏振模式图有两条鲜明的对称线：一条是与太阳或反太阳点相距 90° 角距的大圆，在该圆上偏振度最大；另一条是太阳与反太阳点的连线，在这条对称线上，偏振角是垂直的。研究表明，相对于偏振度，偏振角的分布也是偏振模式图的重要部分，并且多云天气下云粒子和云下大气对阳光的散射和偏振使得产生的偏振角模式图和晴天条件下是一样的。

　　为了计算全天空的 Stokes 参量分布，本书选用四个偏振方位角情况下对全天空相同区域拍摄的原始影像，如图 13.9 所示。拍摄时间为 2008 年 1 月 16 日，上午 9 点 15 分左右，拍摄地点为北京大学遥感楼 5 层天台。

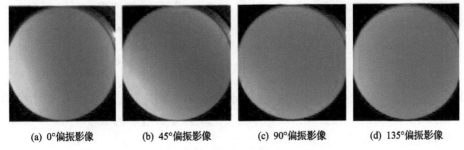

(a) 0°偏振影像　　　　(b) 45°偏振影像　　　　(c) 90°偏振影像　　　　(d) 135°偏振影像

图 13.9　不同偏振方位角的全天空影像

　　根据 Stokes 参量 I、Q、U 分量的计算式，可得到上述三个分量的全天空分布，如图 13.10 所示。

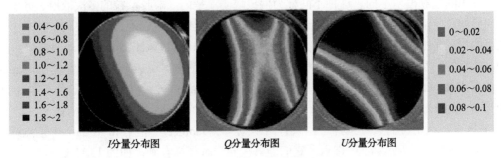

I 分量分布图　　　　　　Q 分量分布图　　　　　　U 分量分布图

图 13.10　天空的 Stocks 参量分布图

　　通过比较发现，I 分量的分布总体上与各幅图像的亮度分布相差不多。综合比较两组图后发现，Q、U 分量的分布似乎很随机，没有明显的规律可言。唯一可以知道的是，在靠近太阳的部分 Q、U 分量都比较小。在后续的实验中发现，Q、U 的值其实是随最初时偏振片摆放的角度的变化而变化的，所以这两个分量的分布是没有规律的。

　　利用图 13.11 的 Stokes 参量的计算结果，可以计算相应的全天空偏振度分布和偏振角分布(Lee, 1998)如图 13.11 所示。

　　图 13.11(a) 中灰色区域的偏振度接近于 0，是偏振中性点的位置。从图 13.11(a) 中可以看出，全天空的偏振度围绕偏振中性点大体上呈环状分布，偏振度从环的中心向外逐渐增大，当增大到一定程度达到天空的最大偏振后，又会逐渐减小到另一个中性点圆环

的中心。从理论上来说，全天空的偏振呈对称分布。实际测量的结果大致反映了偏振度分布的这种对称关系。

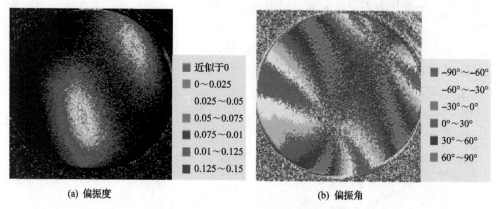

(a) 偏振度　　　　　　　　　　　　　　　　(b) 偏振角

图 13.11　全天空的偏振度与偏振角分布图

　　某一点的偏振角是指该点线偏振光的起偏方向与偏振片初始方向的夹角。图 13.9 (b) 是天空偏振角的分布图。偏振角围绕两个角度汇聚点呈有规律的条带状分布，全天空的偏振角分布也具有一定的对称性。

13.3.2　大气偏振中性点理论及规律

　　晴朗天空最重要的光学参数能够很好地用瑞利散射理论来描述，然而晴天的天空光偏振与理想的瑞利模型不同。这种不同称为偏振缺陷，是由气溶胶颗粒的多次散射、分子的各向异性及气溶胶的粒子分布、粒子形状以及地面的反射光造成的。这个缺陷中的一个最显著的特征是中性点，在这个地方天空散射的偏振现象消失了 (Hitzfelder et al., 1976)。

　　正常的晴空的天气条件下，在太阳的垂直面上，天空中出现三个大气中性点，即 Arago 中性点、Babinet 中性点和 Brewster 中性点 (图 13.12)。Arago 中性点位于反太阳点上方 20°～30°的位置。Babinet 中性点位于太阳上方约 20°的位置。Brewster 中性点位于太阳下方 25°～30°的位置。在正常的大气条件下，只有两个点——Babinet 中性点和 Arago 中性点或者 Babinet 中性点和 Brewster 中性点，它们能够在同一时间被看到，如图 13.13 所示。

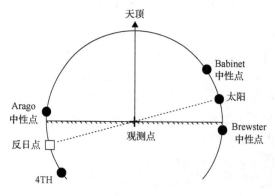

图 13.12　天空中的偏振中性点示意图

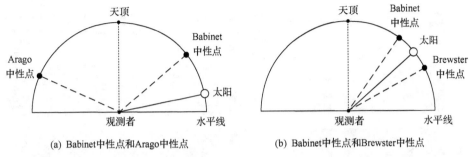

(a) Babinet中性点和Arago中性点　　　(b) Babinet中性点和Brewster中性点

图 13.13　不同太阳高度角主平面上天空中性点的位置

Arago 中性点、Brewster 中性点和 Babinet 中性点是晴朗天空中常见的三个中性点，由于中性点受外界条件，如太阳位置、大气状况、地面反照率以及观测波段等的影响都较大，要选取适用于对地偏振遥感观测的中性点，其条件是：首先其位置便于遥感观测；其次，受外界干扰或影响较小。

太阳同步轨道的这种太阳入射角度基本固定的轨道性质使中性点在偏振遥感对地观测中成为可能。将轨道的光照角设置成标准大气的太阳与 Babinet 中性点之间的夹角大小，此时卫星过境时，偏振传感器可以始终在 Babinet 中性点的位置对地表进行观测，以达到消除大气偏振效应、获取地表偏振特征信息的作用。

1) 不同太阳高度的中性点观测

全天空的偏振度分布并不是固定不变的，而是随着太阳位置的变化而变化的；偏振度呈环状分布，在太阳高度角较高即接近中午时，天空中可以观测到一个环状分布，随着时间的推移可以发现另外一个环形分布，而整个天空的偏振度分布是这两个环状分布的叠加；综合来看，由各幅偏振方位角分布图可以看出，偏振方位角的分布也有着一定的分布规律，它们主要与太阳的位置有关。

2) 不同天气条件的中性点观测

图 13.14 为晴朗、林荫遮挡、微云、太阳被遮挡等不同天气条件下天空偏振光的分布情况。从测量结果可以看出，林荫遮挡、微云、太阳被遮挡等天气条件对偏振度的影响较大，其偏振度较晴朗天空明显降低，说明在这些天气条件下，大气粒子多次散射产生比较强烈的退偏振效应，致使整个影像的偏振度大大降低。但偏振角的分布基本上还是有规律的分布，与晴天偏振角的分布相似。

3) 不同波段的中性点观测

在测量各个波段的偏振数据时，在鱼眼镜头和偏振片的中间加上滤波片，可以得到天空偏振光在各个不同波段上的偏振数据。图 13.15 为晴朗天气条件下天空偏振角在紫、蓝、红三个波段的分布情况。图 13.15 中三幅图像拍摄的时间大致相同，前后相差不到 2min。从图 13.15 中可以看出，天空偏振角在不同的波段下分布相似但各不相同。相对而言，在较长波段(红波段)下更稳定。

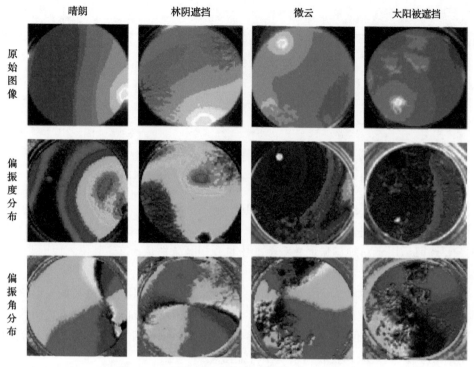

图 13.14　不同天气条件下天空偏振光分布情况

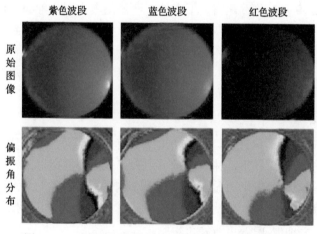

图 13.15　晴朗天气条件下不同波段的天空偏振角分布

13.3.3　气溶胶偏振特性及多角度观测立体层析

空气中气溶胶粒子的单次散射具有较强的偏振特性。而这种偏振特性又与气溶胶的模态、形状及吸收性息息相关。但是，对于整层大气而言，单次散射是不足以描述全部大气分子及气溶胶粒子的散射特性的。有一种可能是多次散射作用使得光的振动方向发生一定的改变，使得在单次散射中强偏振作用逐步退偏甚至是无偏。全天空中大部分区域的偏振信息不明显，偏振信号所占的比例较小甚至可以忽略不计，那么采用光强信息就足以进行气溶胶信息的反演，引入偏振信号就显得不必要了。反之，如果偏振信号出现较大范围的分布，那么引入偏振信号就可以为大气气溶胶信息的反演提供更多的有用信息。

图 13.16 为粗细两种模态气溶胶散射相函数 $F11$ 及 $F12$ 在球形与非球形粒子情况下的区别图。可以看出，实际上对于细模态而言，采用球形与非球形粒子的差异非常小，因此，对于细模态而言，采用球形近似计算的相函数与非球形计算的结果基本一致。而对于粗模态而言，采用球形与非球形粒子的差异则非常大。

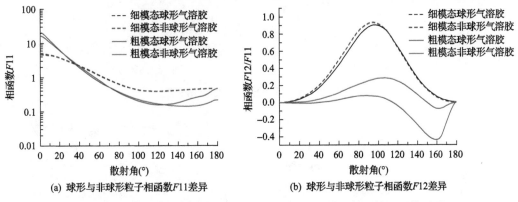

(a) 球形与非球形粒子相函数 $F11$ 差异　　　(b) 球形与非球形粒子相函数 $F12$ 差异

图 13.16　两种模态气溶胶散射相函数在球形与非球形粒子情况下的区别

气溶胶粒子群的单次散射特性是进行气溶胶反演的基础。采用合适的气溶胶模型作为当地气溶胶类型的先验知识是十分重要的。气溶胶模型选择的误差会导致极为严重的反演误差甚至错误。影响气溶胶单次散射特性的因素有气溶胶谱分布函数、气溶胶吸收性、气溶胶粗细模态及其形状。传统的反演中，气溶胶的模型一般都作为球形来计算其单次散射特性，而实际上气溶胶的形状并不是球形，绝大部分的气溶胶是非球形。采用球形模型计算的结果与非球形模型计算的 TOA 反射率差异可达 5%，TOA 偏振度差异最大可达 30%。这样的结果表明，采用非球形模型是非常必要的。

13.4　地-气分离新大气窗口理论与辐射亮度度量基准

13.4.1　地-气分离新大气窗口理论

大气衰减是地球观测最大的误差源，对结果的影响可达 5%～30%。大气影响情况下的遥感影像如图 13.17 所示。从图 13.17 中可以看到，在大气影响较小的情况下，遥感影像清晰；在大气影像较大的情况下，遥感影像变得模糊，严重影像了对遥感影像的解译和判读。

为了验证利用中性点进行地-气偏振效应分离的理论可行性，本书设计了一个地面的验证实验。实验是在中性点位置和非中性点位置分别对同一区域进行偏振成像，然后对成像的偏振参数结果进行比较。图 13.18 为地面实验验证的观测几何示意图，图 13.18 (a) 为在中性点位置观测，图 13.18 (b) 为在非中性点位置观测。图中地表与中性点所示的连线上偏振度为 0。实验所使用的成像装置是尼康 D200 单反数码相机，在相机前放置碘偏振片，改变偏振片的透光轴与参考轴的角度，分别获取 0°、60°、120°三个角度下的数据。

(a) 大气影响较小　　　　　　　　　　　　(b) 大气影响较大

图 13.17　大气影响情况下的遥感影像

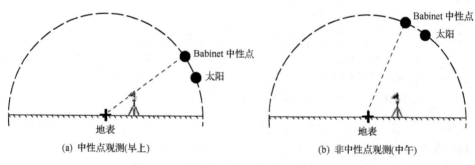

(a) 中性点观测(早上)　　　　　　　　　(b) 非中性点观测(中午)

图 13.18　地面实验验证的观测几何示意图

图 13.19 的偏振度影像需要重点研究，因为偏振度反映的是地物偏振程度大小的物理量，前文所说的地-气效应难以分离的影像也是指偏振度影像。在中性点观测的偏振度影像上，无论近处的颐和园万寿山佛香阁(距拍摄点直线距离约 3.1km)还是远处的西山(距拍摄点直线距离 6～8km)都清晰可见，特别是山上的裸土(或道路)信息与无偏振图像有很好的吻合。而在非中性点观测的偏振度影像上，近处的地物信息有不错的表现(如佛

非中性点观测　　　　　　　　　　　　　中性点观测

(a) 无偏振影像

(b) 偏振度影像

图 13.19　中性点位置成像与非中性点位置成像的偏振参数对比图（北京颐和园）

香阁可见），但远处的山却要弱得多，仅能依稀显现山的轮廓。这就说明远处的山的偏振信息在非中性点观测时无法获取到，随着拍摄点到地物的距离增大，大气的偏振效应增大，地物的偏振信息变弱。

比较图 13.19 的四幅影像，中性点观测的偏振度影像上地物的信息量远大于非中性点观测偏振度影像上地物的信息量，特别是对远距离的地物目标。这就说明中性点区域成像可以达到消除大气偏振效应，增强地物偏振效应的效果，从实验上论证了利用中性点进行地–气分离方法的可行性。

13.4.2　月球辐亮度机理的建立

定标是遥感定量化的前提，定标的准确度直接影响到数据准确性和图像质量。辐射定标的精度和准确度一直是科学界的难题，利用偏振手段以月球作为定标机理为难题的突破提供了新的方法和思路。

1. 利用月球为辐射定标源的优势

月球辐射观测为对地观测卫星的自动辐射定标提供了新的方法，其不可比拟的表面反射能力的稳定度使其能够成为非常好的定标光源，并且有较高的精度和准确度。目前定标机理人工普遍只能达到 10^{-3} 稳定度，工程至少需要达到 10^{-6} 的稳定度。月球的亮度是常规太阳的四百万分之一，其辐射特性与地表类似，它是距离地球最近的自然天体，光度稳定度达到 10^{-8}/年。月球的辐射通量在大多数成像仪器的范围之内，且在反射和辐射波段内均可视为被均匀的低辐射目标（冷空间）所包围，颜色较为柔和单一，因此月球被广泛认为是一个潜在的、理想的外定标参考源（Kieffer and Wildey, 1996）。

月球是太空中唯一可行的具有一定亮度，而且其表面几乎不受大气影响的定标源，其在某一特定相位下表面的辐照度变化较小，且月球的辐射定标并不需要特殊的硬件，只需要用仪器观测月球。上述因素均使得月球成为卫星传感器的理想定标源。对于一些需要高精度定标的传感器数据，月球定标是目前实际应用中唯一能够达到标准的定标方法。

2. 偏振手段的不可替代性

月球的定标实验往往会出现"饱和-精度"矛盾。传感器在接收月球辐射能量时，会出现过饱和的情况。为了解决过饱和的问题，需要对信号进行衰减，但衰减后的信号会掩盖月亮辐射变化的高精度的信息。普遍认为，月球的辐射波动在 10^{-8} 数量级，而信号衰减以后，该数量级上的波动则不能被观测验证，降低机理精度。上述矛盾是长期困扰辐射定标学界的难题。

为了解决上述问题，偏振是很好的技术手段。通过偏振拨片对光谱进行过滤，利用偏振对信背比变化敏感的特性，即"强光弱化"和"弱光强化"的独有特征，在过饱和能量被削弱的同时保留并凸显了微小能量的差异，从而获取高精度的细节信息。目前，辐射的能量不确定度大约为 7%，利用偏振的手段能将不确定度提高到 2%～3%。

13.5　基于地球偏振矢量场的仿生偏振自主导航

偏振光导航是自然界中天然导航方法之一。很多动物，包括蚂蚁、蜜蜂、蟋蟀和候鸟，都具有偏振视觉系统，它们利用太阳光在大气中散射的偏振特性进行导航。偏振导航属被动式导航，隐蔽性好；不受电磁干扰；无论是晴朗还是多云，甚至在日出前后，都可以利用天空偏振光定向；其特别适合于在不能使用磁罗盘导航的高纬度地区；其导航定位的计算量小，每一次定位所需的时间短，接近于实时的导航，可以对运动载体等进行导航。偏振光导航具有精确的导航能力，根据 2006 年 8 月 11 日的 *Science* 的报道，候鸟通过日出和日落的偏振光图案来校准它们的地磁罗盘的积累误差，使其在每年数千千米的季节性迁徙中，仍能准确地回巢或到达目的地。

偏振导航是一种新型的导航手段，是以不易受电磁干扰的偏振光为基础的被动式导航，是飞行器、运动载体新的导航手段，其丰富了导航理论与技术；同时，可以为偏振导航仪、仿生导航仪的研制提供实验与模型基础。另外，偏振导航技术还可以为水下目标的导航提供新思路，可见光中蓝光对水的穿透性超过 200m，通过测量水下蓝波段的偏振模式图，进一步研制水下偏振光导航仪，实现对水下目标的导航；结合其他辅助导航手段，可以很大程度上提高现有导航手段的精度，减少潜艇等水下目标浮出水面接收 GPS 信号的次数，实现水下目标的连续无缝导航。仿生武器是近年来开展的前沿领域，自主导航与控制是其重要的组成部分，但同时拥有视觉是精确控制的另一个重要保障，而偏振导航就是二者的完美结合，利用偏振进行导航，实际上就是一种人工视觉的表现。进一步地，偏振导航还可以与其他导航手段(惯性导航或卫星导航)相组合，在提高导航精度的同时又能保障任务的可靠性。

生物学家的研究表明，沙蚁之所以具有神奇的导航定位本领，是因为沙蚁复眼的视神经结构对天空偏振光分布极其敏感。随着导航和定位需求的日益增长，开发基于沙蚁复眼偏振光导航定位原理的仿生偏振导航测角传感器就凸显出其重要意义。研发仿生偏振导航测角传感器，首先必须进行相应的仿沙蚁偏振光测试方面的实验。本章根据前面章节介绍的仿沙蚁偏振导航测角模型，设计并实现了一个简单的基于天空偏振光的仿生

偏振导航测角试验平台，这为测角实验乃至整个仿生偏振导航系统的开发奠定了良好的
基础。通过对蚂蚁的导航方式进行分析，拟采用的实验方案如图 13.20 所示。

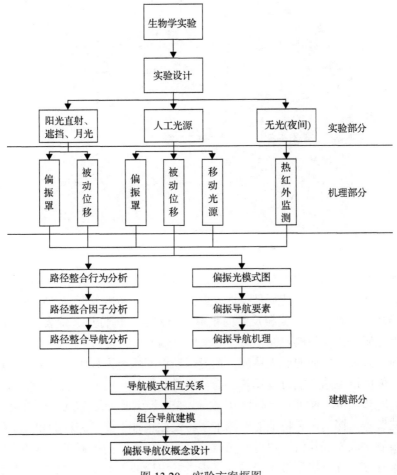

图 13.20　实验方案框图

13.6　遥感第五维新变量及与微波极化特征比较

高分辨率遥感包括辐射、空间、光谱、时间四大分辨率。其中，辐射分辨率代表遥
感器接收的电磁波强度，足够的能量保障了对地物的敏感能力，也直接影响高光谱各波
段敏感强度及高空间分辨率像元敏感水平。目前情况是，常规遥感只能在 1/3 光线适中
的情况下获取优良影像，其余过亮(如太阳磁暴、恒星天体或水体耀斑)、过暗(如重大自
然灾害或远端极弱光行星探测)的难以获取，其成为先进空间探测和地表重大地质灾害等
遥感观测的瓶颈。观测物不同物理化学性状具有强烈的反差比，即"强光弱化""弱光强
化"的物理机理，为破解这一难题提供了新的可能。

由强度的"一景一像"变为多分量的"一景九像"，增大了信息量(图 13.21)。

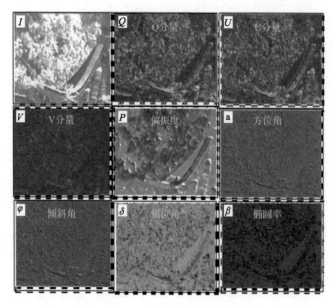

图 13.21 "一景九像"信息图示

偏振遥感地表研究了四大对象五大特征,所谓四大对象,即地表的四大典型地物:岩石、水、土和植被;五大特征是指地表偏振反射的多角度反射物理特征、地表偏振反射的多光谱化学特征、地表偏振反射的粗糙度与密度结构特征、地表偏振反射的信息-背景高反差比滤波特征和地表偏振反射的辐射传输能量特征。

从本质上来说,偏振的五大特征,在爱因斯坦的质能方程中,也具有一定程度上的对应关系。爱因斯坦的质能方程反映了物质质量与能量之间的关系,从量纲来看,空间单位为 m,光谱 1/m,时间 t,辐射为广义 g,它们无法全面代表 E,也许这是遥感四大分辨率无法覆盖、探测遥感特征的根源本质。偏振包含了能量方程的相关量纲,而不受能量强弱限制,成为继几何、辐射、光谱、时间分辨率后的第五维分量的构想,其量纲就是能量本身 E。而从电磁波本身的定义来看,电磁波主要用振幅、频率和相位进行描述,偏振也有可能成为电磁波描述的第四个分量。

从未来偏振理论的发展来看,主要集中在如下方面:恒星观测(如太阳系)信息过强、遥远行星信息过弱,成为制约远端目标探测的瓶颈,偏振利用其"强光弱化""弱光强化"的特征,可以有效地实现对恒星、远端行星的观测;可以利用偏振证明月球作为稳定的辐亮度机理并辐射定标是亟待解决的科学前沿问题;另外,还可以利用偏振进行月壤月岩密度测估、天空粒子效应和空气污染 $PM_{2.5}$ 探测等。详细包括:

1)先进空间探测中极微弱远端信息或极强光信息偏振萃取技术

(1)偏振 V 分量特征研究,以实现对远端极微弱信号的敏感。

(2)偏振"强光弱化"研究,以实现太阳、行星等耀斑剔除和有效信息获取。

(3)偏振辐射传输能量研究,以从月球探取地球偏振生物信息。

2)月球辐亮度机理有效观测偏振验证和高分辨率载荷偏振定标技术

(1)月球辐亮度偏振观测研究,获得月球亮度变化规律。

(2) 偏振强信息-背景比滤波关系研究，证明月球波动不确定度 10^{-8} 量级证明。

(3) 偏振定标方法研究，以实现遥感载荷的月球辐亮度定标。

3) 偏振探测与水-冰-岩土密度间接探测转换技术

(1) 岩石表面粗糙度与多角度偏振度波谱关系研究，给出其参量机理。

(2) 水、冰"强光弱化"机理研究，以探测远端水体、冰岩痕迹。

(3) 岩石组成成分、密度与偏振度的关系初探，实现月球密度、地质成分测估。

4) 基于天空偏振矢量场的大气衰减刻画与大气污染源寻找技术

(1) 全天空偏振模式图和偏振中性点区域规律观测，以探索太阳同步偏振观测轨道降低大气窗口衰减方法。

(2) 基于全天空偏振场大气立体层析，以探索不同空气污染物变化规律及 $PM_{2.5}$、煤烟型大气形成根源。

(3) 地磁-重力-天空偏振场对偶刻画，以确定地球第三个全域矢量场及重大应用突破。

以上四个研究方向必将成为偏振广泛应用并在空间探测、自主导航、空气质量监测等领域和方向产生巨大作用。但是目前，国际上的偏振研究始终较为缓慢，其根本原因是无法证明其客观性、全域性、不可替代性、独特性及可重复性。本章通过对恒星、行星天文偏振观测，全天空偏振矢量场与重力场、地磁场的全域性比较，采用偏振观测手段证明遥感辐亮度月球机理，植被生化含量反演与偏振遥感独特性甄别启示方面对其客观性、全域性、不可替代性、独特性以及可重复性进行阐述和证明。作为反映本领域国内外最新的系统化研究成果，给相关领域研究应用以规律展示和理论参考。

13.7 本 章 小 结

本章是辐射分辨率的末章。主要介绍了如下的内容：

(1) 通过"强光弱化""弱光强化"的机理研究，对水、土、岩和植被，这四大对象的研究，获得地物偏振遥感的五个特征，即：多角度反射物理特征，多光谱化学特征，粗糙度和密度结构特征，信息-背景高反差比滤波特征以及辐射传输能量特征。

(2) 介绍了天空偏振模式图，研究了气溶胶偏振特性及多角度观测立体层析，并建立了偏振遥感地-气分离新大气窗口理论与辐亮度度量机理，探讨了基于地球偏振矢量场的仿生偏振自主导航。

(3) 揭示了基于辐亮度度量机理的"一景九像"遥感第五维新变量及微波与光波段"偏振"相通本质。

上述要点揭示了太阳电磁波非均衡偏振效应的光学本质，是矢量遥感的有效表征，为遥感观测由图像灰度级分辨力(灰度级辨识能级一般在几十到几百个光量子跃迁的累积)向光量子分辨率水平跨越奠定了基础。

参 考 文 献

姚启钧. 1982. 光学教程. 北京: 高等教育出版社.

Hitzfelder S J, Plass G N, Kattawar G W. 1976. Radiation in the earth's atmosphere: its radiance, polarization, and ellipticity. Applied Optics, 15(10): 2489-2500.

Kieffer H H, Wildey R L. 1996. Establishing the moon as a spectral radiance standard. Journal of Atmospheric and Oceanic Technology, 13(2): 360-375.

Knyazikhin Y, Lewis P, Disney M I, et al. 2013. Decoupling contributions from canopy structure and leaf optics is critical for remote sensing leaf biochemistry. Proceeding of the National Academy of Sciences of the USA, 110(12): E1075.

Lee R L. 1998. Digital imaging of clear-sky polarization. Applied Optics, 37(9): 1465-1476.

Ollinger S V, Richardson A D, Martin M E, et al. 2008. Canopy nitrogen, carbon assimilation, and albedo in temperate and boreal forests: Functional relations and potential climate feedbacks. Proceeding of the National Academy of Sciences of the USA, 105(49): 19336-19341.

Vanderbllt V C. 1980. A model of plant canopy polarization response. LARS Technical Reports: 54.

Vanderbilt V C, Grant L. 1985. Plant canopy specular reflectance model. IEEE Transactions on Geoscience and Remote Sensing, 23(5): 722-730.

Vanderbilt V C, Grant L, Biehl L, et al. 1985. Specuar, diffuse and polarized light scattered by two wheat canopies, Applied Optics, 24: 2408-2418.

Yang B, Knyazikhin Y, Lin Y, et al. 2016. Analyses of impact of needle surface properties on estimation of needle absorption spectrum: case study with coniferous needle and shoot samples. Remote Sensing, 8(7): 5637.

Yang B, Knyazikhin Y, Mottus M, et al. 2017. Estimation of leaf area index and its sunlit portion from DSCOVR EPIC data: Algorithm Theoretical Basis. Remote Sensing of Environment, 198, 69-84.

第五部分　高分辨率遥感定标：模型与理论

　　本部分聚焦于高分辨率遥感定量化瓶颈问题的破解，建立系统的定标理论与方法，构建四大分辨率定量化基础理论、关联关系模型理论、度量校正交叉验证手段，以及以中红外耀斑区反射率为基准的卫星传感器在轨定标验证。主要包括以下内容：

第 14 章遥感天地贯通的光学参量分解与成像控制机理；

第 15 章空间-光谱-辐射分辨率贯通的定标理论；

第 16 章中红外基准下的宽谱段定标理论。

第14章 遥感天地贯通的光学参量
分解与成像控制机理

光学遥感影像是地物信息的基本载体，遥感应用的效果很大程度上取决于光学遥感影像的质量，因此提升光学遥感成像系统的成像质量对于遥感应用具有重大意义。本章将分析成像系统的能量传递过程，剖析成像系统在对地观测过程中的工作原理，从而构建光学遥感成像系统辐射定标参量分解模型，充分表达成像系统参数对遥感影像质量的影响，同时对影像成像辐射精度的因素进行分析。因此，在详细分析成像系统参数对成像质量的影响的基础上，本书提出了基于光学遥感辐射定标系统参量分解模型的传感器最优成像控制原理。自适应成像模型的核心思想是根据成像对象和成像条件的不同，动态地调整成像系统的积分时间和电子学增益，从而实现外界输入与系统参数的动态匹配，使成像系统获取最优质量的遥感影像。

14.1 成像系统光电参量分解与遥感影像序列集

目前，常用的物像几何对应关系模型为针孔成像模型（王明志，2014），根据针孔成像原理，在垂直摄影的情况下，可以近似得到 CCD 像素与地面成像区域之间的几何对应关系，如图 14.1 所示。

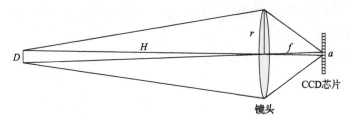

图 14.1 针孔成像模型下 CCD 像素与成像区域之间的对应关系

14.1.1 成像光电系统结构

如图 14.1 所示，成像系统的入瞳孔经的半径为 r，等效焦距为 f，每个像素的尺寸为 a，航高为 H，则在垂直下视成像时，每个像素所对应的地表成像区域的边长 D 可以表示为（赵凯华和钟锡华，2017）：

$$D = \frac{H}{f} a \tag{14.1}$$

星下点像素对应的成像区域的面积 S_{Ground} 可以表示为

$$S_{\text{Ground}} = D^2 = \left(\frac{H}{f} a \right)^2 \tag{14.2}$$

地物反射的太阳辐射经遥感成像系统的光学部件汇聚到数字化的 CCD 芯片上，CCD 半导体器件实现光电转化形成光电流，该过程如图 14.2 所示。

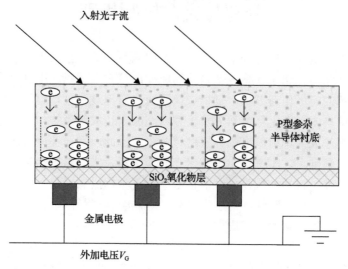

图 14.2　CCD 每个像素光电效应原理图

经过时间 T 后，CCD 每个像素势阱存储的电子数 N_e 可以表示为

$$N_e = \int_0^T N_L \tau \eta \mathrm{d}t + n_c \tag{14.3}$$

式中，设 N_L 为单位时间内入射到成像系统光学孔径的光子数；τ 为光学系统的透过率；η 为光电效应的量子效率。

每个光子所携带的能量可以表示为

$$\varepsilon = h\nu = h\frac{c}{\lambda} \tag{14.4}$$

式中，h 为普朗克常数；c 为真空中的光速；λ 为光波的波长；ν 为光波的频率。因此，光电效应的量子效率 η 由半导体材料决定。

在光学遥感成像过程中，由于每个像素接收到的地物反射的太阳辐射具有连续光谱分布特征，即成像系统接收的入瞳处的光子数也具有连续光谱分布的特征，N_L 可以表示为

$$N_L = \int_{\lambda_2}^{\lambda_1} n_l(\lambda) \mathrm{d}\lambda \tag{14.5}$$

光学成像部件的结构十分复杂，光在成像部件之间发生复杂的折射和反射，最终到达承影面。常规的光学成像系统设计和模拟软件采用几何光学的折射和反射理论，对光线在各个成像部件之间的折射和反射进行计算，从而评价成像系统的成像性能。在使用几何光学理论进行光线折射和反射的计算时，无法计算光在传播过程中的能量损失，这

也给计算光在光学部件中传输的能量损失带来了困难。光的波动理论可以表征光波在传输过程中的能量衰减。根据能量守恒定律，点光源发出的球面光波辐射能量与传输距离的平方成反比。如果采用这一理论计算光在成像部件间的折射和反射无疑是很困难的。为了简化光能在成像部件间传播的能量损失的研究，本书使用光能透过率 τ 来表示光能在成像部件传输过程中的衰减，而且认为光能在光学镜片上各点的透过率相同。显然，光能透过率 τ 是波长的函数。

其中，$n_l(\lambda)$ 为单位时间内成像系统入瞳处的光子谱分布，则式(14.3)可以改写为

$$N_e = \int_0^T \int_{\lambda_1}^{\lambda_2} n_l(\lambda) \tau(\lambda) \eta(\lambda) \mathrm{d}t + n_c \tag{14.6}$$

当成像系统每个像素在单位时间内接收到的光子数与时间无关时，式(14.6)可以变成：

$$N_e = T \int_{\lambda_1}^{\lambda_2} n_l(\lambda) \tau(\lambda) \eta(\lambda) \mathrm{d}t + n_c \tag{14.7}$$

入射到半导体器件的光子流激发出的光电子被每个像素的电势阱收集之后，在电荷转移时钟的驱动下从每个像素中顺序移出。由于光电转化产生的光电子数目十分有限，为了便于后端电路处理，需要对光电流进行放大，并在此过程中将电流信号转化为电压信号。每个像素最终输出的电压信号 V_G 可以表示为

$$V_G = \varsigma N_e + n_g = G\varsigma \left(N_e = \int_0^T \int_{\lambda_1}^{\lambda_2} n_l(\lambda) \tau(\lambda) \eta(\lambda) \mathrm{d}t + n_c \right) + n_g \tag{14.8}$$

式中，G 为该过程中信号处理电路对电压信号的放大倍数；ς 为电流信号转化为电压信号的转换系数；n_g 为这两个过程中引入新噪声的等效电压。

14.1.2　成像系统信号编码过程

电信号的采样、量化和编码是数字化成像系统的必备处理单元。前端由光电效应产生的电信号经放大之后仍然是模拟信号，没有经过采样、量化和编码，还不能被计算机处理和存储。因此，为了后端数字化存储和处理的需要，必须对模拟电信号进行数字化，该过程称为模数转换。

模数转换过程是一个电压比较过程。模数转换过程中信号的采样、量化和编码的电路原理图如图 14.3 所示。模-数转换模块首先在采样时钟的驱动下对前端输入的电压信号 $U_l(t)$ 进行采样，再将采样获得的电压信号与参考电压 V_{REF} 进行比较，并在比较之后输出电压的量化值。

模数转换后，成像系统输出的量化值 DN 可以表示为

$$\mathrm{DN} = \mathrm{int}\left[\frac{V_G}{\dfrac{V_{\mathrm{REF}}}{2^n - 1}} \right] = \mathrm{int}\left[2^n - 1 \times \frac{V_G}{V_{\mathrm{REF}}} \right] \tag{14.9}$$

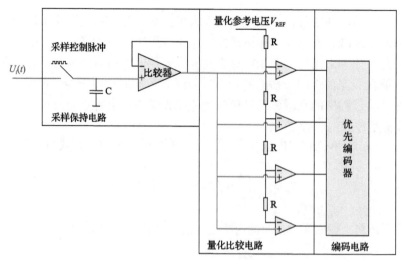

图 14.3 信号的采样、量化与编码过程示意图

将式(14.8)代入式(14.9)中可以得到

$$\mathrm{DN} = \mathrm{int}\left[\frac{2^n-1}{V_{\mathrm{REF}}} \times \left(G_\varsigma\left(N_e = \int_0^T\int_{\lambda_1}^{\lambda_2} n_l(\lambda)\tau(\lambda)\eta(\lambda)\mathrm{d}t + n_c\right) + n_g\right)\right] \qquad (14.10)$$

式中，int 表示取整。

据此，可以在实验室辐射标定过程中获得多类载荷多元参量连续调整时影像变化图序，如图 14.4 所示。

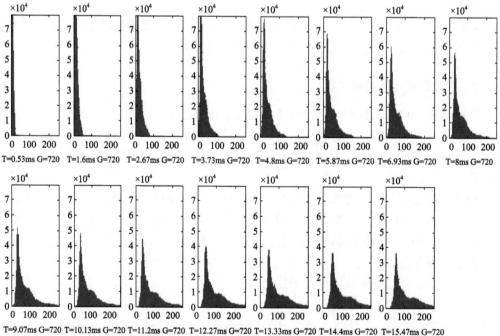

图 14.4 图像灰度分布直方图随电子学增益改变的变化序列图

横坐标为灰度值，无单位；纵坐标为频数，单位：个

14.2 遥感成像系统辐射定标地物参量分解及天地参量贯通

光学遥感是研究辐射参量传递的过程(Danielson et al., 1981),本节将通过对遥感参量中物理量的分析,以及成像系统模型参数化的分解,进一步阐述辐射定标系统参量分解的原理。

14.2.1 遥感辐射物理参量

1. 辐射通量

辐射通量是单位时间内通过某一表面的辐射能量(Thome, 2001),其单位为 W(W=J/s),表达式如下:

$$\Phi_\lambda = \frac{\mathrm{d}Q_\lambda}{\mathrm{d}t} \tag{14.11}$$

2. 辐照度

辐照度的定义是从辐射照度延伸出来的,后者是指在某一指定表面,单位面积上所接受的辐射通量,其单位为 W/m²。如果这一指定的表面为一平面,则称为辐照度,表示符号为 E。从能量的角度来看,其定义就是在指定的表平面上,单位时间、单位面积上的辐射能量,又可以称为辐射通量密度。

考虑到如果辐射通量密度是从某一表平面向外发射,则区别于辐照度,称为辐射出射度,用符号 M 表示,即在指定的表平面,单位时间、单位面积发射的辐射能量。其单位与 E 相同。

$$E = \frac{\mathrm{d}\Phi_{\lambda i}}{\mathrm{d}A} \tag{14.12}$$

$$M = \frac{\mathrm{d}\Phi_{\lambda o}}{\mathrm{d}A} \tag{14.13}$$

3. 辐射亮度

辐射亮度是定标中非常重要的物理量,遥感影像输出值一般就是辐射亮度。其定义为单位面积、单位波长、单位立体角内的辐射通量。其单位一般表示为 W /(cm² · sr · μm),其中 sr(球面度)是立体角的单位, μm 是波长单位。

$$L_\lambda = \frac{\mathrm{d}\Phi_\lambda}{\mathrm{d}A\mathrm{d}\cos\theta\mathrm{d}\Omega} \tag{14.14}$$

考虑到遥感传感器在接受能量时受到响应谱段的光谱响应函数的限制,因此在实际定标时需要考虑等效辐亮度。

等效辐亮度的定义为传感器入瞳辐亮度经过每个波段光谱响应积分后的值，假设波段用 i 表示，则波段 i 上的等效辐亮度为

$$L_i = \int_0^{+\infty} S_i(\lambda) L(\lambda) \mathrm{d}\lambda \Big/ \int_0^{+\infty} S_i(\lambda) \mathrm{d}\lambda \tag{14.15}$$

式中，L_i 为传感器入瞳处的光谱辐亮度，单位为 $\mathrm{W}/(\mathrm{cm}^2 \cdot \mathrm{sr} \cdot \mu\mathrm{m})$；$S_i(\lambda)$ 为遥感器波段 i 的光谱响应函数，在波段的响应范围 $[\lambda_1, \lambda_2]$ 有值，在这个范围之外的响应等于 0。

14.2.2　定标数学模型

辐射定标的数学模型就是建立传感器入瞳处的绝对辐射参量与传感器输出的数值之间关系的表达式(Slater, 1985)，通常所采用的辐射参量为辐射亮度及表观反射率。通常而言，传感器的响应被假定为线性的响应，因此辐射定标模型为线性模型。

在传感器辐射响应为线性的条件下，传感器定标的辐射亮度表达式[式(14.16)]，以及反射率表达式[式(14.17)]如下所示：

$$L_i = \mathrm{DN}_i \cdot a_{1,1i} + L_{i0} \tag{14.16}$$

$$\rho_i^* = \mathrm{DN}_i \cdot a_{1,\mathrm{r}i} + \rho_{i0} \tag{14.17}$$

这里采用的表观反射率是指传感器在大气层顶端观测到的反射率，式(14.17)一般用于卫星发射升空后的场地定标。在大部分的情况下，传感器的线性定标能够满足卫星定量化的要求，目前大部分在轨卫星均使用线性定标，如图 14.5 所示。

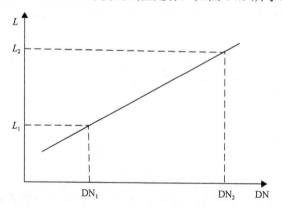

图 14.5　传感器线性响应定标图

但是为了进一步探索定标的规律，在传感器响应出现显著的非线性时，一般会采用非线性的方式进行曲线拟合，如二次曲线拟合，在这种情况下传感器的辐射定标公式将变为

$$L_i = \mathrm{DN}_i^2 \cdot a_{2,1i} + \mathrm{DN}_i \cdot a_{1,1i} + L_{i0} \tag{14.18}$$

$$\rho_i^* = \mathrm{DN}_i^2 \cdot a_{2,\mathrm{ri}} + \mathrm{DN}_i \cdot a_{1,\mathrm{ri}} + \rho_{i0} \tag{14.19}$$

式中，L_i 为待定标传感器第 i 通道的大气层顶的辐亮度，ρ_i^* 为待定标传感器的表观反射率，单位为 $\mathrm{W}/(\mathrm{cm}^2 \cdot \mathrm{sr} \cdot \mu\mathrm{m})$；$\mathrm{DN}_i$ 为电荷耦合元件第 i 通道图像的 DN 值；$a_{1,1i}$、$a_{2,1i}$ 是待定标传感器第 i 通道的 TOA 辐亮度的定标系数，单位为 $\mathrm{W}/(\mathrm{cm}^2 \cdot \mathrm{sr} \cdot \mu\mathrm{m})$；$a_{1,\mathrm{ri}}$、$a_{2,\mathrm{ri}}$ 为表观反射率的定标系数；DN_i、L_{i0}、ρ_{i0} 是第 i 通道的暗电流对应的灰度值、辐亮度和反射率，一般称为定标的偏移量。

14.2.3　大气对辐射定标的影响

当卫星发射升空之后，传感器所接收到的可见-近红外波段的能量主要来自地表对太阳能量的反射。但是由于反射后的能量需要通过大气层，因此大气含有的各类气体、微粒会对地表反射的能量产生影响（Vermote and Kaufman, 1995; Chander et al., 2009）。在卫星发射升空之后，对卫星进行外场辐射定标时测量的物理参量为地表的反射率、辐亮度，由于大气影响的关系，这些参量与卫星所获取的表观反射率、辐亮度有一定的区别，但是也有着关联。因此，在进行外场辐射定标时，需要将地表的参量通过大气参数反算至大气层顶相应的物理参量。在可见-近红外波段，大气的影响主要分为两种：吸收和散射。

1. 大气的吸收影响

太阳光也就是电磁波穿过大气时会发生能量的衰减如图 14.6 所示，主要的吸收气体成分为水汽、臭氧。

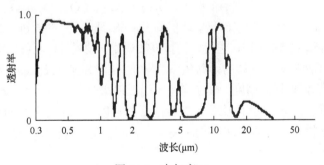

图 14.6　大气窗口

臭氧是一个不对称的陀螺分子，三个氧原子构成一个顶角为 116°40′ 的等腰三角形，腰长为 0.1278nm，永电偶极矩。其除了对紫外光有着强吸收的作用之外，在 0.6μm 处还有一个弱吸收带。

水汽也是一个不对称的陀螺分子形状，而且其正、负离子的重心不重合，导致水分子是一个极性分子，具有很强的电偶极矩。在近红外谱区，水汽在 0.94μm、1.1μm、1.38μm 及 1.87μm 处有着很轻的吸收带，吸收了相当大的一部分太阳能量。

2. 大气散射影响

散射效应来自于电磁波在非均匀介质或者各向异性介质中传播时遇到小微粒而使传

播方向改变,并向各个方向散开的现象。散射是与电磁波和物质相互作用相关的一种基本的物理过程。

在大气中,散射现象的出现与大气中粒子的尺寸有关,气体分子($10^{-4}\mu m$)、气溶胶($1\mu m$)、小水滴($10\mu m$)及冰晶($100\mu m$)均可以产生散射效应,而产生的散射效应可以通过尺度参数进行衡量,尺度效应的表达式如下:

$$x = 2\pi a / \lambda \qquad (14.20)$$

式中,a 为粒子的半径。当 $x<0.1$ 时产生的散射称为瑞利散射,而大气分子对可见光部分的散射就可以用这种散射类型进行解释。而当 $x>0.1$ 时称为米氏散射,米氏散射的一个特点就是散射强度与波长无关。$x>50$ 时这种散射称为几何光学散射,不属于大气散射研究的重点。一般而言,瑞利散射主要由大气分子对太阳光散射而形成的,而米氏散射则是由气溶胶对太阳光散射形成的。

3. 常用大气辐射传输软件 6S

1986 年,法国里尔科技大学(Université des Sciences et Technologies de Lille)大气光学实验室 Tanré 等为了简化大气辐射传输方程,开发了太阳光谱波段卫星信号模拟程序 5S(Simulation of the Satellite Signal in the Solar Spectrum),用来模拟地气系统中太阳辐射的传输过程并计算卫星入瞳处辐射亮度。1997 年,Eric Vemote 对 5S 进行了改进,发展到 6S(Second Simulation of the Satellite Signal in the Solar Spectrum),6S 吸收了最新的散射计算方法,使太阳光谱波段的散射计算精度比 5S 有所提高。

这种模式是在假定无云大气的情况下,考虑了水汽、CO_2、O_3 和 O_2 的吸收、分子和气溶胶的散射以及非均一地面和双向反射率的问题。6S 是对 5S 的改进,光谱积分的步长从 5nm 改进到 2.5nm,同 5S 相比,它可以模拟机载观测、设置目标高程、解释 BRDF 作用和临近效应,增加了两种吸收气体的计算(CO、N_2O)。采用 SOS(successive order of scattering)方法计算散射作用,以提高精度。其缺点是不能处理球形大气和临边观测。

如表 14.1 所示,6S 辐射传输输入参数主要包括以下几个部分(Barnes et al., 2000):

(1)太阳、地物与传感器之间的几何关系:用太阳天顶角、太阳方位角、观测天顶角、观测方位角四个变量来描述。

(2)大气模式:定义了大气的基本成分以及温湿度廓线,包括 7 种模式,还可以通过自定义的方式来输入由实测的探空数据生成的局地更为精确和实时的大气模式,此外,还可以改变水汽和臭氧含量的模式。

(3)气溶胶模式:定义了全球主要的气溶胶参数,如气溶胶相函数、非对称因子和单次散射反照率等,6S 中定义了 7 种缺省的标准气溶胶模式和一些自定义模式。

(4)传感器的光谱特性:定义了传感器通道的光谱响应函数,6S 中自带了大部分主要传感器的可见光近红外波段的相应光谱响应函数,如 TM、MSS、POLDER 和 MODIS 等。

(5)地表反射率:定义了地表的反射率模型,包括均一地表与非均一地表两种情况,在均一地表中又考虑了有无方向性反射问题,在考虑方向性时用了 9 种不同模型。

表 14.1　6S 辐射传输输入参数

输入参数	Landsat 的 TM 传感器
43.8231 98.8277 23.53 99.03 7 7	太阳天顶角、方位角；观测天顶角、方位角；月、日
3	中纬度冬季
1	大陆型气溶胶
20	地表能见度为 20km
−0.01	目标物的高度为 0.1km
−1000	传感器的高度
25	TM 传感器波段 1
0	均匀地表
0	无方向性
4	地表为湖水
100	进行大气校正，计算大气层顶辐亮度

为了建立辐射定标模型，假定光学遥感成像的能量传输几何如图 14.7 所示，大气顶层的太阳辐射 E_{sun} 以天顶角 θ_s 穿过大气层入射到地表，成像系统的 CCD 像素尺寸为 a，焦距为 f，行高为 H，成像系统在天顶角 θ_v 方向对反射率为 ρ_t 的地表成像。

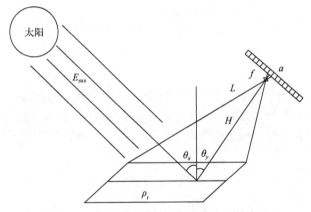

图 14.7　光学遥感成像的能量传输几何关系

根据爱因斯坦的量子理论，每个光子的能量为 $\varepsilon = h\nu$，则光学遥感成像系统入瞳处的辐射能通量可以表示为

$$\Phi = \sum_i n_i h\nu_i = \sum_i n_i h \frac{c}{\lambda_i} \tag{14.21}$$

即光学遥感成像系统入瞳处的辐射通量是入射光子流能量之和。由于太阳光辐射近似为一个连续光谱，因此式（14.21）可以写成积分的形式：

$$\Phi = \int_{\lambda_1}^{\lambda_2} n_l(\lambda) h \frac{c}{\lambda} \mathrm{d}\lambda = hc \int_{\lambda_1}^{\lambda_2} \frac{n_l(\lambda)}{\lambda} \mathrm{d}\lambda \tag{14.22}$$

式中，$n_l(\lambda)$ 为单位时间内入射到光学成像系统入瞳处光子数的谱分布。

入瞳辐亮度表示为

$$L = \int_{\lambda_1}^{\lambda_2} L(\lambda)d\lambda = \frac{\varphi/\Omega}{S\cos\theta} = \frac{hc\int_{\lambda_1}^{\lambda_2}\frac{n_l(\lambda)}{\lambda}d\lambda \Big/ \frac{\pi\cdot r^2}{H^2}}{\left(\frac{H}{f}a\right)^2\cos\theta} = \frac{hc\int_{\lambda_1}^{\lambda_2}\frac{n_l(\lambda)}{\lambda}d\lambda}{\pi\cdot r^2(a/f)^2\cos\theta} \quad (14.23)$$

为了得到入瞳光谱辐亮度与像素值 DN 之间的定量关系，将式(14.23)改写为

$$\int_{\lambda_1}^{\lambda_2}\frac{n_l(\lambda)}{\lambda}d\lambda = \frac{\pi\cdot r^2(a/f)^2\cos\theta}{hc}\int_{\lambda_1}^{\lambda_2}L(\lambda)d\lambda \quad (14.24)$$

将式(14.24)的两边微分可得

$$n_l(\lambda) = \frac{\pi\cdot r^2(a/f)^2\cos\theta}{hc}\lambda L(\lambda) \quad (14.25)$$

根据辐亮度的定义式，在针孔成像模型下，可以推导得出相机获取的 DN 值有如下的表达：

$$\mathrm{DN} = \mathrm{int}\left[\frac{2^n-1}{V_{\mathrm{REF}}}\times\left(G\varsigma\frac{\pi r^2(a/f)^2\cos\theta}{hc}\left(\int_0^T\int_{\lambda_1}^{\lambda_2}\tau(\lambda)\eta(\lambda)\lambda L(\lambda)d\lambda dt\right)+G\varsigma n_c+n_g\right)\right]$$
$$(14.26)$$

从式(14.26)可以看出遥感影像输出图像的 DN 值除了与入瞳辐亮度 L 和入射光的波长有关外，还与成像系统的孔径 r、等效焦距 f、像素尺寸 a、积分时间 T、电流-电压变换系数 ς、电子学增益 G、光学部件的透过率 $\tau(\lambda)$、光电转换的量子效率 $\eta(\lambda)$、系统的各种噪声源 n_c 和 n_g 直接相关。

设置综合变量 A_1、B_1、C，将式(14.26)得到的参量分解模型变形为

$$\mathrm{DN} = \mathrm{int}[A_1 G\int_0^T\int_{\lambda_1}^{\lambda_2}\tau(\lambda)\eta(\lambda)\lambda L(\lambda)d\lambda dt + B_1 G + C] \quad (14.27)$$

其中

$$A_1 = \frac{(2^n-1)\varsigma\pi r^2(a/f)^2\cos\theta}{V_{\mathrm{REF}}hc} \quad (14.28)$$

$$B_1 = \frac{2^n-1}{V_{\mathrm{REF}}}\varsigma n_c \quad (14.29)$$

$$C = \frac{2^n-1}{V_{\mathrm{REF}}}n_g \quad (14.30)$$

令 $S_1(\lambda) = \tau(\lambda)\eta(\lambda)\lambda$ ，则式 (14.30) 可以表示为

$$DN = int[A_1 G \int_0^T \int_{\lambda_1}^{\lambda_2} S_1(\lambda)L(\lambda)d\lambda dt + B_1 G + C] \tag{14.31}$$

$S_1(\lambda)$ 表征的是成像系统的电光学特性，称为成像系统的光谱响应函数。特定地物的反射光具有特定的波长，从而利用实验室标定的成像系统光谱响应函数的曲线就可求解其具体数值。同时考虑在成像积分时间 T 内入瞳辐亮度不随时间变化，则式 (14.31) 可以改写为

$$DN = int[A_2 GTL + B_1 G + C] \tag{14.32}$$

其中 $A_2 = A_1 \int_{\lambda_1}^{\lambda_2} S_1(\lambda)d\lambda$ ， $L = \int_{\lambda_1}^{\lambda_2} L(\lambda)d\lambda$ 。

式 (14.32) 的取整运算不是初等函数，仍然不便于使用。由于取整运算内部是一个多元函数表达，因此，可以采用多项式拟合来表达成像系统输出图像像素值 DN 与成像系统积分时间 T、电子学增益 G 和外界输入入瞳辐亮度之间的数学关系：

$$DN = aTGL + b \tag{14.33}$$

在定量遥感应用中，首先要根据影像的 DN 值计算入瞳辐亮度进而求解地物的光谱反射率等参量，因此对式 (14.33) 变形得

$$L = \frac{1}{aTG}DN - \frac{b}{aTG} \tag{14.34}$$

其中 aTG 、b 分别为模型拟合系数，对应 A_2 和 B_1G+C，L 为入瞳辐亮度。

在黑箱地物校正模型中

$$L = \frac{1}{k}DN - \frac{g}{k} \tag{14.35}$$

对比式 (14.34) 和式 (14.35) 得，地物校正模型的拟合参数 k 和 g 与光学成像系统的电光参数密切相关，分别对应真实拟合系数 aTG 和 b。可以通过调整光电参数 $(T、G)$ 来连续改变 k 和 g 值，当 k 接近 1、g 接近 0 时达到最佳观测效果，此时，影像 DN 值逼近地物真值 L。

14.3　影像成像辐射精度的相关要素

14.2 节提出了成像模型物理参数分解，其不但受到大气条件的约束，还受到成像区域，以及传感器成像姿态和成像仪器参数的影响，本书将在这一小节对传感器其他影响参数进行进一步分析。

14.3.1 成像几何中成像区域计算误差

在针孔成像模型下，成像系统的承影面上每个像素对应于地表的一块成像区域，这块区域在成像系统观测方向上反射的太阳辐射是该像素接收能量的主要来源。因此，成像系统几何对应关系对成像系统接收的能量有着重要的影响。当成像系统处于倾斜摄影时，如图 14.8 所示，成像区域与像素尺寸之间的几何关系将变得十分复杂。

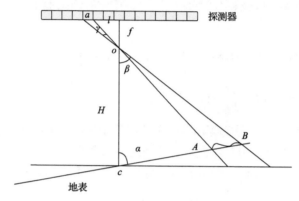

图 14.8　倾斜摄影时物像之间的几何对应关系

设成像系统的光轴与地面的交角为 α，成像系统的等效焦距为 f，航高为 H，像素的尺寸为 a 且距主点的距离为 l，此时该像素所对应的地面成像区域的尺寸可以表示为

$$
\begin{aligned}
AB = CB - CA &= \frac{H}{\sin(\alpha+\beta)}\sin\beta - \frac{H}{\sin(\alpha+\beta-\gamma)}\sin(\beta-\gamma) \\
&= H\left[\frac{a+l}{f\sin\alpha+(a+l)\cos\alpha} \right. \\
&\left. - \frac{l(l^2+al+f^2+fa)}{f(f^2+l^2)\sin\alpha+(a+l)(f^2+l^2)\cos\alpha-a(f-l)\left[f\cos\alpha-(a+l)\sin\alpha\right]} \right]
\end{aligned}
\tag{14.36}
$$

对于有地形起伏的区域，像素所对应的成像区域是一个曲面，成像区域的计算十分困难，L 与航高 H 无关这一普遍的结论将不再成立。地形起伏对成像系统接收到的入瞳辐亮度的影响目前还没有一个有效的处理方法。

单个像素所对应的地面成像区域的尺寸不但与成像系统的行高 H、等效焦距为 f、像素的尺寸 a 有关，还与观测高度角 α、像素离像主点距离 l 有关，即像面上不同位置的像素所对应的地表成像区域大小也不相同，这也是倾斜摄影时离像主点距离越远的像素的几何分辨率越低的原因。然而，在倾斜摄影下，每个像素所对应的成像区域的面积仍然与 H^2 成正比，因此根据入瞳辐亮度的定义，通过计算可以发现，辐亮度 L 与航高 H 无关这一结论仍然成立。但是对于有地形起伏的区域，像素所对应的成像区域是一个曲面，成像区域的计算十分困难，L 与航高 H 无关这一普遍的结论将不再成立。地形起伏对成像系统接收到的入瞳辐亮度的影响目前还没有一个有效的处理方法。从成像系统输出像素值 DN

的表达式(14.26)可以看出，物像几何对应关系对 DN 值的影响主要体现在分子$(a/f)2$ 上，成像区域的面积越大，反射到入瞳处的能量越多，成像系统输出的像素值 DN 越大。但是在倾斜摄影时或地面有起伏的情况下，$(a/f)2$ 将被更复杂的关系取代。此时，光学遥感成像系统的每个像素所对应的地表成像区域将不再相同，每个像素输出的 DN 值与入瞳辐亮度 L 的关系也不再相同，使用同一个辐射定标关系根据 DN 值反演入瞳辐亮度将会带来较大误差，这一点对于低几何分辨率的光学遥感成像系统尤为突出。当然，这里还没有考虑到地物反射的方向性。如果要考虑地物反射的方向性，辐射定标关系将更加复杂。然而，目前几乎所有的遥感应用在进行地物参量反演时对整幅遥感影像都采用同一个辐射定标模型，没有考虑到物像对应关系的不同所导致的像素间的差异性，这也是造成地物反演精度不高的一个重要原因。在不同的成像姿态下，针对每个像素构建一个独立的辐射定标模型将是提高地物反演精度的一条途径，同时，这也是极为不易的一项工作。

14.3.2　光学部件的透过率影响分析

光学成像系统的光学器件在进行物像变换的同时也对被其反射和折射的光吸收和衰减，这种衰减作用与光波的波长有关。为了增加入射光波的透过率，减少光学器件的反射和散射而导致的杂散光对成像质量的影响，通常会对光学器件的表面进行镀膜处理，而镀膜的厚度和所使用的材料由光学成像系统工作的波段决定。镀膜之后光学部件的透过率可以从 70% 提升至 90% 以上。因此，本书使用透过率 $\tau(\lambda)$ 来代表光学成像部件对入射光能量的衰减作用，并假设成像部件不同区域对入射光的衰减相同。然而，即使假设成像系统光学部件的不同位置具有相同的透过率，相同能量的光在不同入射角的情况下，成像系统像面上接收的能量也不相同，而是呈中心对称分布，如图 14.9 所示。轴上像点与以 ω 角入射的轴外像点在成像面上的照度存在如下关系：

$$E = E_0 \cos^4 \theta \tag{14.37}$$

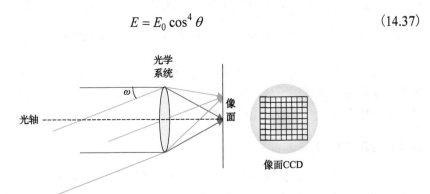

图 14.9　不同入射角情况下引起的像面照度不均情况

式中，E_0 为轴上像点的照度；E 为以 ω 角入射的轴外像点的照度。像面上照度不均的现象虽然不是光学部件的透过率引起的，但是它在表观上相当于光学部件在不同区域的透过率不同。因此，在使用单一透过率表征成像系统光学部件对入射光能的衰减时，需要对像面照度不均的现象进行辐射纠正。

噪声是每个信号处理系统普遍存在的问题。在光学遥感成像系统中，噪声的来源和形式各不相同。在光电转换的过程中，包含散粒噪声、电子-空穴对的产生-复合噪声、热噪声等，这些噪声都包含于 n_c 中。在电信号的处理过程中，存在电荷转移噪声、复位噪声、放大器噪声、热噪声等，这些噪声都包含于 n_g 中。由于这些噪声与成像系统的光电器件和处理电路的结构及性能直接相关，这里未给出这些噪声的具体分布形式。通常情况下，这些噪声分布的具体形式都是与时间无关的。但是需要指出的是，部分噪声会受到器件工作温度的影响，如热噪声、电子-空穴的产生-复合噪声等。随着系统工作温度的升高，这些噪声的幅值也会升高。因此，为了有效控制成像系统噪声的幅值，通常要求成像系统工作在较低的温度下。航天平台上通常都具有温度控制系统，从而使成像系统工作在一定的温度范围内。另外，需要指出的是，从对光学遥感成像系统电信号处理过程的介绍可以看出，光电转换过程中产生的系统噪声 n_c 与有效信号一起被放大。因此，当成像系统工作于不同的增益条件下时，光电转换过程产生的噪声最终带来的效果也将不同。而且当放大电路的增益不同时，放大器的噪声幅值本身也会发生相应的改变，这两项噪声幅度的改变最终会导致系统输出总噪声的改变。

光学遥感成像系统输出数字化遥感影像时需要对前端模拟信号进行量化。量化过程是一个非线性过程，在这个过程中将产生量化误差。在采用四舍五入进行量化截断时，它对应于 DN 值±1 的改变。当采用其他量化截断算法时，该量化误差还有其他的表示形式。由于本书主要是对辐射定标模型进行讨论，针对具体的光学遥感成像系统还需要根据成像系统所采用的模数模块确定其量化误差的具体形式。这一误差是所有数字成像系统普遍存在的系统误差，在使用像素值 DN 进行地物参量反演时，该误差也不能消除，而是通过模型系数反映到入瞳辐亮度的计算中，进而影响地物参量的反演精度。而现行的遥感影像像素值 DN 的数据拟合模型都无法表达出这一误差，因此使用数据拟合模型进行地物参量反演时，反演的精度难以评价，这也是现行数据拟合模型存在的核心问题。

14.4 传感器最优成像控制

通过 14.1～14.3 小节对遥感成像定标分解模型理论的阐述，本节主要介绍成像定标分解模型理论应用到遥感成像中的具体方法，即传感器最优成像控制原理，这一方向也是未来成像定标分解模型理论的主要发展与应用方向。

14.4.1 实验相机的基本参数

本书构建的光学遥感地面仿真成像系统的成像设备采用 UDM274 全色相机。相机采用 Sony Super HAD CCD，芯片型号为 ICX274AQF，芯片尺寸为 1/1.8in[①]，单个像素尺寸为 4.4μm×4.4μm，有效像素个数为 1628×1236，其光谱响应范围为 400～1100nm。相机的镜头采用 AZURE-2514MM 镜头，焦距 25mm，镜头 F 值 1.4～32。该款镜头的 MTF 曲线如图 14.10 所示。

---

① 1in=2.54cm。

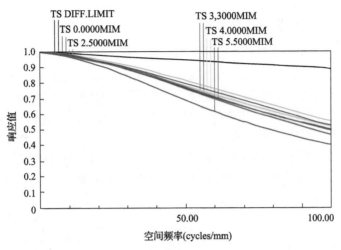

图 14.10　AZURE-2514MM 镜头的 MTF 曲线

14.4.2　相机的光谱响应函数标定

要实现对全色相机的辐射定标模型的实验室标定，首先要对其光谱响应函数进行标定。国家气象局内设的中国遥感卫星辐射校正场，使用美国的 Acton Research Corporation 的 2300i 单色仪作为单色光源，对 UDM274 全色相机进行光谱定标。在光谱定标前，首先使用 FEL 标准灯对单色仪的输出波长误差进行标定，发现单色仪的输出波长误差为 3.53nm。这一输出误差将在最后的计算结果中予以纠正。实验过程中，设定单色仪输出波长从 330nm 开始，以 50nm/min 的速度增加至 1100nm，同时使相机处于自动触发状态采集单色仪输出的图像，并精确记录每幅图像的采集时间，从而根据单色仪输出波长的变化率换算出采集该幅影像时单色仪的输出波长。实验中，在单色仪输出 550nm 波长时，相机采集到单色仪输出孔径的图像，如图 14.11(a) 所示。假设相机各个像素的光谱响应相同，使用该曲线代表整个相机所有像素的光谱响应曲线，如图 14.11(b) 所示。

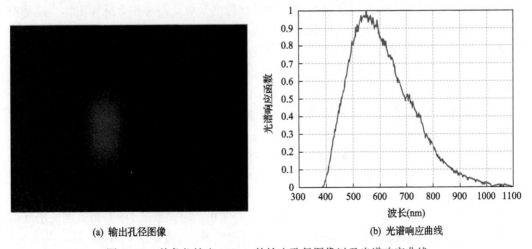

(a) 输出孔径图像　　　　　　　　　　　　(b) 光谱响应曲线

图 14.11　单色仪输出 550nm 的输出孔径图像以及光谱响应曲线

14.4.3　相机辐射定标模型参数的标定

在获得了全色相机的光谱响应曲线之后，进行辐射定标时就可以使用该光谱响应曲线计算等效入瞳辐亮度。国家气象局内设的中国遥感卫星辐射校正场次级定标实验室所使用的辐射定标积分球由中国科学院安徽光学精密机械研究所研制。该积分球的直径为 1.0m，内部有 12 盏标准灯对称分布。本书将该积分球作为标准辐射源，如图 14.12 所示。为了使其能够输出稳定的辐亮度，在实验开始前，首先打开电源使其稳定工作半小时。然后使用已经在中国计量科学院标定后的光谱辐照度计对积分球输出的辐亮度进行测量。为了使积分球输出具有较好的朗伯性，12 盏灯两两对称工作，共能输出 6 个辐亮度等级。

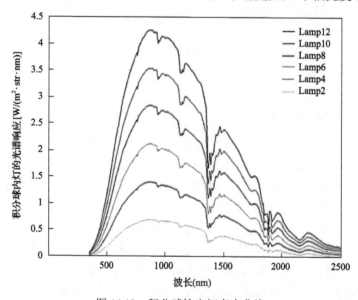

图 14.12　积分球输出辐亮度曲线

由于实验室定标过程中积分球输出孔径与相机入瞳距离很近，相机极易饱和，因此只能在积分球输出辐亮度等级较低的情况下进行数据采集，而在积分球输出辐亮度等级较高时，相机完全饱和，采集到的数据无效。因此，在后续的数据处理中，需要舍弃这些饱和的图像，而采用非饱和状态下的测量值对相机进行标定。在积分球最低输出等级时，设置 VGA（video graphics array）寄存器值为 104，设置相机的积分时间不断增加，采集一系列的图像。由于积分球的输出孔径能够完全覆盖相机的整个视场，因此，统计全图所有像素值的均值作为相机的输出 DN 值。实验中得到积分时间与图像 DN 值之间的对应关系，对测量结果（measurements）进行线性拟合（line fit）得到的结果如图 14.13 所示。

从拟合的结果看，相机输出像素值 DN 与积分时间呈线性关系，采用线性拟合得到的可决系数 R^2=0.9995，说明相机输出 DN 与积分时间线性拟合关系较好。在相同的情况下，设置相机的积分时间为 10.67ms，改变相机可变增益放大器 VGA 的 10 位数字寄存器的值，采集到一系列的图像。同样使用全图像素均值作为相机输出像素值 DN，得到图像 DN 值与 VGA 寄存器值（VGA register number）之间的对应关系，对测量结果（measurements）进行曲线拟合（curve fit），得到图像 DN 值与 VGA 寄存器值之间的关系如图 14.14 所示。

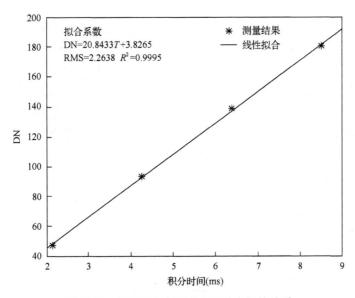

图 14.13　积分时间与图像 DN 值之间的关系

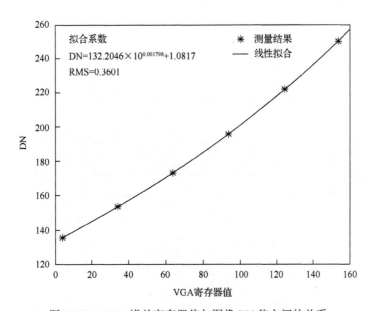

图 14.14　VGA 增益寄存器值与图像 DN 值之间的关系

从图 14.14 的拟合结果可以看出，相机输出 DN 值与 VGA 寄存器值存在较好的指数关系，拟合残差 RMS 为 0.3601。这也说明 VGA 的放大特性比较稳定，同时可以得到相机的辐射定标模型参数如下：

$$DN = 0.1341TL \times 10^{0.00179b} + 1.7879 \times 10^{0.00179b} + 1.0817 \qquad (14.38)$$

积分时间和电子学增益对于光学遥感成像系统获取的遥感影像的质量具有重要影响：增加积分时间可以有效地提升获取图像的信噪比和辐射分辨率，而在相同的情况下，增加电子学增益对图像质量的提升不如增加积分时间效果好。因此，在条件允许的情况下，应该优先增加积分时间，其次再增加电子学增益。这也是本书提出的自适应成像模型成像系统参数调整的基本策略。自适应成像模型是建立在对入瞳辐亮度估计之上的成像系统积分时间和增益的调整方法。为了验证该自适应成像模型的成像效果，本书基于构建的地面仿真成像系统获取影像，通过对影像分析获得最大入瞳辐亮度，然后再根据辐射定标系统参量分解模型调整求解成像系统的积分时间和电子学增益，在此基础上设置成像系统的两个参数获取影像，最后通过对获取图像的质量评价来分析自适应成像的效果，定标过程如图 14.15 所示。

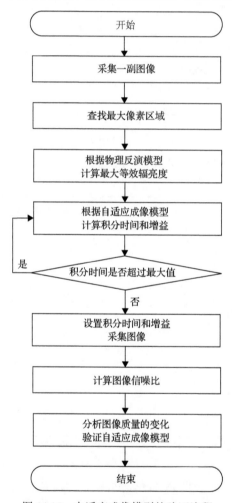

图 14.15　自适应成像模型的验证流程

在实际的航天遥感成像过程中，由于成像系统与地面目标之间存在相对运动，为了减少运动模糊造成的图像质量下降，成像系统的积分时间是固定值，或具有很小的范围。在地面仿真成像过程中，参考 BJ-1 号小卫星多光谱载荷积分时间的调整范围(6.4～4799.2μs)，设置地面仿真成像系统的参数调整范围。由于该调整范围远小于实验室标定得到的成像系统最大积分时间，而且由于实际成像时入瞳辐亮度远小于室内标定时所用积分球的输出辐亮度，因此，在实际成像过程中，要求积分时间小于最大积分时间的约束是一个无效约束，只采用成像系统辐射定标系统参量分解模型中积分时间、电子学增益、等效入瞳辐亮度的约束进行参数调整。

在实际的室外成像过程中，由于相机的动态范围很小，图像基本处于饱和状态，只能采取将相机镜头的光圈关至最小，同时以很小的积分时间和电子学增益获取影像，无法采用本书提出的自适应成像模型获取影像。为了初步验证调整积分时间和电子学增益对图像质量的影响，本书使用手动的方法调整成像系统的积分时间和电子学增益，从而得到一系列地物影像，如图 14.16 所示，它们对应的直方图如图 14.17 所示。

图 14.16   增加积分时间和减小增益获得的影像

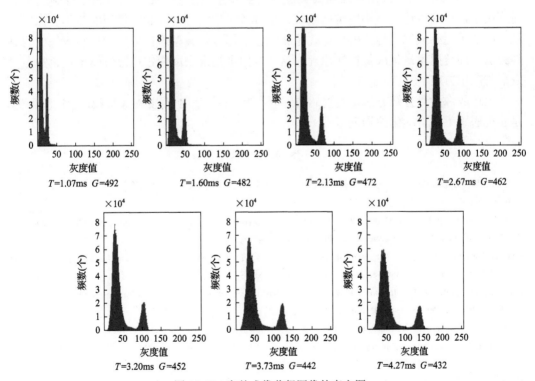

图 14.17   室外成像获得图像的直方图

随着积分时间的增加和电子学增益的减少，成像系统获取的影像直方图越来越平滑，并逐渐向高亮度区域扩展。这说明图像中像素的取值分布逐渐展开，地物的细节信息逐渐突出，图像的质量有所提升。

综合上面的室外实验数据分析结果可以看出，随着积分时间的增加，图像的细节信息逐渐凸现，图像质量逐渐提高，而电子学增益的降低对图像的影响不大。再结合增益对图像质量的影响分析可以看出，如果成像系统的增益增加，图像质量还会进一步提高，数据的分析结果也初步验证了自适应成像模型的正确性。

14.5　本　章　小　结

本章是遥感定量基础的首章。主要介绍了如下的内容：

（1）构建光学遥感成像系统辐射定标系统参量分解模型，充分表达成像系统参数对遥感影像质量的影响。提出了基于光学遥感辐射定标系统参量分解模型的自适应成像模型，实现外界输入与系统参数的动态匹配，提升成像系统获取的遥感影像的质量的目的。

（2）通过对光学遥感成像过程的深入分析和建模，在严格数学推导的基础上实现了对光学遥感成像系统辐射定标模型的系统参量分解，建立了完全由成像系统光学参量、电子学参量表达的成像系统输出像素值 DN 的完整表达式。详细分析了该辐射定标系统参量分解模型的精度、误差来源、系统参数对成像质量的影响。

（3）针对实际的成像系统还需要通过标定实验建立模型参数与实际系统参数之间的对应关系，详细讨论了该辐射定标系统参量分解模型的标定内涵、模型的简化和标定方法并阐述了遥感成像定标分解模型理论和成像定标分解模型理论应用到遥感成像中的具体方法，即传感器最优成像控制原理。这一方向也是未来成像定标分解模型理论的主要发展与应用方向。

上述成像参量分解方法，是遥感贯通天（观测手段）-地（观测对象）孤岛的根本手段，是实现遥感手段自动化的物理基础。

参 考 文 献

王明志. 2014. 光学遥感辐射定标模型的系统参量分解与成像控制. 北京: 北京大学博士学位论文.

赵凯华, 钟锡华. 2017. 光学. 北京: 北京大学出版社.

Barnes R A, Barnes W L, Lyu C H, et al. 2000. An overview of the visible and infrared scanner radiometric calibration algorithm. Journal of Atmospheric and Oceanic Technology, 17 (4): 395-405.

Chander G, Markham B L, Helder D L. 2009. Summary of current radiometric calibration coefficients for Landsat MSS, TM, ETM+, and EO-1 ALI sensors. Remote Sensing of Environment, 113 (5): 893-903.

Danielson G E, Kupferman P N, Johnson T V, et al. 1981. Radiometric performance of the Voyager cameras. Journal of Geophysical Research: Space Physics, 86 (A10): 8683-8689.

Slater P N. 1985. Kadiometric considerations in remote sensing. Proceedings of the IEEE, 73 (6): 997-1011.

Thome K J. 2001. Absolute radiometric calibration of landsat 7 ETMt Nsing the reflectance-based method. Remote Sensing of Environment, 78 (1): 27-38.

Vermote E, Kaufman Y J. 1995. Absolute calibration of AVHRR visible and near-infrared channels using ocean and cloud views. International Journal of Remote Sensing, 16 (13): 2317-2340.

第 15 章　空间–光谱–辐射分辨率贯通的定标理论

本章为定标理论与方法的第二个特性：空间–光谱–辐射分辨率贯通的定标理论，在第 14 章定标模型系统参量分解的基础上实现遥感载荷的外场光谱定标和绝对辐射定标，同时，建立空间–光谱–辐射参量数学模型并进行贯通定标。

15.1　亚纳米级外场光谱定标

15.1.1　亚纳米级外场光谱定标理论框架

高光谱分辨率的遥感数据可以更好地对大气吸收特征波段(如 760nm 氧气吸收，940nm 水汽吸收)和太阳夫琅和费线(430nm、484nm、520nm、656nm、853nm)进行光谱采样刻画吸收特征，从而为反演传感器的中心波长和带宽提供依据。本书研究的成像光谱仪平均采样间隔为 4.94nm，在主要大气吸收波段有足够的光谱采样来表征吸收特征。高光谱传感器对中心波长与半波宽度变化比较敏感，尤其在大气吸收波段周围，光谱参数的变化会在光谱辐亮度测量和反射率反演中明显体现，针对特定的特征吸收波段，这种影响是可以定量化分析的，从而为利用吸收波段反演高光谱参数提供了可能。

原则上来说，在辐射定标前，探测元辐射特性及其差异是未知的，这也是光谱定标精度不高的重要原因之一。为了达到高精度的外场光谱定标，本书提出了特征吸收法光谱定标模型，如图 15.1 所示。

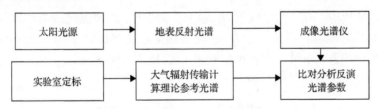

图 15.1　特征吸收法光谱定标模型示意图

由太阳光源发出的光和地表反射的光经过大气作用进入成像光谱仪，根据相关参数，通过辐射传输计算获取精细的理论参考光谱与实际数据对比分析进行光谱定标测量。特征吸收法的基本数学模型如式(15.1)所示：

$$\rho_{i,j}^{t} = \int \rho_{i,j}^{r}(\lambda) f_{i,j}(\lambda, \mathrm{FWHM}) \mathrm{d}\lambda \tag{15.1}$$

式中，ρ 为反射率，下标 i 和 j 表示第 j 成像位置的 i 光谱通道，上标 t、r 分别表示成像光谱仪实测数据和高分辨率参考数据；λ 和 FWHM 分别为通道中心波长和带宽；$f_{i,j}(\lambda, \mathrm{FWHM})$ 为成像光谱仪的归一化光谱响应函数，采用高斯函数等模型表征或根据实验室检测结果以经验模型表征。

  该模型的物理意义是地表物体反射率光谱一般都比较平滑，当成像光谱仪的通道中心波长或带宽存在偏差时，成像光谱仪光谱通道获得的辐亮度对大气吸收波段的吸收特征刻画与理论状态存在可量测差异，经过大气校正后，反演得到的反射率曲线在大气吸收波段会产生突变。成像光谱仪中心波长的偏移或带宽的变化所引起的光谱测量与反演误差可以通过比较成像光谱仪实测光谱值与理论参考光谱值获得。辐射测量值误差与中心波长偏移量和带宽变化量存在函数关系，且随着二者绝对值的增大而增大，当二者为 0 时，辐射测量值误差也为 0。因此，从理论上讲，当中心波长和带宽接近于理想值时，反演结果与参考光谱的差值应当最小。反过来讲，当反演结果与参考光谱的差值最小时，中心波长和带宽接近于理想值。以 $\lambda_c(i)$ 表示实验室定标结果给定的初始中心波长，将中心波长偏移量 $\Delta\lambda$ 和带宽变化量 ΔFWHM 代入式(15.1)后得到光谱响应函数：

$$f(\lambda) = \exp\left\{ -\left[\frac{\lambda - [\lambda c(i) + \Delta\lambda]}{(\mathrm{FWHM}_i + \Delta\mathrm{FWHM})/2\sqrt{\ln 2}} \right]^2 \right\} \tag{15.2}$$

  将式(15.2)代入式(15.1)得到第 j 成像位置的 i 光谱通道卷积到传感器光谱分辨率之后的参考光谱，表示为 $\rho_{i,j}^{rc}$。当 $\Delta\lambda$ 和 ΔFWHM 取不同值时，$\rho_{i,j}^{rc}$ 为 $\Delta\lambda$ 和 ΔFWHM 的二元函数。求式(15.1)两边的差，即可计算得到相应成像位置和光谱通道处的成像仪数据和参考数据的差异。为了充分利用高光谱数据对光谱吸收波段进行刻画，选取吸收谷所包括的光谱区间$[n_1, n_2]$，对区间内的各个波段计算成像仪数据和参考数据的差，并求各个差的平方和 Δ^2：

$$\Delta^2(\Delta\lambda, \Delta\mathrm{FWHM}) = \sum_{i=n_1}^{n_2} [\rho_{i,j}^{rc}(\Delta\lambda, \Delta\mathrm{FWHM}) - \rho_{i,j}^{t}]^2 \tag{15.3}$$

式中，$\Delta\lambda$ 和 ΔFWHM 的二元函数 Δ^2 为反演成像仪第 j 成像位置的 i 光谱通道中心波长和带宽的二维代价函数。其中，一维是 $\Delta\lambda$ 的函数，而另一维是 ΔFWHM 的函数。该模型计算的结果为矩阵，通过搜索最小值求解。式(15.4)中搜索求最小值函数 $f_{\min}$ 返回值为第 j 成像位置处中心波长偏移量 $\Delta\lambda_{i,j}$ 和带宽变化量 ΔFWHM$_{i,j}$。

$$[\Delta\lambda_{i,j}, \Delta\mathrm{FWHM}_{i,j}] = f_{\min}[\Delta^2(\Delta\lambda, \Delta\mathrm{FWHM})] \tag{15.4}$$

  图 15.2 为模型的模拟结算结果，在最低点处所对应的中心波长和带宽值即最终反演结果。将该模型应用到空间方向的各个成像位置，即可得到全视场内的中心波长偏移和带宽的变化值。

  根据光栅型色散模型原理及实验定标分析，相机色散较好地符合线性规律，中心波长偏移不影响色散关系，而仅仅产生常数的波长飘移，因此相同空间位置的各个光谱通道波长偏移量是一样的，即 CCD 探测器面阵上的光谱波长为

$$\lambda_{i,j} = \lambda_{0,j} + k_j \cdot i \tag{15.5}$$

式中，i 为光谱通道数；j 为空间像元数。飞行过程中 $\lambda_{0,j}$ 可能发生变化，而 k_j 并不发生变化，因此在某一个波长位置检测出了偏移量，即可对所有光谱通道的中心波长进行校正。

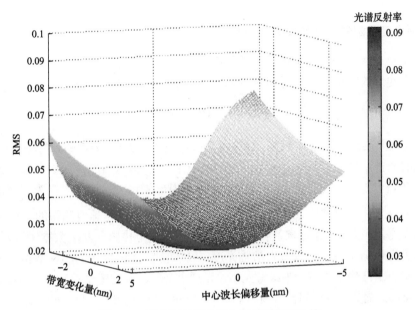

图 15.2　辐亮度匹配光谱定标模型模拟计算

光谱定标后的波长漂移量为

$$\lambda_{0,j}^{\text{new}} = \lambda_{0,j}^{\text{old}} + \lambda_{0,j}' \tag{15.6}$$

CCD 面阵的光谱波长位置方程为

$$\lambda_{i,j} = \lambda_{0,j}^{\text{new}} + k_j \cdot i \tag{15.7}$$

代入式 (15.7) 得到其他波段的波长位置。

　　基于以上基本理论模型，提出了两种方法，以实现亚纳米级的精细光谱参数反演。首先，利用大气吸收特征建立高分辨率遥感成像光谱仪外场光谱定标的辐亮度匹配模型和反射率匹配模型；其次，提出利用光谱吸收特性的地面靶标进行外场光谱定标的方法。在大气吸收特征的基础上，分别研究了利用辐亮度匹配方法和反射率反演匹配方法。基于靶标地面定标的研究中，融合了辐亮度匹配方法和反射率反演匹配方法的思想，通过反射率匹配进行光谱定标。两种方法的关系如图 15.3 所示。

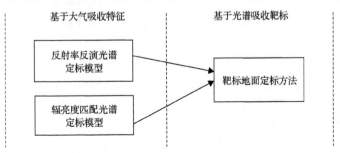

图 15.3　光谱定标方法关系图

15.1.2 辐亮度匹配光谱参数反演模型研究

在可见光-近红外波段，地球本身的辐射可以忽略，所以只用考虑太阳光的辐射传输。假定地面为均一的朗伯体，遥感器接受的入瞳辐射亮度可以表达为

$$L_S = L_g T(\theta_v) + L_d \tag{15.8}$$

式中，L_g 为地面接收到的辐射亮度；L_d 为程辐射；$T(\theta_v)$ 为观测方向的大气辐射总透过率。

程辐射的贡献较小，且变化平稳，无明显峰值，假设不地面反射率在各个波段变化很小，$T(\theta_v)$ 构成大气上行透过率，与 ρ_g 共同作用形成和大气透过率极为相似的表观反射率，在大气气体吸收波段表现出很明显的吸收特征。由于传感器测得的 DN 值很容易转换为辐亮度，可以直接通过辐射传输模型计算辐亮度与传感器获取数据进行对比分析。为了得到更为精确和精细的参考光谱辐亮度，气体吸收廓线由 HITRAN 数据库逐线积分得到。MODTRAN 输出的高分辨参考光谱可以通过与待定标传感器的光谱响应函数进行卷积后和成像仪光谱数据进行对比分析。利用辐射亮度进行光谱参数反演的理论模型定义为

$$L_{i,j}^t = \mu \int L_{i,j}^r(\lambda) f_{i,j}(\lambda, \text{FWHM}) d\lambda \tag{15.9}$$

式中，L 为入瞳处辐亮度，下标 i 和 j 表示第 j 成像位置的 i 光谱通道，上标 t 和 r 分别表示高光谱相机实测数据和理论参考数据；μ 为归一化因子；$f_{i,j}(\lambda, \text{FWHM})$ 为高光谱相机的归一化光谱响应函数，采用高斯函数等模型表征。

式 (15.9) 等号右边为卷积到传感器光谱分辨率之后的参考辐亮度光谱，用 $L_{i,j}^{\text{rc}}$ 表示，中心波长偏移量 $\Delta\lambda$ 和带宽偏移量 ΔFWHM 的二维代价函数表示为

$$\Delta^2(\Delta\lambda, \Delta\text{FWHM}) = \sum_{i=n_1}^{n_2} [L_{i,j}^{\text{rc}}(\Delta\lambda, \Delta\text{FWHM}) - L_{i,j}^t]^2 \tag{15.10}$$

式中，n_1 和 n_2 分别为所选特征吸收谱段区间的边界。对二元函数 Δ^2 通过搜索求最小值解 $\Delta\lambda$ 和 ΔFWHM。

根据光栅型色散原理及实验定标分析，成像光谱仪色散较好地符合线性规律，中心波长偏移不影响色散关系，而仅仅产生常数的波长偏移，因此相同空间位置的各个光谱通道波长偏移量是一样的，在某一个波长位置检测出了偏移量，即可对所有光谱通道的中心波长进行校正。

高光谱载荷光谱性能参数受到中心波长和半波宽度二者变化的综合影响。二维代价函数能充分体现这种综合效应，但时间成本非常高。处理时间的过长对于算法的改进和精度的提高以及成果的时效性造成很大的影响。因此，需要对光谱参数反演的算法进行优化和改进。对反演过程中心波长和带宽二者之间的相互影响进行研究发现，中心波长的变化对带宽的反演结果影响非常大，而带宽的偏差对中心波长的反演影响相对较小，尤其是在偏差 0.5nm 以内的影响非常小。

基于以上分析结果，对二维代价函数反演光谱参数的算法进行了优化。首先，对成像光谱仪数据在空间方向上进行等间距稀疏抽样，按照式(15.10)同时反演 $\Delta\lambda$ 和 $\Delta\mathrm{FWHM}$。然后，将反演出的带宽在全视场内进行三次多项式拟合，将拟合的结果作为带宽输入值进行中心波长反演，反演过程与二维反演算法近似，不同之处只是将拟合的带宽结果作为已知量，减少了一维的计算。最后，将定标后的中心波长作为已知量进行带宽的反演。

15.1.3　光谱参数定标的反射率匹配模型

1. 反射率反演光谱定标机理研究

当光谱仪中心波长存在 $\Delta\lambda$ 偏移量时，给定中心波长位置只表示一个初始中心波长位置 λ_0。如果用初始值计算透过率，那么反演出的地表反射率必然在吸收谷附近产生明显的误差。

为了正确地反演反射率，透过率的计算公式应该表示为式(15.11)：

$$T(\theta_v) = T_\uparrow(\lambda_0 + \Delta\lambda) \tag{15.11}$$

地表反射率的计算公式可以表示为式(15.12)：

$$\rho_g = \frac{\pi L_S(\lambda_0)}{T_\uparrow(\lambda_0 + \Delta\lambda)\cdot E} \tag{15.12}$$

令 $\Delta\lambda$ 在某一个区间 $[\delta_1, \delta_2]$ 内取值，当且仅当 $\lambda_0 + \Delta\lambda$ 最接近理想值时，反演的反射率误差最小，吸收波段附近的光谱曲线最平滑。带宽变化也同样会在吸收波段造成类似的反射率反演误差，在此不再赘述。

设 $\rho_{i,j}^t$ 为成像光谱仪获得的第 j 成像位置第 i 波段地表反射率，$\rho_{i,j}^{\mathrm{sth}}$ 为成像光谱仪获得的第 j 成像位置第 i 波段理论参考反射率，这时利用反射率反演进行光谱定标的理论模型可以表示为式(15.13)：

$$\rho_{i,j}^t = \rho_{i,j}^{\mathrm{sth}} \tag{15.13}$$

通过反演反射率的方法计算，中心波长偏移量 $\Delta\lambda$ 和带宽偏移量 $\Delta\mathrm{FWHM}$ 的二维代价函数定义为式(15.14)：

$$\Delta^2(\Delta\lambda, \Delta\mathrm{FWHM}) = \sum_{i=n_1}^{n_2} [\rho_{i,j}^{\mathrm{sth}}(\Delta\lambda, \Delta\mathrm{FWHM}) - \rho_{i,j}^t]^2 \tag{15.14}$$

式中，n_1 和 n_2 分别为所选特征吸收谱段区间的边界。

2. 反射率反演光谱定标方法

反射率反演光谱定标方法是以高光谱传感器测量得到的光谱辐亮度反演的反射率为目标函数，将实际测量的入瞳辐亮度根据辐射传输计算反演得到反射率，由于波长位置漂移，大气吸收带的光谱反射率出现明显的锐利峰，将对此进行平滑处理得到的平滑曲线作为反射率目标函数，而后通过波长位置的移动、带宽的变化和卷积，使得平滑的反射率与未平滑的反射率差值的平方和最小为优化的光谱定标结果。式(15.14)中的 $\rho_{i,j}^{\mathrm{sth}}$ 为成像光谱仪获得的第 j 成像位置平滑后的第 i 波段反射率。该方法紧密结合大气校正的处理过程，当飞行高度的辐亮度已知时，氧气、水汽参数已精确获取，气溶胶光学厚度等相关参数已测量得到，基于场景统计得到的背景与目标的反射率相同，等效于"大面积均匀场"，可反演解出地表反射率，表面光谱反射率不仅与大气特征吸收无关，而且也独立于系统光谱漂移误差。根据已有的先验知识和地面实际测量，地表的反射率一般没有如此锐利变化的反射率光谱，平滑处理没有可察觉的光谱定标精度损失，其精度与辐亮度比对的结果相近。

　　反射率反演法计算的主要流程如图 15.4 所示。

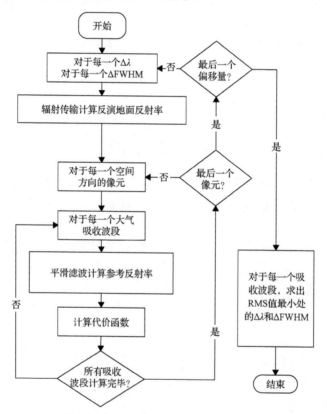

图 15.4　成像光谱仪飞行中反射率反演光谱定标的流程图

15.2　成像光谱仪场地绝对辐射定标

15.2.1　场地绝对辐射定标方法和精度指标提出

1. 场地绝对辐射定标方法

　　目前，遥感传感器场地绝对辐射定标的方法主要有反射率基法、辐亮度基法及辐照度基法。

反射率基法，最早由美国亚利桑那大学光学中心 S. F. Biggar 等提出，其最初研究的目的是对美国发射的陆地卫星搭载的 TM 系列传感器进行辐射定标(Slater et al., 1987)。反射率基法的原理如下：选择大气环境较为干洁的天气，在传感器过境的同时测量地面靶标的反射率、计算大气气溶胶光学厚度，同时获取大气中水汽和臭氧含量。将测量的地面靶标反射率、气溶胶光学厚度、水汽含量及臭氧含量输入辐射传输模型中，即可获得在不同反射率情况下传感器接收到的辐亮度(入瞳辐亮度，又称表观辐亮度)。将进行测量的地面靶标的平均传感器响应与计算得到的入瞳辐亮度进行最小二乘法计算，即可得到传感器定标的增益与偏置，完成传感器的绝对辐射定标。反射率基法的误差主要来源于地表反射率测量误差、大气气溶胶光学厚度测量误差、气溶胶类型误差(Biggar et al., 1990)。目前，国内对星载传感器定标一般采用的是反射率基法，其不确定度可达 7%左右(高海亮等，2010)。

辐照度基法，又称为改进的反射率基法。辐照度基法与反射率基法原理较为近似，但还需要测量漫射与总辐射之比。这样可以避免因气溶胶类型假定误差所带来的不确定度(Biggar et al., 1994, 1990)。

辐亮度基法与前两种方法有较大的不同，它主要是采用一台经过严格标定的辐射计(视场和波段范围与需要标定的传感器一致或类似)，将辐射计置于直升机或者其他飞行器上，在需要标定的传感器过境时同时进行测量。这样可以将辐射计测量到的辐亮度直接用作入瞳辐亮度，从而减少辐射传输计算所带来的误差(Biggar et al., 1994)。但由于该方法实施起来较为困难，因此在国内外研究中应用并不广泛。

采用的无人机成像光谱仪场地绝对辐射定标方法为反射率基法。辐射定标流程如下：飞机过顶时，测量当时的太阳天顶角 θ_0 和传感器的天顶角 θ_v，并求出

$$\begin{cases} \mu_0 = \cos\theta_0 \\ \mu_v = \cos\theta_v \end{cases} \tag{15.15}$$

测量大气环境参量，计算出整层大气光学厚度 τ_0 和目标–传感器的大气光学厚度 τ_v，并根据式(15.16)计算出太阳–目标的大气透射率 T_{θ_0} 和目标–传感器 T_{θ_v}：

$$\begin{cases} T_{\theta_0} = e^{-\tau_0/\mu_0} \\ T_{\theta_v} = e^{-\tau_v/\mu_v} \end{cases} \tag{15.16}$$

1) 飞行同步地表反射率测量

测量光学人工靶标(辐射靶标)和自然靶标的反射率，假定测得地面靶标(大面积且表面均匀)反射率为 ρ。

2) 计算入瞳处表观反射率

航空传感器(无人机搭载载荷)入瞳处表观反射率 $\rho^*(\mu_0, \psi_0; \mu_v, \psi_v)$ 为

$$\rho^*(\mu_0,\psi_0;\mu_\upsilon,\psi_\upsilon) = \rho_a(\lambda) + \frac{\rho}{1-S(\lambda)\cdot\rho}T_{\theta_0}(\lambda)T_{\theta_v}(\lambda) \tag{15.17}$$

式中，$S(\lambda)$ 为大气球面反照率；$\rho_a(\lambda)$ 为大气反射率。

3）计算地物在传感器入瞳处辐亮度

由式（15.18）计算传感器入瞳处辐亮度：

$$L(\theta_0,\psi_0;\theta_\upsilon,\psi_\upsilon) = \frac{\mu_0 E_0 \rho^*}{\pi\cdot d^2} \tag{15.18}$$

式中，d 为日地天文单位距离，取值为 1；E_0 为大气顶部的太阳辐照度；成像时的太阳高度角为 θ_0，$\mu_0 = \cos\theta_0$，根据以上变量即可求出 $L(\theta_0,\psi_0;\theta_\upsilon,\psi_\upsilon)$。

4）计算定标参数

由式（15.19）计算定标的参数：

$$L = \text{gain}\cdot\text{DN} + \text{bias} \tag{15.19}$$

式中，L 为地物在传感器入瞳处的辐亮度；DN 为载荷获取的数字图像上相应区域的像元灰度值，gain 和 bias 分别为图像的增益和偏置，求出辐射定标参数。

5）误差分析

在仪器严格定标、现场测量条件准确控制的情况下，进行误差分析，其中气溶胶光学厚度不确定度、气溶胶类型不确定度、水汽误差引起的不确定度、臭氧误差引起的不确定度、中心波长误差不确定度均由辐射传输模型 MODTRAN 模拟，详见第 6 章。而地表反射率测量所引起的不确定度等比例传递到绝对定标结果中，因此可以直接将地表反射率测量误差作为绝对定标不确定度。其他如模型不确定度及靶标非朗伯性误差则进行经验估计。

2. 场地辐射定标不确定度分析

反射率基法需要精确地测量地表反射率、大气消光系数及其他气象参数。采用辐射传输模型对光在大气中的吸收与散射进行模拟，获取传感器入瞳处的辐亮度。而在此过程中影响成像光谱仪辐射定标不确定度的因素有：消光系数测量误差、气溶胶类型选择误差、臭氧含量误差、水汽含量误差、反射率测量误差、高光谱中心波长误差、靶标非朗伯特性及模型的固有精度误差。值得注意的是，绝对辐射定标的不确定度随着波长的变化而不同。一般来说，由于气溶胶粒子与大气分子散射作用在短波波段作用较为强烈，在短波波段的辐射定标误差要大于长波波段。

场地绝对辐射定标的不确定度是指采用辐射定标系数计算出的入瞳辐亮度与辐射传输计算的真实入瞳处辐亮度之间的差异。假设各项不确定度相互独立，则总的辐射定标不确定度为各误差项带来不确定度均方和开根号，即式（15.20）：

$$\overline{\delta} = \sqrt{{\delta_1}^2 + {\delta_2}^2 + {\delta_3}^2 + {\delta_4}^2 + {\delta_5}^2 + {\delta_6}^2 + {\delta_7}^2} \tag{15.20}$$

式中，${\delta_1}^2$ 为气溶胶光学厚度测量误差贡献项；${\delta_2}^2$ 为气溶胶类型选择误差贡献项；${\delta_3}^2$ 为水汽误差贡献项；${\delta_4}^2$ 为臭氧误差贡献项；${\delta_5}^2$ 为中心波长贡献项；${\delta_6}^2$ 为地表反射率测量贡献项；${\delta_7}^2$ 为模型误差及其他误差贡献项。

15.2.2　地面同步测量与数据计算方法

1. 光学载荷辐射定标地面同步反射率观测

无人机载荷飞行时，地面同步采集各类地物的像元光谱。同步地物光谱采集的目的是为无人机各类光学载荷提供地面像元"真值"，在飞行前首先应按照无人机飞行高度计算载荷地表分辨率，确定光谱测量高度和测量视场角。本次实验采用间接法观测，即分别通过观测参考板和目标的方法计算光谱反射率。根据仪器探头的视场角和观测目标在载荷飞行观测同步，分别对各靶标进行同步光谱测量和相应地表其他相关参数测量及影像参数获取。

卫星观测的光谱辐亮度 $L(\lambda)$ 可表示为

$$L(\lambda) = \frac{1}{\pi} \int_{\lambda_1}^{\lambda_2} E_0(\lambda) \cdot R(\lambda) \cdot [\tau_0(\lambda) \cdot \tau_z(\lambda) \cdot \rho(\lambda) \cdot \cos\theta + r(\lambda)] d\lambda \tag{15.21}$$

式中，$E_0(\lambda)$ 为大气层顶部的太阳光谱辐照度；$R(\lambda)$ 为传感器波段的光谱响应函数；$\tau_0(\lambda)$ 为太阳天顶角为 θ 时的大气光谱透射率；$\tau_z(\lambda)$ 大气在天顶方向的光谱透射率；$\rho(\lambda)$ 为地物的光谱反射率；$r(\lambda)$ 为大气对电磁辐射的散射影响。

为了使辐射定标数据真实可靠，地表反射率测量需要尽可能的准确。实验中为了保证辐射定标准确度，需要制定相关取样方案：对靶标进行采样应采取九宫格法(图 15.5)，即将靶标平均分为 9 块，在每块中心进行一次光谱测量，按虚线路径逐次进行测量，将 9 次测量结果进行平均即该靶标的平均反射率。

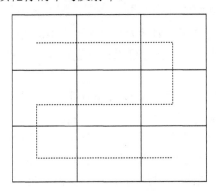

图 15.5　光谱测量方法

本书使用的高光谱影像数据的地面像元尺度是 0.5m×0.5m，不涉及大面积混合像元的问题，同步地物光谱数据及典型地物光谱数据都直接使用 ASD 光谱测量仪测量。本次采集的光谱(350~2500nm)数据近 100 条，涉及靶标场及其周围的主要地物，包括靶标、草地等。

2. 光学载荷辐射定标配套大气参数获取

大气衰减影响遥感反演的精度，对大气影响机制的研究和处理结果直接影响遥感定量化的精度。严格的定量工作必须在获取大量准确观测数据的基础上，建立适宜的算法模式，进行相关性与可靠性分析，计算时空误差场，经反复验证、修改，以达到精度要求。这就需要有完整的配套大气参数数据。

本书的研究中主要涉及的大气参数为大气气溶胶光学厚度测量及水汽含量计算。

气溶胶光学厚度测量在进行靶标反射率光谱测量的同时进行，采用的是 Langley 法进行 550nm 处的气溶胶光学厚度获取。Langley 法假设大气光学厚度由瑞利光学厚度及气溶胶光学厚度共同组成，大气光学厚度与直射到地表的太阳辐照度关系如下：

$$E = E_0 d_s e^{-m\tau} \tag{15.22}$$

式中，E 为到达地面的太阳直射辐照度；E_0 为大气上界太阳辐照度；d_s 为日地距离订正因子；m 为大气光学质量。d_s 可以根据儒历天数计算得出，而 m 则可根据太阳天顶角与大气压计算得出。设地面光度计响应信号(V)与到达地面的辐照度 E 成下正比，即（$E \propto V$），即

$$\text{In}E - \text{In}d_s = \text{In}E_0 - m\tau \tag{15.23}$$

E_0 为常数由定标获得，对测得的 $\text{In}E - \text{In}d_s$ 与大气质量数 m 做散点图，即可得到大气总光学厚度 τ。大气总光学厚度可以近似地认为由瑞利光学厚度和气溶胶光学厚度构成：

$$\tau = \tau_a + \tau_{\text{ray}} \tag{15.24}$$

式中，τ_a 为气溶胶光学厚度；τ_{ray} 为瑞利光学厚度，瑞利光学厚度可以根据当时气压计算得出。由此可得到大气气溶胶光学厚度 τ_a。

测量中水汽含量可以通过实验时所释放的探空气球，根据逐层温度、相对湿度与水汽分压进行逐层积分计算出。臭氧含量可以根据当日美国 OMI 传感器数据进行获取，在此不再叙述。

实验中大气气溶胶测量采用美国 MicroTop II 手持式太阳光度计，测量时间为 8:00~15:00。实验过程中由三台同型号的太阳光度计每隔 5min 交替测量，在飞机过境同时加密测量至 2min，保证气溶胶数据真实有效。本书采用 Langley 法进行气溶胶光学厚度的反演，得出当日过境时大气气溶胶光学厚度约为 0.075。假定气溶胶随高度呈指数衰减，可得地面到传感器的气溶胶光学厚度约为 0.062，其占大气气溶胶的主要部分。因实验场地地处内蒙古包头，假设其大气类型为中纬度冬季，气溶胶模式选为沙漠型。臭氧含量则根据 NASA 的 TOMS 数据确定。大气水汽含量由机场气象站探空测量值确定。

15.3　高光谱载荷飞行定标与指标实现

15.3.1　无人机飞行定标实验数据获取

1. 数据获取范围

飞行中的光谱辐射定标要求地表均匀，景物单一，同时应避免水体等暗目标而导致的图像信噪比下降，同时要避开植被等在太阳夫琅和费线、大气光谱特征吸收波段附近有显著变化的地物，定标场应有足够大的长度和宽度能够覆盖成像光谱仪的全视场和进行图像数据统计，从而提高信噪比。

在地面简要勘查与光谱测量的基础上，根据实验场区成像光谱仪影像，结合高分辨率相机影像及多光谱相机影像，对飞行的实验场区地形地貌、景物特征进行全面深入的了解和分析，选择临近靶标场地势平坦的稀疏草原，植被主要为枯草，将地面较为平坦和均匀光谱的地区作为光谱辐射定标场。

为了验证载荷的性能指标，制定了 0.5m 分辨率数据获取区域，面积约 $18km^2$。

2. 高光谱影像数据获取

2010 年 11 月 14 日，在内蒙古某机场顺利完成首次北方场光学载荷科学实验飞行。本次科学实验无人机平台搭载的光学载荷系统(包括：光电稳定平台、成像光谱仪、大视场光谱相机和面阵相机)于 9:16 平稳起飞，经历了起飞滑跑、起飞离地、爬升、3530m 定高(海拔 3530m、相对高度 2500m)、按试验任务规划方案航线飞行、下降、下滑、着陆滑跑等飞行阶段，于 11:55 安全降落。无人机平台全程采用自主控制模式，空中飞行时间共计 2h39min，航程 315km，获取了 186GB 光学载荷影像数据(图 15.6)。整个飞行过程中无人机平台和地面测控站工作正常，数据流、指令流畅通；试验辅助技术支持系统(高精度 POS 系统、现场完整性检验系统)运行正常；光学载荷系统工作状态良好。

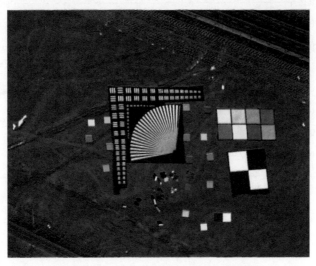

图 15.6　无人机高光谱真彩色合成影像

15.3.2　外场光谱定标的指标实现

1. 超精细光谱辐亮度的计算

将地面测量的大气参数、地物光谱反射率，以及气象参数、时间几何等参数代入辐射传输方程，计算成像光谱仪的入瞳处超精细光谱辐亮度，并将其作为光谱定标的参照标准。输入的参数见表 15.1，计算得到的超精细光谱辐亮度（1cm^{-1} 分辨率）如图 15.7 所示。

表 15.1　MODTRAN 计算的主要输入参数

输入参数名称	参数值
大气模式	中纬度冬季
大气路径类型	斜程 (Slant Path)
运行模式	计算辐亮度
CO_2 含量	390ppm①
海拔	1.03km
传感器高度	3.54km
传感器观测角度	180°(垂直向下)
地表反射率	干草
气溶胶模式	乡村 VIS=23km
波长范围	300～1100nm
光谱采样间隔	1cm^{-1}
半波宽度(FWHM)	1cm^{-1}
目标区经度	108.856°E
目标区纬度	40.635°N
时间(GMT)	2.65(h)

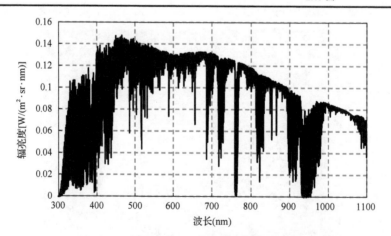

图 15.7　辐射传输计算的超精细光谱辐亮度

---

① 1ppm=1mg/L。

2. 飞行中精细光谱定标结果及精度评价

1) 辐亮度匹配法光谱定标结果

根据实验获取的地面同步测量数据获得了精细的参考光谱,通过传感器的辐射定标系数将成像光谱仪获取的影像转换为辐亮度数据。

通过对光谱定标场统计数据进行分析发现,光谱辐亮度曲线明显的特征谱线主要是氧气 760nm 附近特征吸收线及水汽 940nm 特征吸收线,而水汽 940nm 特征吸收线受温度、压强的变化比较明显,其光谱特征比较分散。氧气 760nm 特征吸收线受温度、压强的影响较小,因此,光谱定标计算选取氧气 760nm 特征吸收线为标准参照光谱。在 2010 年 1 月实验室光谱定标结果的基础上进行了无人机成像光谱仪的飞行光谱定标。

在影像上选择 10 行数据进行反演,求信噪比较高的定标结果,匹配时步长设置为 0.1nm。计算得到在 760nm 氧气吸收峰位置附近,空间方向各像元中心波长的偏移和带宽,如图 15.8 和图 15.9 所示。由于噪声的影响,中心波长偏移量计算结果存在波动。为消除空间像元响应不同引起的条带对检测的影响,可对定标结果进行三次多项式拟合。

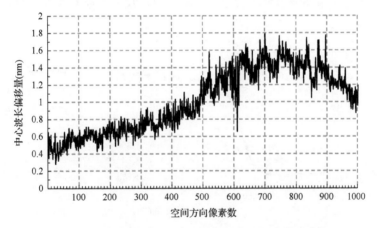

图 15.8　760nm 波段中心波长偏移量随空间方向的变化

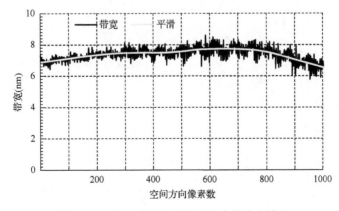

图 15.9　760nm 带宽在空间方向上的分布情况

光谱定标结果显示,飞行中成像光谱仪各通道的中心波长发生了偏移,所有空间像元中心波长都比实验室光谱定标值偏大。光谱通道的带宽在 7nm 左右。

为了评价飞行中光谱定标结果的准确性，本书采用了地面光谱反射率反演评价方法。本次定标在深秋近冬季的纬度较高地区，植被已基本干枯稀少，地面测量的光谱反射率在 760nm 附近未见陡峭峰。飞行光谱定标前后反演得到光谱靶标的反射率分别如图 15.10～图 15.13 所示。可以看出，在飞行中，光谱定标前反演的反射率在 760nm 附近都产生了明显的尖的凸起和凹陷，经过光谱定标后该现象基本消失。

当成像光谱仪的光谱定标不准确时，反演的反射率在气体吸收附近会产生尖的凸起和凹陷。5～7nm 带宽的传感器，0.5nm 的中心波长偏移在氧气 760nm 吸收带，能带来近 5% 的辐亮度测量和反射率反演误差，因此反演得到反射率在氧气 760nm 吸收带的尖的凸起和凹陷已基本消失。除了 H04 靶标的反射在氧吸收波段出现陡变外，其他选择的地物类型和地面验证靶标在该吸收波段附近光谱曲线非常平滑，对定标后的反射率反演结果做平滑处理，得到的平滑光谱反射率曲线作为真值对定标前后的反射率反演结果进行精度评价。精度评价结果显示，以定标前的中心波长反演的反射率在氧吸收波段附近的最大误差为 13%～18%，而定标后的中心波长反演的反射率在氧吸收波段的最大误差为 1.1%～4.8%。图 15.14 和图 15.15 分别为定标后反演反射率误差最大的 H04 靶标和误差

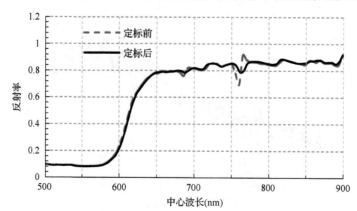

图 15.10　红色靶标(H01)反射率

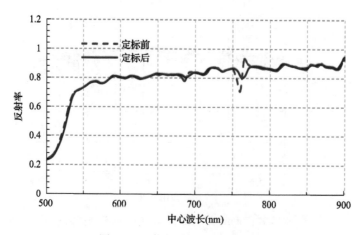

图 15.11　黄色靶标(H02)反射率

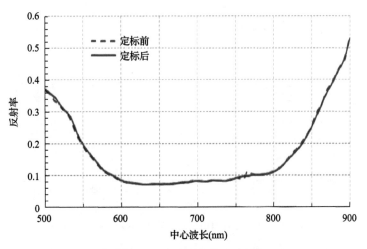

图 15.12　绿色靶标(H03)反射率

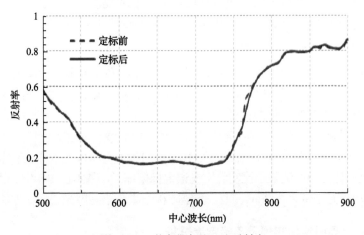

图 15.13　蓝色靶标(H04)反射率

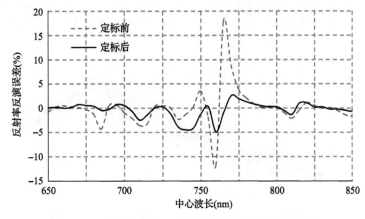

图 15.14　蓝色靶标(H04)氧吸收波段反射率反演误差

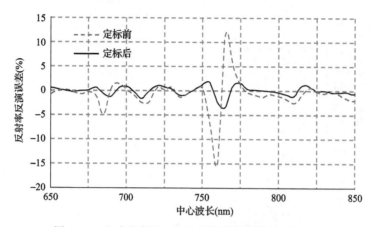

图 15.15　红色靶标(H03)氧吸收波段反射率反演误差

最小的 H03 靶标。图中红色虚线为定标前中心波长反演反射率的误差，黑色实线为定标后中心波长反演反射率的误差。参照定标前后的反射率反演误差对比结果，无人机载成像光谱仪飞行中光谱定标的精度可达 0.1nm，精度普遍优于 0.5nm。

2) 反射率匹配法光谱定标结果

图 15.16 给出了根据室内光谱定标文件检测出的第 75 光谱通道飞行中光谱偏移量随空间方向的变化。图 15.17 给出了第 75 波段室内实验室光谱定标文件与飞行定标校正后光谱波长位置随空间方向变化的比较。

光谱定标结果显示，飞行中成像光谱仪各通道的中心波长发生了偏移，第 1～第 500 空间像元的中心波长偏移平均为 0.65nm，第 501～第 1024 空间像元的中心波长偏移平均为 1.2nm，所有空间像元中心波长都比实验室光谱定标值偏大，基本在实验室光谱定标 1nm 的不确定度范围内。光谱带宽在 7nm 左右。光谱定标结果与辐亮度光谱定标方法的结果一致。

15.3.3　场地绝对辐射定标实现及不确定度分析

无人机高光谱传感器的绝对辐射定标主要采用验证场同步测量的方法实现，即反射率基法。该方法需要在传感器过境时同步测量地面靶标的反射率、大气消光参数及水汽

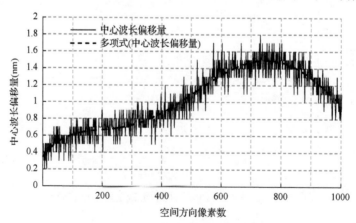

图 15.16　室内检测出的中心波长偏移量

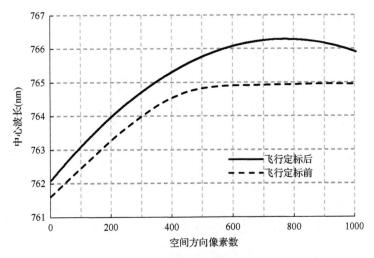

图 15.17 室内定标与飞行定标后中心波长位置比较

臭氧等参数。采用反射率基法对航飞搭载的成像光谱仪进行辐射定标，在获取地面实际测量的靶标反射率、大气气溶胶参数及水汽臭氧参数后，将它们代入辐射传输模型进行计算，得出传感器接收到的入瞳辐亮度。在提取相应靶标 DN 值后，将入瞳辐亮度与图像 DN 值进行线性回归，即可得出每个波段定标系数。考虑到成像光谱仪光谱分辨率约为 7nm，而 6S 模型精度约为 2.5nm，MODTRAN 在该范围内的光谱分辨率约为 0.016～0.1nm，因此辐射定标所用辐射传输模型为 MODTRAN。

1. 地表反射率与大气参数的获取

实际上，对高光谱辐射性能靶标进行光谱测量的仪器为 ASD Field 光谱仪，实验中测得 6 块高光谱性能灰度靶标光谱曲线，如图 15.18 所示。

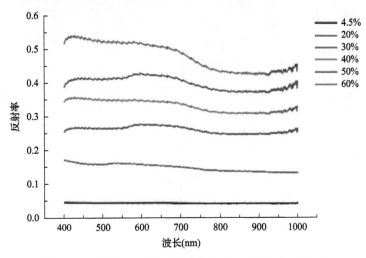

图 15.18 六块高光谱辐射性能灰度靶标同步测量反射率

2. 辐射传输计算

本书采用 MODTRAN 进行在轨绝对辐射定标,其基本原理是假定传感器入瞳处的辐亮度可以表达为式(15.25):

$$\rho^* = \left\{ \left[\rho_a + \frac{\rho_t}{1 - \rho_t S} T(\theta_s) T(\theta_v) \right] \right\} T_g \tag{15.25}$$

式中, ρ^* 为传感器接收的表观反射率; ρ_a 为大气向上反射率; ρ_t 为地表反射率; S 为大气半球反射率; $T(\theta_s)$ 为太阳-地表大气透过率; $T(\theta_v)$ 为地表-传感器大气透过率; T_g 为吸收气体透过率。

表观反射率与表观辐亮度之间的关系可以简单地表达为

$$\rho_i^* = \frac{\pi d_s L_i}{\cos \theta_s E_{si}} \tag{15.26}$$

式中, ρ_i^* 为各波段的表观反射率; d_s 为日地平均距离修正因子,可从天文儒历中查找; L_i 为各波段接收的表观辐亮度; $\cos \theta_s$ 为入射太阳天顶角余弦; E_{si} 为各波段对应的太阳常数。

确定飞机过境时刻的太阳天顶角为 60.47°,太阳方位角为 163.73°,将上述所得结果输入到 MODTRAN 辐射传输模型中,将输出的结果按 7nm 带宽、光谱响应为高斯响应进行卷积,即可得到每个波段接收到的表观辐亮度,从而可得 6 块高光谱辐射性能灰度靶标的表观辐亮度曲线,如图 15.19 所示。

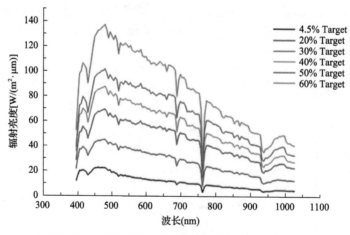

图 15.19　6 块高光谱辐射性能灰度靶标表观辐亮度曲线

3. 辐射定标结果计算

2010 年 11 月 14 日,在北方验证场开展针对无人机光学载荷的辐射定标实验,实现了无人机高光谱相机的场地辐射定标。

确定用于进行高光谱相机辐射定标的 6 块靶标分别为 4.5%、20%、30%、40%、50% 和 60%，分别在这 6 块靶标中心位置提取 30 个以上的像元进行平均。考虑到高光谱相机是由 16 块 CCD 拼接而成的，提取整块中心位置必然会将一些因 CCD 拼接导致的噪声引入定标结果中。本书在提取靶标平均 DN 值之时，避开了 CCD 拼接处的坏线，从而使计算结果更加真实可靠。将每块靶标得出的平均 DN 值与辐射传输计算得到的表观辐亮度进行最小二乘法求解，即可得到全部通道的辐射定标系数。

实验获取了高光谱相机 128 个波段中第 11～第 118 共计 108 个波段的定标系数(含增益和偏置两个参数)。结果显示，定标结果中，图像中 DN 值与实际辐亮度拟合出的定标系数线性相关性很好，均大于 98.5%。该定标结果表明，实验所搭载的高光谱相机线性响应度较好，辐射定标结果理想。

4. 不确定度分析

表 15.2 为计算得到 4 个示例波段的总不确定度。从表 15.2 中可以看出，最大总不确定度小于 6%。

表 15.2　误差分析表　　　　　　　　　　(单位：%)

误差项	第 15 波段	第 32 波段	第 75 波段	第 109 波段
气溶胶消光系数误差	2.24	1.97	1.61	1.25
气溶胶类型误差	1.69	1.51	1.30	1.18
水汽误差	1.34	1.34	1.25	3.98
臭氧误差	1.69	1.51	1.02	0.84
中心波长误差	0.63	0.15	2.85	2.17
地表反射率误差	3	3	3	3
地表朗伯性	1	1	1	1
模型误差	1	1	1	1
总不确定度	4.89	4.61	5.09	5.93

15.4　空间–光谱–辐射参量耦合的物理机理

15.4.1　空间–光谱–辐射参量耦合机理的研究意义

遥感成像仪器是空间对地观测的重要工具，其成像质量的优劣及定量化程度，直接决定了民用领域的推广普及、军用领域的国家安全等国计民生问题。光谱、辐射、空间(几何)定标是解决仪器定量化的基础和前提条件(顾行发等, 2005)。国际上著名的星载、机载遥感成像仪器，以及我国环境(HJ)系列卫星、海洋(HY)系列卫星、资源(ZY)系列卫星，包括 2012 年 1 月 9 日发射的我国第一颗民用测绘卫星——"资源三号"上搭载的遥感成像仪器均需经过严格的光谱、辐射、几何定标，确保数据的真实性和高精度。因此，本书针对定标中亟须解决的新问题开展研究，探索新型定标方法和理论模型，提升我国在遥感成像仪器定标领域的基础研究能力。

按照实施过程，光谱、辐射、几何定标又可分为实验室定标和外场定标。外场定标是在地面布设特殊标志物，通过地面实测数据与影像数据对比，对仪器性能进行评估。与室内定标相比，外场定标能够更加准确地反映仪器获取影像时的真实状态，但也存在特殊的复杂性与不确定性，其不确定度是室内定标的数倍，甚至高一个数量级。其根本原因概括为以下 4 个方面。

（1）"光谱漂移、辐射失真、几何变形"三种作用耦合导致定标不确定性增大。

与实验室"严格控制其他变量、测量目标变量"的优越条件相比，外场定标获取的畸变影像是成像仪器"光谱漂移、辐射失真、几何变形"三种作用耦合的结果，因此通过畸变影像，将三种作用的影响分别量化，在数学上属于病态问题，其解几乎不可能准确，存在较大的不确定性。

研究发现，光谱漂移对辐射定标影响明显——0.5nm 的中心波长偏移会引起明显的辐射测量值相对误差，0.5nm 的带宽改变也同样会引起可量测的误差；辐射定标对光谱定标影响显著——辐射定标前后中心波长的计算结果差别在 0.1nm 左右，带宽的差别在 0.2nm 左右（Gou et al., 2011a, 2011b）。几何分辨率检测中，使用 MTF 作为评价指标，如果相对辐射定标不准确，探测元的非均匀性将引起像元间产生对比度的误差，从而对图像的 MTF 产生影响。此外，影像几何变形将严重扭曲传感器接收到的辐射信号，从而影响绝对辐射定标的真值判断。

（2）室内定标环境与真实飞行环境差异带来的病态初值。

无论国际和国内，外场绝对辐射定标精度在很大程度上依赖于仪器的室内定标结果，绝对辐射定标所需的光谱参量：中心波长、带宽、光谱响应函数要靠实验室的光谱定标获得，CCD 像元响应的不一致性要靠实验室的相对辐射定标获得。但关键问题在于：仪器在运输、装调中的振动，以及真实飞行环境与实验室定标环境的巨大差异（如海拔每升高 1km，温度降低 6℃），都将改变仪器的出厂性能，如果仍然以室内定标结果作为理想初值，势必为后续解算带来病态的初始条件，使定标的不确定度大大增加。

（3）经典的外场绝对辐射定标模型——经验线性法存在误差。

在外场绝对辐射定标理论模型方面，1987 年美国亚利桑那大学光学科学中心遥感组 Slater 教授为首的研究团队提出的"替代定标"方法（Slater et al., 1987），被国际公认为"标准"方法沿用至今。经过几十年的发展，模型存在的问题也逐渐凸显。例如，解求绝对辐射定标系数这一关键步骤采用经验线性法，经课题组多年研究发现，在样本点足够多的情况下，模型趋于高阶"S"形曲线，采用一阶线性简化最严重可降低一个数量级的定标精度，严重影响影像的反演质量。

（4）国产遥感成像仪器性能衰退较快。

由于外场定标耗费较大，因此只能周期性地对仪器进行定标，其定标系数在有效期内可作为真值使用，而过了有效期就必须重新定标，否则不确定性也会增大。经过课题组多年对同一台遥感成像仪器的外场定标跟踪检测发现，仪器中心波长的偏移量、带宽的变化量、绝对辐射定标系数、CCD 像元响应的不一致性，均呈一定规律衰减，并且衰减的速度较快，从而对外场定标的频率提出了更高的要求。

以上分析可知，如何克服外场定标不确定度大的问题，成为遥感成像仪器的定量化必须解决的理论瓶颈问题。

　　光谱–辐射–几何一体化定标方法目前在国外尚无相关文献可查。在我国无人机遥感载荷综合验证场的运行过程中，北京大学作为外场定标实施单位，与光学载荷研制单位中国科学院长春光学精密机械与物理研究所密切合作，外场定标与室内定标相互验证。中国科学院长春光学精密机械与物理研究所的高光谱相机团队在和北京大学共同进行高光谱室内定标中，发现光谱、辐射耦合现象，导致室内定标的不确定度增大（郑玉权，2010）。进一步地，与中国科学院长春光学精密机械与物理研究所张新、王灵杰、曾飞的多光谱相机团队在室内定标中发现，多光谱相机宽视场的几何畸变也严重干扰了光谱、辐射定标的精度（王灵杰等，2007）。由此，经过两团队的反复论证，提出"光谱–辐射–几何联合定标"的方法和理论框架，其成为本基金的立论依据。在此基础之上，勾志阳、段依妮、王明志、陈伟、景欣等通过实验证明了外场光谱定标、辐射定标、几何定标的相互影响关系，提出解耦的途径在于建立参量关联的定标模型，并进行迭代优化求解，论证了利用多类人工靶标进行光谱–辐射–几何联合定标的可行性，降低了外场定标的不确定度问题（陈伟等，2010；陈伟等，2012；段依妮，2015；勾志阳，2011；勾志阳等，2012；景欣，2012；唐洪钊，2010；Duan et al.，2011；Wang et al.，2011）。综上所述，在遥感成像仪器的光谱定标、辐射定标、几何定标单项定标理论逐渐完善的背景下，综合验证场的建设、仪器的综合性能验证逐渐成为新的研究重点，已经引起了国际和国内学者的广泛关注和探索。

15.4.2　空间–光谱–辐射参量耦合机理与联合定标模型初探

　　遥感信息是空间、时间、波长的多变量函数。研究光谱、辐射、空间（几何）参量的耦合机理，就是从电磁波及其随空间、时间、波长的变换规律中，揭示地物与周围环境相互作用的能量流、物质流的演变规律（图 15.20），获得最终图像 $g(x, y)$ 和目标地物 $f(x, y)$ 之间的数学模型（式 15.27）：

$$g(x, y) = Hf(x, y) + n(x, y) \tag{15.27}$$

式中，H 为传递过程的降质因子；$n(x, y)$ 为噪声。

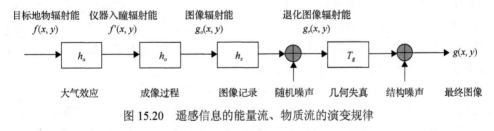

图 15.20　遥感信息的能量流、物质流的演变规律

　　遥感成像仪器的定标包括光谱定标、辐射定标、几何定标。目前的定标方法通常是分别进行上述过程，较少考虑它们之间的相互关联和影响。因此，本节基于图 15.21 所示的各类定标内部关联的深入研究，探索性地提出构建"光谱–辐射–几何联合定标模型"。

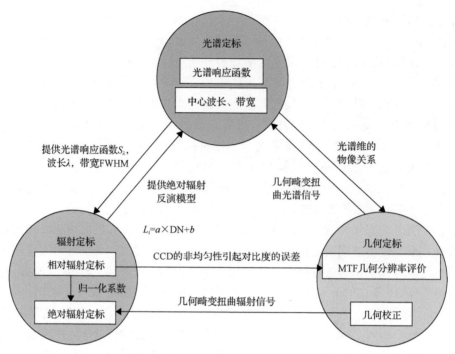

图 15.21　光谱定标、辐射定标、几何定标的相互关联及影响

15.5　本 章 小 结

本章是遥感定量基础的次章。具体内容包括：

(1)对中心波长偏移和带宽变化引起的辐射测量值误差和反射率反演误差进行了定量分析。利用高光谱分辨率的遥感数据对大气吸收特征波段和太阳夫琅和费线吸收波段进行光谱采样刻画的特性，提出并建立了特征吸收光谱定标方法的基本数学模型，并根据成像光谱仪的色散规律确定了全波段的光谱定标模型。

(2)采用反射率基法进行绝对辐射定标，要求在传感器过境的同时进行地表反射率测量、大气光学参数测量，并进行辐射传输模拟。结合先验知识，对辐射定标过程中的各个影响因素进行分别模拟分析，进行了理论不确定度的合成，提出在非大气吸收波段，绝对辐射定标的总不确定度可能优于 6%，而大气吸收波段场地绝对辐射定标的总不确定度可能会优于 7%的假设，并进行了理论方法研究。

(3)在①和②光谱参数精细反演和场地绝对辐射定标的机理与方法基础上，在验证场地进行了飞行定标实验，获得了大量的影像数据、靶标和地物同步光谱测量数据及配套大气参数。通过数据处理和分析实现了高精度的无人机成像光谱仪场地光谱参数反演和绝对辐射定标。

(4)针对定标中亟需解决的新问题开展研究，探索新型定标方法和理论模型，探索性提出构建"光谱-辐射-几何联合定标模型"，提升我国在遥感成像仪器定标领域的基础研究能力。

　　上述要点，是在第 14 章定标模型的系统参量分解的基础上，建立空间–光谱–辐射参量数学模型并进行贯通定标，是实现遥感四个分辨率贯通的物理基础，更是光学遥感依据电磁波矢量方程各标量参量共同分析应用的基础。

参 考 文 献

陈伟, 晏磊, 勾志阳, 等. 2012. 无人机多光谱传感器场地绝对辐射定标研究. 光谱学与光谱分析, 32(12): 3169-3174.

陈伟, 晏磊, 李成才, 等. 2010. MODIS 高分辨率气溶胶光学厚度反演及验证. Proceedings of 2010 International Conference on Remote Sensing(ICRS 2010), 4: 260-263.

段依妮. 2015. 遥感影像立体定位的相对辐射校正和数字基高比模型理论研究. 北京: 北京大学博士学位论文.

高海亮, 顾行发, 余涛, 等. 2010. 环境卫星 HJ1A 超光谱成像仪在轨辐射定标及光谱响应函数敏感性分析. 光谱学与光谱分析, 11: 3149-3155.

勾志阳. 2011. 无人机载成像光谱仪外场光谱定标与绝对辐射定标研究. 北京: 北京大学博士学位论文.

勾志阳, 晏磊, 陈伟, 等. 2012. 无人机高光谱成像仪场地绝对辐射定标及验证分析. 光谱学与光谱分析, 32(2): 430-434.

顾行发, 田国良, 李小文, 等. 2005. 遥感信息的定量化. 中国科学: E 辑, 35(B12): 1-10.

景欣. 2012. 无人机航空遥感定标场地靶标的研制与精密检验. 北京: 北京大学硕士学位论文.

唐洪钊. 2010. 基于 MODIS 高分辨率气溶胶反演的遥感影像大气校正. 北京: 北京大学博士学位论文.

王灵杰, 张新, 杨皓明, 等. 2007. 超紧凑型红外折返式光学系统设计. 应用光学, 3: 288-291.

郑玉权. 2010. 超光谱成像仪的精细光谱定标. 光学精密工程, 18(11): 2347-2354.

Biggar S F, Santer R P, Slater P N. 1990. Irradiance-based calibration of imaging sensors. IEEE Xplore: 507-510.

Bigger S F, Slater P N, Gellman D I. 1994. Uncertainties in the in-flight calibration of sensors with reference to measured ground sites in the 0.4-1.1μm range. Remote Sensing of Environment, 48(2): 245-252.

Duan Y, Yan L, Xiang Y, et al. 2011. Design and experiment of UAV remote sensing optical targets. Ningbo: 2011 International Conference on Electronics, Communications and Control.

Gou Z Y, Yan L, Chen W. 2011a. On-site spectral calibration of hyperspectral imager using target spectral features. Ningbo: 2011 International Conference on Electronics, Communications and Control.

Gou Z Y, Yan L, Duan Y N, et al. 2011b. Simulation study on spectral calibration of hyperspectral imagery based on target absorption features. Nanjing: 2011 International Conference on Remote Sensing, Environment and Transportation Engineering, 722-725.

Slater P N, Biggar S F, Holm R G, et al. 1987. Reflectance-and radiance-based methods for the in-flight absolute calibration of multispectral sensors. Remote Sens Environ, 22(1): 11-37.

Wang M Z, Huang H, Liu S H, et al. 2011. Drought monitoring of Shandong province in the late 2010 using data acquired by Terra MODIS.Guilin: 2011 Remote Sensing Image Processing, Geographic Information Systems, and other Applications, 8006: 1-5.

第16章 中红外基准下的宽谱段定标理论

本章为定标理论与方法的第三个特性：以中红外光学通道作为基准的在轨宽谱段定标验证模型与理论，将使用高精度星上定标的中红外通道作为跨接定标的基准进行光学通道的在轨定标验证。具体以使用可见光红外成像辐射仪(visible infrared imaging radiometer, VIIRS)的中红外通道(中心波长 3697nm)为基准，对四个光学通道(中心波长位于 672nm、862nm、1238nm 和 1602nm)进行了基于耀斑区海水表面反射率偏差的定标验证，并深入分析这个模型的影响因素与其对模型不确定度的贡献(景欣等, 2017)。

16.1 卫星传感器在轨辐射定标的必要性

绝对辐射定标是使用光学仪器获取地物信息的质量保证，分析卫星传感器辐射性能在轨衰变情况，有助于跟踪评估传感器的定标精度并进行衰减订正，保证传感器在轨运行期间数据产品的质量和定标稳定性。卫星传感器的定标精度一般需要达到 5%，如 SeaWiFS、MERIS 和 VEGETATION 传感器需要 3σ 不确定度分别低于 5%、2%及 5%。然而，即使飞行前的定标工作已经做得足够好，传感器在发射阶段仍然会由于震动、空气-真空转换等导致性能改变。另外，在轨运行期间，传感器本身由于受到紫外线、原子氧和质子的剥蚀或强烈照射，也会导致退化。对于搭载有在轨定标系统的卫星传感器，定标系统光纤自身或是太阳漫反射板的退化也会使得传感器的辐射性能精度和稳定性难以保证。以上这些问题都使卫星传感器辐射性能随着发射时间的推移逐渐退化成为一个非常常见的现象，尤其是在光学通道(也称反射太阳波段，reflective solar band, RSB)退化现象更为严重。因此，在飞行中对传感器辐射性能进行持续监测是必要且迫切的，其研究独立于在轨定标系统的验证方法，对定标结果进行验证和对在轨性能进行评价具有重要的意义。

中红外通道的高精度在轨定标特性以及通道反射率对大气层顶温度的不敏感性，使其可以作为波段间定标验证的参考基准；而海面耀斑区域反射率较高、发生频次高、表面性能均一等特性使其适合作为卫星传感器在轨定标验证的目标场景。根据这两个出发点，本章基于 VIIRS 卫星数据，构建并分析了以中红外通道耀斑区海表/大气层顶反射率为参考基准、基于耀斑区海表/大气层顶的传感器在轨定标验证模型，从验证场景的分析、模型参考基准的构建与高精度计算、定标验证模型的建立与不确定度的评价几个方面形成了两个完整的定标验证模型与方法。主要研究了以下四部分内容：①海面耀斑区的选择与场景特性分析；②耀斑区海表中红外反射率参考基准计算与精度评价；③基于耀斑区海水表面反射率验证模型构建；④基于耀斑区大气层顶反射率的辐射验证模型构建。

16.2 海表模型基准下中红外反射率计算模型

16.2.1 研究数据

本节使用的可见光红外成像辐射仪(VIIRS)是搭载在美国国家极轨业务环境卫星系统预备项目(National Polar-orbiting Operational Environmental Satellite System Preparatory Project, NPOESS)中发射的 Suomi 国家极地轨道伴随卫星(Suomi national polar-orbiting partnership, Suomi NPP)上的多波段传感器。Suomi NPP 运行周期为 102min,24h 绕地运行约 14 圈,可以观察地球表面两次,卫星的重复周期为 16 天。Suomi NPP 共搭载了包括 VIIRS 在内的 5 个科学仪器,它于 2011 年 11 月 21 日获取了 VIIRS 的首幅图像(Jing et al., 2016)。其共有 22 个光谱通道(0.412~12.01μm),包括 16 个中分辨率通道(moderate resolution band, M 通道,星下点空间分辨率为 750m),5 个成像分辨率通道(imaging resolution band, I 通道,星下点空间分辨率为 375m)和一个全色日夜通道(panchromatic day-night band, DNB 通道,星下点空间分辨率为 750m)。M 通道包括 11 个位于可见光-近红外区间的光学通道(也称反射太阳通道,reflective solar band, RSB)和 5 个热发射通道(thermal emissive band, TEB);I 通道包括 3 个 RSB 通道和 2 个 TEB 通道(Cao et al., 2012)。

16.2.2 研究样本区的选择

本节选择南印度洋深海夏季的海面耀斑区作为在轨定标验证的地面验证场景区域。印度洋是世界的第三大洋,位于亚洲、大洋洲、非洲和南极洲之间,包括属海的平均深度为 3839.9m。南印度洋区域为远洋深海区,气候特征为热带海洋性气候。南印度洋夏季平均风速全年最小,大风频率最低,范围最小,40°S 以北平均风速仅为 4~9m/s(梁玉清等,2003)。南印度洋气溶胶较低并且其主要的成分为颗粒尺寸较大的海盐(Coakley et al., 2002; Ramanathan et al., 2001)。其大气洁净无污染。海面极易形成太阳耀斑区。耀斑区会造成海面信号强弱的改变,根据大致统计,耀斑区中心在 3.697μm 波段的反射率是耀斑区边缘反射率的三倍左右,耀斑中心有较强反射率,海面反射率能达到 25%,使得海表反射率对海面大气敏感性降低,从而为卫星传感器在轨辐射校正提供了较好的条件。为了满足定标验证的需求,选择的样本区条件如下:

(1)选择的每一个时间段的月份尽量集中,以减少传感器辐射响应改变对结果的影响。

(2)样本区域在深海远洋,避开海岸线以及海洋生化物质的影响。

(3)选择样本区要求无云。

(4)所选样本尽量位于耀斑区中心,保证海表反射率在 20%以上,确保卫星信号贡献绝大部分来自海表,减少大气程辐射带来的不确定度的影响。

(5)区域包含有多个条带,VIIRS 中红外数据有东西方向的条带现象,因此样本区包含多个条带并对南北方向平均,以减小条带的影响。

本书的研究集中选择每年 12 月到次年 1 月的南印度洋(南印度洋夏季)作为研究样本区域,样本区的选择集中在 2012 年 12 月~2013 年 1 月(99 个样本),2013 年 12 月~2014 年

1 月(62 个样本)，2014 年 12 月～2015 年 1 月(85 个样本)，以及 2015 年 12 月～2016 年 1 月(121 个样本)四个时间段,共采集了 367 样本。卫星过境时间为 UTC 早上 10 点前后,地方时是午后 1～2 点。统计所有选择的样本区经纬度范围为 41°E～99°E，0°～38°S。表 16.1 是采集的南印度洋夏季样本区的时间段与对应的坐标信息,表 16.1 中的中心经纬度,即每个时间段所有样本区中心经度与纬度的均值。

表 16.1　本部分采集南印度洋夏季样本区的时间段与对应的坐标信息

时间段	样本数(个)	中心经纬(°E)	中心纬度(°S)
2012.12～2013.01	99	68.52	24.04
2013.12～2014.01	62	79.53	23.66
2014.12～2015.01	85	79.14	20.48
2015.12～2016.01	121	75.08	26.19

16.3　基于海表耀斑区的光学通道在轨定标验证模型

16.3.1　海表验证模型：基于改进非线性劈窗算法的中红外通道反射率计算模型

在样本区提取的基础上,构建基于海表耀斑区的光学通道反射率偏差定标验证模型。模型中 VIIRS 的 M12 中红外通道的海表耀斑区反射率将作为定标验证的基准,需要高精度的计算结果。因此,本节将首先计算所有样本区 M12 通道的海表反射率,并评价其计算精度,为构建基于海表耀斑区的定标验证模型提供可靠、稳定、高精度的基准。

本节参考景欣等(2017)提出的适用于 VIIRS 中红外通道的非线性劈窗算法计算海表的反射率。该方法借助另一中心波长位于 4.0μm 的中红外波段(M13 通道),首先假设两个中红外海面的去除太阳直射辐射项的亮温相等,在此基础上,使用发射率库中的中红外发射率与 MODIS 海面温度产品,初步计算出 367 个样本区的两个中红外通道的反射率初值之间的限定关系。基于这两个前提假设,对两个中红外通道的海面亮温进行非线性劈窗计算,得到 3.7μm(M12 通道)通道无太阳辐射的海面亮温,即可计算出海面反射率。该方法的理论推导可参考文献(Coakley et al., 2002; Ramanathan et al., 2001; 景欣, 2017)。该方法的关键是使用 VIIRS SST 温度产品和美国加州大学圣芭芭拉分校(UCSB)提供的发射率库初步计算得到每个样本 M12 和 M13 通道的海表反射率初值,从而得到两者的线性关系:

$$\rho_{12}^{S} = b_1 \times \rho_{13}^{S} + b_2 \tag{16.1}$$

式中,b_1 和 b_2 为两个通道海表反射率的线性回归参数；ρ_i^S 为通道 i 的海表双向反射分布函数,与入射与观测方向相关。

在此基础上,参考 Tang 和 Li(2008)使用非线性劈窗公式计算 M12 中红外通道无太阳直射辐射能量的海表亮温 T_{BS12}^e:

$$T_{BS12}^e - T_{BS12} = a_1 \times (T_{BS12} - T_{BS13})^2 + a_2 \times (T_{BS12} - T_{BS13}) + a_3 \tag{16.2}$$

式中，$T_{\mathrm{BS}i}^{e}$ 为通道 i 无太阳直射辐射贡献时的海表亮温；$T_{\mathrm{BS}i}$ 为通道 i 的海表亮温；$a_1 \sim$ a_3 为改进的非线性劈窗算法的模型回归参数。根据模型假设 $T_{\mathrm{BS}12}^{e} = T_{\mathrm{BS}13}^{e} = T_{\mathrm{BS}}^{e}$。使用 MODTRAN4 模拟 $a_1 \sim a_3$ 这三个回归参数，即可以求得 $T_{\mathrm{BS}12}^{e}$，进而求得 M12 通道海表双向反射率。

由于 VIIRS M12 中红外通道的反射率是可见光-近红外基于海面耀斑区的反射率偏差定标验证的基准，因此对其计算结果的精度进行评价是定标验证模型的必要步骤，直接对计算得到的 M12 通道海表耀斑区反射率与实测值进行比对难以实现，本节使用 UCSB 提供的发射率库和 MODIS 的海面温度产品直接计算 M12 通道的海面反射率进行验证。统计每个样本区 M12 通道反射率的差值，表 16.2 是统计结果。

表 16.2　所有样本区模型计算反射率和反射率初值之间的差值统计

样本区域	反射率差值均值(%)	反射率差值标准差(%)
南印度洋	0.31	0.47

与反射率计算模型得到的反射率对比，发现反射率计算误差为 0.31%，精度足够高。

16.3.2　海表耀斑区 VIIRS 光学通道反射物理模型

太阳耀斑，是由阳光在水表面的镜面反射造成的，其在海深特性和海底遥感研究中是一个不可忽略的因素。对于可见光-近红外通道，在利用未去除耀斑影响的高分辨率影像进行水深反演时，耀斑可造成 30%左右的误差。对于本书的研究来说，可见光-近红外通道耀斑区的辐射能量恰是有用信息，是需要精确计算出来的，据初步统计，由于海表耀斑区的镜面反射，卫星接收到海洋表面反射的太阳能量占到入瞳处总能量的 90%以上，其为卫星传感器在轨定标验证提供了高反射能量验证的场景。

精确计算可见光-近红外通道耀斑区的海面反射率需要首先分析海面耀斑区的反射物理模型。图 16.1 为海洋耀斑区可见光-近红外波谱区间传感器接收到的能量示意图。

传感器接收到的能量来源分为五个部分。

A：传感器接收到的大气气溶胶或者分子的单次或多次散射能量，R_i^{u}。

B：大气向下的散射辐射 R_i^{d} 经海面朗伯反射后再经过海面-传感器方向的透射到达传感器的能量部分 $R_i^{\mathrm{d}} \rho_i^{\mathrm{d}} \tau_i^{\mathrm{sat}}$；$\rho_i^{\mathrm{d}}$ 是通道 i 大气向下的散射辐射在海面的朗伯反射率(Philpot, 2007)。

C：传感器接收到的海洋表面白帽反射并经过海面-传感器方向透射到达传感器的能量 $R_i^{\mathrm{wc}} \rho_i^{\mathrm{wc}} \tau_i^{\mathrm{sat}} \tau_i^{\mathrm{sun}}$；$R_i^{\mathrm{wc}}$ 是通道的海表的白帽反射能量，ρ_i^{wc} 是通道 i 的海面白帽反射率。

D：太阳的能量经大气透射到达海表，反射能量的角度与其入射的角度近似于镜面反射，再经大气透射到达传感器的部分 $E_i \cos(\theta_{\mathrm{sun}}) \rho_i^{\mathrm{S}} \tau_i^{\mathrm{sun}} \tau_i^{\mathrm{sat}}$，即太阳耀斑导致传感器总能量的增加。

E：海水的离水辐射经过海面-传感器方向透射到达传感器的能量 $R_i^{\mathrm{water}} \tau_i^{\mathrm{sat}}$，$R_i^{\mathrm{water}}$ 是海水离水辐射能量。

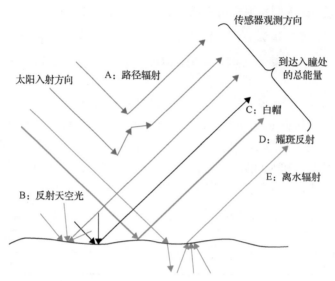

图 16.1　传感器在海面耀斑区接收到的能量示意图(Kay et al., 2009)

综上，对于可见光-近红外波谱区间，这五部分能量是传感器接收到的总能量的主要贡献项，即传感器接收到的总能量，可以表示为

$$R_i^{\text{toa}} = R_i^{\text{u}} + R_i^{\text{wc}} \rho_i^{\text{wc}} \tau_i^{\text{sat}} \tau_i^{\text{sun}} + R_i^{\text{d}} \tau_i^{\text{sat}} \rho_i^{\text{d}} + E_i \cos(\theta_{\text{sun}}) \rho_i^{\text{S}} \tau_i^{\text{sun}} \tau_i^{\text{sat}} + R_i^{\text{water}} \tau_i^{\text{sat}} \quad (16.3)$$

式中，R_i^{toa} 为可见光-近红外波谱区间通道 i 的大气层顶入瞳处的辐亮度值。

式(16.3)中的白帽影响项为 $R_i^{\text{wc}} \rho_i^{\text{wc}} \tau_i^{\text{sat}} \tau_i^{\text{sun}}$，当海面风速大于 7m/s 时通常才会出现白帽现象(Koepke, 1984)，本书使用 ECMWF 中分辨率的风速数据，并考虑该数据的不确定度，认为当样本区 ECMWF 风速小于等于 5m/s 时，白帽现象可以忽略。对于离水辐射项 $R_i^{\text{water}} \tau_i^{\text{sat}}$，波长<750nm 的波谱区间在海表非耀斑区，实测与理论模拟计算表明，传感器接收到的离水辐射能量项在总辐亮度中所占比例<5%，而在近红外波谱区间，如 $\lambda >$ 750nm，$R_i^{\text{water}} \tau_i^{\text{sat}} \approx 0$(牛生丽等, 2013; 徐希孺, 2005)，那么对于耀斑区，太阳的镜面反射导致入瞳处总能量的极速增加，认为在 $\lambda >$750nm 的波谱区间 $R_i^{\text{water}} \tau_i^{\text{sat}} =0$。因此，离水辐射能量对 VIIRS 的 M7、M8、M10 和 M12 通道没有影响，对于 M7、M8、M10 通道，式(16.4)简化为

$$R_i^{\text{toa}} = R_i^{\text{u}} + R_i^{\text{d}} \tau_i^{\text{sat}} \rho_i^{\text{d}} + E_i \cos(\theta_{\text{sun}}) \rho_i^{\text{S}} \tau_i^{\text{sun}} \tau_i^{\text{sat}} \quad (16.4)$$

式(16.4)是 VIIRS 的 M7、M8、M10 通道在海面耀斑区的大气层顶传感器接收到的辐亮度与海面反射率之间的辐射传输公式。

实测计算表明，远洋海面非耀斑区的离水辐射项 $R_i^{\text{water}} \tau_i^{\text{sat}}$ 在 670nm(VIIRS M5 通道)处占传感器接收到的总能量的百分比约为 2.2%(Kay et al., 2009)，需要考虑 M5 通道离水辐射能量的影响，其对应辐射传输公式为

$$R_5^{\text{toa}} = R_5^{\text{u}} + R_5^{\text{d}} \tau_5^{\text{sat}} \rho_5^{\text{d}} + E_5 \cos(\theta_{\text{sun}}) \rho_5^{\text{S}} \tau_5^{\text{sun}} \tau_5^{\text{sat}} + R_5^{\text{water}} \tau_5^{\text{sat}} \tag{16.5}$$

式中，下标 5 代表 M5 通道。在耀斑区，通道离水辐射能量的绝对值相对非耀斑区保持不变，采集十个非耀斑区无云区域的 M5 通道大气层顶辐亮度，并取均值约为 $13.1 \times 10^{-4}\,\text{W}/(\text{m}^2 \cdot \text{sr} \cdot \mu\text{m})$，则其中离水辐射能量大小约为 $0.29 \times 10^{-4}\,\text{W}/(\text{m}^2 \cdot \text{sr} \cdot \mu\text{m})$，即在耀斑区的 M5 通道的离水辐射能量值。

使用式（16.4）和式（16.5）即 VIIRS 的 M5、M7、M8、M10 通道在海面耀斑区的反射物理模型，以及这两个公式的反向模型，即可求得 M5、M7、M8、M10 通道海面耀斑区双向反射率。

使用 MODTRAN4 模拟各个通道的上行辐射 R_i^{u}、下行辐射 R_i^{d}、太阳方向透过率 τ_i^{sun}、传感器方向透过率 τ_i^{sat}，结合通道大气层顶的太阳照度 E_i 和太阳方向天顶角的余弦 $\cos(\theta_{\text{sun}})$，使用卫星数据获得 R_i^{toa}，再结合式（16.4）和式（16.5），可得 VIIRS 的 M5、M7、M8、M10 通道海表反射率。

表 16.3 是 367 个样本区的 VIIRS M5、M7、M8、M10 通道所有样本区海表实际反射率的统计结果。从表 16.3 中可以看出，反射率值随着波长的增加而降低，这与通道海表的反射特性与对大气的敏感性有关。表中标准差是指所有样本区海表反射率的标准差的均值，从统计结果来看，四个通道海表反射率的标准差～0.6%，说明选定的场景是非常均匀的。

表 16.3　VIIRS M5、M7、M8、M10 通道所有样本区海表反射率统计结果

通道	均值(%)	标准差(%)
M5	24.4	0.6
M7	22.5	0.5
M8	21.1	0.5
M10	20.1	0.6

16.3.3　海表耀斑区菲涅尔反射率

利用式（16.4）和式（16.5），即可以使用 VIIRS 卫星数据计算得到可见光-近红外通道在海面耀斑区的实际反射率。要利用 M12 通道海表耀斑区反射率标定验证可见光-近红外通道在海面耀斑区的反射率，需要构建 M12 通道与四个待评价通道的关联关系。

自然光在任意两种截止的分界面发生反射和折射时，反射光、透射光与入射光传播方向之间的关系可以用菲涅尔反射定理描述。对于平静海面且无大气存在的情况下，通道海表的理论反射率满足菲涅反射定理：

$$\rho_i^{\text{F}} = \frac{1}{2}\left(\rho_i^{\text{V}} + \rho_i^{\text{H}}\right) \tag{16.6}$$

式中，ρ_i^{F} 为通道 i 的海面菲涅尔反射率；ρ_i^{V} 和 ρ_i^{H} 分别为通道 i 入射光垂直分量和平行分量的反射率，具体表示为

$$\rho_i^{\mathrm{V}} = \left| \frac{n_i^1 \cos\theta_{\mathrm{sun}} - n_i^2 \sqrt{1 - \left(\dfrac{n_i^1}{n_i^2}\sin\theta_{\mathrm{sun}}\right)^2}}{n_i^1 \cos\theta_{\mathrm{sun}} + n_i^2 \sqrt{1 - \left(\dfrac{n_i^1}{n_i^2}\sin\theta_{\mathrm{sun}}\right)^2}} \right|^2 \tag{16.7}$$

$$\rho_i^{\mathrm{H}} = \left| \frac{n_i^1 \sqrt{1 - \left(\dfrac{n_i^1}{n_i^2}\sin\theta_{\mathrm{sun}}\right)^2} - n_i^2 \cos\theta_{\mathrm{sun}}}{n_i^1 \sqrt{1 - \left(\dfrac{n_i^1}{n_i^2}\sin\theta_{\mathrm{sun}}\right)^2} + n_i^2 \cos\theta_{\mathrm{sun}}} \right|^2 \tag{16.8}$$

式中，n_i^1 为通道 i 真空中的折射率；n_i^2 为通道 i 的海水折射率；θ_{sun} 为太阳天顶角，即入射角。从式(16.7)和式(16.8)中可以看出，真空环境下的菲涅尔反射率只与不同波长处的海水折射率和入射角相关。

而对于粗糙海面，海表反射率模型最为常见的是 Cox-Munk 模型(Cox and Munk, 1954)，通道 i 的粗糙海面反射率为

$$\rho_i^{\mathrm{cox\_munk}} = \rho_i^{\mathrm{F}} \times \varGamma \tag{16.9}$$

式中，$\rho_i^{\mathrm{cox\_munk}}$ 为通道 i 的 Cox-Munk 模型的海面反射率；$\varGamma$ 为权重，跟入射方向方位角、反射方向天顶角、反射方向方位角有关，与波长无关。如果使用两个通道间粗糙海表理论反射率比值来构建 M12 通道与四个待评价通道的关联关系，则可以去除只与观测几何相关的权重项 $\varGamma$，而只跟菲涅尔反射率相关，即式(16.7)。因此，在平静无大气的海面，当针对同一传感器的不同通道时，由于通道的观测几何一致，可以认为在海水表面两个通道的理论反射率之比只跟入射角和折射率相关。

菲涅尔反射公式适用于无大气影响的、完全镜面反射情况下的反射率计算，由于大气对不同通道吸收的影响，其真实环境下的通道反射率总会与菲涅尔反射有异。当有大气存在时，海面通道的菲涅尔反射计算公式为

$$\rho_i^{\mathrm{Fa}} = \frac{\rho_i^{\mathrm{F}}}{\tau_i^{\mathrm{sun}}} \tag{16.10}$$

式中，ρ_i^{Fa} 为通道 i 在有大气状况下海面耀斑区的菲涅尔反射率。据此，可以构建 M12 通道与四个待评价通道海表反射率的关联关系：

$$\rho_{\mathrm{ri}} = \frac{\rho_i^{\mathrm{Fa}}}{\rho_{12}^{\mathrm{Fa}}} = \frac{\rho_i^{\mathrm{F}}/\tau_i^{\mathrm{sun}}}{\rho_{12}^{\mathrm{F}}/\tau_{12}^{\mathrm{sun}}} \tag{16.11}$$

式中，ρ_{ri} 为待评价通道 i 与 M12 通道真实海表菲涅尔反射率的比值，式(16.11)将 VIIRS 的四个待评价通道与 M12 通道的海表反射率关联了起来。

16.3.4　基于海表耀斑区的 VIIRS 光学通道在轨定标验证模型

16.3.1 节通过计算得到了 M12 通道高精度的海表反射率，继而计算了四个待评价通道的海表反射率值，并且通过菲涅尔反射率的比值，将 M12 通道和四个待评价通道海表反射率关联了起来，为构建基于海表耀斑区的 VIIRS 光学通道在轨定标验证模型提供了高精度的定标基准和理论基础。

本节按照以下步骤建立基于海表耀斑区的 VIIRS 光学通道在轨定标验证模型：

(1)计算定标基准 M12 通道的海表反射率 ρ_{12}^{S} 与四个待评价通道的海表反射率 ρ_i^{S}。

(2)计算 M12 通道与四个待评价通道海面耀斑区菲涅尔反射率；带入通道的大气透过率，计算四个待评价通道与 M12 通道实际大气状况下，每个样本区每个像元海面耀斑区菲涅尔反射率比值 ρ_{ri}。

(3)计算 M5、M7、M8、M10 通道海面耀斑区的理论反射率值。

将 ρ_{ri} 与 M12 海面反射率 ρ_{12}^{S} 相乘，即可得到四个待评价通道 M5、M7、M8、M10 海面耀斑区的理论反射率值：

$$\rho_i^t = \rho_{ri} \times \rho_{12}^{S} \tag{16.12}$$

式中，ρ_i^t 为不同待评价通道的海面理论反射率值。

图 16.2 是四个待评价通道每个样本区的海表计算反射率和理论反射率的关系图。纵坐标是计算得到的海表反射率，横坐标是海表理论反射率，散点是各样本区海表理论反射率和实际反射率的坐标点，绿色实线是散点的拟合回归线，黑色虚线是横纵坐标 1:1 的标准线。实线与虚线的偏离程度表现了海表实际反射率和理论反射率的绝对差值，但是，本节是通过反射率偏差来进行通道辐射特性的验证，还需要将绝对偏移进行归一化。

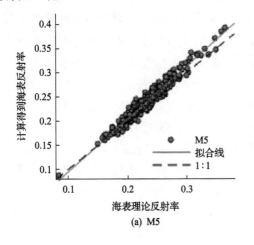

(a) M5

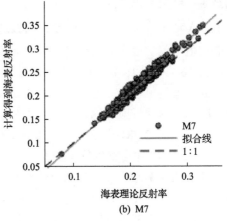

(b) M7

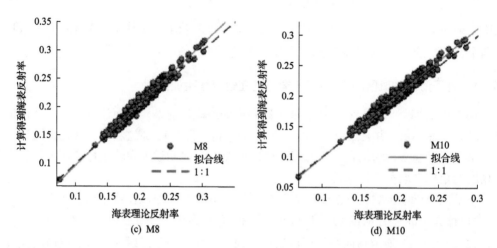

图 16.2　四个待评价通道每个样本区的海表计算反射率和理论反射率的关系

通过图 16.2 可知：①由计算值和理论值在每个样本的对应关系可以看出，对应关系极好，每个样本点基本都落在拟合线上，说明基于海面耀斑区反射率偏差的辐射定标验证模型是合理的；②每个样本四个通道的海表反射率集中在 15%～40%，反射率值足够高，可以尽量减少气溶胶和分子散射的影响；③拟合线均位于 1∶1 标准线的上方，说明计算得到的海表反射率稍微高于海表理论反射率。

(4) 将不同待评价通道的海面理论反射率值 ρ_i^t 与使用卫星数据计算得到的反射率值 ρ_i^S 进行比较，即可得到 VIIRS 光学通道的海面反射率偏差，以评价通道的在轨辐射性能：

$$\text{bias}_i = \text{mean}\left(\left(\frac{\rho_i^t}{\rho_i^S} - 1\right) \times 100\%\right) \tag{16.13}$$

式中，bias_i 为不同待评价通道的海面反射率偏差；mean 为对每个样本区的所有像元的偏差求均值，得到该样本区的反射率偏差。

统计所有样本区的 M5、M7、M8、M10 通道的反射率偏差均值，表 16.4 和图 16.3 分别是统计结果和误差线。表 16.4 中 $\Delta\rho^S$ 是海表耀斑区的理论反射率与实际反射率的绝对差值，$\Delta\rho^S = \rho_i^S - \rho_i^t$，整体偏差是指该通道在 2012 年 12 月～2016 年 1 月所有样本区偏差的均值，偏差改变即该通道在四个时间段内最大偏差与最小偏差的改变量。

从表 16.4 和图 16.3 中可以看出，四个通道在整个在轨运行期间，海表计算得到的反射率均高于理论值，偏差均大于 0。M5、M7、M8、M10 四个待评价通道的海表耀斑区在四个时间段内的反射率偏差波动范围分别为 2.12%～4.45%、2.95%～5.15%、1.89%～3.35% 和 2.06%～3.58%，反射率整体偏差分别为 3.21%、3.93%、2.47% 和 2.65%，波长较短的 M5 和 M7 通道整体偏差较大，波长较长的 M8 和 M10 通道整体偏差相对较小。四个待评价通道偏差的改变分别为 2.33%、2.20%、1.46% 和 1.52%，M5、M7 通道波动范围相对较大。因此，总地来说，M5 和 M7 通道整体偏差较大，均大于 3%，且偏差改变也较大，约为 2.3%；M8 和 M10 通道的整体偏差相对较小，约为 2.5%，且通道的偏差改变相对较小，约为 1.5%。

表 16.4　所有样本区的 M5、M7、M8、M10 通道的反射率偏差均值统计

通道	时间段	偏差均值(%)	偏差标准差(%)	整体偏差(%)	偏差改变(%)	$\Delta\rho^S$ (%)
M5	2012.12~2013.01	4.45	3.75			1.34
	2013.12~2014.01	3.22	3.84	3.21	2.33	1.17
	2014.12~2015.01	3.64	3.87			1.14
	2015.12~2016.01	2.12	3.85			0.82
M7	2012.12~2013.01	5.15	3.51			1.31
	2013.12~2014.01	3.71	3.30	3.93	2.20	1.09
	2014.12~2015.01	4.37	3.78			1.13
	2015.12~2016.01	2.95	3.52			0.85
M8	2012.12~2013.01	3.35	3.20			0.83
	2013.12~2014.01	2.14	2.89	2.47	1.46	0.62
	2014.12~2015.01	2.70	3.67			0.68
	2015.12~2016.01	1.89	3.21			0.53
M10	2012.12~2013.01	3.58	3.35			0.81
	2013.12~2014.01	2.13	3.02	2.65	1.52	0.56
	2014.12~2015.01	3.01	3.91			0.68
	2015.12~2016.01	2.06	3.41			0.51

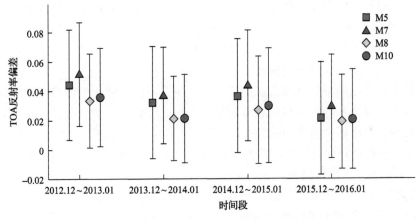

图 16.3　M5、M7、M8、M10 通道在四个时间段的反射率偏差误差线

图 16.3 显示了 M5、M7、M8、M10 通道在四个时间段的海面反射率偏差的均值和标准差。可以看出,四个待评价通道在四个时间段内反射率偏差的离散程度是近似的,为 3%~4%,说明即使由于各通道对于计算过程中的影响参数的敏感性不同,该定标验证模型对于四个通道的准确度(accuracy)也是近似的,该模型的可重复性也是较好的。

16.4　宽谱段定标基准建立与评价

定标验证的不确定度分析可以明确定标验证的主要误差来源及其贡献大小,对今后的改进实验方法和提高定标验证精度起到一定的指导作用。在假设各种误差因素相互独

立、观测精度同等的情况下，以每一个误差源的平均值作为测量真值，将经过辐射传输计算得到的定标验证结果作为定标验证的真值。然后，将每个误差源的误差范围作为新的输入进行辐射传输计算，从而得到新的定标验证结果。计算新的定标验证结果和定标验证结果真值之间的绝对差与定标验证真值的百分比，并将其作为这个误差源产生的不确定度，将每一个误差源得到的不确定度的平方和的根作为辐射定标验证的总不确定度。

本章建立的基于海表耀斑区的光学通道的定标验证模型以中红外通道 M12 的海面反射率为基准，对可见光-近红外通道进行基于海水表面耀斑区的通道间定标，主要考虑两类误差导致的定标不确定度的影响因素：仪器误差及测量误差。

16.4.1　仪器误差导致的定标验证不确定度

本节采用的辐射传输模型 MODTRAN4 在光学通道内精度较高，认为辐射传输计算的结果对定标验证的结果影响不大于 1%。

1. 噪声误差对结果的影响

仪器噪声的误差可以被忽略，因为每个样本区都有平均 900 个像元被用于标定。

2. 定标基准误差对结果的影响

中红外通道计算的海面反射率是定标验证模型的基准，有两类定标基准的误差会对海面可见光-近红外通道反射率偏差产生影响：一是计算 M12 通道中红外海面反射率的非线性劈窗模型的不确定度，二是该反射率计算模型的计算结果的误差。这两部分的不确定度和误差均导致反射率偏差验证模型的误差。

评价基准对验证结果的计算方法是将 M12 通道海面反射率的计算模型的误差和不确定度引入定标验证基准中参与通道海面反射率偏差的计算，然后估计中红外海面反射率计算误差导致通道评价结果的改变量，即其对应的定标验证不确定度。根据 16.3.1 节的计算可知，中红外海面反射率计算模型的不确定度为 2.5%，本节使用了两种方法评价 M12 通道海面反射率计算误差，分别为 0.31%和 0.18%，这里认为反射率计算误差为 0.31%，将其引入可见光-近红外通道定标验证的计算中，计算光学通道的海面反射率偏差，表 16.5 是计算得到的不同待评价通道由于定标基准误差导致的定标验证不确定度。从表 16.5 中可以看出，M12 通道海面反射率作为定标验证的基准，其误差对不确定度的贡献较大，四个光学通道均为 3.3%左右，并且不确定度的贡献基本与波长无关，随着波长增加定标验证的不确定度几乎不变。

表 16.5　VIIRS M12 通道海面反射率误差导致的不确定度

通道	M5	M7	M8	M10
不确定度(%)	3.3	3.32	3.27	3.28

3. 偏振敏感性对结果的影响

本节选择海表耀斑区作为验证场景，太阳耀斑是偏振性很强的目标，因此为了完全理解定标验证的结果，仪器偏振敏感性的影响也要考虑在内。

对于 VIIRS 传感器来说，偏振敏感性是存在的，有文献显示，VIIRS 传感器的所有波长＜1000nm 的通道均有约 3%的偏振敏感性(Cao et al., 2011)。表 16.6 是 M5 和 M7 通道水平/垂直方向引入 3%偏振敏感性对定标验证结果的影响。

表 16.6　M5 和 M7 通道水平/垂直方向引入 3%偏振敏感性对定标验证结果的影响

3%偏振敏感性	偏差的改变量(%)	
	M5	M7
水平方向	0.87	0.78
垂直方向	−0.76	−0.77

16.4.2　观测误差导致的定标验证不确定度

观测误差包括海面的白帽现象、海面折射率及大气测量对不确定度的影响。其中，大气测量的误差一般包括气溶胶光学厚度误差、气溶胶类型误差、水汽和臭氧的测量误差。因为研究样本区均在南印度洋的深海区域，所以使用海洋型气溶胶是合理的，因此不评价气溶胶类型假设的误差。

1. 海面白帽对结果的影响

通过统计可知，样本区的平均风速为 4.21～4.40m/s，根据 Koepke 模型，当海面风速大于 7m/s 时，通常才会出现白帽现象(Koepke, 1984)，本节使用 ECMWF 中分辨率的风速数据，并考虑该数据的不确定度，认为当样本区 ECMWF 风速小于等于 5m/s 时，白帽现象可以忽略。

2. 水汽观测误差对结果的影响

水汽含量影响各个通道的散射和吸收。本节使用 ECMWF 提供的大气柱水汽总量，认为其测量误差为实测值的±20%，研究当水汽含量改变该样本区实际值的±20%时，对四个待评价通道海表耀斑区反射率偏差的影响，统计变化的差异，即水汽导致的不确定度的影响。表 16.7 是水汽改变对定标验证结果的影响。

表 16.7　水汽改变对定标验证结果的影响

水汽变化	偏差的改变量(%)			
	M5	M7	M8	M10
增加 20%	0.03	0.13	0.33	0.07
减少 20%	−0.03	−0.13	−0.36	−0.08

总地来说，水汽的改变是与波长相关的，四个待评价通道的影响分别为 0.03%、0.13%、0.36%和 0.08%。

3. 气溶胶光学厚度观测误差对结果的影响

本节使用 MODIS 的 MOD08_D3 数据产品获得南印度洋每个样本区气溶胶光学厚度的均值，根据文献（Remer et al., 2005）可知，测量误差为 10%。为了高精度评价 10%气溶胶光学厚度的变化对定标验证结果的影响，本节对每一个样本区的气溶胶导致的误差进行计算。首先，计算每一个样本区四个待评价通道 550nm 处气溶胶光学厚度增加或减少 10%导致的水平气象视距的改变，代入 MODTRAN 中计算改变后的四个待评价通道的海面反射率；然后，将其代入验证模型中可以得到待评价通道不精确的定标验证结果，继而与精确的定标验证结果比较，即可以得到每个样本区气溶胶光学厚度误差对总不确定度的贡献。

表 16.8 是气溶胶光学厚度改变对定标验证结果的影响。总地来说，气溶胶光学厚度的改变是跟波长相关的，并且对定标验证结果的影响是较大的。在可见光-近红外通道，气溶胶光学厚度对其大气层顶反射率偏差的影响随着波长的增加而减小，四个待评价通道的影响分别为 1.39%、1.16%、0.92%和 0.82%。

表 16.8　气溶胶光学厚度改变对定标验证结果的影响

AOD 变化	偏差的改变量(%)			
	M5	M7	M8	M10
增加 10%	−1.29	−1.08	−0.87	−0.77
减少 10%	1.32	1.10	0.88	0.78

4. 海面折射率对结果的影响

海面折射率影响了海面菲涅尔反射率的计算，其会随着海水温度和盐度在可见光-近红外通道有轻微变动。文献（Huibers, 1997）给出了变化模型，并得到 200～1100nm 通道范围的折射率的不确定度为 0.1%，对于 1600nm，使用相同的模型外推计算，大于 1100nm 则不确定度为 0.3%。对于本书的研究使用的四个待评价通道，其对应的海水折射不确定度见表 16.9。

表 16.9　海水折射率对定标验证结果的影响

通道	中心波长(μm)	海水折射率不确定度(%)	对总不确定度的贡献(%)
M5	0.672	0.1	0.66
M7	0.862	0.1	0.67
M8	1.238	0.3	1.98
M10	1.602	0.3	2.01

将表 16.9 中各待评价通道的海水不确定度代入每个样本区反射率偏差计算模型中，然后估计待评价通道海面折射率改变导致的反射率偏差的改变，即其对应的定标验证不确定度贡献。统计所有样本区表 16.9 中最后一列，即计算得到的不同待评价通道海水折射率不确定度对总不确定度的贡献，M5 和 M7 通道的不确定度较小，分别为 0.66%和

0.67%，M8 和 M10 通道反射率偏差的不确定度分别为 1.98% 和 2.01%。即海水折射率的不确定性对波长＞1100nm 的通道影响较大，因此要提高耀斑区定标验证的精度，需要更精确地测量近红外通道的海水折射率。

5. 样本区的不均一性对结果的影响

从表 16.3 可以看出，选择的所有样本区的海面反射率的标准差 0.6%，并且反射率偏差的验证模型是针对每一个像素的，因此海表反射率的不均一性对结果的影响较小，本节将定量分析其对反射率偏差结果的影响。

表 16.10 中最后一列，即计算得到的不同待评价通道样本区海表反射率 0.6% 不均一性对总不确定度的贡献。

表 16.10　样本区海表反射率不均一性对定标验证结果的影响

通道	中心波长（μm）	对总不确定度的贡献（%）
M5	0.672	0.50
M7	0.862	0.48
M8	1.238	0.43
M10	1.602	0.44

从表 16.10 中可以看出，选择的耀斑区场景海表反射率的不均一性对总不确定度的贡献均≤0.5%，影响很小。

16.4.3　总不确定度

表 16.11 是基于海水表面的可见光-近红外通道定标验证模型不确定度分析和总不确定度。从总不确定度来看，四个待评价通道的结果相差不大，分别为 3.8%、3.8%、4.1% 和 4.1%，但是不同的通道影响因素的构成和所占比例各有不同。

表 16.11　基于海水表面的可见光-近红外通道定标验证模型不确定度分析和总不确定度

不确定度贡献项	不确定度（%）			
	M5	M7	M8	M10
MODTRAN 模型误差	1.00	1.00	1.00	1.00
参考基准误差（0.31%）	3.30	3.32	3.27	3.28
偏振敏感性（3%@M5/M7）	0.87	0.78	—	—
水汽观测误差（20%）	0.03	0.13	0.36	0.08
气溶胶观测误差（10%）	1.32	1.10	0.88	0.78
海面折射率误差（0.1%@M5/M7；0.3%@M8/M10）	0.66	0.67	1.98	2.01
海表反射率不均一性（0.6%）	0.50	0.48	0.43	0.44
总不确定度	3.8	3.8	4.1	4.1

对于 M5 和 M7 通道，主要的不确定度贡献项是定标基准误差，均达到 3.3% 以上，气溶胶观测误差对总不确定度的贡献也有 1.1% 以上；而偏振敏感性和海面折射率误差对

总不确定度的贡献均在 0.5%~0.8%，水汽观测误差则不到 0.1%，可以忽略。

对于 M8 和 M10 通道，最大的不确定度贡献项是定标基准的误差，均达到 3.2% 以上，气溶胶观测误差接近 1%；而与 M5 和 M7 通道不同的是，这两个通道不受偏振敏感性的影响，但是海面折射率误差对总不确定度的贡献达到 1.8%；水汽观测误差对 M10 通道的影响可以忽略，对 M8 通道的影响为 0.36%；海表反射率不均一性对四个光学通道的总不确定度的影响均不大于 0.5%。

表 16.11 为基于海表耀斑区的 VIIRS 可见光-近红外定标模型的使用提供了参考：首先定标基准对四个通道的总不确定度都非常敏感，0.31% 的海表反射率不均一性会导致~2.5% 的不确定度贡献；对于 <1000nm 的波段，偏振敏感性是需要考虑的影响因素，气溶胶观测误差也需要尽可能提高；对于 >1000nm 的近红外波段区间，气溶胶光学厚度有一定影响，需要精确测量，海面折射率误差也是需要纠正的因素。

16.5 本 章 小 结

本章是遥感定量基础的末章。主要介绍了以下内容：

(1) 分析了卫星传感器辐射性能在轨检测的必要性和迫切性。

(2) 在海面验证场景的历史数据分析的基础上，根据验证区域卫星影像，针对卫星数据波段间定标验证的目的，通过对区域耀斑几何、云、反射率、坐标位置、场景大小等一系列的限制条件，提取出了验证样本区域；为了保证耀斑区验证场景的质量，结合欧洲中期天气预报中心的再分析数据，对提取出的耀斑区几何、辐射的时空均一性以及场景的大气特性进行了全面深入的分析。

(3) 在深入了解验证场景特性和高精度计算模型参考基准的基础上，利用海面菲涅尔反射定理建立起中红外通道和光学通道的海表反射率关系，构建了一套完整的基于耀斑区海水表面中红外通道反射率基准的波段间定标验证模型，并详细分析了定标验证模型在不同光学通道的影响因素与其对模型不确定度的贡献，为卫星传感器在轨辐射性能验证提供了有效途径，为使用模型进行波段间定标验证和提高模型的精度提供了指导。

(4) 对模型的不确定进行了分析，发现两个模型总不确定度的影响因素的贡献项权重各不相同且与波长有关：海表模型对参考基准误差和气溶胶观测误差非常敏感，而 TOA 模型对参考基准误差、水汽观测误差和气溶胶观测误差更为敏感。

本章对中红外通道的特性和海面耀斑区的场景特性进行了研究分析，构建了以中红外通道反射率为参考基准，以海面耀斑区为验证场景，基于海表的波段间的定标验证模型，并详细深入分析了定标验证模型不确定度的影响因素，为提高基于耀斑区的定标模型精度提供了理论依据与指导，形成了完整的基于耀斑区的波段间定标验证系统理论，为卫星传感器在轨辐射性能的监测提供了新的途径。

参 考 文 献

景欣. 2017. 基于海水耀斑中红外反射率基准的光学通道在轨定标验证新方法. 北京: 北京大学博士学位论文.

景欣, 胡秀清, 赵帅阳, 等. 2017. 基于改进非线性劈窗算法的 VIIRS 中红外海面耀斑区反射率计算. 光谱学与光谱分析, 37(2): 394-402.

梁玉清, 刘金芳, 张弦, 等. 2003. 南印度洋风场时空特征分析. 海洋预报, 20(1): 25-31.

牛生丽, 赵崴, 陈光明. 2013. 中国海洋水色遥感器瑞利散射定标研究. 海洋学报, 2: 52-58.

徐希孺. 2005. 遥感物理. 北京: 北京大学出版社.

Cao C Y, Xiong X X, Weng F Z. 2012. Suomi NPP VIIRS SDR postlaunch calibration/validation: an overview of progress, challenges, and the way forward. San Diego: SPIE Optical Engineering Applications.

Coakley J A, Tahnk W R, Jayaraman A, et al. 2002. Aerosol optical depths and direct radiative forcing for INDOEX derived from AVHRR: Theory. Journal of Geophysical Research-Atmospheres, 107(D19): 8009.

Cox C, Munk W. 1954. Measurement of the roughness of the sea surface from photographs of the sun's glitter. Journal of the Optical Society of America, 44(11): 838.

Huibers P D T. 1997. Models for the wavelength dependence of the index of refraction of water. Applied Optics, 36(16): 3785-3787.

Jing X, Shao X, Cao C Y, et al, 2016. Comparison between the Suomi-NPP day-night band and DMSP-OLS for correlating socio-economic variables at the provincial level in China. Remote Sensing, 8(1): 17.

Kay S, Hedley J D, Lavender S. 2009. Sun glint correction of high and low spatial resolution images of aquatic scenes: a review of methods for visible and near-infrared wavelengths. Remote Sensing, 1(4): 697-730.

Koepke P. 1984. Effective reflectance of oceanic whitecaps. Applied Optics, 23(11): 1816-1824.

Philpot W. 2007. Estimating atmospheric transmission and Surface reflectance from a glint-contaminated spectral image. IEEE Transactions on Geoscience and Remote Sensing, 45(2): 448-457.

Ramanathan V, Crutzen P J, Lelieveld J, et al. 2001. Indian ocean experiment: an integrated analysis of the climate forcing and effects of the great Indo-Asian haze. Journal of Geophysical Research: Atmospheres, 106(D22): 28371-28398.

Remer L A, Kaufman Y J, Tanré D, et al. 2005. The MODIS aerosol algorithm, products, and validation. Journal of the Atmospheric sciences, 62(4): 947-973.

Tang B H, Li Z L. 2008. Retrieval of land surface bidirectional reflectivity in the mid-infrared from MODIS channels 22 and 23. International Journal of Remote Sensing, 29(17-18): 4907-4925.

第六部分 高分辨率遥感定标：技术与应用

　　本部分是在深入分析遥感定标理论与方法的基础上，对高分辨率遥感定标进行技术与应用的分析。主要包括以下内容：

　　第 17 章定标基尺 1：遥感室外定标场靶标设计方法；

　　第 18 章定标基尺 2：遥感定标场设计与真实性检验。

第17章 定标基尺1：遥感室外定标场靶标设计方法

本章为定标技术与应用的第一个方面：在定标理论与方法的基础上提出的遥感室外定标场靶标设计技术方法。具体包括地空映射-分辨率贯通-谱段跨接定标的标尺制作：靶标及分类；基于空间分辨率的航空定标场几何特性靶标设计；基于时间分辨率的航空定标场移动车载靶标设计；基于空间-辐射分辨率的航空定标场三线阵靶标 MTF 靶标设计；基于辐射-光谱分辨率的航空定标场辐射与光谱特性靶标设计。

17.1 地空映射-分辨率贯通-谱段跨接的定标基尺

成像系统的检校分为室内检校和外场检校。室内检校一般是指在实验室中对传感器镜头的电子、光学部件进行分离检校，外场检校则是使用室外实验场获得真实摄影的检校参数，对传感器镜头进行定标。可以看出，相比而言，室外场地检校不但可以反映成像系统在真实工作中的状态，还能补偿室内检校后系统产生的多种偏心或偏移误差。然后建立合理的物理模型修正这些误差，可以提高系统的性能，有效增加空间对地观测的定位精度。

外场检校又称为场地定标，机载传感器因为高空间分辨率的特性，一般不需要大范围的均匀地表作为验证场，仅需要选择场区大于像元分辨率 3～5 倍的均质区域即可。

对于几何定标和验证，光学影像需要借助精确的参考数据——地面控制点（GCP）和数字高程模型（数字地形或表面模型）来进行几何处理。地面控制点坐标的精度通常由数据采集/测量的过程所决定。除此之外，几何验证靶地面标志点形状结构与光学传感器的技术参数密切相关，如地面像元分辨率等。为了能够对多种不同技术参数的光学遥感载荷进行几何验证，地面几何验证靶标志点的形状结构要求具有一定的尺寸并便于组合。

针对辐射特性的光学载荷验证靶标的设计与应用是载荷定标验证技术的另一个重要方面，是对光学载荷进行绝对辐射定标与验证的关键步骤，是实现载荷数据之间相互匹配、有效比较和综合应用的基础。而地面同步获得的光谱数据也可以作为定标数据看待，以减少实验室定标的缺失或者其他变化对成像系统精度的影响。大多数情况下，这些同步数据也用作反射率反演和真实性检验。

验证场定标是遥感数据定量化的前提，而验证场地面靶标的合理设计与布设则是定量化的基础。

本章借鉴国际上一些著名定标场的靶标设计经验，从定标技术的原理入手，结合载荷和平台的参数，分析国内外地面检校场靶标的设计布设原理，确定地面靶标的制约条件，分别对空间及几何特性靶标、辐射特性靶标、光谱特性靶标的设计与高精度布设进行分析说明。在此基础上，对光学成像系统进行几何特性、辐射特性及综合质量的定量评价。

　　本章所依据的国家 863 计划重点项目"无人机遥感载荷综合验证场技术研究",建立了国内第一个适于无人机的遥感载荷综合验证场,验证场中铺设经过严格 BRDF 测试与光谱特性测试的三线靶标、十字靶标、灰度靶标、彩色靶标等上百块靶标,可对航空载荷进行空间、时间、辐射、光谱特性的定标与验证。

17.2　基于空间分辨率的几何特性靶标设计

　　现今广泛用于制图和遥感应用的摄影测量传感器必须进行几何、辐射及光谱定标。空间响应是成像系统基础质量的指标;传感器的几何定标是量测型摄影测量相机的基础;辐射和光谱定标对数字摄影测量仪器的辐射和光谱特性的使用是至关重要的,同时还可以简化图像视觉应用的色调处理过程。本书将分别论述针对传感器的三种特性进行定标的地面靶标设计。

　　在本章内容展开之前,先就几个概念进行解释和约定。

　　1) 线对(line pair)

　　由一根线条和与其宽度相等的相邻间距(空间)组成(GBT 9045—2006 摄影照相材料 ISO 分辨力的测定)。

　　2) 解像力(resolving power)

　　照相材料在显影影像中保持小间距平行线条可判定分开的能力(GBT 9045—2006 摄影照相材料 ISO 分辨力的测定)。

　　注:分辨力在数值上等于可分辨最小组元的空间频率。

　　3) 空间分辨率(spatial resolution)

　　空间分辨率是指遥感影像上能够识别的两个相邻地物的最小距离,一般有以下三种表示法。

　　(1) 像元(pixel):单个 CCD 像元对应的地面实际尺寸,单位为 m。

　　(2) 线对数(line pairs):对于摄影系统而言,影像的最小单元一般通过 1mm 间隔内所包含的线对数来确定,单位是 pl/mm。这里,线对是指一对同等尺寸的明暗条纹或规则间隔。

　　(3) 瞬时视场(IFOV):传感器内单个探测元件的受光角度或观测视野,单位为 mrad。

　　4) 地面分辨率(ground resolution)

　　空间分辨率:其数值等同于地面上的实际尺寸。对于摄影影像,用线对覆盖的地面宽度表示(m);对于扫描影像,则是像元所对应的地面实际尺寸(m)。

　　5) 解像力与地面分辨率存在转换关系

$$R_r = \frac{1}{2R_g} \times \frac{H}{f} \tag{17.1}$$

式中,R_g 为地面分辨率,单位为 m;R_r 为传感器解像力,单位为 pl/mm;H 为航高,单位为 m；f 为传感器焦距，单位为 mm。

　　求得其中一个参数即可得到另一参数的值。因此，本章中把解像力和地面分辨率统称为分辨率。

17.2.1 三线阵靶标

1. 三线阵靶标设计原理

　　通常三线阵靶标包括 3 层共 6 组图案(图 17.1)。最大组构成第一层，位于外围。更小层图案形状不变，从外围向中心逐步缩小。每组包含 6 个图元，以数字 1~6 编号。在同一层中，奇数组从右上角开始，其图元从上至下按 1~6 排列。偶数组的第一个图元在该层的右下角，其余图元在左侧从上至下按 2~6 排列：

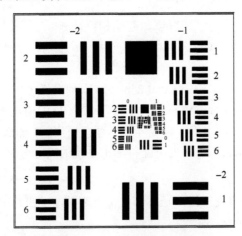

图 17.1 三线阵靶标原理

　　每层由 6 个图元按 $2^{-(n-1)/6}$ $(n=1,2,\cdots,6)$ 的公比逐渐减少，得到每层尺寸因子对应的查找表，见表 17.1。

表 17.1 单层图元的尺寸列表

每层的图元	尺寸因子(数学表达)	尺寸因子(数值)
1	2^{0}	1.00000
2	$2^{-1/6}$	0.89090
3	$2^{-2/6}$	0.79370
4	$2^{-3/6}$	0.70711
5	$2^{-4/6}$	0.62996
6	$2^{-5/6}$	0.56123

2. 改进的三线阵靶标法

1) USAF 1951 测试目标的不足

　　相机镜头的光学传递函数(optical transfer function, OTF)和解像力(resolving power, RP)通常在实验室中标定，那么类似的参数通过外场进行定标也是合理的。

USAF 1951 测试目标设计之初是用于胶片式成像系统的分辨率检测，胶片式成像系统的光敏器件是颗粒非常细的银盐感光胶片，对投影到胶片上的黑白靶标条不存在分割、混叠，得到的是模拟图像。而推扫成像的 CCD 光电成像系统的基本单元是独立的像素，因此对像面的影像进行的是离散采样，所以无论像面上的靶标条的尺寸是大于、小于，还是等于像素尺寸，都可能被分割到≥2 个像素上；当某一像元切割的部分小于像素尺寸时，这部分靶标条就会与邻近的物像混叠，体现在数字图像上就是靶标条的尺寸、像元值都产生了改变。这种变化和失真会对检验结果的影响极大(王险峰和高正清, 2009)。

理想的情况，假如相邻两个 CCD 在奈奎斯特频率(nyquist frequency)频率下，与线阵靶标的一个周期完全重合(CCD 与线阵靶标的起始相位差 $v=0$)时，那么与低反射率靶标条重合的像元强度为 0，与高反射率靶标条重合的像元则接受了全部光强，此时，配准误差为 0，相邻像元的调制度为 1。

由于平台是在轨运行，通常情况下，起始相位差 $v\neq0$：

当 $v=0.5$pixel 时，单个 CCD 采样得到的光强刚好抵消，此时配准误差导致的影响达到最大。

当 0pixel<v<0.5pixel 时，假设 $v=0.25$pixel，此时各个 CCD 吸收到的光强是高低反射率靶标条的混合，只是混合比例不同，导致各个 CCD 的值也不同。

通过以上分析可知，如果 CCD 和线阵靶标存在相位差，那么即使图像有较好的空间特性，通过 USAF 1951 Test Target 也不能检测出系统的实际分辨率。

2) 改进的三线阵靶标法

针对上述问题，通过改变三线阵靶标布设位置来减小 CCD 与线阵靶标存在相位差而导致的图像分辨率检测误差。

在布设靶标时，同一方向相同尺寸的靶标布设 $1/l$(0pixel<l<1pixel)个，并且这 $1/l$ 个同向相同尺寸的靶标之间错开距离 l，使得采样系统和靶标之间存在相对采样相位在 $-l/2\sim l/2$ 变化，以减少相对采样相位对分辨率评价精度的影响。可以看出，l 越小，即同向相同尺寸的靶标个数越多，相位差对分辨率评价精度的影响越小。

考虑到经费问题，令 $l=0.5$pixel，即同一方向相同尺寸的靶标布设 2 个。两个靶标之间错开 0.5pixel 的距离，使得采样系统和靶标之间存在相对采样相位在$-0.25\sim0.25$pixel 变化。此时相邻两个 CCD 的光强可分辨。

改进的三线阵靶标布设示意图如图 17.2 所示。

图 17.2 中方框框起来的四个靶标为同一尺寸。当航高为 5000m 时，地面分辨率为 1m，飞行方向和垂直于飞行方向的两块靶标分别错开了 0.5m，可以检测这两个方向上的空间分辨率。

3. 分辨率计算方法

三线阵靶标主要用于遥感影像的分辨率检测和 MTF 测量。

对于周期性的靶标，图像上"刚刚可分辨"的靶标条幅宽度就是成像系统的地面分辨率。

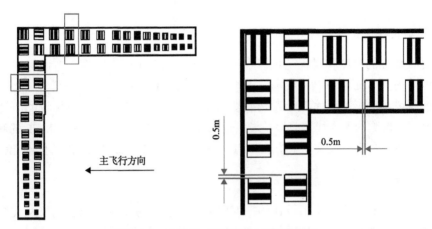

图 17.2 改进的三线阵靶标布设示意图

这种根据观察者的感觉、经验或是一些主观的非量化规则和标准，来评判图像质量的方法是主观评价法。为了尽量减少人为因素对判定结果的影响，本书借鉴了摄影、照相材料国家标准(GBT 9045—2006 摄影照相材料 ISO 分辨力的测定)中的分辨率判断准则。

如果一个观察者要判定某个组元能被分辨，那么靶标线条的影像应能这样被感知：即使观测者不知道有三个线条也能"相当自信"地分辨出线条数。"相当自信"是一种介于"完全自信"和"完全没有自信"之间的信心级别。

确定三线阵靶标影像中的极限尺寸即最大可分辨尺寸的判断标准如下：

(1)每种尺寸的靶标应该与其他尺寸的靶标影像的表现无关且独立。

(2)靶标条角变圆或靶标条变短对刚能分辨的尺寸的靶标元的判断有很大影响。分辨的靶标影像中最好具有长度大致相等的三条线条。但如果其中任意一条线条的长度至少有其他两条的一半，其他方面符合该判断标准，则该组元可判定为可分辨。

(3)尽管由于材料的微观颗粒结构或其他外界的干扰，在线条长度方向上的密度差不太均匀，但最好在线条与背景之间的整个线条长度范围内都能看出密度差。

(4)被独立判断为可分辨的组元，如果其相邻更低空间频率和相邻更高空间频率的独立组元不能分辨，就应被看作不能分辨，被独立判断为不可分辨的组元，如果其相邻的两个组元都能分辨，就应被看作能分辨。

(5)伪分辨组元不能考虑。

17.2.2 辐射状靶标

线阵靶标法(周期性的方形波靶标法)是一种比较直接的测量 MTF 的方法，其操作比较简单。但是线阵靶标的尺寸是离散变化的，而且线阵靶标的周期有限，同时还存在机载平台无法完全消除的 CCD 与靶标之间的相位差，从而使得线阵靶标评价传感器分辨率的精度并不高，并且通常只能检测飞行方向和垂直于飞行方向的空间分辨率。

辐射状靶标和线阵靶标都是周期性的靶标，可用于检测分辨力和 MTF。但是辐射状靶标相对有几点优势：当辐射状靶标的靶标条圆心角足够小(如 5°或者 10°)时，可以认为靶标是多向的，可以计算感兴趣的任意方向的解像力；另外，辐射状靶标尺度是连续变化的，线阵靶标是离散的，并且辐射状靶标比线阵靶标更容易自动判断最高解像力。

1. 辐射状靶标设计原理

辐射状靶标的尺度和量程是靶标设计非常重要的两个因子，其一方面影响解像力检测的精度，另一方面还与制作成本、大小和维护保养直接相关。

辐射状靶标的最小线宽应该跟传感器最小的地面分辨率一致。定标场的研究表明，最适合解像力检测的最大线宽应该是最大地面分辨率的2~3倍。而对于MTF的测定，最适合的最大线宽则应该取决于系统的MTF，这是数字成像系统仍在研究的一个论题。

2. 无人机定标场的辐射状靶标设计

考虑实用性和成本，本书设计的辐射状靶标辐射角为110°，其覆盖了从CCD线阵方向到飞行方向的全范围，能够检测出不同方向的分辨率，排除伪分辨率可能性的干扰（图17.3）。靶标设计了25个周期，半径范围为2.6~49.6m，可检测0.1~1.9m范围的地面分辨率。

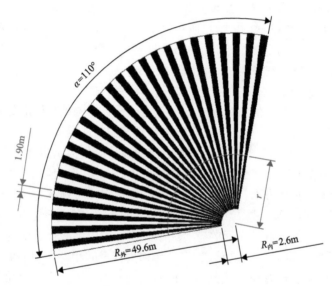

图17.3　辐射状靶标示意图

3. 地面分辨率的计算

同三线阵靶标一样，辐射状靶标的地面分辨率，即图像上"刚刚可分辨"的靶标的宽度。分辨率的判断标准也可参考三线阵靶标。

地面分辨率的计算公式如下（库奇科等，1982）：

$$R_g = \frac{\alpha \times \beta \times r}{2 \times N_p \times 180} \tag{17.2}$$

式中，α 为辐射状靶标张角；r 为图像上"刚刚可分辨"的靶标对应的半径；N_p 为亮靶标条的总数。

17.3　基于时间分辨率的移动车载靶标设计

传统的时间分辨率概念一般涉及卫星搭载传感器进行成像，随着遥感科学的发展，各种航空传感器逐渐出现，但对于航空遥感的时间分辨率的定义还没有形成共识。结合空间分辨率中的动态分辨率概念，将时间分辨率的概念扩展到航空遥感。

当机载的飞行高度与飞行速度比值达到一定条件时，航空成像的像移现象将严重地影响成像的质量。动态分辨率是衡量相机在随机飞行过程中拍照或者对动态景物拍照时成像质量的重要依据。动态分辨率的检测是相机在运动过程中成像或者拍摄动态景物时成像的空间分辨率检测。动态分辨率倒数除以相机的扫描速度就得到时间分辨率。

移动靶标车在航摄飞机飞行拍摄过程中设计的路线、速度运动有利于航摄飞机在不同时间、不同背景环境下获取靶标车的影像。飞机在飞行的过程中，由于环境的变化、飞机姿态的变化，在不同时间、不同地点拍摄的影像数据的几何变形、像移均不相同。这时便需要设置足够多的靶标对影像进行几何校正。同时，通过不同的飞行模式，无人机搭载传感器对移动靶标车进行数据获取，可以提高获取任务的时间分辨率，如图 17.4 所示。

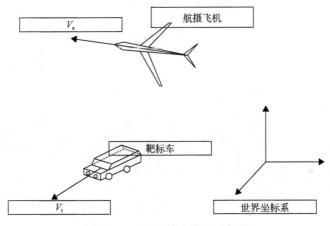

图 17.4　时间分辨率检测示意图

移动靶标车的设计增加了对靶标摄影的时间分辨率，有利于利用靶标的变形情况对全图进行几何校正，也能大大提高几何校正的精度。因此，合理地设计靶标车的运动路线、速度是十分必要的。

17.4　基于空间-辐射分辨率的 MTF 基准靶标设计

17.4.1　三线阵靶标 MTF 的计算

传感器的空间性能定标主要是利用 MTF 进行评价。调制传递函数（MTF）是评价光电成像系统空间性能的重要指标之一，它客观地反映了系统的空间频率的响应特性。当光学系统是线性不变系统时，MTF 适用于成像系统空间性能的评价。但由于 CCD 阵列是离散采样器件,当其扩展到光电整机系统时,系统不再是线性移不变系统,导致使用 MTF 作为评价光电成像系统整机性能的指标时遇到问题(马冬梅和英明扬,2010)。

三线阵靶标是周期性方波靶标,可以直接得到成像系统在某空间频率下对方波的对比度传递函数(CTF),然后进一步获得系统在该空间频率下的调制传递函数(MTF)。CTF 和 MTF 之间的关系可表达为(Boreman and Yang, 1995)

$$MTF(\nu) = \frac{\pi}{4}\left[CTF(\nu) + \frac{CTF(3\nu)}{3} - \frac{CTF(5\nu)}{5} + \frac{CTF(7\nu)}{7} + \text{irregular terms} \right] \quad (17.3)$$

式中,ν 为成像系统某空间频率。

在实际检测中,一般采用的方法是:测出在一些特定频率下成像系统的 CTF 值,然后插值得到整个全频率内的 CTF 曲线,将成像系统某空间频率 ν 带入 CTF 曲线,获得对应频率下的 CTF 值,然后将 CTF 值代入式(17.3)得到系统在该空间频率下的 MTF 值。

由于成像系统在奈奎斯特频率下的 MTF 值整数倍的 CTF 值很小,因此一般可以简单表示为式(17.4):

$$MTF(\nu) = \frac{\pi}{4}[CTF(\nu)] \quad (17.4)$$

因为省略的项是正值,所以得到的 MTF 比实际数据偏小。

计算 MTF 流程如图 17.5 所示。

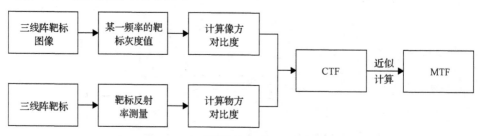

图 17.5 三线阵靶标计算 MTF 流程图

17.4.2 辐射状靶标 MTF 的计算

辐射状靶标和三线阵靶标同属于方波,因此计算方法类似。计算 MTF 的具体步骤如下:

(1)在辐射状靶标的遥感影像上,提取某一半径圆弧上的 DN 值,如图 17.6 所示(景欣,2012;尹中义,2011)。

(2)计算图 17.6 中波峰处的灰度均值,记为 I_{max};波谷处的灰度均值,记为 I_{min}。继而,计算对比度传递函数(CTF):

$$CTF(\nu) = \frac{I_{max} - I_{min}}{I_{max} + I_{min}} \quad (17.5)$$

(3)将 CTF 换算成 MTF。

(4)计算多个不同半径处圆弧上的 MTF 值,插值得到成像系统的 MTF 曲线。

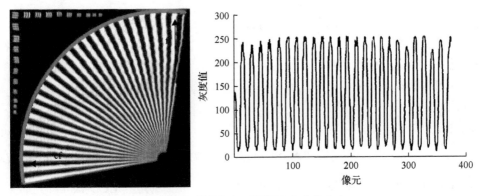

图 17.6　辐射状靶标及圆周上灰度值分布

17.4.3　刃边靶标设计

三线阵靶标和辐射状靶标属于直接检测方法，是直接统计系统对条形靶或辐射状靶标的响应来得到 MTF。对于三线阵靶标，其检测直观，数据处理简单；但是在成像过程中，尤其对于在轨(航天航空)相机来说，相机在成像过程中高速运动，同时高分辨率传感器的像元尺寸较小，使得靶标影像和 CCD 像元间的相位配准非常困难，完全配准基本上是不可能的，但微小的配准误差常常会导致 MTF 的测量存在很大误差(郝云彩, 1999)。

因此，学者们在三线阵靶标的基础上，发展出辐射状靶标。辐射状靶标能极大地避免线阵靶标周期少、尺寸变化离散和相位配准误差的影响，从而提高检测精度。但由于方波靶标在计算 MTF 中近似取值，计算精度仍然会受到限制。近年来，国内外更多地选用刃边法来检测成像系统的空间特性。

刃边法是使用倾斜刃边的靶标，通过计算斜边的边缘扩散函数来检测 MTF 的方法。刃边法简单有效，适用于 CCD 相机。它可以得到一条全频段的 MTF 曲线，对检测图像的图案要求较低，场地选取容易。在实际应用中，刃边法可以使用人工布设的人造靶标，也可以选取反射率差较大的两块地物的直线边界作为检测目标进行测试，因此其比较适合中、高分辨率传感器的在轨 MTF 检测。刃边法通常也只检测航向和旁向两个方向。结合考虑在轨数据获取的难易程度、算法的成熟性和稳定性，刃边法检测 MTF 已成为业内常采用的方法(赵占平等, 2009)。

1. 刃边靶标设计原理

刃边法是基于图像上提取的边缘扩散函数(ESF)与线扩散函数(LSF)之间是微分与积分的关系。得到 ESF 后对其求导，便可得到对应的 LSF，对 LSF 做傅里叶变换就可以得到 MTF。

可以看出，刃边法检测 MTF 的关键就在于准确求得 LSF。然而，在实际中，精确提取 LSF 相当困难，主要是因为通常数字图像都是缺采样的。因此，计算 MTF 的关键就在于如何从图像刃边获得足够的采样并且得到 LSF(蔡新明, 2007)。

传统的采样方法是对数字图像中垂直于刃边两侧的多个像素进行扫描得到采样数据，其是最基本、最直接的方法(Helder et al., 2004)。这种采样方法得到的数据点很少，只能通过对数据点进行大量插值获得 LSF，这样就导致 LSF 很大程度上表征的是插值方法的特性，掩盖了图像本身的灰度分布特性。

　　刃边法是在靶标的刃边与传感器的 CCD 阵列方向之间形成微小夹角，使得相邻扫描行的刃边采样位置有轻微的移动，然后将多个扫描行的采样数据沿着刃边边缘进行位置配准，即可得到充足的采样点，其解决了常规的成像系统采样不足的问题(Estribeau and Magnan, 2004)。

　　这样，刃边实际上的采样距离为

$$\Delta \text{GSI} = \text{GSI} \times \tan(\theta) \tag{17.6}$$

式中，GSI 为地面采样间隔(ground sample interval)；θ 为刃边与 CCD 探元阵列的夹角。

　　通过倾斜的刃边，增加成像系统的采样频率，可很容易地拟合出 LSF。

2. 无人机遥感定标场的刃边靶标设计

这种 LSF 的采样方法主要基于以下几条假设：

(1)刃边在 GSI/ΔGSI 行数范围内质量相等。

(2)边缘两侧的噪声或者干扰少，即刀刃边缘两侧区域的灰度值分布均匀。

(3)边缘呈直线。

(4)图像中明暗对比明显。

　　否则，噪声较多、灰度不均、信噪比过小都会增大刀刃法计算 MTF 的误差(赵占平等, 2009)。

1) 刃边长度

蔡新明(2007)使用人工加入高斯白噪声来模拟刀刃图像，其采用不同的抠图高度计算 MTF，统计了 MTF@Nyquist 的值。当刃边高度≤15pixel 时，MTF 的值出现了明显较大的振荡，很不稳定；随着刃边高度的增加，MTF 计算结果逐渐趋于稳定。基于这个分析结果，充分考虑靶标的重要性及光学传感器的视场，为消除背景像元的临近效应，并保证有足够多的像元参与计算，将每块靶标大小设置为 20×20 个地面像元。

2) 刃边倾角

倾角的选择对 MTF 的影响极大，一般建议选择 3°～10°。根据刃边法的过采样基础理论，航高为 5000m 时，像元分辨率为 1m，刃边长度为 20m，最佳倾角为

$$\tan^{-1}\left(\frac{Two-pixel-width}{Target-length}\right) = \tan^{-1}\left(\frac{2}{20}\right) = 5.71° \tag{17.7}$$

再结合 Helder 等(2004)的验证分析，设计刃边靶标倾斜 6°。

3) 靶标对比度

亮靶标和暗靶标的响应差值应该高于 50%。

　　综上，靶标的设计参数如下：

(1)靶标反射率：60%、4.5%。

(2)靶标尺寸：20m×20m。

(3)靶标数量：60%靶标 2 块、4.5%靶标 1 块。

(4) 光谱范围：400～1000nm。

(5) 光谱要求：光谱变化平缓，整个波段范围内的光谱反射率变化小于 6%。

可满足 1.5m 以下分辨率定标要求的刃边法 MTF 检测靶标设计示意图，如图 17.7 所示。

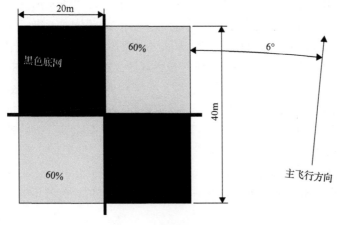

图 17.7　刃边靶标设计示意图

3. MTF 的计算

刃边法提取 MTF 的主要步骤如下：

(1) 准确定位每行亚像素边缘点的位置。计算确定每行灰度斜率为最大的像元，选取该像元位置及其两边多个像素的灰度进行三次多项式拟合，当二阶导数为 0 时，该位置即拐点，也就是要求的亚像素的精确位置。

(2) 用最小二乘法将每行刃边上的亚像素点拟合成直线。

(3) 将步骤 (1) 中每行亚像素的位置调整到拟合的边缘直线上。

(4) 对每一行使用样条函数进行间隔为 0.05pixel 的插值，得到每个扫描行的 ESF。计算多个扫描行的 ESF 的平均值，得到最后的平均 ESF。

(5) 对 ESF 进行差分，得到 LSF。

(6) 对 LSF 进行离散傅里叶变换，取变换之后各分量的模，进行归一化处理，得到 MTF 序列。

17.5　光谱分辨率的特性靶标设计

17.5.1　辐射特性靶标设计

1. 辐射定标靶标设计原理

基于定标场的辐射定标，在辐射定标场选择若干像元区域，当传感器在定标场上空过境时，同步测量地面区域的光谱反射率和大气光谱参量，使用大气辐射传输模型计算得到传感器入瞳处辐亮度，确定入瞳辐亮度与传感器输出的 DN 值之间的数值关系，计算定标系数，分析不确定度。

对于高空间分辨率的光学传感器,只需要采用少量的、包括多阶灰度靶标在内的地面定标场,即可实现高精度辐射定标。地面人工靶标一般具有良好的光谱均一性、朗伯性、一致性等光学特性,同时人工靶标可以突破场地、天气等因素的局限,实现移动定标。相较于大范围的辐射校正场(如白沙场、敦煌场等),多阶灰度靶标能够在传感器的整个动态范围内实现在轨或是飞行中的绝对辐射定标,也更能真实地反映传感器的线性响应。同时,基于多阶灰度靶标的辐射定标方法对地表要求较低,不需要依赖大范围均一场地,不受环境限制,可在较复杂条件下进行传感器的在轨或是飞行中的定标和真实性检验。

同时,拟合遥感器响应的线性响应特性,要求较多且灰度相差比较大的目标,因此,为了得到足够的用于线性拟合的数据点,在实验场布设不同反射率靶标,通过计算不同靶标的入瞳辐亮度来拟合传感器的线性度。靶标的反射率要有足够的差别,场地定标的定标点的选择有其特定的要求(田庆久等,1997)。如下:

(1)人工靶标反射率稳定。

(2)人工靶标要求匀质、平坦,朗伯性好,不受入射角、探测角的影响;减小坡度的影响。

(3)人工靶标的面积足够大,一般要求 10pixel×10pixel 的面积,以便于在影像中识别,减少背景的影响。

(4)人工靶标的反射率或辐射亮度分布能覆盖传感器的动态范围。

(5)选择的人工靶标数量适中,要同时考虑回归方程的置信度和计算量。

(6)人工靶标一般选择在星下点,避免遥感影像的几何和辐射畸变。

2. 无人机遥感定标场的辐射定标靶标设计

根据以上分析,光学辐射特性靶标选用灰度渐变靶标用于辐射定标,并采取将 MTF 靶标与辐射特性靶标相结合的方式,如图 17.8 所示。

为保证高均一性的不同辐亮度的大面积区域,靶标不小于 15pixel×15pixel,数量为 7~9 块,以保证计算 SNR、响应线性度、辐射定标等。要求结合传感器的响应情况确定各靶标的最佳反射率分布。

无人机载荷在轨检测会受到"临界效应"的影响,即观测目标像元边缘上的像元对目标像元有影响,对于辐射定标、动态范围、响应线性检测,在低反射率条件下可满足检测精度要求;可以满足 1.5m 以下分辨率传感器辐射定标、动态范围、响应线性检测,以及传感器阵列方向和飞行方向的刃边法 MTF 检测(景欣,2012;尹中义,2011)。具体参数如下:

(1)靶标均匀性:非均匀性在 1%之内。

(2)靶标反射率:60%、50%、40%、30%、20%、5%。

(3)靶标尺寸:60%、5%靶标 20m×20m,其余 15m×15m。

(4)靶标数量:60%靶标 2 块,其余反射率靶标各一块。

(5)要求:光谱变化平缓,整个波段范围内的光谱反射率变化小于 6%。

3. 靶标半球反射比

400~1000nm 范围内,6 种灰阶靶标反射率统计见表 17.2。

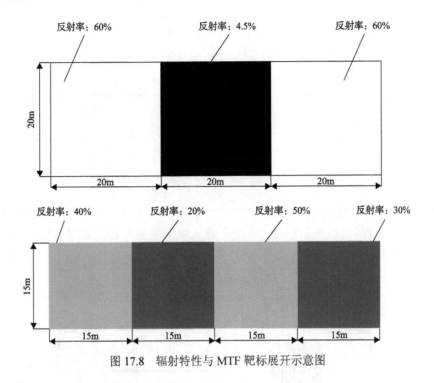

图 17.8　辐射特性与 MTF 靶标展开示意图

表 17.2　灰阶靶标反射率

靶标编号	MFT-04	MFT-20	MFT-30	MFT-40	MFT-50	MFT-60
平均反射率	0.038	0.186	0.325	0.406	0.480	0.63
最大反射率	0.041	0.199	0.333	0.413	0.495	0.65
最小反射率	0.037	0.179	0.312	0.39	0.459	0.59
反射率差异	0.004	0.02	0.02	0.02	0.04	0.06

靶标对比度可表示为

$$\frac{\rho_{\mathrm{MFT}}-60}{\rho_{\mathrm{MFT}}-04}=\frac{0.630}{0.038}=16.5:1 \tag{17.8}$$

4. 双向反射比因子测试数据

对同类工艺制作的光学靶标，抽样考察其朗伯特性，测量 MFT-20、MFT-30、MFT-60 三种靶标双向反射比因子（BRF）。在 10°～75° 范围内，反射比因子平均差异小于 0.2%。

5. 均匀一致性

靶标的均匀性反映了靶标表面反射率的均匀性。

光源在 10m 距离正对 0.4m 靶标照明，用 CCD 成像器件对靶标远距离成像，以靶标不同像点灰度值的相对标准偏差表示靶标的均匀性，可用式（17.9）计算：

$$均匀性 = \mathrm{SD}_{\mathrm{DNi}}\big/\overline{\mathrm{DNi}}\times100\% \tag{17.9}$$

式中，DNi 为靶标像元分布点阵的灰度值；SD_{DNi} 为 DNi 的标准方差；$\overline{DNi}$ 为 DNi 的均值。

灰阶靶标均匀性检测结果见表 17.3，非均匀性小于 1%。

表 17.3　靶标均匀性数据

靶标编号	RSD(%)
MFT-05	0.9
MFT-20	0.8
MFT-30	0.7
MFT-40	0.6
MFT-50	0.7
MFT-60	0.5

靶标应沿无人机飞行航向布设，并处于无人机的星下点处，如图 17.9 所示。

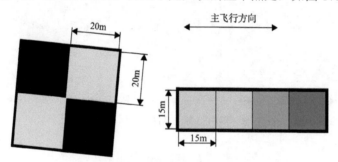

图 17.9　灰阶靶标与刃边靶标的布设示意图

17.5.2　多光谱传感器光谱性能评价靶标

1. 多光谱传感器光谱性能评价靶标设计原理

对遥感器光谱性能的评价包括两个方面的内容，首先，对遥感器光谱性能参数的评价，包括中心波长、半高全宽等，考察遥感器在发射前后光谱性能的变化情况；其次，对遥感器的波段设置进行评价，考察波段设置是否达到应用目的。

卫星上天或是飞机飞行前都要了解传感器每一个波段的光谱响应，通过光谱定标来获得各波段的光谱特征参数：中心波长、带宽、波段重叠、谱线线性、带外响应等。

传感器光谱性能在轨测试的主要任务是通过图像和地面的测量数据来定性评价卫星的光谱设计参数（光谱响应函数的中心波长、波段光谱响应范围、带宽）和发射前的测定值是否发生改变及其改变量的修正值。然而，由于对光谱特性测定的方法和条件相当严格，因此对遥感器在轨光谱特性的定量评价非常困难。鉴于这种情况，对于宽波段的遥感器，一般只做定性评价。

在实际分析中，常常选择植被的光谱作为测试光谱，这是因为植被光谱曲线在卫星波段有比较大的波动。

测试的方法是在获取遥感图像时，用已经标定的光谱仪进行同步的地物光谱采集，两者都经过辐射校正后进行光谱相似程度的计算。

为了进行光谱比较，地面同步测量需要选择面积大于等于成像光谱仪地面分辨率 3 倍的均质目标，并且方便识别和定位(勾志阳，2011)。

2. 无人机遥感定标场的宽光谱传感器光谱性能评价靶标设计

1) 靶标参数

依据光谱性能评价要求，多光谱性能评价需要大量地面靶标，且与辐射定标所用靶标不同，其要求各个靶标从可见光到近红外波段的光谱反射率有明显的变化，使得多光谱传感器各个波段对不同靶标的成像亮度差异明显。最优方案是在各个波段的响应范围内，各个靶标的反射率变化剧烈，靶标间的反射率差异明显，同时要求具有很好的朗伯性。

因此，为尽可能地减少每种光谱靶标光谱数据间的相关性，建立多种配色方案，通过试验筛选出满足要求的 16 种光谱靶标，如图 17.10 所示。多光谱的光谱性能评价靶标参数如下：

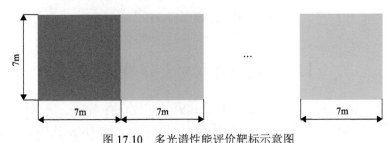

图 17.10　多光谱性能评价靶标示意图

(1) 靶标均匀性：非均匀性都在 1%之内。

(2) 靶标面积：7pixel×7pixel。

(3) 靶标颜色种类：16 种。

(4) 光谱特性：靶标光谱曲线不平缓，各靶标之间有一定光谱差异，相关性小，同时有良好的朗伯性。

(5) 用途：用于多光谱相机光谱特性能评价。

(6) 均匀一致性：16 个彩色靶标均匀性检测结果见表 17.4，非均匀性小于 1%。

表 17.4　靶标均匀性数据

靶标编号	RSD(%)	靶标编号	RSD(%)	靶标编号	RSD(%)
MFT-C01	0.7	MFT-C07	0.6	MFT-C13	0.5
MFT-C02	0.6	MFT-C08	0.7	MFT-C14	0.6
MFT-C03	0.6	MFT-C09	0.5	MFT-C15	0.8
MFT-C04	0.5	MFT-C10	0.6	MFT-C16	0.7
MFT-C05	0.6	MFT-C11	0.6		
MFT-C06	0.8	MFT-C12	0.7		

2) 靶标布设

靶标应沿无人机飞行航向和垂直航向布设，在 1km×1km 范围内交叉布设，并保证无人机星下点在每一个布设的垂直航带上均有靶标，如图 17.11 所示。

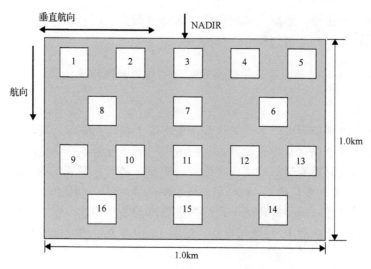

图 17.11　光谱靶标布设示意图

17.6　定标基尺可制作性评价

本书完成了条形靶标、扇形验证靶标、辐射特性与 MTF 靶标、光谱性能评价靶标、几何十字靶标的研制。研制完成后，进行了靶标反射率、双向反射比因子、均匀性等光学特性的测试；对制作靶标进行了几何尺寸、机械强度检测；完成了所要求的全部检测和试验内容，检测与试验情况见表 17.5。

表 17.5　检测与试验内容

检测/试验项目	技术状态	备注
半球反射比(反射率、光谱平坦性)	靶标材料小样 (6 种灰阶靶标、16 种光谱靶标)	实验室测量
双向反射比因子	靶标材料制作样品 (22 种靶标材料中抽样 3 种)	实验室测量
均匀性	靶标材料随机取样(22 种靶标材料)	实验室测量
理化特性(克重、拉断、撕裂、剥离强度、伸缩变形)	本批次靶标材料取样	生产厂家检测
几何尺寸(靶标长度、宽度、弦径比、展开角度)	条形靶标产品 328 条	制作现场测量
	扇形验证靶标产品 158 条	制作现场测量
	辐射特性与 MTF 靶标产品 96 条	制作现场测量
	光谱性能评价靶标产品 140 条	制作现场测量
	几何十字靶标产品 648 条	制作现场测量

17.6.1　定标场光学靶标光学特性

反射特性是光学靶标的主要性能指标，靶标的反射率、对比度、光谱平坦性和朗伯性直接决定着其对光学遥感器在飞行中进行检测的能力和精度。

受时间限制，对同种工艺制作的靶标漫射特性进行了抽样检测，在 400～1000nm 的光谱范围、观测角度在 10°～75° 范围内，反射比因子平均差异小于 0.2%/(°)，说明研制光学靶标具有良好的朗伯性。

大面积制作的各种反射靶标表面反射率的非均匀性都在 1%之内。

17.6.2　定标场光学靶标物理特性

靶标的尺寸等几何参数是能够按照在轨检测要求进行各种形式布设、互换性使用的基本保证。在靶标制作过程中，按照质量管理要求进行现场监督和检测，对完成制作的靶标在制作现场逐条进行检测，对不符合要求的靶标退回重新制作，各类靶标尺寸误差都小于 5%，保证靶标的质量满足要求。

综合以上检测结果与分析，定标场光学靶标质量合格，性能参数均已达到要求，具体见表 17.6。

表 17.6　定标场靶标综合性能对比

检测项目	合同要求	实际检测结果	合同满足度
条形靶标	组成：由 5 条长宽比为 5∶1 的高反射率(3 条)和低反射率靶条(2 条)相间组成； 尺寸：靶条宽度依次为 0.05~1.1m，间隔 0.05m，分 22 级； 数量：条形靶标各 4 组； 制作精度：靶条宽度误差≤6%	组成：由 5 条长宽比为 5∶1 的高反射率(3 条)和低反射率靶条(2 条)相间组成； 尺寸：靶条宽度依次为 0.05~1.1m，间隔 0.05m，分 22 级； 数量：条形靶标各 4 组；制作精度：靶条宽度误差≤5%	满足
扇形验证靶标	组成：等腰三角形高低反射靶条相间组成； 尺寸：高和底边长度 40m、1.5m； 扇形展开角度：>100°； 数量：1 组	组成：等腰三角形高低反射靶条相间组成； 尺寸：高和底边长度 46.8m、1.9m； 弦径比：26.04∶1； 扇形展开角度：100 条梯形靶标分 2 节展开，第 2 节之间填充 1 条幅条靶标，则展开角度计算：$2\times\tan^{-1}(1/26/2)\times50=110.17°$； 数量：1 组	满足
辐射特性与 MTF 靶标	组成：60%、50%、40%、30%、20%、5%六种反射率靶标； 尺寸：60%、5%靶标，20m×20m，其余靶标，15m×15m； 数量：60%靶标 2 块，其余各 1 块	组成：60%、50%、40%、30%、20%、4%六种反射率靶标； 尺寸：60%、4%靶标，20m×20m，其余靶标，15m×15m； 数量：60%靶标 2 块，其余各 1 块	满足
光谱性能评价靶标	组成：不少于 16 种彩色靶标； 尺寸：7m×7m； 数量：16 种靶标各一块	组成：16 种彩色靶标； 尺寸：7m×7m； 数量：16 种靶标各一块	满足
几何十字标	尺寸：3m×3m，数量：70 个	尺寸：3m×3m，数量：70 个	满足
靶标反射率	靶标反射率：60%、50%、40%、30%、20%、5%六种； 光谱变化平缓，整个波段范围内的光谱反射率变化小于 6%；	靶标反射率：0.630、0.480、0.406、0.325、0.186、0.038； 400~1000nm 反射率差异：0.06、0.04、0.02、0.02、0.02、0.004；	满足
	光谱特性靶标：不少于 16 种靶标，光谱曲线不平缓，各靶标之间有一定光谱差异，相关性小；	16 种靶标，光谱曲线不平缓，各靶标之间有一定光谱差异，相关性小；	满足
	条形靶标：对比度不低于 10∶1；	16.5∶1	满足
	扇形靶标：对比度不低于 10∶1	16.5∶1	满足
靶标朗伯性	靶标有很好的朗伯性	10°~75° 角度范围内，BRF 平均差异小于 0.2%/(°)	满足
靶标均匀性		22 种靶标反射比非均匀性都小于 1%	满足
布设精度	在保证定位精度条件下：优于 0.02m(按航高 5km 计算)	保证场地条件、采用 RTK GPS 接收机布点，预期布设精度优于 0.02m	满足
总面积		7749m²	满足

17.7　本 章 小 结

本章是构建遥感定量基尺的首章。主要介绍了以下内容：

(1)借鉴国际上一些著名定标场的靶标设计经验，依托于国家 863 重点项目"无人机遥感载荷综合验证场技术研究"，首先确定了地空映射-分辨率贯通-谱段跨接定标的靶标种类：空间及几何特性靶标、辐射特性靶标、光谱特性靶标。

(2)在此基础上，通过分析现有的适用于航空载荷的几何特性、MTF 特性检测、辐射与光谱定标的方法，并借鉴国内外相关定标检测靶标设计研制的经验，分别论述了地面靶标设计参数。

(3)进行了靶标反射率、双向反射比因子、均匀性等光学特性的测试；对制作靶标进行了几何尺寸、机械强度检测；完成了所要求的全部检测和试验内容，以室内检测结果论证了靶标的可知做性。

地面定标基尺靶标的系统化构建，是实现不同分辨率，以及各分辨率多种参量的遥感定量化计量的基础和依据。

参 考 文 献

蔡新明. 2007. 基于卫星遥感图像的 MTF 计算和分析. 南京: 南京理工大学硕士学位论文.

勾志阳. 2011. 无人机载成像光谱仪外场光谱定标与绝对辐射定标研究. 北京: 北京大学博士学位论文.

郝云彩. 1999. 线阵 CCD 相机试验室像质测试的配准方法研究. 航天返回与遥感, 03: 27-30.

景欣. 2012. 无人机航空遥感定标场地靶标的研制与精密检验. 北京: 北京大学硕士学位论文.

库奇科 A C, 蔡俊良, 沈鸣岐. 1982. 航空摄影学: 原理与质量评价(Abbreviation). 北京: 测绘出版社.

马冬梅, 英明扬. 2010. 面阵 CCD 成像系统分辨率靶板图像的 MTF 分析. 红外技术, 32(9): 502-504.

田庆久, 董卫东, 郑兰芬, 等. 1997. 基于地面定标技术的地物光谱反演方法研究. 遥感技术与应用, 2: 2-8.

王险峰, 高正清. 2009. 航天遥感成像系统像元分辨率在轨检测方法研究. 航天返回与遥感, 30(3): 28-33.

尹中义. 2011. 基于无人机载荷验证扬的成像系统 MIF 计算与靶标布设研究. 北京: 北京大学硕士学位论文.

赵占平, 付兴科, 黄巧林, 等. 2009. 基于刃边法的航天光学遥感器在轨 MTF 测试研究. 航天返回与遥感, 30(2): 37-43.

Boreman G D, Yang S. 1995. Modulation transfer function measurement using three and four-har target. Applied optics, 34: 8050-8052.

Helder D, Choi T, Rangaswamy M. 2004. In-flight characterization of spatial quality using point spread functions. Post-Launch Calibration Satellite Sensors. New York: CRC press. 159-198.

Estribeau M, Magnan P. 2004. Fast MTF measurement of CMOS imagers at the chip level using ISO 12233 slanted-edge methodology. Proceedings of SPIE-The International Society for Optical Engineering, 5251: 557-567.

第18章 定标基尺2：遥感定标场设计与真实性检验

本章为定标技术与应用的第二个特性，是在定标理论与方法及外场综合定标的靶标设计理论与方法的基础上提出的遥感定标场设计与高分辨率遥感定标真实性检验。具体包括：遥感高分辨率航空定标场精密参考点布设，介绍了遥感验证场的设置原则和靶标标志点的精密测量，其是高精度定标场的构建基础；光谱-辐射-几何分辨率基础的靶标布设及合理性验证，通过计算与地面靶标相关的定标系数及指标来对靶标合理性进行验证；世界首个无人机定标场地面建设与保障条件，以及无人机遥感定标实际飞行与遥感数据的质量评价，基于定标结果对遥感影像进行定量的质量评价。

18.1 遥感高分辨率航空定标场精密参考点布设

18.1.1 遥感验证场设置原则

我国地域广大，地区差异明显，很难找到一个典型地区具备所有类型地面条件(生态、地理、环境、农业、气象、水文等)的试验场。因此，只有选择一定数量有特色、有地区代表性的遥感试验场，才能满足需要。遥感验证场的设置原则如下：

(1)从气候角度出发，覆盖地表的气团具有代表性。气团的性质，即所含有的水汽、CO_2、气溶胶数量具有一定气候学概念的稳定性。

(2)具有开展同步观测的能力和条件，能与多种遥感平台(空间分辨率的区别)上的传感器开展同步观测。应有对应于最大像元的实际地表面积 $4(2\times2)\sim16(4\times4)$ 倍的地面同步观测靶场。

(3)具有与应用目标相配套的专业实验场及测量各专业要素的仪器设备，能够提供各种地面和大气的辅助信息。这种信息是研究遥感信息的畸变程度及由遥感信息转换为专业应用信息中所必须具备的。

(4)具有较长时间的观测资料及经验积累，有一个较大容量的相关专业资料数据库，有一个相匹配的地理信息系统。

总之，遥感验证场应具有一定空间代表性及资料信息的时间连续性，以及一定的研究基础和必要的地理、环境条件。

18.1.2 定标场首级控制网的布设

定标场作为开展定标工作的环境和背景场地，是对最终定标精度有误差贡献的一个重要因素。高精度基准的建立是定标场建设的基础条件。

完成的主要工作如下：

(1)光学定标区 $36km^2$ D 级 GPS 控制 10 个点。

(2)152.03km 三等水准观测与平差(范围同上)。

(3)定标场核心区的约 0.56km² 1∶500 地形测量及 DEM 网的建立。

1. 控制测量

1)平面部分

测区范围约为 100km²，利用三个国家三角点(鲁家头分子Ⅲ等、三居圪卜东Ⅲ等、大井沟Ⅲ)布设了 D 级 GPS 点 10 个、E 级 GPS 点 9 个。按《全球定位系统(GPS)测量规范》中对 D 级 GPS 点的规定，设计控制网。

埋设的标石符合《全球定位系统(GPS)测量规范》附录 B4 规定的(i)型普通标石；标心用 φ10mm×20cm 钢筋(带弯钩)制作，中心刻有精细十字丝，标石表面制有"GPS D"字样。

2)高程部分

利用收集到的两个国家水准点，引测约 160km 三等水准到测区的 10 个 GPS D 级点(组成四个水准环，见三等水准路线设计图)上，高程系统为 85 国家高程基准。

对利用的水准点按三等水准的观测精度进行检测，符合《工程测量规范》对三等水准精度的相应规定。

水准观测的主要技术要求均满足《工程测量规范》的相关要求。

2. 1∶500 地形测量

1)图根控制

利用 D 级 GPS 点，布设图根控制网(包括平面及高程)共 10 个控制点，使用 GPS 和电子水准仪观测，南方 CASS 软件平差，图根点的布设及观测精度均满足《1∶500 1∶1000 1∶2000 外业数字测图技术规程》的相关要求。

2)地形测量

使用全站仪采集地形(地形点间距不大于 10m，地物点最大视距 160m，地形点最大视距 300m)、地物数据，现场绘制草图；内业使用南方 CASS 软件成图。分幅为 50×50cm 标准分幅；测图面积 0.56km²。

18.1.3 飞行同步的地面标志点放样与测量

使用 RTK 放样所有靶标的特征点坐标，可沿着特征坐标点进行靶标布设。主要测量内容为各类型靶标标志点。要求测量点位误差≤0.02m(平面)。

根据放样流程，对 319 个靶标特征点进行放样，在此基础上布设靶标。

18.2　空间-光谱-辐射分辨率靶标布设及合理性验证

对于靶标的验证主要是通过计算分析与地面靶标相关的定标系数与指标来体现。主要包括辐射定标系数、几何性能评价、传感器响应线性度、MTF 等。

18.2.1　几何靶标设计合理性验证

空间（几何）靶标的验证包括传感器的几何定标与图像的几何性能评价。项目中可用的影像数据面积太小，因此，这里仅对图像进行几何性能评价。

成像光谱图像几何方面的评价主要从地面分辨率和定位精度两方面进行。地面分辨率反映了成像光谱仪空间分辨的能力，定位精度反映了位置姿态测量数据精度、成像光谱仪同步控制精度及几何校正算法的效果。

高分辨率遥感数据的几何性能测试的项目包括空间分辨率、采样间隔、图像变形、波段配准等。

全色图像的空间分辨率是基于靶标测试，通过对靶标图像的判读来确定图像空间分辨率。对高分辨率遥感图像的空间分辨率测试使用了三线阵靶标和辐射状靶标。

对采样间隔、图像变形、波段配准等的测试主要是选择平坦地区图像作为测试图像，并做几何校正，在经过系统几何校正的图像上，计算控制点（GCP）的图像坐标，并计算 GCP 的图像坐标和实际地理坐标的差值。

波段配准误差通过计算单个 GCP 在不同波段上的配准误差得到。

采样间隔是通过比较测试图像和参考图像同名 GCP 直接的距离计算。

图像定位精度指经过系统几何校正后的图像上地理位置和真实地理位置之间的差异（唐海蓉，2003）。

图像变形可以归纳为长度变形、角度变形等，评价的内容包括变形的绝对量和整幅图像变形的一致性。

1. 图像采样间隔及其一致性

图像上任意两个控制点在飞行方向的采样间隔为

$$R_X = \frac{X_i - X_j}{x_i - x_j} \tag{18.1}$$

式中，X 为图像上的地理坐标；x 为像素坐标。

同理，可得图像上任意两个控制点在垂直于飞行方向的采样间隔为

$$R_Y = \frac{Y_i - Y_j}{y_i - y_j} \tag{18.2}$$

统计图像中所有控制点间的采样间隔的均值作为图像的采样间隔，记为 $\bar{C}$，均方差作为采样间隔的精度，记为 S。有 $\bar{C}_X$ =0.2360m；S_X=0.0364m；$\bar{C}_Y$=0.2320m；S_X=0.0510m。

$$\text{IFOV} = \frac{HS}{f} \tag{18.3}$$

式中，IFOV 为瞬时视场，扫描成像过程中一个光敏探测元件通过望远镜系统投射到地面上的直径或者边长。H 为航高；S 为探测元件的边长；f 为成像系统的焦距。

$$\text{IFOV} = \frac{HS}{f} = \frac{2500\text{m} \times 0.0065\text{mm}}{66.5\text{mm}} = 0.244\text{m}$$

2. 图像实际分辨率检校

1) 三线阵靶标

使用计算机软件截取三线阵靶标的 DN 值，通过 DN 值曲线来判断三线阵靶标是否可分辨，如图 18.1 所示。

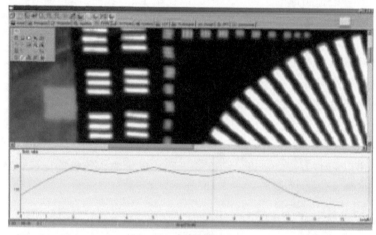

(a) 灰度曲线1

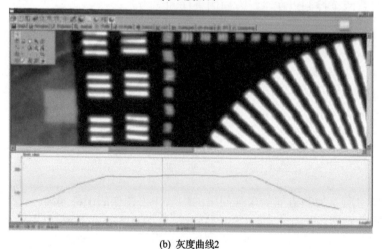

(b) 灰度曲线2

图 18.1　飞行方向上刚可以分辨出三线阵靶标的灰度曲线

首先是飞行方向。可以看出，当检测到某一组靶标时，灰度曲线已经不可分辨了，则前一组刚可分辨的三线阵靶标的宽度为图像分辨率(景欣，2012)。

飞行方向的分辨率为 0.30m。

同样，可以检测到垂直飞行方向的分辨率也为 0.30m。

2) 辐射状靶标

现在图像上定出辐射状靶标的圆心，过圆心做圆切与靶标相交，如图 18.2 和图 18.3 所示。当与靶标相交部分的灰度值恰能分辨出 25 个周期时，对应的弦长即图像分辨率。

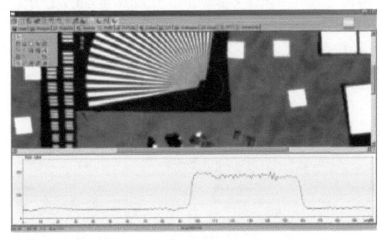

图 18.2　恰能分辨 25 个周期处的灰度曲线图

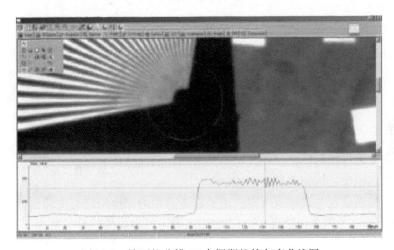

图 18.3　恰不能分辨 25 个周期处的灰度曲线图

通过计算可得辐射状靶标检测到的图像分辨率为 0.289m。

3. 图像变形及其一致性

(1) 对图像进行几何校正，将经过系统几何纠正的图像作为测试图像。

(2) 在测试图像上均匀选择 N 个 GCP。

(3) 计算控制点在垂直轨道方向、沿着轨道方向、轨道面的误差及误差方向。

图像上任意两个控制点在垂直于飞行方向/沿着飞行方向的长度差为

$$\Delta X = X_{\text{图像}i} - X_{\text{真实}j}; \Delta Y = Y_{\text{图像}i} - Y_{\text{真实}j} \qquad (18.4)$$

图像上任意两个控制点在飞行轨道面上的平面长度差为

$$\Delta D = \sqrt{(\Delta X)^2 + (\Delta Y)^2} \qquad (18.5)$$

图像上任意两个控制点在飞行飞行轨道面上的平面长度差的方向为

$$\Delta \theta = \arctan\left(\frac{\Delta Y}{\Delta X}\right) \qquad (18.6)$$

(4) 计算变形误差和精度。

统计图像中所有控制点间距离差的均值，并将其作为变形误差，记为 $\overline{C}$，将距离差的均方差作为变形精度，记为 S_D，有

$$\overline{C}_D = \frac{1}{N}\sum_{i=1}^{n} C_i \qquad (18.7)$$

$$S_D = \sqrt{\frac{\sum_{i=1}^{n}(C_i - \overline{C})^2}{N}} \qquad (18.8)$$

式中，$\overline{C}_D$=0.7212m；S_D = 0.3392m。

(5) 统计所有控制点之间的角度变形的一致性。

$$\overline{C}_\theta = -0.2563°, \quad S_\theta = 0.9742°$$

4. 图像定位精度及其一致性

(1) 对图像进行几何校正，经过系统几何纠正的图像作为测试图像。

(2) 在测试图像上均匀选择 N 个 GCP。

(3) 计算控制点在垂直轨道方向、沿着轨道方向的图像坐标与实际地理坐标的差值。

图像上第 i 个控制点在垂直于飞行方向/沿着飞行方向的长度差值为

$$\Delta X_i = X_{\text{图像}i} - X_{\text{真实}i}; \Delta Y_i = Y_{\text{图像}i} - Y_{\text{真实}i} \qquad (18.9)$$

图像上所有控制点在飞行方向和垂直于飞行方向的差值的均值为

$$\overline{\Delta X} = \frac{\sum_{i=1}^{n} \Delta X_i}{n}; \overline{\Delta Y} = \frac{\sum_{i=1}^{n} \Delta Y_i}{n} \qquad (18.10)$$

图像上所有控制点在飞行方向和垂直于飞行方向的差值的均方根为

$$\sigma_X = \sqrt{\frac{\sum_{i=1}^{n}(\Delta X_i - \overline{\Delta X})^2}{N}}; \sigma_Y = \sqrt{\frac{\sum_{i=1}^{n}(\Delta Y_i - \overline{\Delta Y})^2}{N}} \qquad (18.11)$$

图像的定位系统误差 ΔD 和定位精度 σ 为

$$\Delta D = \sqrt{\overline{\Delta X}^2 + \overline{\Delta Y}^2} = 0.46\text{m}; \sigma = \sqrt{\sigma_X^2 + \sigma_Y^2} = 0.56\text{m}$$

图像几何质量评价，见表 18.1。

表 18.1　全色图像几何质量评价结果

图像采样间隔	0.23m	
图像实际分辨率	三线阵靶标：0.30m	
	辐射状靶标：0.289m	
图像变形及其一致性	变形误差：0.7212m	
	变形精度：0.3392m	
	角度变形：−0.2563°	
图像定位精度	均值：0.46m	
	均方差：0.56m	

通过三线阵靶标和辐射状靶标检测的地面分辨率差异较大，两者与采样分辨率（理论分辨率）也有差异。究其根源，出现这些差异的原因可能如下。

航飞当天设计的航高是 5000m，因此地面三线阵靶标布设时检测范围仅布设了 0.45~1.10m 的靶标，且以半个像元=0.5m 交错排列。后来因为天气原因，航空平台仅能达到 2500m 的航高，因此临时增加了 0.15~0.40 检测范围的三线阵靶标。由于事先没有进行坐标点放样，不能保证靶标布设的准确性，航空平台过境时还没来得及布设第二列靶标，仅有航向和垂直航向各一列，因此不能避免相位差导致的分辨率检测误差。

对于辐射状靶标，由于事先进行了坐标点的精确放样，因此靶标布设对分辨率检测造成的影响会减小。但由于受成像条件和近邻像元等的影响（刘顺喜和尤淑撑, 2007），遥感影像有效分辨率一般要比采样单元大。因此，可以认为辐射状靶标检测得到的空间分辨率在允许的误差范围内。可以认为，辐射状靶标的设计和布设是合理的。

通过以上分析可知，用于检测系统几何、空间特性的三线阵靶标、辐射状靶标及刃边靶标的设计均是合理的。

18.2.2　成像系统的 MTF

分辨率只是表示对微小地物的极限分辨能力，不能从分辨率的数值中了解遥感器对较大地物的表达质量。也就是说，分辨率作为评定影像质量的标准不够全面。调制传递函数能够比较全面地描述影像的质量，实际测定方便，并且可传递，因而在胶片式摄影的质量评价中被认为是最客观全面的评价方法（王昱等, 2002）。目前，有学者将 MTF 用于数字相机的检定（贾永红, 1991）和数字影像的恢复（周松涛和宣家斌, 1999）。

　　一般认为，光学系统在实验室条件下 Nyquist 频率处 MTF 等于 0.3，对于星载传感器，在外景条件下，加上大气传递函数、数字传输系统传递函数，据专家预测，其 Nyquist 频率处 MTF 下限应该在 0.1 以上，上限应该在 0.2 左右（戴奇燕，2006）。由于航空载荷相比航天少了大气影像，因此 MTF30 处对应的频率值和实验室内的值应该基本相当，即

MTF30=f_N@Nyquist

　　根据文献（尹中义，2011），可得到 MTF 的计算结果，如图 18.4 和如图 18.5 所示。

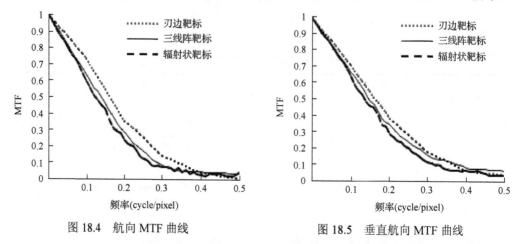

图 18.4　航向 MTF 曲线　　　　　　　　图 18.5　垂直航向 MTF 曲线

　　从图 18.4 和图 18.5 航向与垂直航向的 MTF 曲线的形状来看，刃边靶标、三线阵靶标、辐射状靶标所得的曲线的轮廓大致相同。由于受到噪声的影响，并且不同靶标计算出的 MTF 曲线对噪声的响应不同，因此又造成了 MTF 曲线在局部的不一致。

　　三种靶标 f_N@Nyquist 对应的 MTF 值均远小于 0.3，甚至低于 0.1。三种靶标的趋势一致，因此可以排除靶标本身导致的 MTF 检测值偏低。将遥感影像放大后得到图如图 18.6 所示。

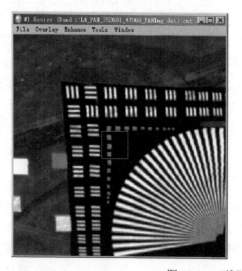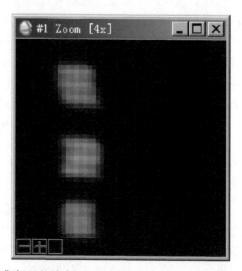

图 18.6　三线阵靶标局部放大

可以看出，图像存在周期性的航向条带噪声。这可以能因为传感器制作加工水平还不够完善。

同时，在用三线阵靶标和辐射状靶标数据计算 MTF 时，随着靶标频率的增加，条带噪声的影响也越来越大，以至于在一些高频处，条带噪声几乎掩埋了靶标图像，造成了由三线阵靶标和辐射状靶标计算出的 MTF 曲线在高频处发生摆动。而刃边靶标计算 MTF 时，通过不同的边缘扩散函数求平均，在一定程度上抑制了条带性噪声，所以刃边靶标获得的 MTF 曲线比较平滑。

18.2.3　辐射靶标设计合理性验证

辐射靶标的设计主要是通过绝对辐射定标系数及相应线性度来体现。遥感器的响应线性度是一个重要参数，如果遥感器的线性度不好，则遥感器不能看作是线性系统，这对遥感器的定标等工作会带来不利影响(陈正超等，2008)。

通过地面采集同步参数，使用 6S 模型进行多光谱在轨绝对辐射定标，计算得到各波段的定标系数，见表 18.2。在 2010 年 11 月 14 日飞行中，多光谱蓝光波段获取数据出现故障，因此仅对绿光波段、红光波段和近红外波段进行绝对辐射定标。多光谱三个通道的辐射定标结果显示，三个波段辐射定标结果线性度非常好，其相关系数均达到 99%以上，见表 18.3。

表 18.2　多光谱绝对定标系数

波段	增益	偏置
Band2	0.2783	−18.3049
Band3	0.3368	−18.1837
Band4	0.1993	−9.3938

表 18.3　传感器辐射响应的线性度

波段	绿光	红光	近红外
线性度	99.41	99.66	98.96

因此，可以认为辐射靶标的设计是合理的。

18.3　世界首个无人机定标场地面建设与条件保障

开展无人机遥感载荷综合验证系统的研究开发，可以开拓无人机技术应用的新领域，创新利用无人机进行综合遥感载荷验证的新事业，可以系统性地解决载荷研制与验证、研究与应用相脱节的问题，提高遥感技术应用的社会经济效益，也将充分发挥引领带动作用，形成无人机遥感应用的产业链，从而将推动我国无人机航空遥感技术和应用的发展，提高无人机遥感数据与信息产品的规范化水平，满足农业、测绘、资源、环境、减灾及大型基础设施建设对高分辨率和高时效性遥感检测的需求，同时在军事应用领域也将发挥积极作用，是对国家 863 计划"战略性、前沿性、前瞻性"指导原则的有力诠释。

本书定标部分依托国家重点 863 计划重点项目，初步建立了用于验证载荷飞行试验所需的飞行辅助支撑、定标与地面参数测量能力的无人机遥感载荷综合验证场，并可为系统建成后的定标运行提供支持。

本书选择的无人机综合定标场位于内蒙古巴彦淖尔市乌拉特旗境内，南依阴山山脉乌拉山，北抵明安川，占地面积 292.5km²，验证场地表属于草原植被，地势平坦，土质中硬，视野开阔，通视良好，气候干燥，四季少雨，年最高气温 38℃，最低气温-30℃，与南方场下垫面情况和气候形成互补。主要农作物为玉米、油用向日葵、小麦、荞麦等。北方场总体态势如图 18.7 所示。

图 18.7　北方场总体态势图

无人机综合定标场拥有自己的空域，并设有一个测距为 100km 的高空气象站。场区内有 9 个 2004～2005 年测得的 GPS 控制点。无人机综合定标场依托北方重工集团试验基地，拥有可提供 160 人住宿和 200 人就餐的宾馆，交通便利，技术人员充足，管理完善。

1. 光学自然靶标场地选取与建设

根据无人机综合定标场的位置和基本状况，自然靶标区分别选取草场、沙漠、农田三种地物种类。每一种地物各选三块区域作为靶标。每个靶标大小为 30×30 个地面像元（每个地面象元大小为 1m×1m）。靶标中心位置见表 18.4 和图 18.8。

2. 光学人工靶标场地规划与设计

选取总部仓库西边一块 200m×200m 大小的区域作为光学靶标区，位置见表 18.5。经过整平土地，并以黑网作为背景，在其上铺设光学靶标。

表 18.4　北方场光学靶标中心位置

	编号	经度(E)	纬度(N)
草场	NC1	109°25'32.95″	40°52'1.70″
	NC2	109°25'17.20″	40°52'15.13″
	NC3	109°25'16.09″	40°51'53.89″
沙漠	NS1	109°32'19.16″	40°51'38.07″
	NS2	109°32'36.88″	40°51'27.24″
	NS3	109°31'34.68″	40°51'39.68″
农田	NN1	109°26'25.14″	40°51'47.89″
	NN2	109°26'12.37″	40°52'9.44″
	NN3	109°26'2.52″	40°51'44.46″

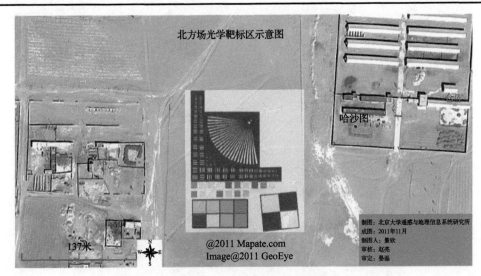

图 18.8　光学靶标选取示意图

表 18.5　北方场光学靶标区位置

经度(E)	纬度(N)
109°31'49″	40°52'29″
109°31'54″	40°52'29 ″
109°31'54″	40°52'34″
109°31'49″	40°52'34″

3. 几何地面控制点的选取及布设

北方场 GCP 编号为：NG1, NG2, NG3,…, NG28。

(1) 核心区域选取 12 个 GCP(图 18.9)。

(2) 包含核心区域(图 18.10)的 6km×6km 区域选取 28 个 GCP(其中包括核心区域的 12 个)。

图 18.9　几何控制点核心区布设示意图

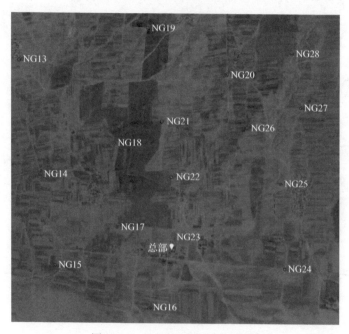

图 18.10　几何控制点布设示意图

4. 仓库及气象站

场区东部 100m 即仓库，可存放所有靶标及实验工具。由于场区内安置的气象站不能满足课题要求，故需重新在核心靶标区埋设一个自动气象站，具体位置定在总部西面（图 18.11），坐标见表 18.6。

图 18.11　气象站埋设示意图

表 18.6　北方场自动气象站位置

经度(E)	纬度(N)
109°31′22.26″	40°52′28.03″

18.4　无人机遥感飞行定标与质量评价

对传感器性能进行图像质量评价，是了解平台在轨运行状态的有效手段和遥感图像数据应用的前提。系统开发结束后，通常有两种图像数据可以用来进行系统评价，分别是实验室里获取的数据和通过实际飞行获取的数据，两者都可以对系统进行评价。实验室数据获取及时，在系统可以成像后就反映出系统的部分性能，但由于成像光谱仪的成像模式和分光模式都使图像质量与系统的运动状态有关，因此实际飞行所获取的数据更能反映仪器的真实性能。

根据航空载荷的设计指标，结合高分辨率遥感平台的自身特点和数据的应用要求，参考其他平台载荷的在轨测试内容，根据本书的研究重点，有针对性地对高分辨率遥感平台在轨测试的内容进行评价分析。其内容分为三个大的方面，即对遥感器及其图像的几何特性评价、辐射特性评价及综合质量评价。几何特性在靶标设计合理性验证章节中已经做出了定量分析，因此，这里仅对辐射特性和综合质量进行计算分析。

18.4.1　高分辨率遥感数据的辐射性能评价

1. 灰度均值

均值：影像整体的辐射状况，从整体上反映影像接收的光能大小。灰度均值与传感

器放大器增益的调整直接相关。增大放大器的增益，就从整体上增加灰度均值，使影像变亮，显示地物更清楚。其计算公式为

$$\mu = \frac{1}{m \times n} \sum_{i=0}^{m} \sum_{j=0}^{n} f(i, j) \tag{18.12}$$

式中，m、n 为图像的高度和宽度；$f(i, j)$ 为图像上 (i, j) 点的灰度值。

2. 灰度方差

灰度方差反映影像灰度层次的范围。同一区域的影像，灰度方差越大，影像灰度层次越丰富，质量越好。其计算公式为

$$\sigma^2 = \frac{1}{m \times n} \sum_{i=0}^{m} \sum_{j=0}^{n} [f(i, j) - \mu]^2 \tag{18.13}$$

3. 信噪比

信噪比是图像中的有用信号与噪声信号的比值。信噪比大，表征图像反映的有用信息相对噪声导致的干扰强，即遥感图像对于地物信息反映好，图像质量好。对于信噪比的计算，这里用近似值表示：图像灰度均值与局域灰度方差极大值之比，其可以得到较好的近似效果。其计算公式为

$$\text{SNR} = \frac{\mu}{\sqrt{\text{LSD}_{\text{max}}}} \tag{18.14}$$

式中，μ 为图像的灰度均值；LSD_{max} 为局域灰度方差极大值。

4. 陡度 (skewness)

陡度：影像灰度直方图的分布形状的集中程度，是影像突显程度的表征。其计算公式为

$$k = \frac{\sum_{i=0}^{n} (i - \mu)^4 P(i)}{\sigma^8} \tag{18.15}$$

式中，$P(i)$ 为灰度级为 i 的概率密度函数；σ^2 为图像方差；μ 为图像均值。

18.4.2　高分辨率遥感数据的综合性能评价

使用者对遥感影像的关注集中在数据表现出来的综合质量和数据在自己行业领域中的应用潜力。从应用的角度来讲，使用者更关注影像能够提供的信息量、影像的"层次"、清晰度和纹理等，因此，很有必要从综合的角度来对高分辨率遥感数据的质量进行评价。

图像的灰度共生矩阵表达了图像灰度基于方向、相邻间隔、变化幅度的统计信息，

是分析局部模式、相邻关系和排列规则的基础。共生矩阵用两个位置的像素的联合概率密度来定义，它不仅反映灰度的分布特性，也反映具有同样大小灰度或较接近的灰度值的像素之间的位置分布特性，是有关图像灰度变化的结构统计特性。它是研究纹理特征的基础。设图像为 $f(x, y)$，其大小为 $M \times N$，灰度级别为 Ng，则满足一定空间关系的灰度共生矩阵为

$$P(i, j) = \#\left\{(x_1, y_1), (x_2, y_2) \in M \times N \big| f(x_1, y_1) = i, f(x_2, y_2) = j\right\} \tag{18.16}$$

式中，$\#\{A\}$ 为集合 A 中的元素个数，显然 P 为 $Mg \times Ng$ 的矩阵，若 (x_1, y_1) 与 (x_2, y_2) 间距离为 d，两者与坐标横轴的夹角为 θ，则可以得到各种间距及角度的灰度共生矩阵 $P(i, j, \delta, \theta)$：

$$P(i, j, \delta, \theta) = \#\left\{(x_1, y_1), (x_2, y_2) \big| f(x_1, y_1) = i, f(x_2, y_2) = j, \mathrm{dis}[(x_1, y_1), (x_2, y_2)] = \delta\right\} \tag{18.17}$$

式中，$\mathrm{dis}[(x_1, y_1), (x_2, y_2)]$ 为两点之间的距离。

对共生矩阵的元素进行正规化处理

$$P(i, j) = P(i, j) / R \tag{18.18}$$

式中，R 为正规化参数，含义是相邻点对的组合数。基于灰度共生矩阵的纹理信息包括图像对比度、角二阶矩、熵和信息容量等。

1. 图像对比度

图像对比度反映了图像中的目标与背景相比可辨认的清晰程度，对比度越大，则图像中所反映的目标信息就越明显，所以它对于评价遥感器的质量至关重要。其计算公式为

$$f_2 = \sum_{n=0}^{L-1} n^2 \left\{ \sum_{i=0}^{L-1} \sum_{j=0}^{L-1} P(i, j) \right\} \quad (|i - j| = n) \tag{18.19}$$

图像的对比度是用于评价图像纹理的重要参数，图像对比度大，图像纹理清晰，反映的地物目标效果好，图像质量较好。

2. 能量

能量是灰度分布均匀性的度量，也称为角二阶矩。纹理的角二阶矩越大，纹理含有的能量越多。其计算公式为

$$f_1 = \sum_{i=0}^{L-1} \sum_{j=0}^{L-1} P^2(i, j) \tag{18.20}$$

从图像整体来观察，纹理较粗时，角二阶矩的值较大，反之则较小。所以，角二阶矩可以度量图像纹理粗细。

3. 熵

熵是图像所具有的信息量的度量，纹理的复杂度越高就意味着图像信息量越大，其熵越大。这里图像熵是用归一化的灰度共生矩阵计算的。其公式如下：

$$f_3 = \sum_{i=0}^{L-1}\sum_{j=0}^{L-1} P(i,j)\log P(i,j) \tag{18.21}$$

从概率论的观点看，信息容量的概念具有宏观统计的性质。它从二维直方图的角度计算图像的统计特性，反映了图像所提供的信息量多少，用它来评价图像质量是可行的。

18.5　本　章　小　结

本章是构建遥感定量基尺的末章。主要介绍了以下内容：

(1)论述了遥遥感高分辨率航空定标场精密参考点布设，介绍了遥感验证场的布设原则和靶标标志点的精密测量，构建了高精度定标场的精度基础。

(2)介绍了感定标场的选址原则，以863项目无人机遥感定标场的基础测量内容及要求达到的精度为基础，介绍了地面靶标的高精度放样步骤。定标场作为开展定标工作的环境和背景场地，是对最终定标精度有误差贡献的一个重要因素。高精度基准的建立是定标场建设的基础条件。因此，保证地面靶标的精度就是保证定标真值的真实性。

(3)从自然靶标场地选取与建设、人工靶标选取与建设以及几何地面控制点的选取与布设三方面介绍了世界首个无人机定标场的地面建设与保障条件。

(4)总结了遥感传感器在轨测试的内容体系，包括对遥感器及其图像的几何特性评价、对遥感器及其图像的辐射特性评价、对遥感器及其图像的综合质量评价。

通过以上四个部分内容环环相扣的推进，可以在定标理论方法、外场综合定标的靶标设计理论与方法基础上，实现遥感定标场设计与高分辨率遥感定标真实性检验。

参 考 文 献

陈正超, 张兵, 罗文斐, 等. 2008. 北京1号小卫星遥感器性能在轨测试. 遥感学报, 3: 468-476.
戴奇燕. 2006. MTF评估方法研究及性能分析. 南京: 南京理工大学硕士学位论文.
贾永红. 1991. 数字成像系统调制传递函数的测定及应用. 武汉测绘科技大学学报, 16(4): 23-30.
景欣. 2012. 无人机航空遥感定标场地靶标的研制与精密检验. 北京: 北京大学硕士学位论文.
刘顺喜, 尤淑撑. 2007. 面向应用的遥感影像有效空间分辨率估计方法. 遥感信息, 5: 48-51.
唐海蓉. 2003. Landsat27 ETM+数据处理技术研究. 北京: 中国科学院电子学研究所博士学位论文.
王昱, 胡莘, 张保明. 2002. 数字影像质量评价方法研究. 测绘通报, 5: 7-9
尹中义. 2011. 基于无人机载荷验扬的成像系统MIF计算与靶标布设研究. 北京: 北京大学硕士学位论文.
周松涛, 宣家斌. 1999. 基于景物灰度分布特征的影像恢复技术. 武汉测绘科技大学学报, 3: 230-234.

附录一 对本书有创造性贡献的学位论文清单

博士学位论文

赵虎. 2004. 岩石的多角度反射光谱与偏振反射光谱特征研究. 北京: 北京大学博士学位论文.

吕书强. 2006. 无人机遥感原型系统的集成、飞行试验及关键技术研究. 北京: 北京大学博士学位论文.

彭春华. 2007. 网格移动定位服务框架及关键技术研究. 南京: 南京航空航天大学-北京大学联合培养博士学位论文.

高鹏骐. 2009. 无人机仿生复眼运动目标检测技术研究. 北京: 北京大学博士学位论文.

吴太夏. 2010. 偏振遥感中的地物性质及地-气分离方法研究. 北京: 北京大学博士学位论文.

赵世湖. 2010. 二次成像数字航摄相机系统关键技术研究与原型系统实现. 北京: 北京大学博士学位论文.

勾志阳. 2011. 无人机载成像光谱仪外场光谱定标与绝对辐射定标研究. 北京: 北京大学博士学位论文.

罗斌. 2011. 基于 CMOS 图像传感器的多光谱遥感成像系统几个关键问题研究. 北京: 北京邮电大学-北京大学联合培养博士学位论文.

李博. 2011. 高光谱反演地表短波净辐射方法研究及真实性检验. 北京: 北京大学博士学位论文.

孙华波. 2012. 基于 3—3—2 遥感信息处理模式的仿生复眼运动目标检测. 北京: 北京大学博士学位论文.

赵亮. 2012. MonoSLAM: 参数化、光束法平差与子图融合模型理论. 北京: 北京大学博士学位论文.

陈伟. 2013. 非球形气溶胶偏振特性及其光学性质反演方法研究. 北京: 北京大学博士学位论文.

刘绥华. 2013. 基于模糊集全约束条件下多端元分解的光谱重构研究. 北京: 北京大学博士学位论文.

段依妮. 2014. 遥感影像立体定位的相对辐射校正和数字基高比模型理论研究. 北京: 北京大学博士学位论文.

王明志. 2014. 光学遥感辐射定标模型的系统参量分解与成像控制. 北京: 北京大学博士学位论文.

孙岩标. 2015. 极坐标光束法平差模型收敛性和收敛速度研究. 北京: 北京大学博士学位论文.

景欣. 2017. 基于海水耀斑中红外反射率基准的光学通道在轨定标验证新方法. 北京: 北京大学博士学位论文.

硕士学位论文

罗立. 2006. 真实孔径雷达海洋图像的分形特征分析. 北京: 北京大学硕士学位论文.

唐洪钊. 2010. 基于 MODIS 高分辨率气溶胶反演的遥感影像大气校正. 北京: 北京大学硕士学位论文.

尹中义. 2011. 基于无人机载荷验证场的成像系统 MIF 计算与靶标布设研究. 北京: 北京大学硕士学位论文.

景欣. 2012. 无人机航空遥感定标场地靶标的研制与精密检验. 北京: 北京大学硕士学位论文.

罗博仁. 2014. 基于仿生复眼的目标视场三维重建. 北京: 北京大学硕士学位论文.

张文凯. 2014. 小卫星地面模拟智能控制及观测验证系统的设计与实现. 北京: 首都师范大学-北京大学联合培养硕士学位论文.

刘慧丽. 2015. 基于多源数据的高光谱像元解混与目标检测研究. 北京: 北京大学硕士学位论文.

辛甜甜. 2015. 基于摄影测量的星敏感器内参标定研究. 北京: 北京大学硕士学位论文.

附录二　国家支持项目

[1] 克服光束法平差病态奇异性的极坐标模型方法探索, 国家自然科学基金项目, 项目编号: 41571432, 2016～2019 年.

[2] 地球偏振光效应的高分辨率定量遥感观测研究, 国家自然科学基金委应急管理项目(战略研究类), 项目编号 41842048, 2019.

[3] 基于高频次迅捷无人航空器的遥感观测区域组网控制技术, 国家重大研发计划项目, 项目编号: 2017YFB0503003, 2017.7～2021.6.

[4] 无人航空器区域组网厘米级遥感观测数据的实时快捷精准处理技术, 国家重大计划研发项目, 项目编号: 2017YFB0503004, 2017.7～2021.6.

[5] 遥感云图-电磁波-热红外对地震等重大地质灾害的预测机理, 国家自然科学基金项目, 项目编号: 41371492, 2014～2017 年.

[6] 基于光谱参量耦合的光谱定标机理及其精度评价方法研究, 高等学校博士学科点专项科研基金, 项目编号: 20130001110046, 2014～2016 年.

[7] 内视场拼接相机的数字基高比模型与精度评价机理, 国家自然科学基金项目, 项目编号: 11174017, 2012～2015 年.

[8] 基于仿生复眼的遥感影像运动目标检测研究, 国家自然科学基金项目, 项目编号: 61101157, 2012～2014 年.

[9] 大规模航空遥感产业化综合应用示范, 国家支撑计划项目课题, 项目编号: 2011BAH12B06, 2011～2014 年.

[10] Development of Metrics for Data Quality Measurement for Location-Based Services in Urban Environments, the PIs of the RFIYS(Research Fund for International Young Scientists)by NSFC(National Science Foundation of China), 项目编号: 41050110441 (Host Researcher), 2011.

[11] 无人机遥感载荷综合验证场技术研究, 国家 863 计划重点项目课题, 项目编号: 2008AA121806, 2008～2012 年.

[12] 基于超光谱重构的 CCD/CMOS 高光谱原型系统研制与比较研究, 国家 863 课题, 项目编号: 2007AA12Z111, 2007～2009 年.

[13] 新型大幅面两用航空摄影仪的关键技术研究, 国家 863 课题, 项目编号: 2006AA12Z119, 2006～2008 年.

[14] 民用航空遥感无人机系统研制, 国家发改委(国科计函〔2005〕18 号), 2005～2008 年.